Von der Bewegung des Wassers und den dabei auftretenden Kräften

Grundlagen zu einer praktischen Hydrodynamik für Bauingenieure

Nach Arbeiten von

Staatsrat Dr.-Ing. e. h. Alexander Koch

s. Zt. Professor an der Technischen Hochschule zu Darmstadt

herausgegeben von

Dr.-Ing. e. h. Max Carstanjen

Nebst einer Auswahl von Versuchen Kochs im Wasserbau-Laboratorium der Darmstädter Technischen Hochschule zusammengestellt unter Mitwirkung von Studienrat Dipl.-Ing. L. Hainz

Mit 331 Abbildungen im Text und auf 2 Tafeln sowie einem Bildnis

Berlin
Verlag von Julius Springer
1926

ISBN 978-3-642-50512-6 ISBN 978-3-642-50822-6 (eBook)
DOI 10.1007/978-3-642-50822-6

Softcover reprint of the hardcover 1st edition 1926

Geleitwort des Herausgebers.

Das vorliegende Buch soll die Fachwelt mit den Forschungen des im Sommer 1923 verstorbenen Staatsrats Dr.-Ing. Alexander Koch, Professor an der Technischen Hochschule zu Darmstadt, bekannt machen, der sich die Lebensaufgabe gestellt hatte, die Gesetze der Bewegung des fließenden Wassers und der dabei im Inneren desselben auftretenden Kräfte zu ergründen.

Über die äußeren Umstände, die Koch zu seinen Arbeiten veranlaßten und die Ziele, die er dabei verfolgte, hat er selbst sich in seiner Eröffnungsvorlesung zu Beginn des Wintersemesters 1920/21 eingehend ausgesprochen. Diese Äußerungen sind ihres großen Interesses halber nachfolgend in ihren wesentlichen Teilen getreu wiedergegeben.

Es ist in hohem Maße zu beklagen, daß der Forscher durch die dringenden Zureden seiner Freunde nicht dazu zu bewegen war, seine Ergebnisse selbst an die Öffentlichkeit zu bringen: er würde mit viel größerer Lebhaftigkeit und Eindringlichkeit dem Leser einen Einblick in die Natur der durchforschten Gebiete gegeben haben, als es ein späterer Herausgeber auf Grund hinterlassener Papiere zu tun vermag.

Wohl ließ sich Koch gelegentlich zu Vorträgen in Fachkreisen bereit finden, die aber naturgemäß nur einen allgemeinen Überblick zu geben vermochten. Die eingehenden Gutachten, welche er dem MAN-Werk Gustavsburg erstattete, das ihn seit der Inbetriebnahme des Wasserbau-Laboratoriums der Darmstädter Hochschule — etwa dem Jahre 1909 — zum Berater für seine wasserbaulichen Arbeiten gewonnen hatte, waren nur für einen engen Kreis bestimmt und wurden darüber hinaus nicht bekannt. Der Allgemeinheit aber enthielt er in großer Gewissenhaftigkeit tiefer eindringende Mitteilungen vor: die Zeit sollte die zutage geförderten Ergebnisse erst ausreifen, er selbst wollte von ihnen erst Abstand gewinnen!

Trotzdem liegt die nunmehr nach seinem Tode erfolgte Herausgabe zweifellos ganz in seinem Sinn; denn sie ist ja doch die Voraussetzung dafür, daß Andere die Arbeiten da wieder aufnehmen können, wo er sie liegen lassen mußte.

Durch die Kochsche Familie und durch das als Besitzerin inhaltreicher Gutachten beteiligte MAN-Werk Gustavsburg mit der Durchführung der Herausgabe betraut, unterzog ich mich der ehrenvollen Aufgabe um so lieber, als sie mir, dem ehemaligen Direktor des Werkes, dem ich mich auch in meiner jetzigen Ruhestellung noch als zugehörig betrachte, die Gelegenheit gab, dem Forscher gegenüber im Namen des Werkes eine Dankespflicht zu erfüllen für so viele und wertvolle Dienste, die er dem Werk im Laufe vieler Jahre geleistet hat. Es ist mir eine große Genugtuung, dem Verstorbenen, dem ich mich auf Grund langjährigen gemeinsamen Wirkens nahe verbunden fühle, diesen letzten Freundschaftsbeweis erbringen zu können!

Man erwarte in den nachfolgenden Blättern nicht etwas in sich Abgeschlossenes! Nur um eine „Auswahl“ handelt es sich, und auch sie besteht nur aus „Abschnitten“, die zum Teil noch unfertig sind! Eine einzige Lebensarbeit reicht nicht aus zur Bewältigung des umfangreichen und schwierigen Stoffes!

Der Anhang ist unter Mitwirkung des ehemaligen Kochschen Assistenten Herrn Studienrat Dipl.-Ing. Hainz entstanden. Die Technische Hochschule in Darmstadt stellte dazu in dankenswerter Weise aus ihren Archiven die nötigen Zeichnungsblätter bereitwilligst zur Verfügung.

Biebrich a. Rh., im Dezember 1925. **Carstanjen.**

Was Koch zu seinen Arbeiten Veranlassung gab und und welche Ziele er sich steckte.

Eigene Äußerungen aus seiner Eröffnungsvorlesung zu Beginn des Wintersemesters 1920/21, der ersten, die er nach seinem Übertritt in den Ruhestand auf Grund der ihm dabei erteilten venia legendi gehalten hat. Sie sollte die Einleitung zu einer größeren Folge von Vorträgen bilden, in welchen er seinen Hörern eine geordnete Darstellung seiner gesamten Forschungsarbeiten zu übermitteln gedachte. Leider kam es nicht mehr zur Ausführung dieses Planes. Denn die Arbeiten für die Rheinschiffahrtskommission begannen ihn so stark in Anspruch zu nehmen, und sein Gesundheitszustand ließ schon damals so viel zu wünschen übrig, daß er kurz nach Weihnachten die Vortragsfolge abbrechen mußte, um sie nicht nicht wieder aufzunehmen. Im Wintersemester 1921/22 las er noch einige Male, um dann auf dem Katheter für immer zu schweigen.

Hören wir ihn also selbst:

Um eine deutliche Vorstellung von den äußeren Umständen, die mich zu meinen Forschungen veranlaßten, zu geben, muß ich einige hierfür wichtige Angaben aus meinem Leben voranstellen.

Geboren am 15. April 1852 in Steinach, Sachsen-Meiningen, studierte ich 1868 bis 1873 an der Technischen Hochschule zu Stuttgart die Bauingenieurwissenschaften, und mit Dank erinnere ich mich meiner dortigen Lehrer Mohr, Sonne und Laißle.

Nach dreijähriger Tätigkeit bei Eisenbahnbauten kehrte ich 1876 als Assistent und Privatdozent der Ingenieurabteilung an die Stuttgarter Hochschule zurück und trat 1878 nach abgelegter Staatsprüfung in die Ministerialabteilung für Straßen- und Wasserbau ein, die mir im Jahre 1880 die Bauinspektion Ulm übertrug. Hier verweilte ich 8 Jahre, um im Jahre 1888 als Mitglied der Kaiserlichen Kanalkommission für den Bau des Nord-Ostsee-Kanals nach Kiel beurlaubt zu werden, nach dessen Eröffnung im Jahr 1895 meine Berufung und Übersiedlung an die Darmstädter Hochschule als Nachfolger meines früheren Lehrers Sonne erfolgte.

Als für mich bedeutungsvoll erwähne ich meine Ernennung (1898) zum Mitglied des technischen Komitees der Neuen Panama-Gesellschaft und meine Berufung (1915) zum hessischen Bevollmächtigten bei der Rheinschiffahrtskommission. Das erstere dieser Ämter brachte mir im Jahr 1898 die Gelegenheit zu einer Bereisung des Panama-Kanals. In beiden Kommissionen traf ich mit bedeutenden Fachmännern des In- und Auslandes zusammen, denen ich viele und wertvolle Anregungen verdanke.

* * *

In meiner 8jährigen Tätigkeit in Ulm konnte ich bei den Neubauten und Unterhaltungsarbeiten an der Iller und bei der Donau-Korrektion sowie als Referent der Kreisregierung mannigfache Erfahrungen in hydraulischen Fragen sammeln. Da bot sich mir gleich in den ersten Monaten ein Beispiel für die Unzulänglichkeit unseres Wissens über die Bewegung des Wassers. In einer Streitsache hatte die Ministerialinstanz entschieden, daß durch eine Ausflußöffnung in einer eisernen Schütztafel sekundlich 16 cb′ Wasser in einen Mühlkanal abgegeben werden sollten. Die Abmessungen der rechteckigen Ausflußöffnung waren zu 80 cm Breite bei 20 cm Höhe berechnet worden, aber die Wirklichkeit entsprach durchaus nicht der Berechnung, denn die Messungen ergaben, daß nicht 16, sondern 23 cb′/sec dieser Öffnung entströmten.

Am Nord-Ostsee-Kanal erhob sich die Frage, welche Wirkung eintreten werde, wenn der mit 1,1 m/sec Geschwindigkeit frei durch die Schleuse ausfließende Strom durch Schließen der Tore plötzlich abgesperrt würde. Tolkmitt berechnete und schrieb in der Zeitschrift für Bauwesen, daß eine Stauwelle von 6 cm entstehen würde, spätere Untersuchungen ergaben nicht weniger als 90 cm!

Ich erlebte noch mehrere derartiger Fälle und zog daraus die Folgerung, daß die bisherige Behandlung hydraulischer Aufgaben nicht mehr genügt für die Beantwortung der Fragen, die dem Bauingenieur bei der Bearbeitung unserer heutigen Großwasserbauten entgegentreten. Die Überzeugung festigte sich in mir, daß neue Wege einzuschlagen sind, und sie zu finden habe ich mir zur Lebensaufgabe gestellt. Und wenn sie bis jetzt auch längst nicht zum Ziel führten, so geben sie doch sichere Richtungen, die andere nach mir mit Erfolg einschlagen werden.

Bis in die jüngste Zeit gründeten sich die Berechnungen des Wasserbauingenieurs entweder auf die Lehren der wissenschaftlichen Hydromechanik oder auf die Regeln der praktischen Hydraulik.

Die angeblich streng wissenschaftliche mathematisch-physikalische Hydromechanik beruht auf der Anwendung der Eulerschen Grundgleichungen, mit denen aber der Bauingenieur in der Regel nichts anzufangen vermag, zumal ihre Integration meist nur in einfachen Fällen durchführbar ist und auch dann erst, nachdem eine Reihe mehr oder weniger willkürlicher Annahmen für die Integrationskonstanten gemacht worden sind, die der Wirklichkeit wenig oder gar nicht entsprechen. Wer sich auf solche Wege begibt, läuft Gefahr, sich in seinen Spekulationen völlg von den Tatsachen zu entfernen und, wie Einstein, die Physik lediglich zum Tummelplatz mathematischer Abstraktionen zu machen.

Gewiß sind mittels der Grundgleichungen manche Aufgaben richtig gelöst worden, aber solche Ergebnisse hätten sich auch auf dem einfacheren Weg des Aufbaus von unten statt gewissermaßen durch den Abbruch von oben erzielen lassen.

Überdies versagen die Gleichungen in einfachen Fällen. So ergeben sie die Steighöhe eines Wasserstrahles aus dem Mundstück eines Springbrunnens oder eines Feuerwehrschlauches zu $s = \frac{v^2}{2g}$, während in Wirklichkeit nur etwa $^2/_3$ dieser Höhe erreicht wird. Auch die Höhe eines Wassersprungs wird mittelst der Grundgleichungen viel zu groß berechnet.

In diesen und vielen anderen Strömungsvorgängen geht ein Teil der Energie durch Stoß verloren, und die Grundgleichungen sind für sie nicht mehr zutreffend, weil sie die Erhaltung der Energie voraussetzen.

Aber auch die gewöhnlich zu den drei Euler-Gleichungen als vierte aufgeführte sogenannte Kontinuitätsgleichung darfnicht in allen Fällen angewandt werden. Sie drückt das einfache Gesetz aus, daß durch einen Querschnitt F mit der Geschwindigkeit v eine Wassermenge

$$Q = F \cdot v$$

abfließt. Nun ist aber häufig das Wasser mit einer großen Menge Luftblasen durchsetzt, so daß man schreiben muß:

$$Q = \lambda \cdot F v,$$

wobei $\lambda < 1$; dann ist also die Kontinuitätsgleichung unrichtig.

Wenn wir hiernach auf die Grundgleichungen verzichten und sogar in vielen Fällen verzichten müssen, weil sie unzutreffend sind, so bleibt uns noch die Rechnung nach den Regeln der praktischen Hydraulik.

Die Hydraulik gibt zur Lösung unserer Aufgaben Formeln, die zum Teil einfache Gesetze darstellen, zum Teil aber „empirisch", d. h. mehr oder weniger willkürlich zusammengefügt sind, und sie paßt diese Formeln der Wirklichkeit durch Beiwerte (Koeffizienten) an, die aus einer größeren Anzahl von Messungen in der Natur abgeleitet wurden.

Indem die Formeln sonach auf Erfahrungen beruhen, erscheinen sie brauchbar, und ihr Ansehen steigt noch, wenn sie den Träger eines klangvollen Namens als Verfasser haben. Wie fehlerhaft sie sein können, zeigt schon das erste der eingangs angeführten Beispiele. Nach allen damaligen Lehrbüchern mußte die Wassermenge mit einer Ausflußzahl

$$\mu = 0{,}61$$

berechnet werden, die wirkliche Ausflußzahl betrug dagegen

$$\mu = \frac{23}{16} \cdot 0{,}61 = 0{,}87.$$

In meiner Not vermochte ich vor 40 Jahren die richtige Lösung nur tastend zu finden, indem ich die von der Ministerialinstanz angeordnete Öffnungsweite durch eingenietete Eisenplatten allmählich immer weiter einengte.

Hinsichtlich des zweiten Beispiels erwähnte ich schon, daß Tolkmitt, die Stauhöhe des gesperrten Ausflusses als Geschwindigkeitshöhe des Wassers vor der Absperrung berechnete, während tatsächlich der Stau die Sprunghöhe eines wandernden Wassersprungs darstellt.

Auch der Stau durch Brückenpfeiler weicht meist erheblich ab von dem nach den Formeln der Hydraulik durch Rechnung gefundenen.

Für die mittlere Geschwindigkeit in einem Gerinne besteht die bekannte Grundformel:

$$v = c\sqrt{RJ},$$

Aus tausenden von ausgeführten Messungen sind von berufenen und unberufenen Verfassern Dutzende von Formeln für den Beiwert c aufgestellt worden; aber für einen bestimmten Fall erhält man daraus — je nachdem man die eine oder die andere der Rechnung zugrunde legt — Werte, die oft 100 bis 150 vH. voneinander abweichen, während die Wahrheit irgendwo zwischen diesen äußersten Grenzen liegt.

Auch der „Bernouillische Satz" von der Erhaltung der Energie ist nur anwendbar, wenn keine Energieverluste oder keine Beimengungen von Luft oder Fremdwasser stattfinden.

Trotz dieser Mängel und mancher schlimmen Erfahrungen konnte der Bauingenieur in den vergangen Jahrzehnten mit den von den Hydraulik gefieferten Rezepten und Faustregeln auskommen, weil es sich meist um kleinere Bauwerke handelte. Diese Lage hat sich neuerdings gründlich geändert.

Die Bedeutung der Wasserwirtschaft für den Wiederaufbau unseres gebrochenen Vaterlandes ist allgemein anerkannt. Der Ausbau unserer Wasserstraßen für den Verkehr und die Ausnutzung unserer Wasserkräfte zum Ersatz der uns entzogenen Kohlenmengen gehören zu unseren wichtigsten Aufgaben.

Aber wo früher bei geringen Wassermengen zur Erzielung mäßiger Stauhöhen kleine, vielfach hölzerne Schütztafeln oder Klappen genügten, da handelt es sich heute um Wassermassen, die nach Hunderten von Kubikmetern zählen, um Stauhöhen von 10 m, 15 m und darüber sowie um neuartige bewegliche, ganz in Eisen gebaute Staukörper wie Walzen, geteilte Schützen, Sektoren u. a. m. von beträchtlichen Abmessungen.

So trägt sich die Raanaasfos-Walze in Norwegen auf 45 m frei und ist bei 6,5 Verschlußhöhe einem Wasserdruck von $21^1/_8$ t/m ausgesetzt, im ganzen also einem Druck von 956 t.

Die Doppelschütze des Wehres von Laufenburg im Oberrhein schließen zwar nur 17,3 m weite Öffnungen ab, unterliegen aber dafür einem Stau von 11 m und einem Wasserdruck von sogar 124,5 t/m, also einem Gesamtdruck vo 2154 t.

Das sind Belastungen auf die Längeneinheit, die diejenigen von Eisenbahnbrücken weit übertreffen, und doch sind es für die Wehre erst die ruhenden Belastungen, die unter Umständen noch erheblich wachsen können unter den Angriffen des strömenden Wassers.

Zur Berechnung solcher Eisenkörper und der zu ihrer Bewegung erforderlichen Vorrichtungen und Windwerke, zur Beurteilung der Maßnahmen, die für die unschädliche Abführung der Hochwassermengen durch solche Stauwerke und Talsperren abzuführen sind, ist die

Kenntnis der durch das strömende Wasser ausgeübten Kräfte

unumgänglich nötig, und diese Kenntnis vermittelt uns die Hydraulik nicht.

Der Wasserbauingenieur steht solchen Aufgaben heute ähnlich hilflos gegenüber wie vor etwa 60 Jahren der Jahren der Straßen- und Eisenbahningenieur dem Bau großer eiserner Brücken.

Auch damals genügten dazu nicht die Lehren der allgemeinen mathematischen Mechanik oder gar Handwerksregeln. Erst als an deren Stelle auf den Gebieten der Statik, Festigkeits- und Elastizitätslehre einfache, anschauliche Verfahren, Kräftepläne, Seilecke, Momenten-, Einflußlinien usw. gefunden und weiter ausgebildet wurden, sahen sich die Ingenieure in den Stand gesetzt, auch die größten und die schwierigsten Eisen- und neuerdings auch Eisenbetonbauten mit Sicherheit zu berechnen.

Im Wasserbau fehlt diese Entwicklung bisher. Wir brauchen an Stelle der mathematischen Hydrodynamik und der empirischen Hydraulik

eine einfache anschauliche und praktische Hydrodynamik.

Die Grundlagen einer solchen zu finden, war das Ziel meiner Forschungsarbeit.

An vielen Orten Deutschlands sind in den letzten Jahrzehnten wasserbauliche Versuchsanstalten entstanden, in denen die zu untersuchende Anlage an einen Modell in kleinem Maßstab beobachtet wurde. Aber eine solche Behandlung der Aufgabe kann nicht befriedigen. Sie gibt eine Lösung nur für den besonderen Fall; jede nachträgliche Entwurfsänderung erheischt eine Änderung des Modells, wenn die Ergebnisse richtig bleiben sollen. Allgemeine Schlüsse können aus denselben nicht gezogen, allgemeingültige Gesetze nicht abgeleitet werden. Das Verfahren erinnert an die Prüfüng der Tragfähigkeit eiserner Brücken durch Belastung von Modellbrücken, ein Auskunftsmittel, zu dem man vor der Entwicklung der Statik häufig greifen mußte, auf das man aber nunmehr schon lange aufgehört hat, zurückkommen.

Auch in dem von mir eingerichteten Flußbaulaboratorium unserer Darmstädter Hochschule haben wir Modellversuche ausgeführt, die waren indessen anderer Art. Sie betrafen die elementaren Vorgänge im strömenden Wasser und dienten dazu, die Erscheinungen kennen zu lernen, um aus ihnen allgemeine Schlüsse zu ziehen, spekulative Ergebnisse nachzuprüfen, Anregungen und Richtlinien für weitere Forschungen zu erhalten.

Das Ziel muß sein, allgemeingültige Gesetze und einfache Verfahren für die Berechnung zu finden.

Die Aufgabe ist nicht leicht. Schon Galilei (1564 bis 1642) sagte:

„Ich habe weniger Schwierigkeiten in der Entdeckung der Bewegung der Himmelskörper gefunden, ungeachtet ihrer erstaunlichen Entfernung, als in den Untersuchungen über die Bewegung des fließenden Wassers, welche doch unter unseren Augen vorgeht."

Dieser Ausspruch hat mich oft getröstet, wenn ich nicht weiter kommen konnte.

Die Aufgabe läßt sich auf die Formel bringen:

die Beziehung zwischen Ursache und Wirkung zu ergründen.

Dazu ist in erster Linie nötig, sehen zu lernen, mit anderen Worten durch Anschauung und Messung die Vorgänge richtig und in allen Einzelheiten vollständig zu erkennen.

Zum Sehen befähigt wird man zu beurteilen vermögen, zwischen welchen Vorgängen und Erscheinungen ein kausales Abhängigkeitsverhältnis besteht.

Für dieses Abhängigkeitsverhältnis ist ein Gesetz zu ergründen. Dabei halte man sich gegenwärtig, daß die Entwicklung mehr auf eine Vereinheitlichung als auf eine Vermehrung der Naturgesetze hinausläuft.

So zahlreich und so mannigfaltig die Erscheinungen sind, welche den Fleiß und den Scharfsinn des Naturforschers herausfordern, so wird doch seine Aufgabe im wesentlichen darin bestehen, sie alle aus einigen sehr wenigen Naturgesetzen abzuleiten nnd den ursächlichen Zusammenhang zwischen diesen und jenen nachzuweisen.

Die so gefundenen Beziehungen sind durch weitere Versuche auf ihre Richtigkeit nachzuprüfen.

Was ich bisher durch solche Forschungen erreicht habe, bildet die

„Grundlagen
einer
Praktischen Hydrodynamik",

die ausreichen, um viele der dem Bauingenieur gestellten Fragen zu beantworten.

Mögen nach mir Andere auf diesen Grundlagen weiterbauen!

Inhaltsverzeichnis.

Fünfter Abschnitt. Strömungsarten und Strombilder.

Sechster Abschnitt. Ausfluß aus Wandöffnungen.

Siebenter Abschnitt. Wandernde Wellen.

Anhang.

Versuche im Wasserbau-Laboratorium der Technischen Hochschule zu Darmstadt.

Maßeinheiten und Bezeichnungen.

Maßeinheiten in den nachfolgenden Untersuchungen über die Bewegung des Wassers sind: das Meter (m) für Längen, die Tonne (t) für Gewichte, die Sekunde (sec) für Zeiten, die Metertonne (mt) für Arbeit.

Bezeichnungen:

h oder y = Wassertiefe,
F = Wasserquerschnitt,
U = benetzer Umfang,
$R = \frac{F}{U}$ = Profilradius,
v = Geschwindigkeit (Meter in der Sekunde oder Meter sekundlich m/sec),
v_n = Geschwindigkeit am Orte n,
v_m (meist einfach v) = mittlere Geschwindigkeit,
$Q = F \cdot v$ = Menge (cbm/sec = m^3/sec^{-1}) und auch Gewicht (t/sec) der einen Querschnitt sekundlich durchfließenden Wassermasse,
$q = h \cdot v$ desgl. auf die Breite 1 m,
c = Beiwert in der Geschwindigkeitsformel $v = c\sqrt{R \cdot E}$,
g = 9,81 m/sec² Beschleunigung des freien Falls,
$M = \frac{Q}{g}$ und $m = \frac{q}{g}$ die Masse,
$s = \frac{v^2}{2g}$ = Geschwindigkeitshöhe,
α = Sohlengefälle,
i = Wasserspiegelgefälle,
E = Reibungsgefälle,
y = Druckhöhe der Spannung durch das Eigengewicht,
$\pm \mathfrak{z}$ = desgl. durch Zusatz-Be- oder Entlastung,
$k = y \pm \mathfrak{z}$ Druckhöhe der Gesamtspannung,
(at) = 10,3 m Druckhöhe der Belastung durch die Atmosphäre,
$\lambda \cdot Q$ = Luftmenge in Q cbm Wasser;

ferner für besondere Stromarten:

$\mathfrak{h}$ = Grenztiefe $\mathfrak{v}$ = Grenzgeschwindigkeit $\mathfrak{s}$ = Grenzgeschwindigkeitshöhe $\mathfrak{a}$ = Grenzsohlengefälle $\mathfrak{q}$ = Grenzwassermenge	des Grenzstromes,	h_0 = Wassertiefe v_0 = Geschwindigkeit s_0 = Geschwindigkeitshöhe	des Gleichstromes

usf.;

endlich für das Arbeitsvermögen („$\mathfrak{A}$"):

$\mathfrak{A}_h$ = Arbeitsvermögen der Lage,
$\mathfrak{A}_v$ = $\mathfrak{A}$ der Bewegung,
$\mathfrak{A}_y$ = $\mathfrak{A}$ der Spannung durch Eigengewicht,
$\pm \mathfrak{A}_z$ = desgl. durch Zusatzbelastung,
$\mathfrak{A}_k = \mathfrak{A}_y \pm \mathfrak{A}_z$ = $\mathfrak{A}$ der Spannung,
$\mathfrak{A} = \mathfrak{A}_h + \mathfrak{A}_v + \mathfrak{A}_k$ das freie Arbeitsvermögen,
$\mathfrak{A}_x$ = das gebundene Arbeitsvermögen (elektrische Ladung, chemische Verbindung, Wärme, Schall, Licht),
$[\mathfrak{A}] = \mathfrak{A} + \mathfrak{A}_x$ das gesamte Arbeitsvermögen,
$\mathfrak{A}_E$ = durch Wandreibung verbrauchtes $\mathfrak{A}$,
$\Delta\mathfrak{A}$ = durch Stoß und innere Reibung in gebundenes $\mathfrak{A}$ umgewandelt.

Erster Abschnitt.

Grundlagen.

1. Allgemeines, physikalische Eigenschaften des Wassers.

Die nachfolgenden Untersuchungen sollen nur praktischen Zwecken dienen. Bei Berechnungen, die sich auf Strömungsverhältnisse wasserbaulicher Anlagen richten, ist ein hoher Genauigkeitsgrad meist nicht zu erreichen, aber auch nicht erforderlich. Fehler von 1 bis 2 vH, ja selbst bis 5 vH sind in der Regel für das Ergebnis ohne Belang und daher zulässig.

Für die Aufgaben des Bauingenieurs darf das Wasser als vollkommene Flüssigkeit angesehen werden, zwischen deren einzelnen Teilchen keinerlei Kräfte wirken, die sich ihrer Trennung durch Zerreißen oder Abscheren entgegensetzen. Es ist daher auch als vollkommen unelastisch zu betrachten. Dem Druck widersteht es in unbegrenztem Maße.

Sein Gewicht beträgt bei 4^0 C genau 1 t/cbm, bei allen anderen Wärmegraden ist es etwas niedriger, so bei 0^0 C um $0{,}13^0/_{00}$, bei 30^0 C um $4{,}33^0/_{00}$. Das ist für die nachfolgenden Untersuchungen praktisch bedeutungslos; so daß ohne Rücksicht auf Druck und Wärme das Gewicht des Wassers zu 1 t = 1000 kg angenommen werden kann.

Ebenso nehmen wir auch den Rauminhalt als unveränderlich durch Druck und Wärme an.

Auf eine Ausnahme hiervon muß aber schon an dieser Stelle hingewiesen werden. Sie tritt ein, wenn dem Wasser Luftbläschen beigemengt sind, wie das z. B. bei beschleunigter oder verzögerter Bewegung der Fall ist, wo die Teilchen eines Wasserfadens durch Zug auseinandergerissen oder durch Druck gestaucht werden, so daß die entstandenen Zwischenräume sich mit Luft füllen. Es entsteht dann ein Gemisch aus Wasser und Luft, das spezifisch leichter ist als Wasser. Q cbm Wasser und λ cbm Luft geben einen Rauminhalt von $Q(1+\lambda)$ cbm und ein Gewicht von Q t der Mischung, deren spezifisches Gewicht somit $\frac{1}{1+\lambda}$ beträgt.

Von untergeordneter Bedeutung und daher zu vernachlässigen sind für uns ferner: Oberflächenspannungen, Kohäsion, Adhäsion und Zähigkeit.

2. Strömungen, Beharrungszustand.

Die Bewegung jedes Wasserteilchens eines fließenden Wassers ist gekennzeichnet durch seine Geschwindigkeit v m/sec, deren Richtung oder Neigung i gegen die Wagerechte, und seine von dem Einfluß benachbarter Wasserteilchen herrührende Spannung k.

Die Größen v, i und k ändern sich für dasselbe Wasserteilchen bei seiner Bewegung ständig. Sie sind auch für die unzähligen Teilchen des fließenden Wassers verschieden; doch kann man sich vorstellen, daß alle Teilchen, die sich auf der gleichen Bahn bewegen, im Augenblick ihres Durchgangs durch einen bestimmten festen Punkt A_i dieser Bahn bestimmte unveränderliche, diesem Punkt eigene Werte v_i, i_i und k_i annehmen. Wenn das gleiche Verhältnis für alle übrigen Punkte der ganzen Wassermasse besteht, d. h. wenn dem Punkt A_k die Werte v_k, i_k, k_k, dem Punkte A_l die Werte v_l, i_l, k_l entsprechen usw., so nennt man die Bewegung des Stromes eine gleichförmige und seinen Zustand den Beharrungszustand. Ändern sich dagegen jene Größen bei den an einem Ort sich zeitlich folgenden Teilchen, so hat man eine ungleichförmige Bewegung und einen zeitlich veränderlichen Zustand (pulsierende Ströme, Gegenströme, Wellen).

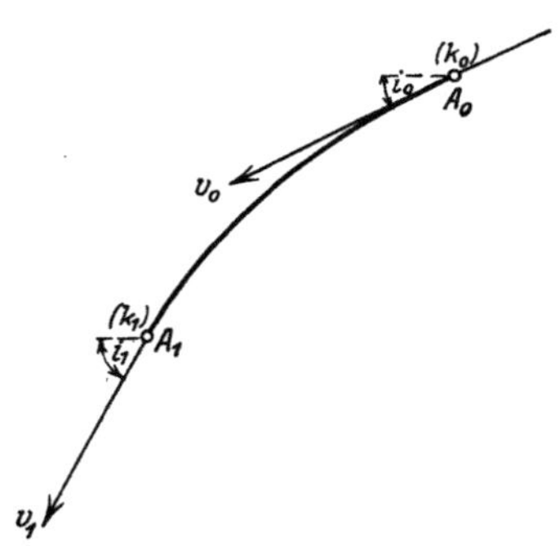

Abb. 1.

Die folgenden Untersuchungen sind auf den Beharrungszustand beschränkt. Ein Wasserteilchen von der Spannung k_0, das durch den Punkt A_0 (Abb. 1) mit der Geschwindigkeit v_0 in der Richtung i_0 hindurchgeht, gelangt nach einiger Zeit nach dem Punkt A_1, wo sein Zustand durch die veränderten Werte v_1, i_1, k_1 gekennzeichnet ist. Die Linie $A_0 A_1$, auf der das Teilchen sich bewegte, heißt die Strombahn oder kurz die Bahn. Die Geschwindigkeit ist stets tangential zur Bahn gerichtet.

Während der Zeit, in der das Teilchen von A_0 nach A_1 gelangte, folgen ihm unmittelbar dicht hintereinander weitere Teilchen, die sich alle auf der gleichen Bahn bewegen. Ihre Gesamtheit bildet den Stromfaden $A_0 A_1$, der mit der Strombahn zusammenfällt.

Es sei noch angenommen, daß

1. der einzelne Stromfaden in einer lotrechten Ebene liegt, also nicht doppelt gekrümmt ist,

2. daß die in wagerechter Linie in benachbarten Lotebenen nebeneinander liegenden Stromfäden einander gleich sind, so daß sie zylindrische Schichten mit wagerechter Achse bilden.

Hieraus ergibt sich die weitere Vereinfachung, daß die Strombreite außer Betracht bleiben kann und die Untersuchungen sich auf die Breite 1 beschränken dürfen.

Es ist demnach zu setzen:

für den Querschnitt: $F = 1 \cdot h = h$;

„ die sekundliche Wassermenge: $Q = q \cdot 1 = q$;

„ die Masse: $m = \frac{q}{g}$.

Die Untersuchung eines Strömungsvorgangs kann entweder in der Weise geschehen, daß die Zustandsänderung des Teilchens A_0 auf seinem Wege bis A_1 verfolgt, oder daß der Zustand eines Teilchens A_0 mit dem eines gleich großen Teilchens A_1 verglichen, oder endlich, daß der ganze Stromfaden $A_0 A_1$ betrachtet wird, der sich bei der Bewegung in sich selbst verschiebt.

Im Querschnitt (0) derselben Strömung wird ein zweites Teilchen B (Abb. 2) im allgemeinen andere Werte von v, i, k aufweisen, sowie eine andere Strombahn verfolgen als das Teilchen A. Auch wird es in der gleichen Zeit nicht wie das Teilchen A bis zum Querschnitt (1) gelangen, sondern bis zu einem anderen Querschnitt, etwa nach B_1.

Es ist anzunehmen, daß der Strom aus einem Bündel dicht aneinander geschlossener Stromfäden besteht, die im Sinne des vorher Gesagten von verschiedener Länge sein können. Man nennt das „Parallelströmung".

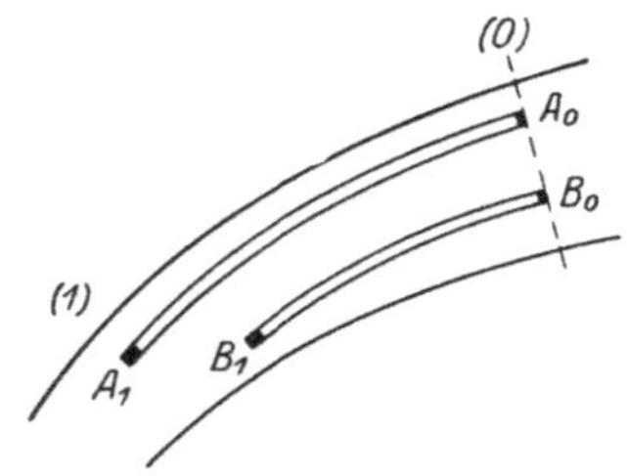

Abb. 2.

Während die genaue Untersuchung eines Stromes die Untersuchung der einzelnen Stromfäden erfordert, genügt es für die meisten Zwecke, den ganzen Strom gewissermaßen als einen einzigen dicken Stromfaden anzusehen und mit den Mittelwerten der in einem Querschnitt maßgebenden Einzelwerte zu rechnen, wobei zu beachten ist, daß einzelne Fäden gerissen oder gequetscht sein können.

3. Spannungsverhältnisse.

Die an einem Orte A im Wasser herrschende Spannung k zeigt sich in einem offen bei A mündenden Glasröhrchen (Abb. 3), das zweckmäßig ⊔-förmig gebogen ist, damit auch die negativen Spannungen $-k$ erkannt werden können. Die positiven Spannungen bedeuten einen Druck, die negative eine Saugwirkung (Sog) von der in dem Röhrchen angezeigten Höhe k m.

Die auf eine Fläche f wirkende Druck- oder Zugkraft ist sonach gleich dem Produkt aus der Fläche und dem Gewicht einer Wassersäule von der Höhe k m:

$$K = f \cdot k \text{ t}.$$

K ist stets senkrecht zu der beliebig geneigten Fläche gerichtet und unabhängig von ihrer Neigung. Die Spannung in einem Punkte A ist nach allen Richtungen hin gleich groß. Sie setzt sich aus zwei Teilen zusammen, aus der durch das Eigengewicht des Wassers erzeugten Eigenspannung, deren Druckhöhe gleich dem lotrechten Abstand y des Punktes A vom Wasserspiegel ist und aus einer von der Art der Bewegung (Beschleunigung, Verzögerung, Schleuderkraft) abhängigen positiven oder negativen Zusatzspannung z, also (Abb. 4a–c):

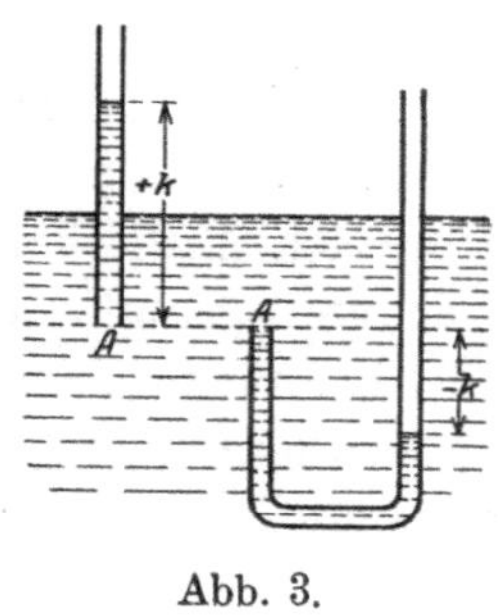

Abb. 3.

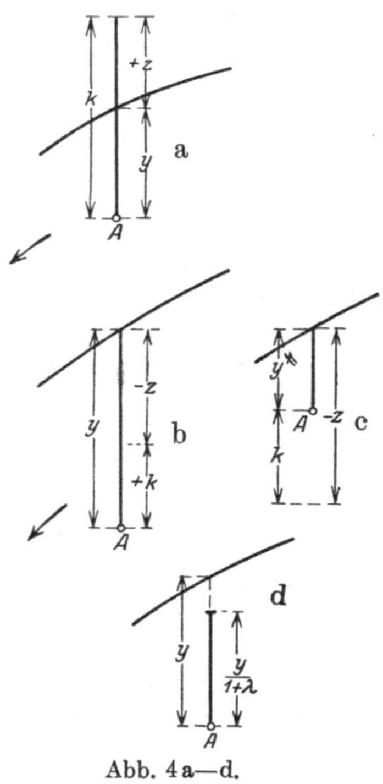

Abb. 4a—d.

$$k = y + z. \tag{1}$$

Wenn das Wasser mit Luft durchsetzt ist, ist statt y zu setzen (Abb. 4d):

$$\frac{y}{1+\lambda}. \tag{2}$$

4. Eulersche Gleichungen und das Bernoullische Theorem.

Die theoretische Hydromechanik geht in ihren Untersuchungen von den sogenannten Eulerschen Grundgleichungen aus, die von Euler aufgestellt und im Jahre 1755 veröffentlicht wurden und wie folgt lauten:

$$\left.\begin{aligned} &\text{I.} \quad X-\frac{g}{\gamma}\cdot\frac{\partial p}{\partial x}=\frac{\partial u}{\partial t}+u\frac{\partial u}{\partial x}+v\frac{\partial u}{\partial y}+w\frac{\partial u}{\partial z}.\\ &\text{II.} \quad Y-\frac{g}{\gamma}\cdot\frac{\partial p}{\partial y}=\frac{\partial v}{\partial t}+u\frac{\partial v}{\partial x}+v\frac{\partial v}{\partial y}+w\frac{\partial v}{\partial z}.\\ &\text{III.} \quad Z-\frac{g}{z}\cdot\frac{\partial p}{\partial z}=\frac{\partial w}{\partial t}+u\frac{\partial w}{\partial x}+v\frac{\partial w}{\partial y}+w\frac{\partial w}{\partial z}.\end{aligned}\right\} \tag{3}$$

Es bedeuten darin:

X, Y, Z die Seitenkräfte der auf die Masseneinheit eines Moleküls (x, y, z) wirkenden äußeren Kraft P;

u, v, w die Seitenkomponenten der Geschwindigkeit dieses Moleküls nach der Richtung der drei Koordinatenachsen;

p die Spannung, unter der die Masseneinheit des Moleküls steht.

Die Gleichungen gelten nur für vollkommene Flüssigkeiten, deren Moleküle nicht durch besondere Bedingungen miteinander verbunden sind, und sie drücken für das betrachtete Molekül uach dem d'Alambertschen Prinzip das Gleichgewicht der verlorenen Kräfte aus.

Dazu kommt als vierte Gleichung die Raumgleichung, auch Kontinuitätsgleichung genannt, welche besagt, daß durch einen Punkt xyz einer vollkommenen Flüssigkeit, die sich im Beharrungszustand befindet, in einem beliebigen Zeitintervall dt stets die gleiche Masse hindurchfließt:

$$\text{IV.} \quad \frac{\partial \gamma}{\partial t}+\gamma\left(\frac{\partial u}{\partial x}+\frac{\partial v}{\partial y}+\frac{\partial w}{\partial z}\right)=0. \tag{4}$$

Die Gleichung nimmt für homogene Flüssigkeiten, deren spezifisches Gewicht und Dichte an allen Stellen zu verschiedenen Zeiten — wenigstens innerhalb einer gewissen endlich begrenzten Zeit — unveränderlich sind, die noch einfachere Form an:

$$\text{IVa.} \quad \frac{\partial u}{\partial x}+\frac{\partial v}{\partial y}+\frac{\partial w}{\partial z}=0. \tag{5}$$

Sind diese Formeln fast ausschließlich nur für eine rein mathematische Behandlung des Stoffes von Bedeutung, so haben wir doch aus dem d'Alambertschen Prinzip eine Folgerung zu ziehen, die für die nachfolgenden auf praktische Ziele gerichteten Untersuchungen von grundlegender Bedeutung ist.

Das d'Alambertsche Prinzip liefert für einen Punkt xyz im Inneren einer im Beharrungszustand befindlichen Strömung folgende Bedingungen für das Gleichgewicht der auf den Punkt wirkenden äußeren und inneren Kräfte:

$$\frac{\partial p}{\partial x}=\frac{\gamma}{g}\left(X-\frac{\partial x^2}{\partial t^2}\right),$$

$$\frac{\partial p}{\partial y}=\frac{\gamma}{g}\left(Y-\frac{\partial y^2}{\partial t^2}\right),$$

$$\frac{\partial p}{\partial z}=\frac{\gamma}{g}\left(Z-\frac{\partial z^2}{\partial t^2}\right).$$

Wenn f noch die Fläche angibt, auf die p wirkt, so ist:

$$pf = kf \cdot \gamma \quad \text{oder} \quad \frac{p}{\gamma} = k.$$

x, y und z sind sodann nicht nur die unabhängigen Koordinaten eines festen Punktes des Gerinnes, sondern sie sind zugleich in einem bestimmten Augenblick die Koordinaten des durch den Punkt hindurchströmenden Moleküls, und als solche sind sie Funktionen der Zeit, die sich in der Zeit dt um dx, dy und dz verändern. Ferner orientieren wir das Koordinatensystem so, daß die Y-Achse lotrecht steht (Abb. 5) und die X-Achse parallel läuft zu den lotrechten, untereinander parallelen Ebenen der Stromfäden. Indem man dann weiter annimmt, daß auf die Moleküle als bewegende Kräfte nur die Schwerkräfte wirken, erhält man

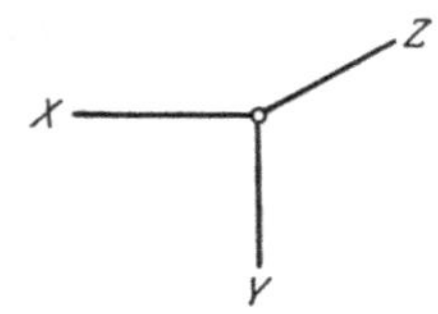

Abb. 5.

$$X = Z = 0, \qquad Y = g.$$

Endlich halten wir an der Voraussetzung fest, daß in der Querrichtung zur Strömung — also in der Richtung der Z-Achse — keine Zustandsänderungen stattfinden, demnach $\frac{\partial k}{\partial z} = 0$ ist, und erhalten damit an Stelle der drei die nachfolgenden zwei vereinfachten Gleichungen:

$$\frac{\partial k}{\partial x} = \frac{1}{g}\left(-\frac{\partial x^2}{\partial t^2}\right),$$

$$\frac{\partial k}{\partial y} = \frac{1}{g}\left(g - \frac{\partial y^2}{\partial t^2}\right).$$

Durch Multiplikation der ersteren mit ∂x und der zweiten mit ∂y und Addition beider, sowie unter Berücksichtigung, daß

$$\left(\frac{dx}{dt}\right)^2 + \left(\frac{dy}{\partial t}\right)^2 = v^2, \qquad \text{daher} \quad \frac{2\,dx\,\partial x^2}{\partial t^2} + \frac{2\,\partial y\,dy^2}{dt^2} = d(v^2),$$

erhält man schließlich:

$$\frac{\partial k}{\partial x}\partial x + \frac{\partial k}{\partial y}\partial y = dk = dy - \frac{1}{g}\frac{dv^2}{2},$$

$$k = y - \frac{v^2}{2g} + \text{Const.} = y - s + \text{Const.},$$

wobei unter $s = \frac{v^2}{2g}$ die Geschwindigkeitshöhe verstanden ist:

$$k - y + s = \text{Const.} \tag{6}$$

Es ist das schon im Jahre 1738 veröffentlichte Bernoullische Theorem, welches besagt, daß im Beharrungszustand die Gesamtenergie für ein Flüssigkeitsteilchen bei der Bewegung konstant bleibt.

Zweiter Abschnitt.

Das Arbeitsvermögen.

1. Der Begriff des Arbeitsvermögens.

Aus dem Bernoullischen Theorem ergibt sich für ein Wasserteilchen, das aus der Lage (0) in die Lage (1) gekommen ist:

$$y_0 + k_0 + s_0 = y_1 + k_1 + s_1 . \qquad (7)$$

Werden nun die Größen y, k und s von einem beliebigen Horizont aus über den Punkten 0 und 1 (Abb. 6) aufgetragen, so zeigt sich, daß die Punkte $\mathfrak{A}_0$ für $k_0 + s_0$ und $\mathfrak{A}_1$ für $k_1 + s_1$ in gleicher Höhe liegen. Sie geben die aus Spannung und Bewegung stammende Energiemenge oder, wie diese hier genannt werden soll, das Arbeitsvermögen des Stromes für die Querschnitte (0) und (1) an. Ihre Verbindungslinie heißt die Arbeitslinie der Strecke (0)—(1) des Stromes. Für irgendeinen materiellen Punkt dieser Stromstrecke wird das Arbeitsvermögen durch die Höhenlage der Arbeitslinie über ihm gemessen.

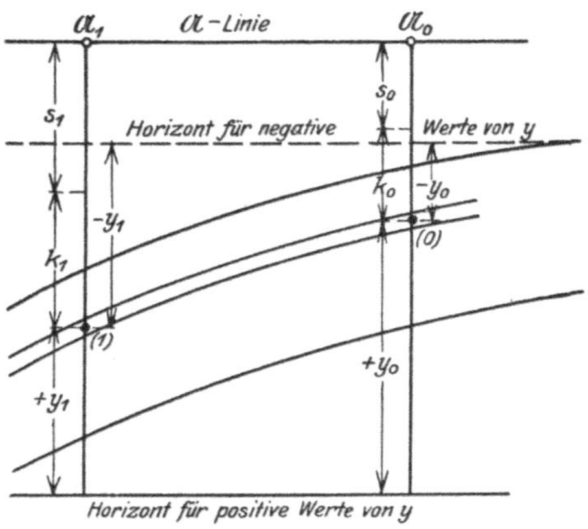

Abb. 6.

Der Bernoullische Satz kann daher auch die Fassung erhalten:

Im Beharrungszustand ist für jedes Wasserteilchen die $\mathfrak{A}$-Linie aus Spannung und Bewegung wagerecht.

Der Satz gilt mit Mittelwerten von k und s auch für den vollen Strom. Er tritt für die Rechnungen des Bauingenieurs an die Stelle der Eulerschen Grundgleichungen (3) und ist in Verbindung mit der Raumgleichung (5) anzuwenden, die für den Beharrungszustand die vereinfachte Form erhält:

$$\left.\begin{array}{ll} & F \cdot v = Q \\ \text{oder auch} & F \cdot v = \text{Const.} \end{array}\right\} \qquad (8)$$

Bei der Berechnung ungleichförmiger Bewegungen des Wassers führen die vorstehend aufgeführten Regeln vielfach zu gänzlich unrichtigen Ergebnissen.

So bleibt z. B. die Steighöhe h eines Wasserstrahls, wie Versuche mittels Feuerlöschstrahlen erwiesen, weit hinter der errechneten Geschwindigkeitshöhe $s = \frac{v^2}{2g}$ zurück. In der Tat erhielt man:

statt: $s = 10$ m 20 m 40 m 60 m

für die äußersten Tropfen:

$h = 9{,}5$ m 18 m 36 m 48 m

und für den geschlossenen Strahl nur:

$h = 7{,}9$ m 15,2 m 24,6 m 29,6 m.

Ferner wurde im Wasserbaulaboratorium der Technischen Hochschule zu Darmstadt an einem Wassersprung (Abb. 7) ein Ansteigen des Wasserspiegels gemessen

von $h_0 = 0{,}148$ m
auf $h_1 = 0{,}755$ m.

Berechnet wurde:

aus $v_0 = 4{,}91$ m/sec: $s_0 = 1{,}230$,
aus $v_1 = 0{,}97$ m/sec: $s_1 = 0{,}045$;

daher betrug die Arbeitshöhe:

bei A_0: $0{,}148 + 1{,}230 = 1{,}378$ m,
bei A_1: $0{,}755 + 0{,}045 = 0{,}800$ m.

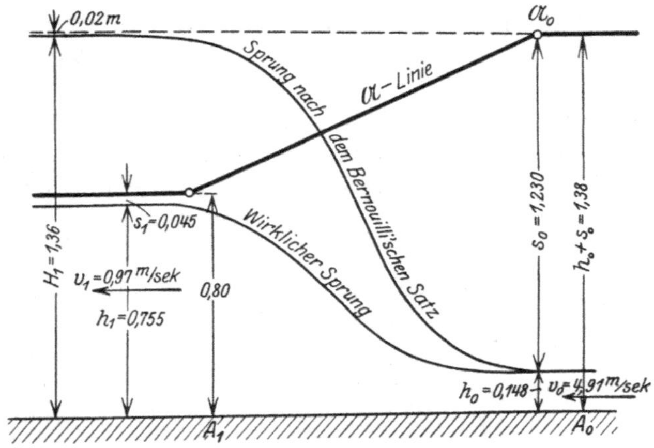

Abb. 7.

Das Arbeitsvermögen ist also beim Sprung nicht erhalten geblieben, sondern um 0,58 m, d. h. um nicht weniger als 43 vH vermindert worden. Nach dem Bernoullischen Satz hätte die $\mathfrak{A}$-Linie wagerecht verlaufen müssen. Nach ihm ergaben sich für die Wassertiefe und Geschwindigkeit in A_1 die zusammengehörigen Werte $H_1 = 1{,}36$ m und $V_1 = 0{,}53$ m, deren Produkt der Raumgleichung genügt, während die Summe aus H_1 und der aus V_1 ermittelten Geschwindigkeitshöhe der Arbeitshöhe von 1,38 m gleich ist. Die Ergebnisse weichen also weit ab von den beobachteten, die Höhe fast 80 vH.

Während in diesen Beispielen der Grundsatz von der Erhaltung des Arbeitsvermögens, auf dem sowohl die Eulerschen Gleichungen wie der Bernoullische Satz beruhen, völlig versagt hat, liefern beide in vielen anderen Fällen brauchbare Ergebnisse. Es wird daher zu prüfen sein, welche Ursachen dieses verschiedene Verhalten herbeiführen. Dazu ist eine genaue Untersuchung des Arbeitsvermögens des fließenden Wassers erforderlich.

2. Arbeit und Leistung.

Mit Arbeit wird in der Mechanik das Produkt aus einer Kraft K und dem in ihrer Richtung zurückgelegten Weg l bezeichnet (Abb. 8a):

$$\mathfrak{A} = Kl.$$

Kl ist die Arbeit der Kraft.

Für den der Kraft entgegengesetzt gerichteten gleich großen Widerstand $-K$ ist:

$$-\mathfrak{A} = -Kl$$

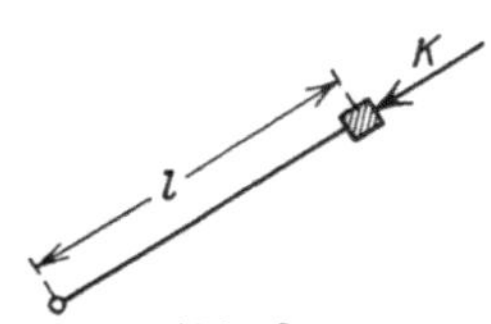

Abb. 8a.

die Arbeit des Widerstandes.

Wirkt K unter dem Winkel φ zur Richtung des Weges (Abb. 8b u. c), so leistet ihre senkrecht zum Weg gerichtete Seitenkraft $K \sin\varphi$ keine Arbeit. Die Arbeit von K ist also:

$$\mathfrak{A} = K \cos\varphi \cdot l = K \cdot (l \cos\varphi),$$

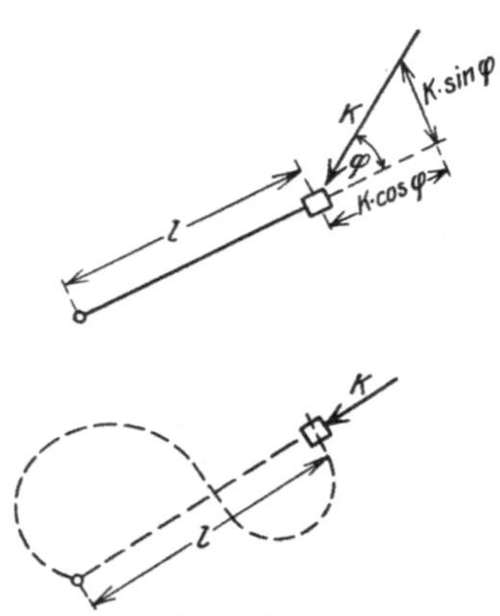

Abb. 8b u. c.

d. h. auch: sie ist das Produkt aus der Kraft und der Projektion des Weges auf die Kraftrichtung. Das gilt ganz allgemein, auf welchem gekrümmten Wege auch die von der Kraft bewegte Masse von dem einen Endpunkt der Wegeprojektion zum anderen gelangt sein möge

Auf eine Masse M wirkt ständig die Schwerkraft als Gewicht:

$$G = Mg,$$

wobei g die Beschleunigung der Schwere beim freien Fall bedeutet. Der Wert von g ändert sich mit der geographischen Breite φ^0 des Ortes und seiner Höhenlage H m über dem Meeresspiegel. Er berechnet sich genau aus:

$$g = 9{,}806\,056 - 0{,}025\,028 \cos 2\varphi - 0{,}000\,003\,H,$$

wonach der Einfluß der Meereshöhe nur gering, erheblicher dagegen derjenige der Breite φ ist. Es wird

am Äquator	mit $\varphi = 0^0$:	$g_a = 9{,}781$ m/sec,
in unseren Breiten	mit $\varphi = 45^0$:	$g_m = 9{,}806$ m/sec,
an den Polen	mit $\varphi = 90^0$:	$g_m = 9{,}831$ m/sec.

Für unsere Berechnungen ist unveränderlich zu setzen:

$$g = 9{,}81 \text{ m/sec}.$$

Bewegt sich eine Masse M vom Gewicht Mg t aus einer anfänglichen Ruhelage (0) auf irgendeiner Bahn in eine um h m tiefere Lage (1) (Abb. 9), so ist die dabei verrichtete Arbeit der Kraft:

$$\mathfrak{A} = Mgh \text{ mt}.$$

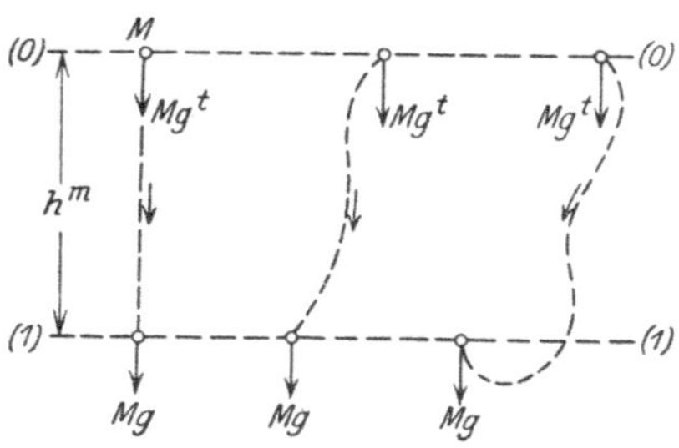

Abb. 9.

Wenn umgekehrt die Masse M aus tieferen Lage (1) in die um h m höhere Lage (0) gehoben werden soll, so ist auf diesem Weg das Gewicht als Widerstand zu überwinden, also eine Arbeit des Widerstandes von ebenfalls Mgh mt zu verrichten.

Bei der Bewegung auf wagerechter Bahn bleibt das Arbeitsvermögen ungeändert.

Von der Arbeit zu unterscheiden ist die Leistung. Die gleiche Arbeitsmenge $\mathfrak{A}$ kann in kurzer und in längerer Zeit $\mathfrak{z}$ geleistet werden. Offenbar ist bei gleichem Enderfolg im ersten Fall die Leistung größer als in letzterem. „Leistung" nennen wir die Arbeit einer Sekunde. Hiernach ist für

$$\left.\begin{aligned} &\text{die Arbeit:} && \mathfrak{A}_h = Gh \text{ mt},\\ &\text{für die Leistung:} && L_h = \frac{Gh}{\mathfrak{z}} \text{ mt/sec.}\end{aligned}\right\} \tag{9}$$

zu setzen.

In der Mechanik bezeichnen wir die in einer Sekunde verrichtete Arbeit von 75 mkg als Einheit der Leistung (PS = Pferdekraft). Daher wird eine Leistung von $L_h = \left(\frac{Gh}{\mathfrak{z}}\right)$ mt/sec in Pferdekräften ausgedrückt durch:

$$N = \frac{\left(\frac{Gh}{\mathfrak{z}}\right) \text{mt/sec}}{0{,}075 \text{ mt/sec}} = 13{,}3\,\frac{Gh}{\mathfrak{z}} \cdot \text{PS}. \tag{10}$$

Um z. B. eine Masse im Gewicht von $G = 60$ t 15 m hoch zu fördern, ist eine Arbeit

$$\mathfrak{A}_h = 60 \cdot 15 = 900 \text{ mt}$$

erforderlich. Soll diese Arbeit in einem 8stündigen Arbeitstag, also in

$$\mathfrak{z} = 8 \cdot 60 \cdot 60 = 28\,800 \text{ sec}$$

ausgeführt werden, so ist dazu eine Leistung von

$$L = \frac{900 \text{ mt} \cdot 1000}{28\,800 \text{ sec}} = 31 \text{ mkg/sec}$$

erforderlich, und da ein Arbeiter 10 mkg/sec zu leisten vermag, so ist die Arbeit in einem Tage von 3 Arbeitern zu verrichten.

Um die gleiche Arbeit aber schon in $^1/_2$ Stunde auszuführen, muß die Leistung auf

$$L = \frac{900\,000 \text{ mkg}}{30 \cdot 60 \text{ sec}} = 500 \text{ mkg/sec}$$

gesteigert werden, oder in PS ausgedrückt, auf:

$$N = \frac{500}{75} = 6{,}7 \text{ PS}.$$

Dazu genügt ein 10pferdiger Motor von 67 vH Nutzwirkung.

3. Formen des Arbeitsvermögens.

Das Arbeitsvermögen einer fließenden Wassermenge q cbm/sec von der Masse $m = \frac{q}{g}$ setzt sich aus drei Teilen zusammen, nämlich:

dem $\mathfrak{A}$ der Lage ($\mathfrak{A}_h$ = potentielle Energie),
dem $\mathfrak{A}$ der Bewegung ($\mathfrak{A}_v$ = lebendige Kraft oder kinetische Energie),
dem $\mathfrak{A}$ der Spannung ($\mathfrak{A}_k$ = Spannungsenergie),

und es ist:

$$\mathfrak{A} = \mathfrak{A}_h + \mathfrak{A}_v + \mathfrak{A}_k. \tag{11}$$

Bei der Bewegung des Wassers kann sich im allgemeinen jede dieser drei Formen in die andere umwandeln. Auch ist in der Regel für den größeren Teil dieser umgewandelten Energien eine spätere Rückwandlung in die ursprünglichen Formen möglich, bei einem kleineren Teil ist das aber nicht der Fall, und dieser Teil geht dann für die weitere Arbeit der Strömung verloren, um ihn vermindert sich die Größe von $\mathfrak{A}$.

Es handelt sich dabei namentlich um

$\mathfrak{A}_\varepsilon$ = die Arbeit zur Überwindung der Reibungswiderstände,
$\Delta\mathfrak{A}$ = die Verluste von $\mathfrak{A}$ durch unelastischen Stoß,
$\mathfrak{A}_x$ = die in elektrische Ladungen, chemische Verbindungen, Schall, Licht, Wärme u. dgl. umgesetzte Arbeitsmenge.

Alle diese Arbeitsmengen werden keineswegs vernichtet, weil ja Energie überhaupt nicht vernichtet werden kann, aber es vermögen Reibung und Stoßwirkungen vornehmlich wohl Wärme zu erzeugen, vielleicht auch sich in chemische und elektrische Energieformen umzusetzen, die für die weitere Arbeit der Strömung nutzlos sind.

Daher darf man sagen: die gesamte, in einem fließenden Gewässer an einem Orte (0) verfügbare Arbeitsmenge ist:

$$[\mathfrak{A}] = \mathfrak{A}_h + \mathfrak{A}_v + \mathfrak{A}_\varkappa + \mathfrak{A}_x\,,$$

sie vermindert sich bei der Bewegung nach dem Orte (1) um

$$\mathfrak{A}_\varepsilon + \Delta\mathfrak{A}\,.$$

Betrachten wir zunächst die einzelnen Formen besonders. Zu ihrer anschaulichen Darstellung eignet sich nur das $\mathfrak{A}$ der Lage, und wir werden deshalb die übrigen Formen durch gleichwertiges $\mathfrak{A}_h$ ersetzen.

a) Das Arbeitsvermögen der Lage $\mathfrak{A}_h$ (auch Energie der Lage oder potentielle Energie genannt). Es ist darunter die Arbeitsmenge $\mathfrak{A}_h$ zu verstehen, die eine in einer gewissen Höhe ruhende Masse verrichten kann, wenn sie sich nach einer tieferen Lage bewegt. Für das Arbeitsvermögen der Lage $\mathfrak{A}_h$ einer Masse M ist hiernach lediglich ihre Höhenlage maßgebend.

$\mathfrak{A}_{h_0}$ in der Lage (0) (Abb. 10) ist um Mgh größer als $\mathfrak{A}_h$ in der Lage (1), oder das Arbeitsvermögen der Lage vermindert sich um (Mgh), wenn die Masse M aus der Lage (0) in die um h m tiefere Lage (1) gebracht wird, wie es sich umgekehrt um Mgh vergrößert, wenn die Masse von (1) nach (0) gehoben wird. Bei wagerechter Bewegung bleibt das Arbeitsvermögen ungeändert:

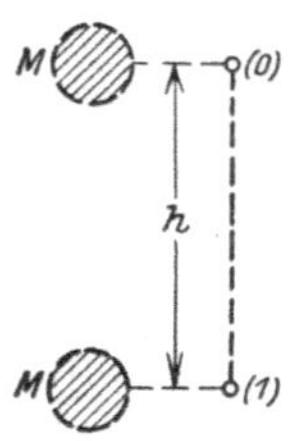

Abb. 10.

$$\mathfrak{A}_h = Mgh\left(= \frac{q}{g}\,g\cdot h\right) = qh\,. \tag{12}$$

b) Das Arbeitsvermögen der Bewegung (die kinetische Energie) ergibt sich aus der Geschwindigkeit v, mit der die Masse M sich bewegt.

Steigt die Masse aus der Anfangslage (0) (Abb. 11) mit der Anfangsgeschwindigkeit v m/sec lotrecht in die Höhe, so bewirkt die der Bewegung entgegenwirkende Verzögerung $-q$ eine fortgesetzte Verminderung der Geschwindigkeit, bis die Masse in der Höhenlage (1) in den Zustand der Ruhe kommt. Die Steighöhe s, die sogenannte Geschwindigkeitshöhe, berechnet sich zu

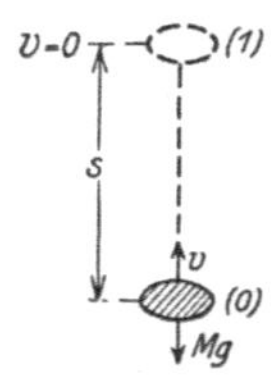

Abb. 11.

$$s = \frac{v^2}{2g}\,. \tag{13}$$

In der Lage (1) ist $\mathfrak{A}_v$ verschwunden, dagegen $\mathfrak{A}_h$ um $(Mg\cdot s)$ vergrößert, daher ist $\mathfrak{A}_v = Mgs$ in (0) gleichwertig mit A_h in der s m höheren Lage (1). Aus

$$\mathfrak{A}_v = Mgs$$

folgt:

$$\mathfrak{A}_v = Mg\,\frac{v^2}{2g} = \frac{1}{2}\,M\cdot v^2\,. \tag{14}$$

Man nennt $\frac{1}{2}Mv^2$ die lebendige Kraft und hat hiernach die Sätze:

I. Das $\mathfrak{A}$ der Bewegung ist gleich der lebendigen Kraft und

II. $\mathfrak{A}_v$ ist gleichwertig mit der Zunahme von $\mathfrak{A}_h$ in einer um die Geschwindigkeitshöhe s erhöhten Lage. Dabei ist s stets positiv.

III. Die Sätze I und II gelten für jede beliebige Richtung von v.

Denn man kann allemal annehmen, daß die Bewegung aus der Höhenlage (0) in die Höhenlage (1) (Abb. 12) auf einer der Richtung der Geschwindigkeit entsprechend geneigten Bahn erfolgt wäre. Auf einer unter dem $\sphericalangle \alpha$ gegen das Lot geneigten Bahn wirkt aber auf die Masse M die Seitenkraft $Mg\cos\alpha$ des Gewichts. Die Schwere erteilt ihr die Beschleunigung

$$p = g \cdot \cos\alpha\,,$$

und nach der Zeit t erreicht sie die Geschwindigkeit:

$$v = pt$$

und legt den Weg:

$$l = \frac{p}{2} t^2$$

zurück. Man kann daher auch schreiben:

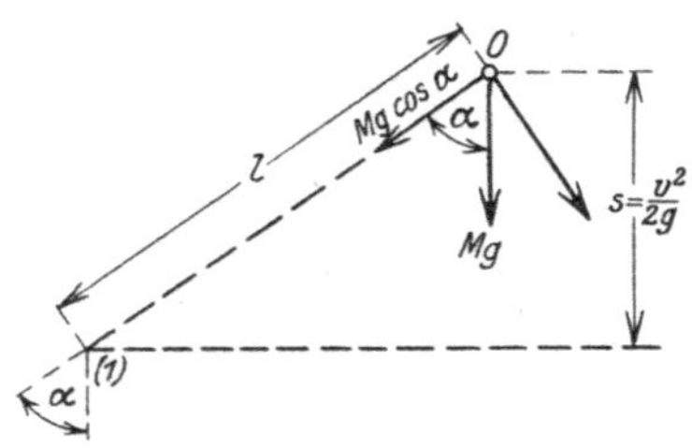

Abb. 12.

$$l = \frac{v^2}{2p} = \frac{v^2}{2g\cos\alpha} = \frac{s}{\cos\alpha}\,.$$

Die Arbeit der Kraft $Mg\cos\alpha$ auf dem Weg l ist somit:

$$\mathfrak{A}_v = Mg\cos\alpha \cdot \frac{s}{\cos\alpha} = Mgs\,,$$

sie ist also in der Tat unabhängig von der Richtung der Geschwindigkeit.

Im Querschnitt (0) eines offenen Gerinnes (Abb. 13) ist:

$$s_0 = \frac{v_0^2}{2g}\,,\quad \text{daher } \mathfrak{A}_{v_0} = \frac{m}{2} v_0^2 = mg \cdot \frac{v_0^2}{2g} = q \cdot s_0\,,$$

ebenso im Querschnitt (1):

$$s_1 = \frac{v_1^2}{2g}\,,\quad \text{daher } \mathfrak{A}_{v_1} = q s_1\,.$$

Durch Auftragung von s_0 und s_1 über dem Wasserspiegel als $\mathfrak{A}_h$-Linie wird die $\mathfrak{A}_{hv}$-Linie als gleichwertiges Arbeitsvermögen der Lage erhalten.

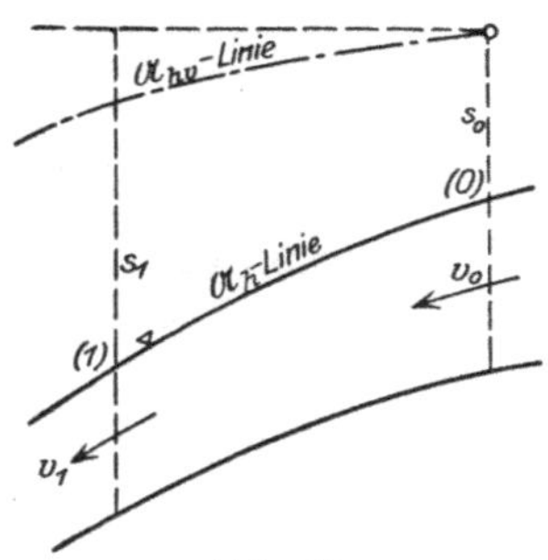

Abb. 13.

Haben in jeder Tiefe die Wasserfäden die gleiche Geschwindigkeit v, so ist in jeder Schicht

$$v = \frac{q}{h}$$

und

$$s = \frac{v^2}{2g}\,.$$

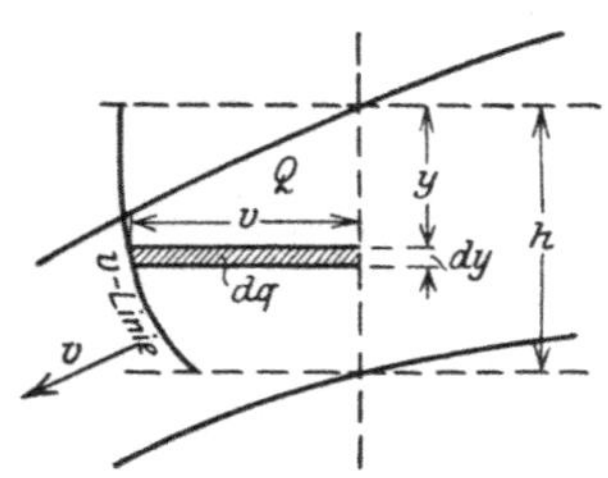

Abb. 14.

In der Regel ist aber v mit der Tiefe veränderlich und s für die aufeinander folgenden Wasserfäden verschieden, und es erwächst die Aufgabe, ein s für den ganzen Querschnitt zu finden, das, mit seiner Wassermenge multipliziert, dasselbe Arbeitsvermögen ergibt, wie die Summe der einzelnen, mit ihren Geschwindigkeitshöhen multiplizierten Wasserteilchen.

In der Tiefe y sei die Geschwindigkeit $= v$, dann fließt durch die Schicht dy sekundlich die Wassermenge (Abb. 14):

$$dq = v\,dy\,,$$

und es ist:

$$q = \int_0^h v\,dy\,,$$

mit einem $\mathfrak{A}_v$:

$$d\mathfrak{A}_v = \frac{1}{2}\frac{dq}{g}\cdot v^2 = \frac{v^3}{2g}\,dy,$$

daher:

$$\mathfrak{A}_v = \frac{1}{2g}\int_0^h v^3\cdot dy, \tag{15}$$

und für den Ersatz durch gleichwertiges Arbeitsvermögen der Lage:

$$\mathfrak{A}_v = q\cdot s, \qquad s = \frac{\mathfrak{A}_v}{q} = \frac{1}{2gq}\int_0^h v^3\cdot dy. \tag{16}$$

Dagegen ergibt sich aus der mittleren Geschwindigkeit $v_m = \frac{q}{h}$:

$$s_m = \frac{v_m^{\,2}}{2g} = \frac{q^2}{2gh^2}$$

und

$$\frac{s}{s_m} = \frac{1}{q\cdot v_m^2}\int_0^h v^3\cdot dy = \frac{v_m}{q}\int_0^h\left(\frac{v}{v_m}\right)^3\cdot dy = \frac{1}{h}\int_0^h\left(\frac{v}{v_m}\right)^3\cdot dy$$

oder, mit $\frac{1}{h}\int_0^h\left(\frac{v}{v_m}\right)^3 dy = \sigma$:

$$s = \sigma s_m.$$

Der Wert von σ sei nachstehend für verschiedene v-Linien berechnet:

1. $v =$ konstant:

$$v_m = v,$$

$$\sigma = \frac{1}{h}\int_0^h 1\cdot dy = \frac{h}{h} = 1.$$

2. Die v-Linie ist eine Gerade:

a) $v_0 = 0$ (Abb. 15a), $\quad v_y = \frac{y}{\frac{h}{2}}\cdot v_m = \frac{2y}{h}\cdot v_m,$

$$\sigma = \frac{8}{h^4}\int_0^h y^3\,dy = \frac{8}{h^4}\cdot\frac{h^4}{4} = 2;$$

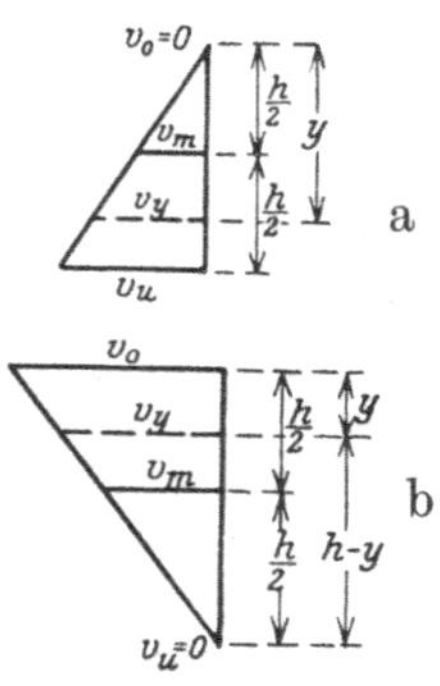

Abb. 15a u. b.

b) $v_u = 0$ (Abb. 15b), $\quad v_y = \frac{h-y}{\frac{h}{2}}\cdot v_m = \frac{2}{h}(h-y)\cdot v_m,$

$$\sigma = \frac{8}{h^4}\int_0^h (h-y)^3\,dy = -\frac{8}{h^4}\int_0^h (h-y)^3\,d(h-y),$$

$$\sigma = -\frac{2}{h^4}\Big[(h-y)^4\Big]_0^h = +2;$$

c) $v = v_0 - \varphi \cdot y$ (Abb. 16), also:

$$v_u = v_0 - \varphi h, \qquad \varphi = \frac{v_0 - v_u}{h},$$

$$v_m = v_0 - \varphi \cdot \frac{h}{2}, \qquad v_m = \frac{v_0 + v_u}{2},$$

$$\sigma = \frac{1}{h \cdot v_m^3} \int_0^h v^3 \, d y$$

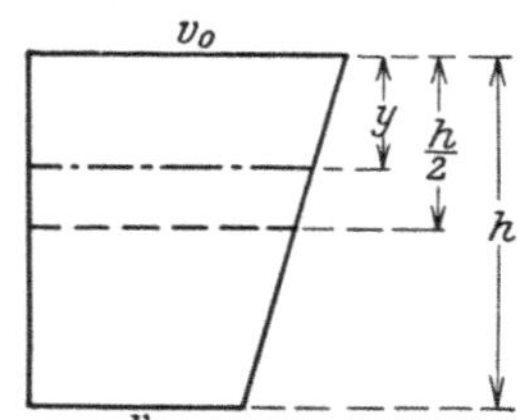

Abb. 16.

$$\int_0^h v^3 \, d y = \int_0^h (v_0 - \varphi y)^3 \, d y = -\frac{1}{\varphi} \int v_0 - \varphi y)^3 \, d (v_0 - \varphi y)$$

$$= -\frac{1}{4 \varphi} [(v_0 - \varphi h)^4 - v_0^4] = \frac{1}{4 \varphi} (v_0^4 - v_u^4),$$

$$\sigma = \frac{8 \cdot (v_0^4 - v_u^4)}{h \cdot (v_0 + v_u)^3 \cdot 4 \varphi} = \frac{2 \cdot (v_0 - v_u)(v_0^2 + v_u^2)}{h \cdot (v_0 + v_u)^2 \cdot \varphi} = \frac{2 \cdot (v_0^2 + v_u^2)}{(v_0 + v_u)},$$

$$\sigma = 2 \cdot \frac{1 + \left(\frac{v_u}{v_0}\right)^2}{\left(1 + \frac{v_u}{v_0}\right)^2} = 2 \cdot \frac{1 + \left(\frac{v_0}{v_u}\right)^2}{\left(1 + \frac{v_0}{v_u}\right)^2}.$$

Man erhält demnach für:

$v_0 : v_u =$	$\sigma =$
0 ($v_0 = 0$) od. ∞ ($v_u = 0$)	2
10 : 1	1,67
5 : 1	1,44
2 : 1	1,11
1,5 : 1	1,04
1,25 : 1	1,10
1 : 1	1,00

3. Die v-Linie ist eine Parabel (Abb. 17):

$$v = v_0 - \frac{y^2}{h^2} (v_0 - v_u),$$

$$v_m = \frac{v_0 + v_u}{2} + \frac{2}{3} \cdot \frac{v_0 - v_u}{4} = \frac{2 v_0 + v_u}{3},$$

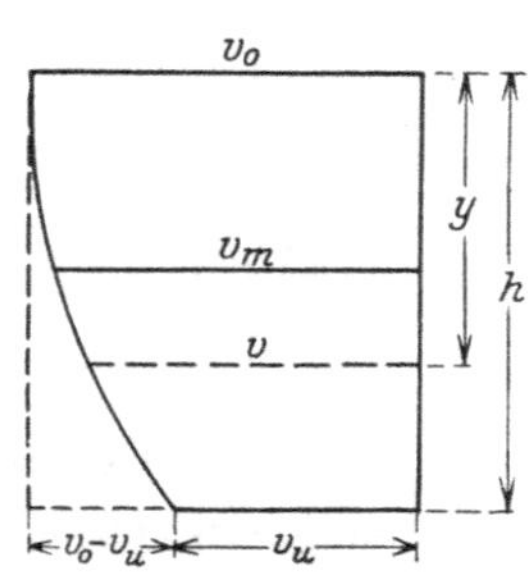

Abb. 17.

$$\sigma = \frac{1}{h} \int_0^h \left(\frac{v}{v_m}\right)^3 d y = \frac{27}{h} \int_0^h \frac{\left[v_0 - \frac{y^2}{h^2} (v_0 - v_u)\right]^3}{(2 v_0 + v_u)^3} \, d y,$$

$$\sigma = \frac{27}{35} \cdot \frac{16 + 8 \left(\frac{v_u}{v_0}\right) + 6 \left(\frac{v_u}{v_0}\right)^2 + 5 \left(\frac{v_u}{v_0}\right)^3}{\left(2 + \frac{v_u}{v_0}\right)},$$

woraus sich folgende Werte für σ ergeben:

$v_u : v_0 =$	$\sigma =$	$v_u : v_0 =$	$\sigma =$
$0\ (v_u = 0)$	1,54	$\infty\ (v_0 = 0)$	3,86
1 : 5	1,31	5 : 1	1,95
1 : 2	1,09	2 : 1	1,16
1 : 1,5	1,04	1,5 : 1	1,05
1 : 1	1,00	1 : 1	1,00

Abgesehen davon, daß nach diesen Entwicklungen σ stets $> s_m$ ist, ergibt sich aus ihnen:

1. Wenn die Veränderung der Geschwindigkeit nach der Tiefe weniger als $^1/_4$ beträgt, kann genau genug s aus der mittleren Geschwindigkeit berechnet werden.

2. Eine Veränderung um die Hälfte ergibt einen nur um 4 vH zu kleinen Wert, gleichgültig, ob v sich gleichmäßig oder ungleichmäßig ändert.

3. Bei einem Verhältnis von 1 : 2 des kleinsten zum größten v ist der Fehler schon 9 bis 16 vH je nach Verlauf der Änderung.

4. Änderungen von mehr als 1 : 2 geben so starke Abweichungen, daß besonders bei großen Geschwindigkeiten die genauere Berechnung von s nicht zu umgehen ist. Der Wert von s kann etwa bis zum 4fachen von s_m steigen.

5. Bei den Flußläufen ist in der Regel s weniger als 10 vH größer als s_m.

Für einen beliebigen Lauf der v-Linie wird s zweckmäßig zeichnerisch ermittelt (Abb. 18).

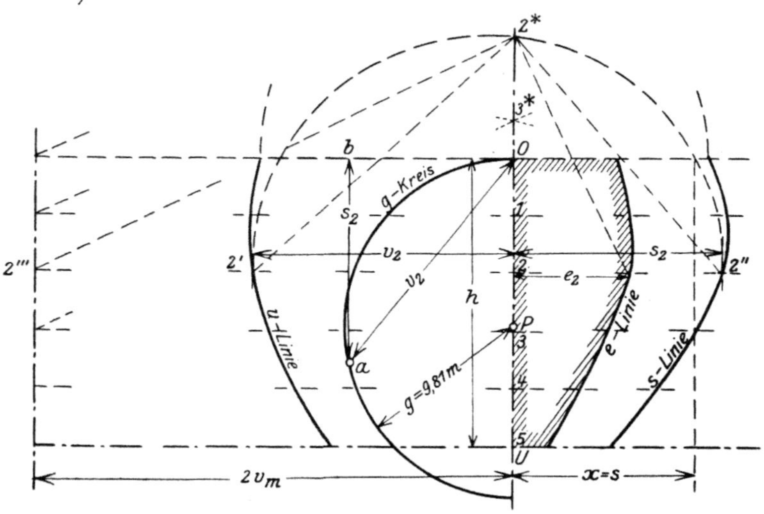

Abb. 18.

Dazu ist zunächst die von der v-Linie und ihrer Grundlinie OU eingeschlossene Fläche, die zugleich die das Profil durchströmende Wassermenge $Q = \Sigma(v\,y)$ darstellt, in ein Dreieck über der Wassertiefe h als Grundlinie zu verwandeln. Es ergibt sich für dasselbe eine Höhe gleich der doppelten Länge der im Querprofil herrschenden mittleren Geschwindigkeit v_m; denn es ist:

$$\tfrac{1}{2} \cdot 2\,v_m \cdot h = Q\,.$$

Wenn man nun mit dem Halbmesser

$$\overline{PO} = g = 9{,}81 \text{ m}$$

einen durch O gehenden Halbkreis um den auf der Lotlinie OU liegenden Punkt P beschreibt; so kann man mittels desselben leicht zu jeder Geschwindigkeit v die zugehörige Geschwindigkeitshöhe s finden: Nimmt man z. B. die durch die Länge $(2' - 2)$ dargestellte Geschwindigkeit v_2 in den Zirkel und unterfährt man mit dieser als Sehne den Halbkreis von O bis a, dann hat das Lot ab von a auf die Wagerechte durch O die Länge s_2. Denn aus bekannten Eigenschaften des Kreises folgt:

$$\overline{Oa}^2 = ab \cdot 2r$$

oder

$$v_2^2 = ab \cdot 2g$$

$$ab = \frac{v_2^2}{2g} = s_2 .$$

Das Lot $\overline{ab}$ braucht gar nicht erst gezeichnet zu werden. Denn nachdem man $(2' \cdot 2) = v_2$ in den Zirkel genommen und von O aus den Punkt a abgestochen hat, braucht man die Zirkelöffnung nur so weit zu verringern, daß der mit ihr um a beschriebene Kreis die Wagerechte ob berührt, dann hat man die Strecke s_2 im Zirkel, die nun „von 2 nach 2" aufzutragen ist, um einen Punkt der „s-Linie" zu erhalten.

Wir knüpfen weiterhin an den oben entwickelten allgemeinen Ausdruck (16) für s an und formen denselben wie folgt um:

$$s = \frac{1}{2gq}\int_0^h v_y^3\,dy = \frac{1}{q}\int_0^h s_y \cdot v_y\,dy = \frac{1}{h \cdot v_m}\int_0^h s_y v_y\,dy = \frac{2}{h}\int_0^h \frac{s_y \cdot v_y}{2v_m} \cdot dy .$$

Um das Produkt $s_y v_y$ z. B. für s_2 und v_2 zu erhalten, beschreibt man über die von $2'$ und $2''$ begrenzte Strecke als Durchmesser einen Halbkreis, der die Lotrechte u—2—o in 2* trifft. Ist dann m die Länge von 2—2*, so ist

$$v_2 s_2 = m^2 .$$

Man erhält einen zweiten Ausdruck für m^2 aus einem zweiten rechtwinkligen Dreieck, das ebenfalls seinen rechten Winkel bei 2* hat, deren Hypotenuse ebenfalls mit der Wagerechten durch 2 zusammenfällt und deren Katheten auf der Hypotenuse beiderseits der Lotrechten u—o—2* die Strecken $2v_m$ und e_2 abschneiden. Dann ist

$$2v_m \cdot e_2 = m^2$$

und aus beiden Ausdrücken folgt:

$$e_2 = \frac{v_2 \cdot s_2}{2v_m}$$

oder allgemein

$$e_y = \frac{v_y \cdot s_y}{2v_m}$$

und daher

$$\int_0^h e_y\,dy = \int_0^h \frac{v_y \cdot s_y}{2v_m}\,dy .$$

Die von dem Integral $\int_0^h e_y\,dy$ dargestellte Fläche zwischen der „e-Linie“ und der Grundlinie $u\,o$ wird wieder in ein Dreieck über der gleichen Grundlinie verwandelt, als dessen Höhe sich x ergibt, so daß man nunmehr hat:

$$\int_0^h (e_y\,dy) = \tfrac{1}{2}h \cdot x = \int_0^h \frac{v_y\,s_y}{2\,v_m}\,dy$$

und daraus:

$$x = \frac{2}{h}\int_0^h \frac{v_y \cdot s_y}{2\,v_m} = s\,.$$

c) Das Arbeitsvermögen der Spannung $\mathfrak{A}_k$. Für $\mathfrak{A}_k$ ergibt sich das gleichwertige $\mathfrak{A}_h$ aus der Betrachtung der Wirkung, die eine Spannung der Masse auszuüben vermag. Wird eine elastische Kugel auf starrer Unterlage (Abb. 19a) durch eine Kraft K zusammengedrückt, so wird dadurch der spannungslose Zustand in einen Zustand der Spannung umgewandelt.

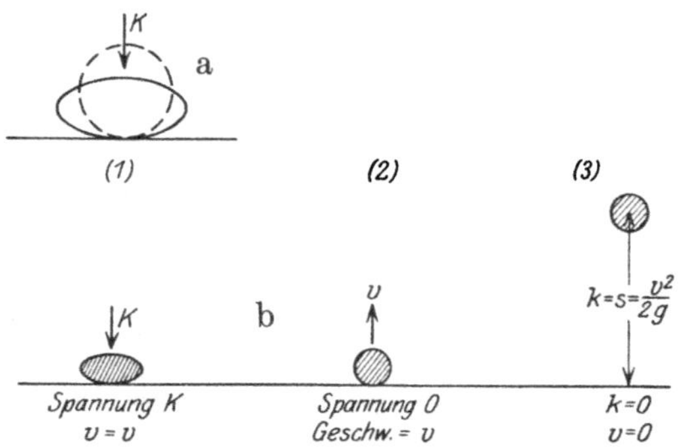

Abb. 19a u. b.

Nach Beseitigung der Kraft K nimmt die zusammengedrückte Masse wieder die ursprüngliche Kugelgestalt an (Abbildung 19b), dabei verschwindet die Spannung und die Kugel wird mit der Geschwindigkeit v in die Höhe geschleudert, bis sie in der Geschwindigkeitshöhe $s = \dfrac{v^2}{2g} = k$ den spannungslosen Ruhezustand erreicht.

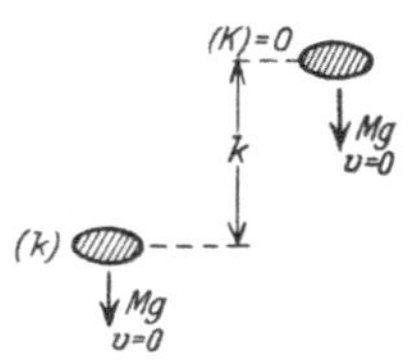

Abb. 20a.

An Stelle von $\mathfrak{A}_k$ im Zustand (1) tritt ein gleichwertiges $\mathfrak{A}_v$ im Zustand (2) und weiter ein gleichwertiges $\mathfrak{A}_h$ im Zustand (3).

Fällt die Kugel aus der Höhe k zurück, so wird sie durch den Zustand (2) hindurchgehen, um wieder den ursprünglichen Zustand (1) anzunehmen.

Die Höhe k m ist das Maß der Spannung

$$\mathfrak{A}_k = M g \cdot k = q\,k \tag{16a}$$

und man hat den Satz:

IV. $\mathfrak{A}_k$ ist gleichwertig mit der Zunahme von $\mathfrak{A}_h$ in einer um die Spannungshöhe k erhöhten Lage.

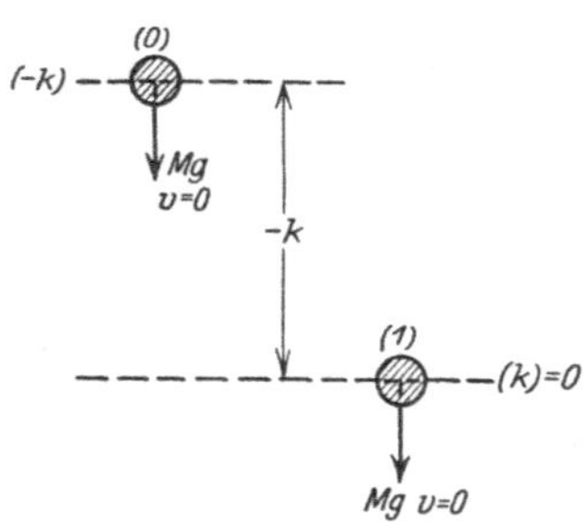

Abb. 20b.

Während nun nach Satz II die Geschwindigkeitshöh s stets positiv gerichtet ist, also $\mathfrak{A}_v$ beim Ersatz durch $\mathfrak{A}_h$ stets eine Vergrößerung des letzteren liefert, so kann die Spannung k sowohl positiv als negativ auftreten (Abb. 20a u. b), die Masse kann sowohl einer Druckspannung $+k$ m als einer Zugspannung $-k$ m unterliegen.

Für die negative (Zug-)Spannung ($-k$) in der Lage (o) liegt das gleichwertige $\mathfrak{A}_h$ in der Lage (1) um k m tiefer, es ist daher:

$$\mathfrak{A}_{-k} = -M g\,k = -q\,k\,.$$

V. Je nachdem die Spannung positiv (Druck) oder negativ (Zug) ist, muß die Spannungshöhe k positiv als Vergrößerung oder negativ als Verminderung von $\mathfrak{A}_h$ aufgetragen werden

$$\mathfrak{A}_{\pm k} = \pm\, Mg \cdot k. \qquad (16\text{b})$$

Durch Auftragen der in jeder Tiefe y einer Strömung herrschenden Spannung k_y erhält man die k-Linie.

Eine Schicht von der Stärke dy durchfließt sekundlich die Wassermenge (Abb. 21):

$$dq = v_y \cdot dy,$$

deren $\mathfrak{A}$ der Spannung ist:

$$d\,\mathfrak{A}_k = dq \cdot k_y = v_y\, dy \cdot k_y,$$

$$\mathfrak{A}_k = \int_0^h k_y \cdot v_y\, dy.$$

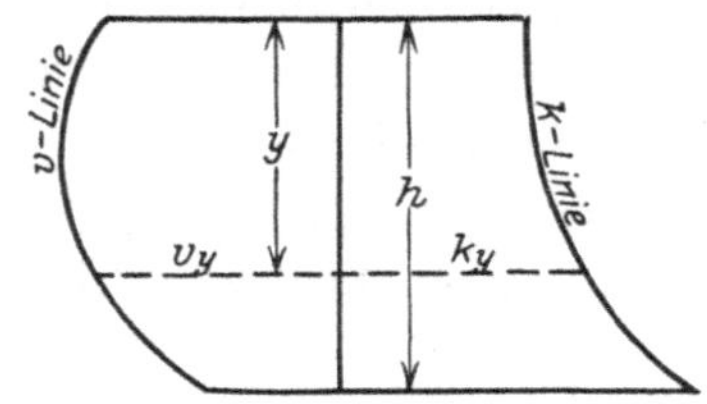

Abb. 21.

Für dieses $\mathfrak{A}_k$ ist wieder das gleichwertige $\mathfrak{A}_h$ zu berechnen aus

$$\mathfrak{A}_k = q \cdot k,$$

woraus sich die Arbeitshöhe

$$k = \frac{\mathfrak{A}_k}{q} = \frac{\int_0^h k_y \cdot v_y\, dy}{q} = y \pm \mathfrak{z}$$

ergibt.

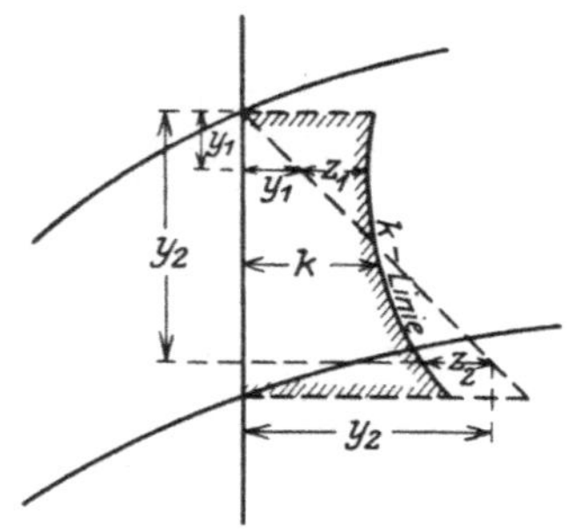

Abb. 22.

Entsprechend der schon in Gl. (1) zum Ausdruck gebrachten Zusammensetzung von k aus zwei Teilen (Abbildung 22) muß auch das $\mathfrak{A}_k$ zerlegt werden in

$$\mathfrak{A}_k = \mathfrak{A}_y \pm \mathfrak{A}_z$$

und es ist die Aufgabe, das gleichwertige Lage-$\mathfrak{A}$ für das $\mathfrak{A}_y$ des Eigengewichtes und das $\mathfrak{A}_z$ der Zusatzspannung zu berechnen.

In der Tiefe y ist die Pressung vom Eigengewicht $= y$ daher für eine Schicht dy mit der Abflußmenge $dq = v\,dy$:

$$d\,\mathfrak{A}_y = y \cdot dq = v\, y\, dy,$$

also gleichwertig mit dem Lage-$\mathfrak{A}$ der in den Wasserspiegel verlegten Wassermenge dq. Da das für alle Schichten von 0 bis h gilt, so erhält man den vom Eigengewicht herrührenden Anteil des dem Spannungs-$\mathfrak{A}$ gleichwertigen Lage-$\mathfrak{A}$ durch Verlegung der gesamten Wassermenge in den Wasserspiegel.

In der Tiefe y ist ferner das Spannungs-$\mathfrak{A}$ aus der Zusatzspannung z:

$$d\,\mathfrak{A}_z = v_y \cdot dy \cdot z_y,$$

$$\mathfrak{A}_z = \int_0^h v_y \cdot z_y \cdot dy.$$

Daraus die Arbeitshöhe $\mathfrak{z}$ des gleichwertigen $\mathfrak{A}$ der Lage:

$$\mathfrak{z} = \frac{\mathfrak{A}_z}{q} = \frac{1}{q}\int_0^h v_y\, z_y\, dy.$$

Die zur Berücksichtigung der Eigengewichtsspannungen allein in den Wasserspiegel verlegte Wassermenge muß also zur Berücksichtigung auch der Zusatzspannungen noch um $\mathfrak{z}$ darüber hinausgehoben werden, um die der Spannungsarbeit gleichwertige Lagearbeit zu erhalten.

Man bekommt das gesamte einem Strom innewohnende Arbeitsvermögen durch Hinzufügung auch der im vorigen Abschnitt ermittelten Bewegungsarbeit:

$$\mathfrak{A} = \mathfrak{A}_{hy} + q\,(s + \mathfrak{z}), \tag{17}$$

indem man mit anderen Worten q in die Höhe $s + \mathfrak{z}$ über den Wasserspiegel verlegt.

Auch hier empfiehlt es sich, $\mathfrak{z}$, sofern die z-Linie nicht mathematisch leicht darstellbar ist, in ähnlicher Weise wie dies für s gezeigt wurde, zeichnerisch zu ermitteln (Abb. 23).

Gegeben sind die v-Linie und die z-Linie; für die Höhenlage 3 ist die Ermittlung eines Punktes $3''$ der e-Linie gezeigt. Der Halbkreis über $(3 - 3')$ schneidet auf AA den Punkt 3^* ab und es ist

$$(3^0 - 3^*)^2 = v_y \cdot z_y$$
$$= (3^0 - 3''') \cdot (3^0 - 3'')$$
$$= 2\,v_m \cdot e_y,$$

daher mit $v_m\,h = q$:

$$e_y = \frac{v_y \cdot z_y}{2\,v_m} = \frac{h}{2} \cdot \frac{v_y \cdot z_y}{q}.$$

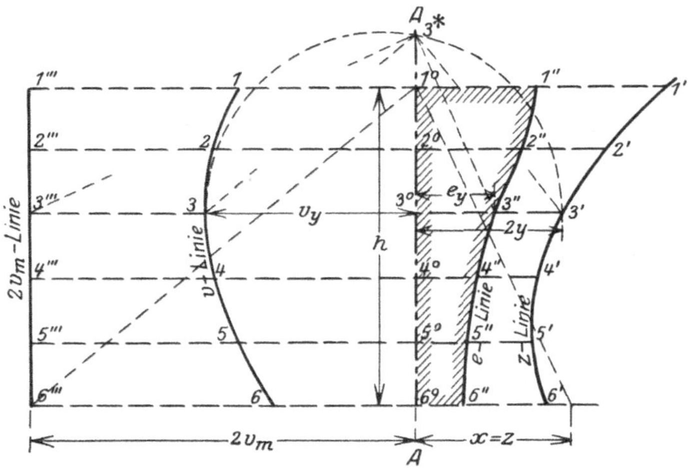

Abb. 23.

Die zwischen der Linie AA und der e-Linie liegende schraffierte Fläche ist also einerseits gleich

$$\frac{h}{2} \sum \frac{v_y \cdot z_y}{q}$$

und andererseits gleich: $\frac{h}{2} \cdot x$, d. h. gleich einem Dreieck von der Basis h und der Höhe x, in das die schraffierte Fläche verwandelt wurde. Es ergibt sich daraus, daß

$$x = \int_0^h \frac{v_y \cdot z_y}{q}\, d\,y = \mathfrak{z}.$$

Eine positive Zusatzspannung kann jeden Wert haben, da das Wasser jedem Druck zu widerstehen vermag; dagegen ist nach der negativen Seite hin ihre Größe begrenzt. Eine negative Spannung in einem Wasserfaden oder einem Bündel von Wasserfäden bedeutet, daß die einzelnen Wasserteilchen desselben durch die Beschleunigung ihrer Bewegungen voneinander getrennt sind. In den Zwischenräumen befinden sich anfangs Luftbläschen, die aber bald von der Strömung weggerissen werden, so daß eine Luftverdünnung entsteht. In dem an dieser Stelle eingeführten Schenkel eines **U**-förmig gebogenen Piezometerröhrchens wird das Wasser, das bis dahin in beiden Schenkeln gleich hoch stand, in dem einen steigen und in dem anderen sinken, und der Unterschied zwischen beiden kann sich — wenn die Luftverdünnung sich bis zur absoluten Luftleere steigert — bis zu — at = — 10,3 m vergrößern, noch größer kann er aber nicht werden, weil die Atmosphäre einer Wassersäule von mehr als 10,3 m Höhe nicht das Gleichgewicht halten kann.

Eine negative Spannung in fließendem Wasser deutet also nicht etwa auf Zugkräfte zwischen den Molekülen, denn in einer vollkommenen Flüssigkeit gibt es Kräfte, die sich der Trennung der Moleküle entgegensetzen nicht, sondern sie besteht in einer Luftverdünnung, die in den Zwischenräumen zwischen den durch Beschleunigung voneinander getrennten Teilchen auftritt, und diese Verdünnung kann nie mehr als -1 at $= -10{,}3$ m betragen.

Man kann entweder sagen:

$$K_{\min} = 0 \text{ absolut}$$

oder

$$K_{\min} = -\text{at} = -10{,}3 \text{ m}.$$

Da $k = z + y$, ist dann auch:

$$-10{,}3 = z + y \qquad \text{oder} \qquad z_{\min} = -(10{,}3 + y).$$

Beispiele für negative z zeigen die Abbildungen 24 und 25:

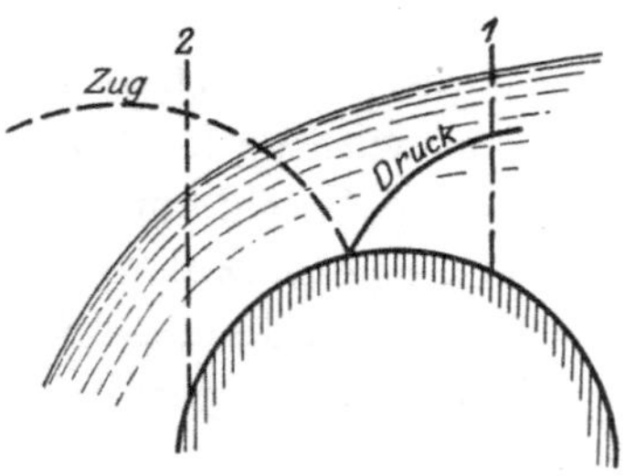

Abb. 24.

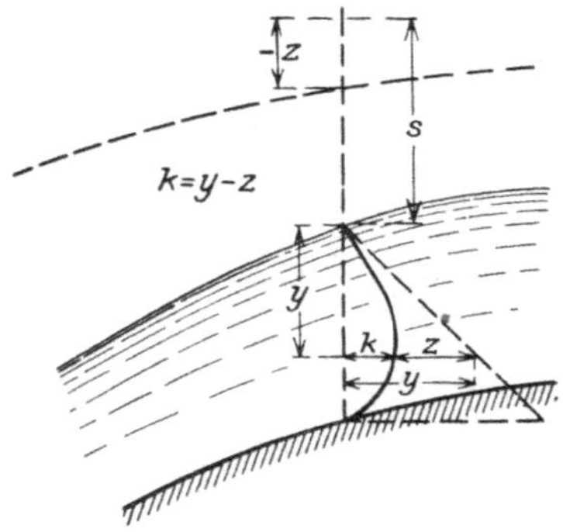

Abb. 25.

Die Spannungen in den Querschnitten 1 und 2 des Überfalls sind (Abb. 26 und 27):

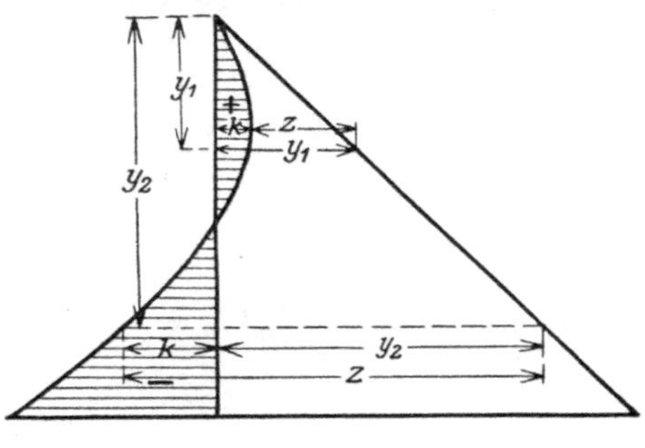

Abb. 26.

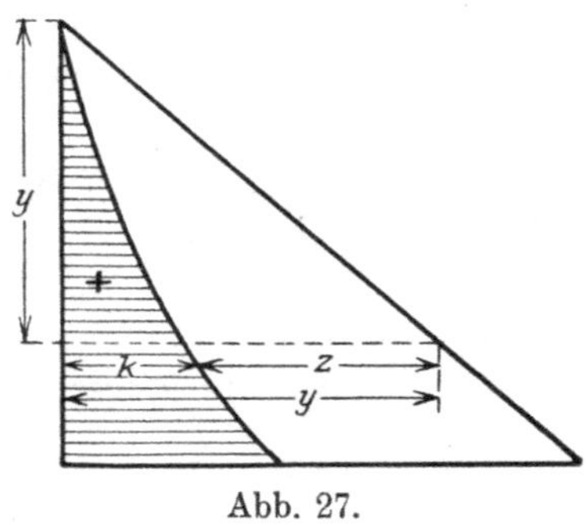

Abb. 27.

In den Abbildungen 28a—e ist der Unterschied zwischen absoluter und relativer Spannung dargelegt.

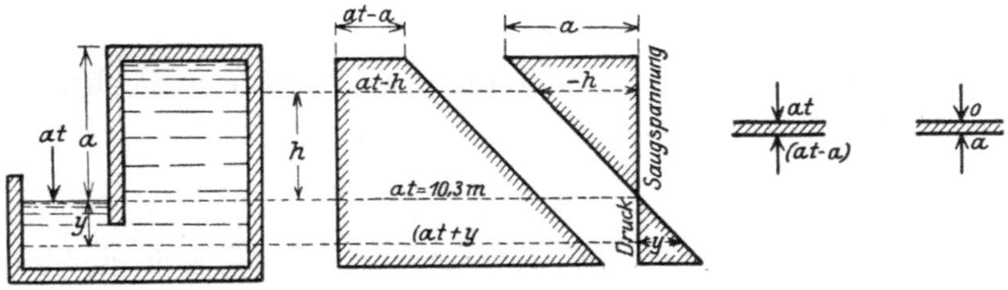

Abb. 28a—c.

Durch Absetzen von $(s \pm z)$ vom Wasserspiegel aus nach oben (Abb. 29) erhält man, wie schon vorhin bemerkt,

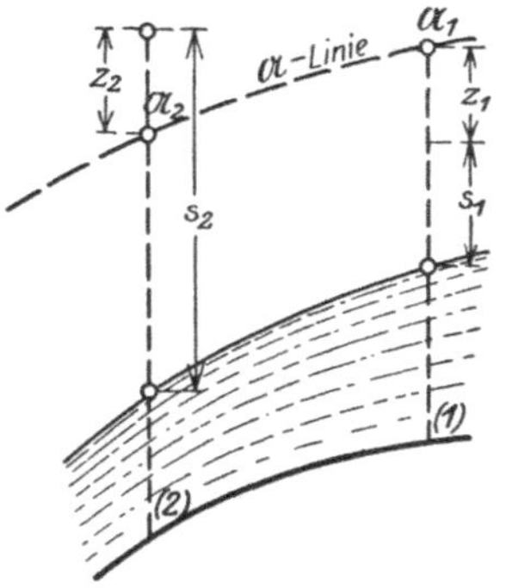

Abb. 29.

im Querschnitt 1) $\mathfrak{A}_1$

und im Querschnitt 2) $\mathfrak{A}_2$

als Höhen des gleichwertigen Arbeitsvermögens der Lage und $\mathfrak{A}_1$—$\mathfrak{A}_2$ als Arbeitslinie. Der Höhenunterschied zwischen $\mathfrak{A}_1$ und $\mathfrak{A}_2$ gibt den Verbrauch an Arbeit auf der Strecke (1)—(2) an.

d) Die Reibungsarbeit $\mathfrak{A}_r$. α) Bei gleichförmiger Geschwindigkeit besteht zwischen dem Gefälle J des Wasserspiegels und der mittleren Geschwindigkeit v die Beziehung (Abb. 30):

$$v = c\sqrt{R \cdot J},$$

also

$$s = \frac{v^2}{2g} = \frac{c^2}{2g} \cdot R \cdot J.$$

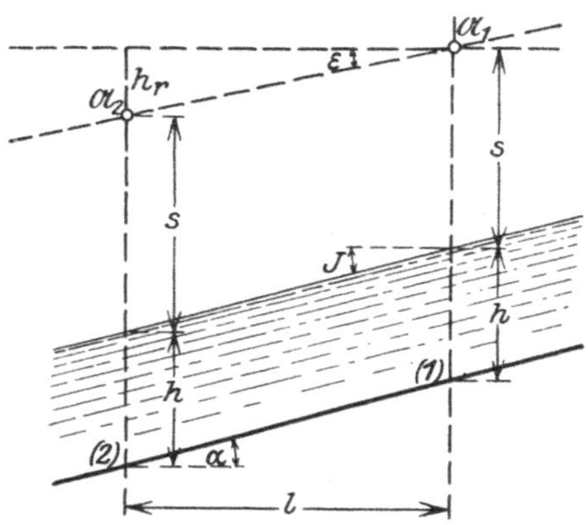

Abb. 30.

Da v sich nicht ändert, so behält auch s auf der Strecke 1—2 seinen Wert. Da ferner bei einer Bewegung ohne Beschleunigungen oder Verzögerungen keine Zusatzspannungen auftreten, also $\mathfrak{z} = 0$ ist, so ist auch die Arbeitslinie $\mathfrak{A}_1$—$\mathfrak{A}_2$ dem Wasserspiegel parallel und die Steigung $\varepsilon = J$.

Der Zustand der gleichförmigen Bewegung sei kurz als Gleiche, der Strom als Gleichstrom und seine Wassertiefe als Gleichtiefe bezeichnet.

Für die Gleiche ist (Abb. 31):

$$\varepsilon_0 = i_0 = \alpha,$$

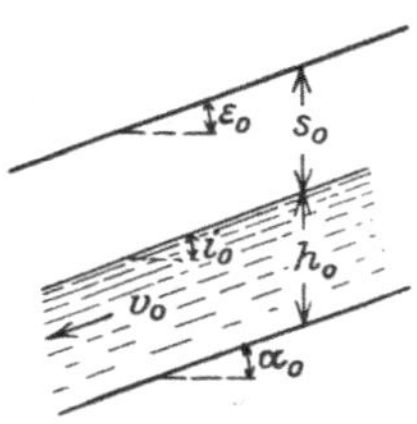
Abb. 31.

ferner, soweit $R = h$ gesetzt werden darf:

$$v_0 = c\sqrt{h_0\,\varepsilon_0} = c\sqrt{h_0\,\alpha}, \tag{18a}$$

$$q_0 = h_0\,v_0 = c\,h_0\sqrt{h_0\,\varepsilon_0} = c\,h_0\sqrt{h_0\,\alpha}$$

und die Gleichstufe

$$h_0 = \sqrt[3]{\frac{q^2}{c^2 \cdot \alpha}}. \tag{18b}$$

Aus

$$v^2 = c^2\,R \cdot \varepsilon$$

folgt:

$$\varepsilon = \frac{v^2}{c^2 \cdot R} = \frac{2g}{c^2} \cdot \frac{s}{R} \tag{19}$$

oder, wenn für Flüsse und Ströme, deren Breite im Verhältnis zu ihrer Tiefe sehr groß ist, h statt R gesetzt werden darf:

$$\varepsilon = \frac{v^2}{c^2 \cdot h} = \frac{2g}{c^2} \cdot \frac{s}{h}.$$

ε ist das Reibungsgefälle der $\mathfrak{A}$-Linie für die Geschwindigkeit v oder die Geschwindigkeitshöhe $s = \dfrac{v^2}{2g}$.

Auf der Weglänge l von (1) bis (2) wird die Arbeitshöhe vermindert um:

$$h_r = \varepsilon l$$

und zur Überwindung des Reibungswiderstandes die Arbeit

$$\mathfrak{A}_r = h_r \cdot q = \varepsilon l q$$

verbraucht.

β) Bei ungleichförmiger Strömung ist für jeden Querschnitt das Reibungsgefälle aus

$$\varepsilon = \frac{2g}{c^2} \cdot \frac{s}{R} \quad \text{bzw. (wohlgemerkt, nur für breite Ströme)} \quad = \frac{2g}{c^2} \cdot \frac{s}{h}$$

zu berechnen und daraus die $\mathfrak{A}$-Linie zu zeichnen.

Wenn sich für lange Flußstrecken die Rechnung sehr häufig wiederholt, kann man sie auch zeichnerisch durchführen. Man schreibt dazu für ε:

$$\varepsilon = \frac{s}{\frac{c^2}{2g} \cdot h}. \qquad (19\,a)$$

Wenn also in dem rechtwinkligen Dreieck $\overline{abc}$ (Abb. 32) ε der Winkel bei b und $\overline{ac} = s$ die ihm gegenüberliegende Kathete ist, so ist die andere Kathete:

$$a\,b = \frac{c^2}{2g} h.$$

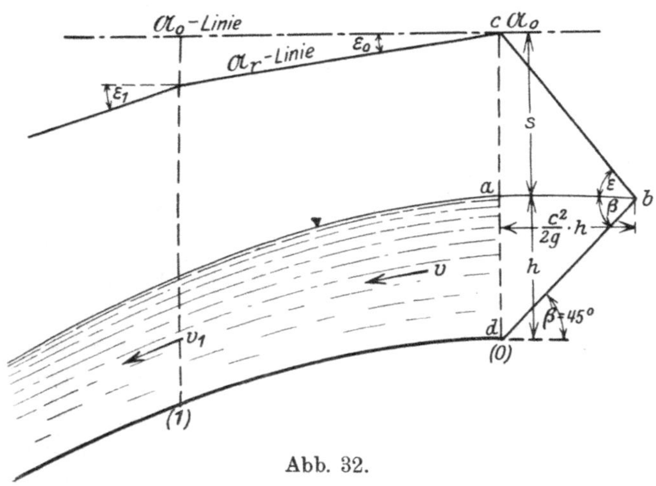

Abb. 32.

Bezeichnet man sodann den Winkel, den $\overline{bd}$ mit der Wagerechten bildet, mit β, so ist

$$\operatorname{cotg}\beta = \frac{c^2}{2g} h : h = \frac{c^2}{2g} = 100 \text{ (für den mittleren Wert } c = 45).$$

Setzt man statt dessen, um unbequem kleine Winkel zu vermeiden, $\frac{c^2}{2g} = 1$, so wird auch $\operatorname{cotg}\beta = 1$, d. h. $\beta = 45^0$, andererseits erhält man ε in 100facher Vergrößerung, so daß es zum Auftragen in den Plan der Arbeitslinien entsprechend verkleinert werden muß.

Man findet also ε, indem man von (A) aus (Abb. 33) eine Linie unter 45^0 gegen das Lot zieht, die auf der Wagerechten durch a den Punkt b herausschneidet, dessen Verbindung mit c gegen die Linie $a\,b$ die 100fache Vergrößerung des Winkels ε einschließt. Ist also auch das Längenprofil des Flusses 100fach überhöht aufgezeichnet, so erhält man mit einer von A aus unter 45^0 geneigten Linie für die Wassertiefen 1, 2, 3, 4, 5 die Reibungsgefälle $\varepsilon_1\,\varepsilon_2 \ldots \varepsilon_5$.

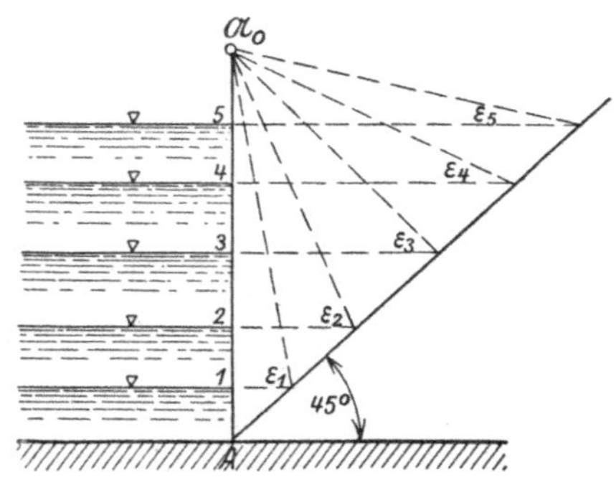

Abb. 33.

Wenn die Überhöhung nicht 100fach, sondern $n$fach ist, setzt man

$$\operatorname{cotg}\beta = \frac{1}{n}\,\frac{c^2}{2g}\,. \qquad (19\,\mathrm{b})$$

Die Darstellung zeigt, daß das Reibungsgefälle sich vermindert, wenn die Wassertiefe zunimmt. Das Verfahren liefert ein einfaches Mittel zur Aufzeichnung von Wasserspiegellinien (Stau- und Senkungskurven).

ε ist vom Gefälle des Wasserspiegels unabhängig. Die $\mathfrak{A}_r$-Linie kann von umgekehrter Krümmung sein wie der Wasserspiegel.

Wir werden an anderer Stelle von dem Verfahren Gebrauch machen.

e) Der $\mathfrak{A}$-Verlust $\Delta\mathfrak{A}$. Im Querschnitt (0) erhält man (Abb. 34) durch Auftragen von s_0 und $\mathfrak{z}_0$ vom Wasserspiegel aus die Arbeitshöhe $\mathfrak{A}_0$ des mit dem $\mathfrak{A}$ des Stromes gleichwertigen $\mathfrak{A}$ der Lage.

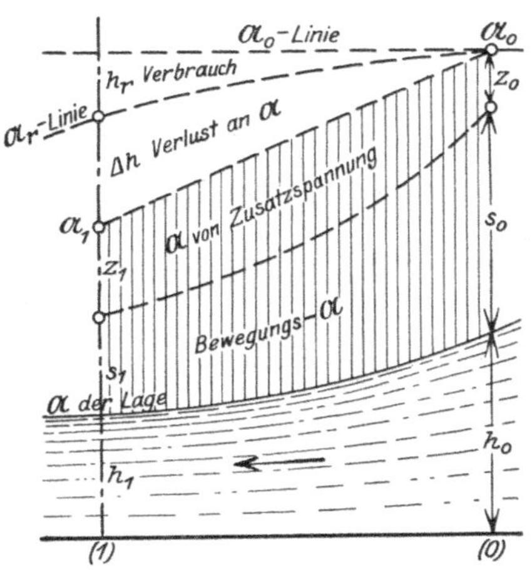

Abb. 34.

Ebenso ergibt sich im folgenden Querschnitt (1) aus s_1 und $\mathfrak{z}_1$ die Arbeitshöhe $\mathfrak{A}_1$.

$\mathfrak{A}_1$ liegt tiefer als $\mathfrak{A}_0$. Die Verminderung an Arbeitshöhe setzt sich zusammen aus dem Verbrauch h_r durch den Reibungsverlust und dem Verlust Δh. Durch Einzeichnen der $\mathfrak{A}_r$-Linie ergibt sich der Verlust von $\mathfrak{A}$.

Die Darstellung bietet ein Bild der Zusammensetzung des gesamten Arbeitsvermögens und seiner Umwandlung in gleichwertiges $\mathfrak{A}$ der Lage.

Aus den dargestellten Arbeitshöhen ergeben sich die sekundlichen $\mathfrak{A}$ durch Multiplikation mit den sekundlich abfließenden Wassermengen q.

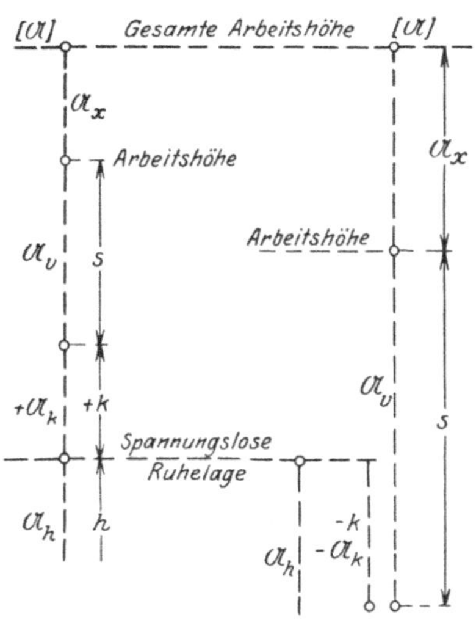

Abb. 35.

f) Das Arbeitsvermögen $\mathfrak{A}_x$ rührt von Wärme, elektrischer Ladung, chemischer Verwandtschaft usw. her und läßt sich ebenfalls durch ein gleichwertiges $\mathfrak{A}_h$ ersetzen. Doch erübrigt sich uns diese Umwandlung, da sie für hydrodynamische Fragen nicht in Betracht kommt.

g) Zusammenfassung des Bisherigen. Das gesamte Arbeitsvermögen $[\mathfrak{A}]$ ist nun

$$[\mathfrak{A}] = \mathfrak{A}_h + \mathfrak{A}_k + \mathfrak{A}_v + \mathfrak{A}_x = Mgh \pm Mgk + Mgs + \mathfrak{A}_x$$
$$= Mg(h \pm k + s) + \mathfrak{A}_x \qquad (20)$$

und der davon für die Berechnung in Betracht kommende Teil beträgt:

$$\mathfrak{A} = [\mathfrak{A}] - \mathfrak{A}_x = Mg(h \pm k + s)\,. \qquad (21)$$

Da Mg für alle Arbeitsformen unverändert bleibt, so geben h, k, s und $h \pm k + s$ das Arbeitsvermögen der einzelnen Arbeitsformen und des ganzen in Betracht kommenden Arbeitsvermögens $\mathfrak{A}$.

Ein anschauliches Bild liefert die Abbildung 35. Ausgehend von der Höhenlage von M in spannungsloser Ruhe, also vom Arbeitsvermögen der Ruhe sind die Werte $\pm k$ und s aufgetragen. Die gefundene Lage $\mathfrak{A}$ nennen wir die „Arbeitshöhe“ zum Unterschied von der „gesamten Arbeitshöhe“, die sich durch weitere Zurechnung des nicht bestimmten Wertes von $\mathfrak{A}_x$ ergibt.

Die Höhenlage des Horizontes, von dem aus h gemessen wird, ist ohne Einfluß und braucht deshalb nicht zur Darstellung zu kommen.

4. Freies und gebundenes $\mathfrak{A}$.

Eine Masse M besitzt das in den vorhergehenden Abschnitten in seinen verschiedenen Formen dargestellte Arbeitsvermögen jeweilig nur an einem einzigen Orte, und nur in dem einzigen Falle bleiben die vorhandenen Werte auch an anderen Orten bestehen, wenn die Masse sich auf gerader wagerechter Bahn widerstandslos mit gleichförmiger Geschwindigkeit fortbewegt. In jedem anderen Fall ändern sich bei der Bewegung die $\mathfrak{A}$-Werte von Ort zu Ort: einige erfahren eine Zunahme, andere eine Abnahme, aber die Gesamtänderung, d. h. die Summe aller einzelnen Änderungen besteht niemals in einer Zunahme. Sie kann in besonderen Fällen gleich Null oder verschwindend gering sein. Aber in der Regel geht durch Stoß, Reibung u. dgl. eine gewisse Arbeitsmenge für unsere Zwecke verloren. Doch wird dieselbe keineswegs vernichtet, sie geht nur in andere Formen über, in denen sie uns nicht mehr nutzbar ist. Denn Arbeitsvermögen kann weder vernichtet noch neu geschaffen werden: Das gesamte Arbeitsvermögen des Weltalls besitzt und behält für ewige Zeiten eine unveränderliche Größe (Erhaltung der Energie).

Die Änderung einzelner Teile des $[\mathfrak{A}]$ beruht darauf, daß sie bei der Bewegung in andere Arbeitsformen umgewandelt werden, und zwar müßte sich theoretisch jede Form in jede andere nicht nur umwandeln, sondern auch wieder zurückwandeln lassen. Das ist nun nicht immer möglich. Möglich ist es uns nur für die Arbeit der Lage, der Bewegung und der Spannung, die wir deshalb unter dem Namen nutzbares oder freies Arbeitsvermögen zusammenfassen:

$$\mathfrak{A} = \mathfrak{A}_h + \mathfrak{A}_k + \mathfrak{A}_v \tag{22}$$

oder auch

$$\mathfrak{A} = Mg(h \pm k + s),$$

während wir das nicht nutzbare, weil nicht rückwandelbare $\mathfrak{A}_x$ gebundenes Arbeitsvermögen nennen:

$$[\mathfrak{A}] = \mathfrak{A} + \mathfrak{A}_x. \tag{23}$$

Das gesamte Arbeitsvermögen setzt sich aus dem freien und gebundenen Arbeitsvermögen zusammen.

Bei der Umwandlung der Arbeitsformen werden noch Teile $\Delta\mathfrak{A}$ und $\mathfrak{A}_\varepsilon$ des freien Arbeitsvermögens durch Stoß und Reibung in gebundenes verwandelt und es ist an einem Orte (1):

$$\left.\begin{aligned} [\mathfrak{A}_1] &= [\mathfrak{A}_0] - \mathfrak{A}_\varepsilon \\ \mathfrak{A}_1 &= \mathfrak{A}_0 - \mathfrak{A}_\varepsilon - \Delta\mathfrak{A} \\ \mathfrak{A}_{x_1} &= \mathfrak{A}_x + \Delta\mathfrak{A} \end{aligned}\right\}. \tag{24}$$

Die Umwandlung der Arbeitsformen ist durch Abbildung 36 dargestellt.

Während nach der Bernoullischen Gleichung

$$h + k + s = \text{Const.}$$

die $\mathfrak{A}$-Linie wagerecht verlaufen müßte, fällt sie in Wirklichkeit um $\Delta\mathfrak{A} + \mathfrak{A}_\varepsilon$ ab, und infolge der Nichtbeachtung dieses Umstandes ergaben sich für die auf S. 6 u. 7

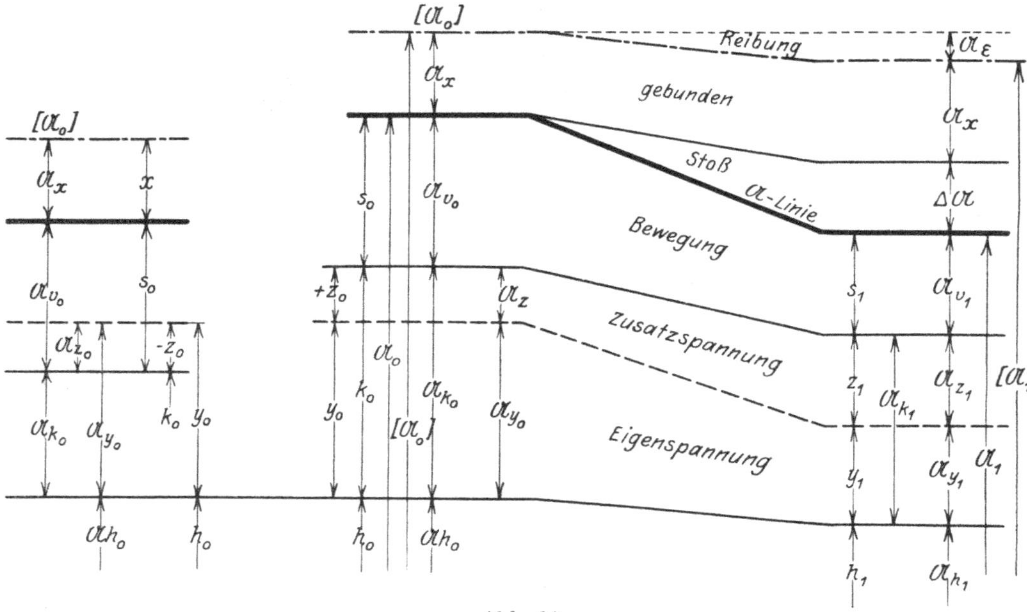

Abb. 36.

angeführten Beispiele die unrichtigen Ergebnisse. In beiden Fällen ist die Reibung $\mathfrak{A}_\varepsilon$ verschwindend gegen den schwer zu erfassenden Stoßverlust $\Delta\mathfrak{A}$. Wo das Umgekehrte der Fall ist, also vornehmlich Reibungsverluste in Betracht kommen, wird man auch mit dem Bernoullischen Satz erfolgreich arbeiten können.

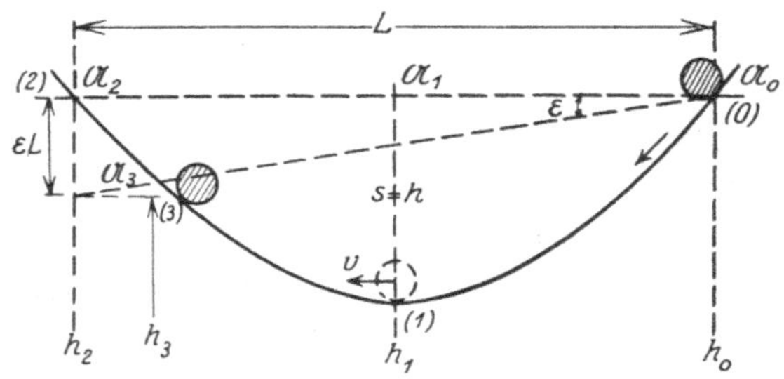

Abb. 37.

Als Beispiel dafür diene eine auf gekrümmter Bahn abrollende und wieder aufsteigende Kugel (Abb. 37).

In der Ruhelage 0 ist $\mathfrak{A}_0 = \mathfrak{A}_{h_0} = h_0$. Auf dem Weg (0)—(1) wird ein Teil h des $\mathfrak{A}_h$ in $\mathfrak{A}_v$ verwandelt mit

$$v = \sqrt{2gh}, \qquad \text{also} \qquad s = \frac{v^2}{2g} = h$$

und es ergibt sich bei (1)

$$\mathfrak{A}_{h_1} = h_1,$$
$$\mathfrak{A}_v = s,$$
$$\mathfrak{A}_1 = h_1 + s = h_0.$$

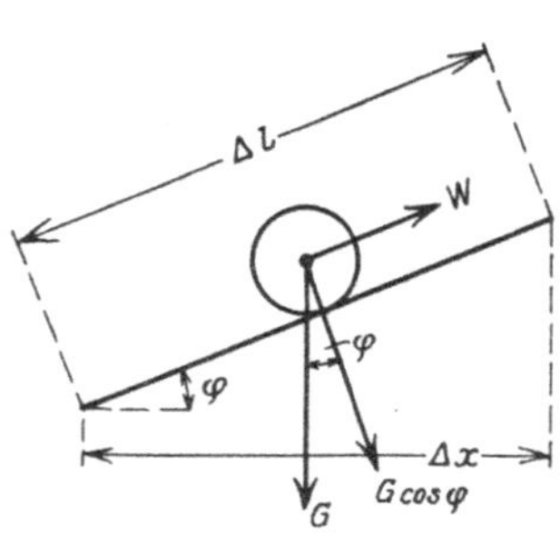

Abb. 38.

Beim Aufsteigen von (1) nach (2) wird $\mathfrak{A}_v$ in $\mathfrak{A}_h$ zurückverwandelt, doch kann diese Rückwandlung nicht vollständig geschehen, weil ein Teil in Reibungsarbeit umgewandelt wird. Die Reibung ist (Abb. 38):

$$W = \varepsilon \cdot G \cdot \cos\varphi,$$

daher die Reibungsarbeit auf dem Wege Δl:

$$\Delta \mathfrak{A}_\varepsilon = \Delta l \cdot \varepsilon \cdot G \cdot \cos\varphi = \varepsilon G \cdot \Delta l_x ,$$

$$\mathfrak{A}_\varepsilon = \varepsilon L \cdot G .$$

$\mathfrak{A}_0 \ldots \mathfrak{A}_3$ unter dem Winkel ε ist das Reibungsgefälle. Die Kugel steigt also nur bis zur Höhe (3). Die Reibungsarbeit wird zum Teil an die Bahn, zum Teil als gebundenes $\mathfrak{A}$ an die Kugel abgegeben.

Zur völligen Klarstellung der Verhältnisse mag noch folgende Überlegung dienen:

Fällt eine vollkommen unelastische, also weiche, knetbare Kugel auf eine ähnlich beschaffene vollkommen unelastische Unterlage (Abb. 39), so bleibt sie darauf liegen. Ihr Arbeitsvermögen vermindert sich von

$$\mathfrak{A}_0 = \mathfrak{A}_{h_0} = h_0$$

in der Höhe (0) auf

$$\mathfrak{A}_1 = \mathfrak{A}_{h_1} = h_1$$

in der Höhe (1), also nicht etwa auf

$$\mathfrak{A}_{h_1} + \mathfrak{A}_v = h + h_1 ,$$

da $\mathfrak{A}_v = h$ in $\mathfrak{A}_x$ verwandelt wird durch Formänderung und Erwärmung von Kugel und Unterlage.

Anders, wenn eine vollkommen elastische Kugel auf eine vollkommen elastische Unterlage fällt, dann ergibt sich folgendes:

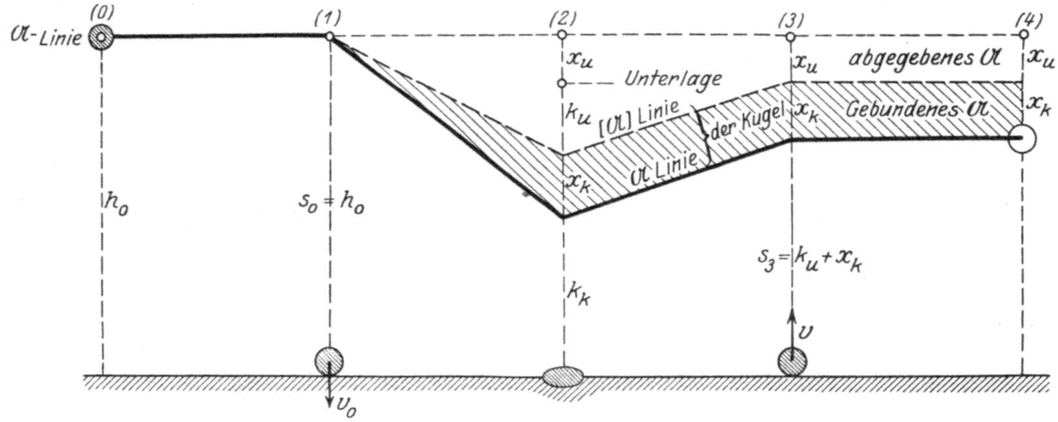

Abb. 39.

Kugel berührt soeben Unterlage, besitzt Geschwindigkeit v_0, steht im Begriff, Unterlage zu deformieren und selbst deformiert zu werden.

In der Kugel steckt noch das Arbeitsvermögen k_k, desgl. in der Unterlage k_n. Vom Arbeitsvermögen der Kugel ist x_k gebunden x_u an die Unterlage in Form von Erwärmung abgegeben.

Die zurückgegangenen Deformationen von Kugel und Unterlage reichen aus, um die Kugel um s_3 in die Höhe zu schnellen. Die Höhe $h_0 - s_3$ ist verloren.

5. Das $\mathfrak{A}$ des Wassers im allgemeinen.

Das freie Arbeitsvermögen eines Wasserteilchens ergibt sich aus seiner Höhenlage h, seiner Geschwindigkeit v und seiner Spannung k zu

$$\mathfrak{A} = \mathfrak{A}_h + \mathfrak{A}_v + \mathfrak{A}_k ,$$

wobei der Zustand zerdrückter oder zerrissener Fäden einstweilen außer Betracht bleiben mag.

Durch Einsetzen von $\mathfrak{A}_k = \mathfrak{A}_y \pm \mathfrak{A}_z$ in diese Gleichung erhält man mit $\mathfrak{A}_h + \mathfrak{A}_y = \mathfrak{A}_{hy}$:

$$\mathfrak{A} = \mathfrak{A}_{hy} + \mathfrak{A}_v \pm \mathfrak{A}_z. \tag{25}$$

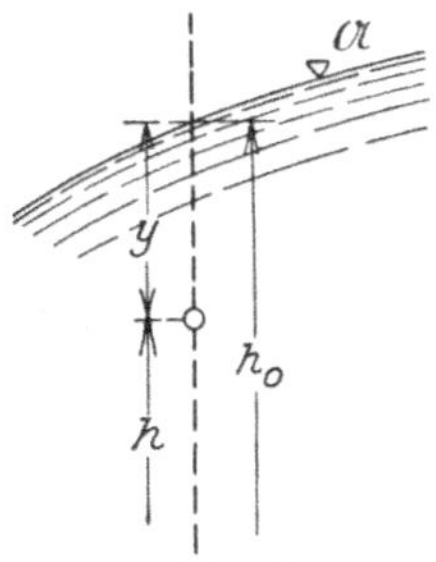

Abb. 40.

Darin ist in $\mathfrak{A}_{hy}$ das eigentliche Arbeitsvermögen der Lage $\mathfrak{A}_h$ noch vermehrt um den vom Eigendruck herrührenden Teil (Abbildung 40) des Arbeitsvermögens der Spannung, eine Zusammenfassung, die sich praktisch empfiehlt, weil sie die Annehmlichkeit bietet, daß in jeder Lotrechten der Strömung die veränderlichen Werte y und h eine unveränderliche Summe h_0 besitzen und die deshalb sehr häufig angewendet wird.

Für das in einen Behälter eingeschlossene Wasser berechnet sich das Arbeitsvermögen

einerseits zu:

$$\mathfrak{A}_h = \Sigma(h\,\Delta C) = h_s \cdot C,$$

d. h. das reine Arbeitsvermögen $\mathfrak{A}_h$ des stehenden Wassers ergibt sich aus der in seinem Schwerpunkt vereinigt zu denkenden Wassermenge (Abb. 41).

andererseits zu:

$$\mathfrak{A}_{hy} = \Sigma(h + y)\,\Delta C = \Sigma(h_0\,\Delta C) = h_0\,C.$$

d. h. das Arbeitsvermögen $\mathfrak{A}_{hy}$ des stehenden Wassers ergibt sich aus seiner im Wasserspiegel vereinigt anzunehmenden Wassermenge (Abb. 42).

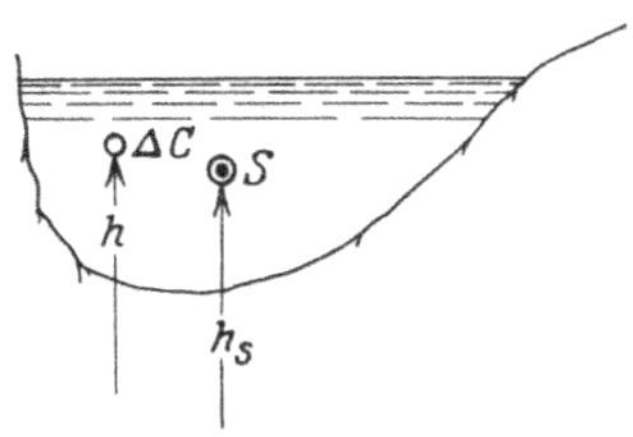

Abb. 41.

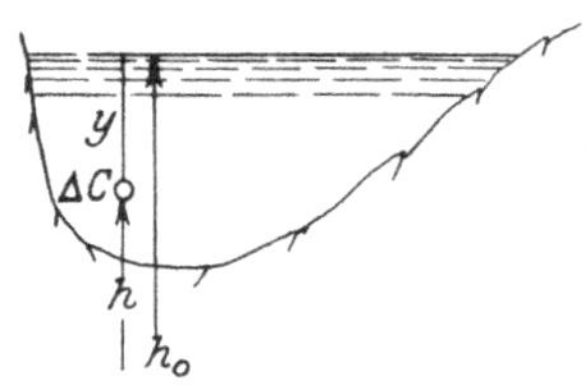

Abb. 42.

Fließt aus dem Behälter das Wasser ab, ohne daß gleichzeitig ein Ersatz dafür zufließt, so ist in dem Augenblick, in welchem das Wasser bis zur Höhe h gesunken ist (Abb. 43):

$$\Delta\,\mathfrak{A}_h = h\,\Delta C,$$

daher

$$\Delta\,\mathfrak{A}_{hy} = \Sigma h\,\Delta C = h_s C$$

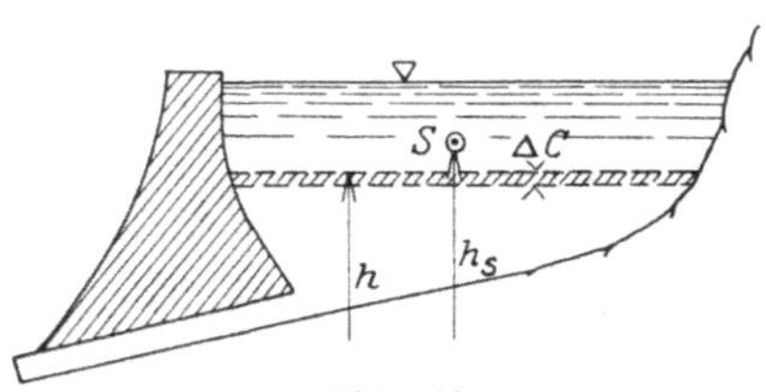

Abb. 43.

$$\mathfrak{A}_h = \Sigma(h\,\Delta C) = h_s \cdot C$$

daher

$$\mathfrak{A}_{hy} = \Sigma(h\,\Delta C) = h_s \cdot C$$

Das Arbeitsvermögen des ausfließenden, nicht im Beharrungszustand befindlichen Wassers ist also in beiden Fällen gleich dem der im Schwerpunkt vereinigt gedachten Menge C.

Wird dagegen durch einen dem Abfluß gleichen Zufluß von q cbm/sec der Wasserspiegel auf seiner Höhe erhalten, so daß also Beharrungszustand eintritt, so ist sekundlich unverändert (Abb. 44a):

$$\mathfrak{A}_h = qH \qquad \mathfrak{A}_{hy} = q\,H.$$

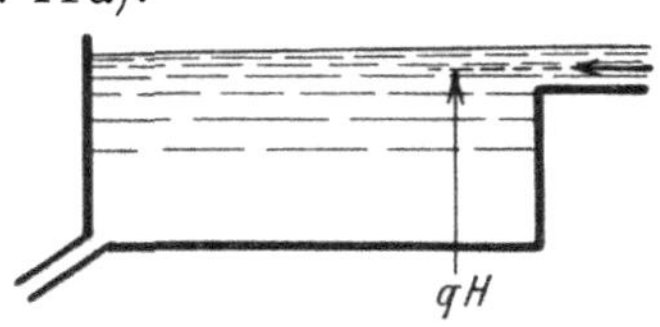

Abb. 44a.

Ebenso ist in einem Gerinne in dessen Querschnitt (0) (Abb. 44b):

$\mathfrak{A}_{h_0} = q\,H_0$ und in dessen Querschnitt (1): $\mathfrak{A}_{h_1} = q\,H_1$.

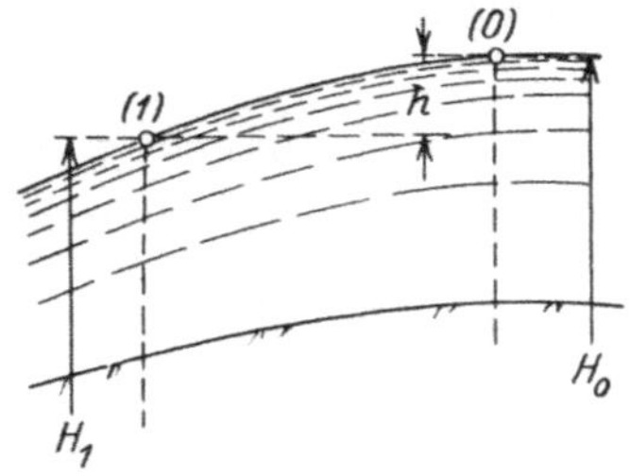

Abb. 44b.

$\mathfrak{A}_{hy} = q\,H$ und in dessen Querschnitt (1): $\mathfrak{A}_{hy} = q\,H_1$.

In beiden Fällen vermindert sich also das Arbeitsvermögen um

$$\varDelta\,\mathfrak{A}_h = \varDelta\,\mathfrak{A}_{hy} = q\,h$$

und das Gefälle h gibt den Maßstab für diese Änderung. Die $\mathfrak{A}$-Linie liegt im Wasserspiegel.

So ist für das fließende Wasser im Beharrungszustand stets $\mathfrak{A}_{hy} = \mathfrak{A}_h$.

Die in dem Ausdruck für das freie Arbeitsvermögen des Wassers noch vorkommenden Werte $\mathfrak{A}_v$ und $\pm\,\mathfrak{A}_z$ beziehen sich auf die Geschwindigkeit der Wasserteilchen und zwar $\mathfrak{A}_v$ auf die Geschwindigkeit in gerader, $\pm\,\mathfrak{A}_z$ auf die Geschwindigkeit in gekrümmter Bahn.

Wenn durch einen Querschnitt Q cbm/sec Wasser fließen, so ist das Arbeitsvermögen nicht, wie für stehendes Wasser, $h\,Q$ mt, sondern $h\,Q$ mt/sec, also sekundliches $\mathfrak{A}$ oder Leistungsvermögen. Da aber beide Werte durch h, s, k und z dargestellt werden, so mag auch für das fließende Wasser der Ausdruck „Arbeitsvermögen" beibehalten werden mit dem Vorbehalt, daß darunter sekundliches Arbeitsvermögen zu verstehen ist.

6. Das Arbeitsvermögen eines Wasserfadens.

Wir betrachten auch in Nachstehendem nur wieder einen Stromstreifen von 1 m Breite. Genauere Untersuchungen erfordern die Zerlegung des Streifens in Fäden, von denen namentlich die Randfäden Beachtung verdienen. Wird der Strom als Ganzes betrachtet, so sind für s und z Mittelwerte einzuführen, deren Berechnung in einem früheren Abschnitt gezeigt wurde.

Das Arbeitsvermögen eines solchen Stromstreifens vermindert sich zwischen zwei Querschnitten (0) und (1) (Abb. 45) von $\mathfrak{A}_0$ in (0) um die Reibungsarbeit $\mathfrak{A}_\varepsilon$ und einen Stoßverlust $\varDelta\,\mathfrak{A}$ auf $\mathfrak{A}_1$ in (1).

Dabei ergibt sich das Reibungsgefälle ε aus der Geschwindigkeitsformel

$$v = c\sqrt{R\,\varepsilon}$$

zu

$$\varepsilon = \frac{v^2}{c^2\,R} = \frac{v^2}{2\,g}\cdot\frac{2\,g}{c^2}\cdot\frac{1}{R}$$

oder

$$\varepsilon = \frac{g}{c^2}\cdot\frac{2\,s}{R}. \tag{26}$$

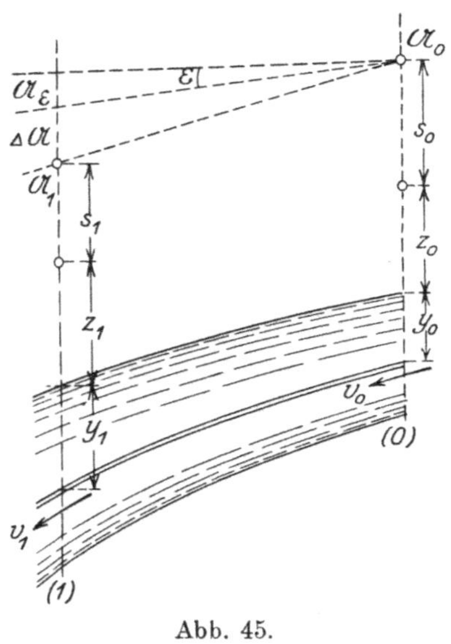

Abb. 45.

ε ist so klein, daß $\mathfrak{A}_\varepsilon$ nur auf langen Strecken berücksichtigt werden muß, während es in der Regel vernachlässigt werden kann, wo die Umwandlung von $\mathfrak{A}$ auf kurzer Strecke erfolgt.

Das gebundene Arbeitsvermögen $\Delta\mathfrak{A}$ entsteht nur bei verzögerter Bewegung, wo also $v_1 < v_0$ und ist als Arbeitsverlust bei unelastischem Stoß aufzufassen:

$$\Delta\mathfrak{A} = \frac{(v_0 - v_1)^2}{2g}. \tag{27}$$

Es läßt sich auch mittels des Satzes von der Stützkraft berechnen, wie später gezeigt werden soll. Bei beschleunigter Bewegung ($v_1 > v_0$) kann $\Delta\mathfrak{A} = 0$ angenommen werden.

Die Spannung $k = y \pm z$ im Inneren einer Strömung kann in positivem Sinn als Druck unbegrenzt wachsen, im negativen Sinne dagegen ist $-k$ begrenzt, weil durch Zugspannungen die Wasserteilchen getrennt werden (das Wasser „verdampft"). Auf die Natur dieses Vorganges wurde schon in dem Vorhergehenden mehrfach hingewiesen. Danach ist zu beachten, daß auf den Wasserspiegel ständig der Druck der Atmosphäre mit einer Druckhöhe von

$$(\text{at}) = 10{,}3 \text{ m}$$

wirkt, so daß die Eigenspannung eines Wasserteilchens in Wirklichkeit nicht $+y$, sondern (Abb. 46):

$$+y + (\text{at}) = +y + 10{,}3 \text{ m}$$

beträgt.

Tritt nun hierzu eine Zusatzspannung $-z$ (Abb. 47), so ist

$$\left.\begin{aligned} k &= y + (\text{at}) - z \\ &= y + 10{,}3 - z \end{aligned}\right\}, \tag{28}$$

und es tritt keine Zugspannung ein, solange

$$z < (y + 10{,}3)$$

bleibt.

$$z = (y + 10{,}3) \text{ m}$$

ist also die untere Grenze der möglichen zulässigen Zugspannung.

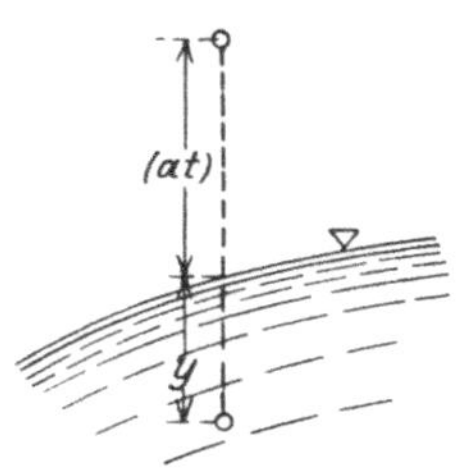

Abb. 46.

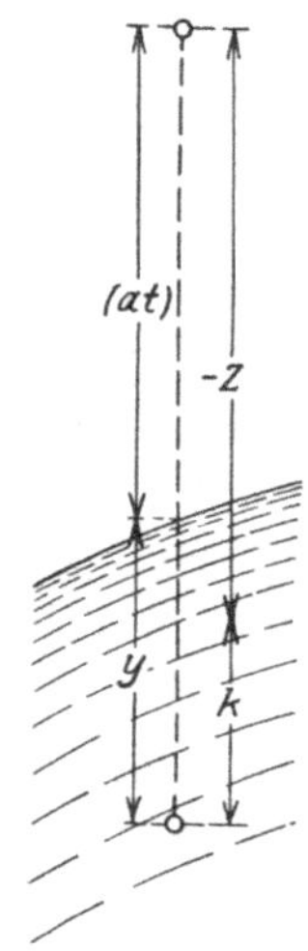

Abb. 47.

Die freien Randfäden, die inneren J sowohl wie die äußeren A können nur eine Spannung $k = 0$ (in Wirklichkeit $k = (\text{at})$) aushalten, weil die Spannung nach allen Richtungen gleich, auf der Luftseite aber $= (\text{at})$ ist.

Aus Gleichung (28) ergibt sich für $k = (\text{at})$ nach Abb. 48:

$$(\text{at}) = y + (\text{at}) + z,$$

$$z = -y,$$

also für die äußeren freien Randfäden mit $y = 0$:

$$\left.\begin{aligned} z_a &= 0 \\ k_a &= 0 \end{aligned}\right\}, \tag{29}$$

und für die inneren freien Randfäden mit $y = y_i$:

$$z_i = -y_i,$$

$$k_i = y_i + z_i = 0. \tag{30}$$

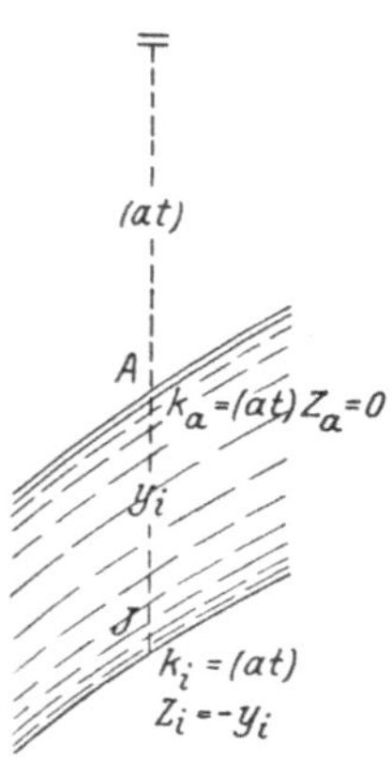

Abb. 48.

Wird in den Randfäden $k < 0$, so zerreißen die Fäden und es wird Luft angesaugt (Beispiel: Wassersturz). Wird $k > 0$, so zerdrücken die Fäden und es sondern sich Wasserteilchen als Tropfen ab (Beispiel: Wassersprung).

Ist der Strom an einer festen Wand geführt (Abb. 49), so sind die an der Wand liegenden Wasserfäden nicht frei und können je nach den Krümmungs- und Strömungsverhältnissen positive oder negative Spannungen haben; sie können Druck oder Zug auf die Wand ausüben.

In dem häufig vorkommenden Fall, daß die Luft im Innern durch Absaugung um die Saughöhe d verdünnt ist (Abb. 50), weil keine Luft als Ersatz der abgesaugten Luft zutreten kann, ist in dem Ausdruck für die Spannung des inneren Randfadens nicht

$$y = y_i,$$

sondern

$$y = y_i + d.$$

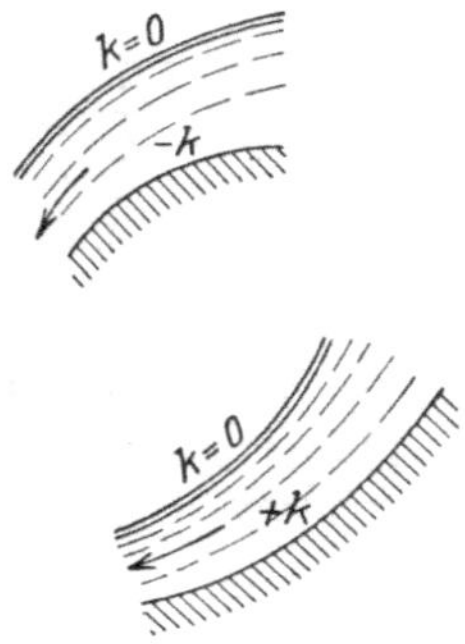

Abb. 49 a u. b.

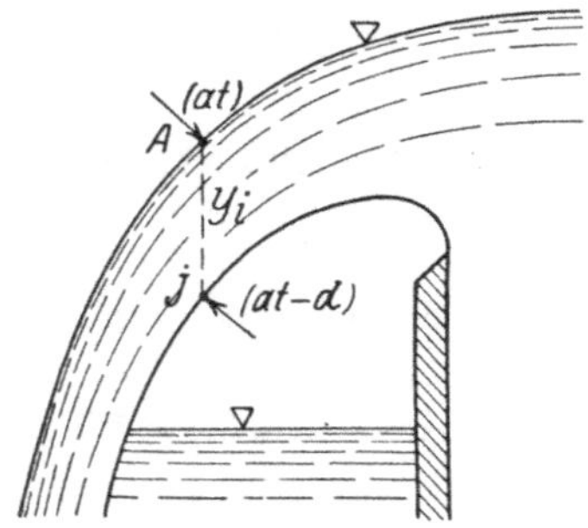

Abb. 50.

Bei dem angesaugten Strahl herrscht bei A der Druck (at), bei J also die Belastung $(\text{at} + y_i)$ mit dem Gegendruck $(\text{at} - d)$, somit die Eigenspannung:

$$y = [(\text{at}) + y_i] - [(\text{at}) - d],$$

$$y = y_i + d. \tag{31}$$

Das ist eine wichtige, sehr zu beachtende Feststellung!

Bei dem sogenannten „gelüfteten" Überfall hat die Luft freien Zutritt unter dem Strahl.

Allgemein ist nach Abb. 51a—c:

für positives z (Abb. 51a):

$$y + z + s = Y,$$

$$s = Y - (y + z), \tag{32}$$

für negatives z (Abb. 51b):

$$y - z + s = Y,$$

$$s = Y + (z - y), \tag{33}$$

ferner für die Randfäden

außen: $s_a = Y_a - z_a$,

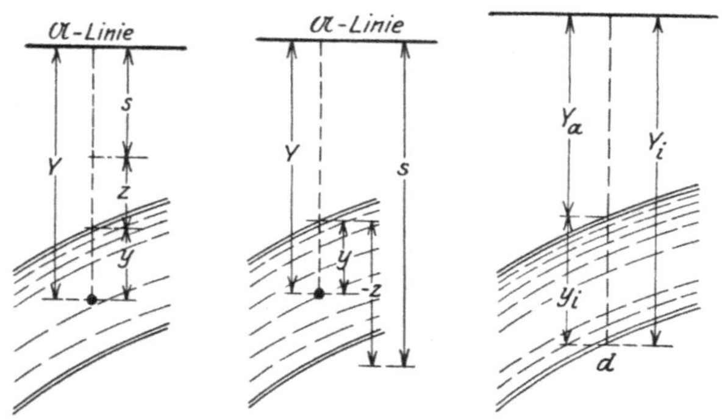

Abb. 51a, b, c.

oder, wenn $k_a = y_a + z_a = 0$, da mit y_a auch $z_a = 0$ (Abb. 51c:

$$s_a = Y_a,$$

innen gelüftet: $s_i = Y_i - y_i + z_i = Y_a + z_i$,

angesaugt: $s_i = Y_i - (y_i + d) + z_i = Y_a - d + z_i$.

7. Einiges über die Berechnung der Zusatzspannungen z.

Die 𝔄-Linie erwies sich in dem Vorhergehenden als ein zwar nicht ausreichendes, aber doch wichtiges Hilfsmittel für die Berechnung der inneren Spannungen, was den Anlaß geben mag, hierüber an dieser Stelle noch einige Bemerkungen folgen zu lassen.

Die Zusatzspannung Z in der Krümmung eines fließenden Stromes entsteht durch die Schleuderkraft.

Eine Masse M, die sich mit der Geschwindigkeit v auf einer Bahn vom Krümmungshalbmesser ϱ bewegt (Abb. 52), übt eine Schleuderkraft aus von der Größe

$$C = \frac{M v^2}{\varrho}.$$

Die Masse des Abschnitts eines Stromfadens von der Länge l und der Dicke Δa beträgt (Abb. 53):

$$M = \frac{l \Delta a}{g},$$

also die Schleuderkraft

$$C = \frac{l \Delta a \cdot v^2}{g \cdot \varrho} = \frac{2 l s}{\varrho} \cdot \Delta a$$

entsprechend einer Druckhöhe auf die Längeneinheit des Fadens

$$\boldsymbol{\Delta z = \frac{C}{l} = \frac{2 s}{\varrho} \cdot \Delta a.} \tag{34}$$

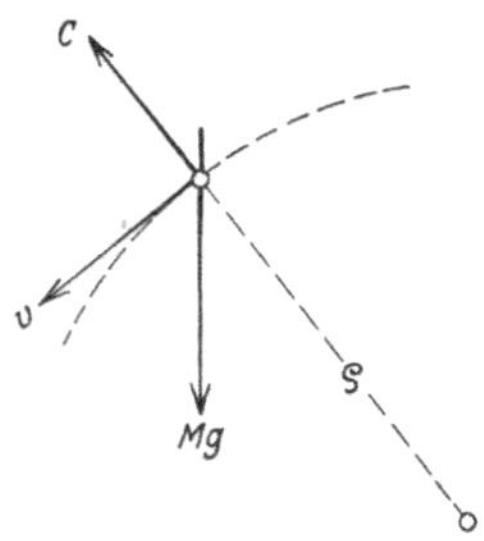

Abb. 52.

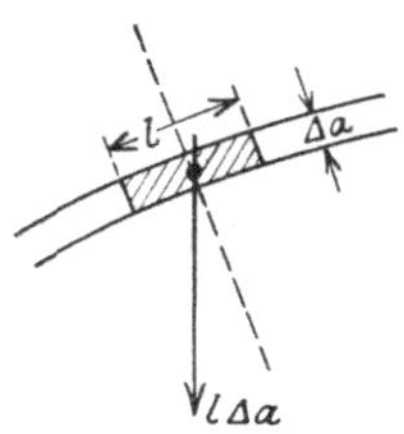

Abb. 53.

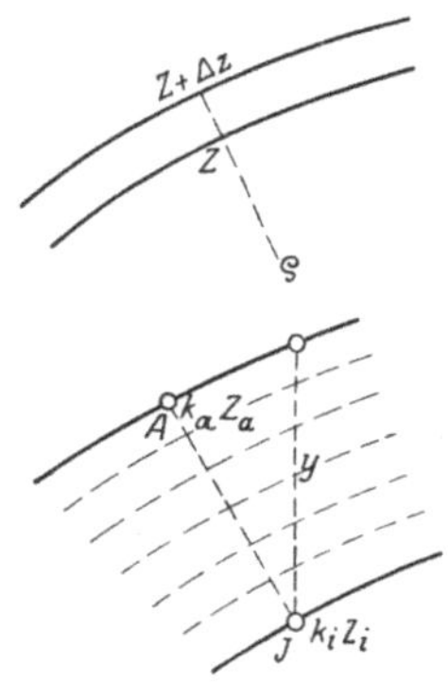

Abb. 54.

In einer Schicht von der Dicke Δa vergrößert sich somit die Zusatzspannung von Z auf $Z + \Delta z$:

Durch Teilung des Stromes in mehrere Schichten (Abb. 54) sowie Berechnung und Summierung der Δz für die einzelnen Schichten erhält man die gesamte Zunahme von J bis A

$$Z = \sum(\Delta z),$$

$$Z_a = Z_i + Z,$$

sodann aus

$$k = y + Z,$$

$$\left.\begin{aligned} k_a &= 0 + Z_a = Z_i + Z \\ k_i &= y + Z_i \end{aligned}\right\}. \tag{35}$$

Für beiderseits freie Randfäden muß $k_a = 0$ und $k_i = 0$ sein, daher:

$$\left.\begin{aligned} k_i &= 0 = y + Z_i, \quad & Z_i &= -y, & & \\ k_a &= 0 = & Z_a &= 0, \quad & Z &= -Z_i = +y \end{aligned}\right\}, \tag{36}$$

oder, wenn an der Innenseite des Strahls eine Luftverdünnung d vorhanden ist:

$$\left.\begin{aligned} Z_i &= -(y + d) \\ Z &= (y + d) \end{aligned}\right\}. \tag{36a}$$

Die beiden Gleichungen (36) kann man auch schreiben:

$$Z_i + y = 0$$

$$\underline{Z_i + Z = 0}$$

sonach:

$$y = Z = \sum\left(\frac{2 s}{\varrho}\right) \Delta y.$$

Setzt man darin für ϱ einen mittleren Krümmungshalbmesser ϱ_m und denkt man sich y in n gleiche Teile $\Delta y = \frac{y}{n}$ geteilt, so ergibt sich:

$$\varrho_m = \frac{\Delta y}{y} \Sigma (2s) = \frac{1}{n} \Sigma (2s), \tag{37}$$

woraus man ϱ_m berechnen könnte, wenn die Größen s bekannt wären.

Liegt die Innenseite des Strahls an fester Wand, so ist nur

$$k_a = 0 = Z_i + Z, \quad \text{also} \quad Z_i = -Z$$

und

$$k_i = y + Z_i = y - Z = -(Z - y), \tag{38}$$

sowie mit Luftverdünnung d:

$$k_i = -(Z - y - d). \tag{38a}$$

Aus Gl. (38) folgt, daß, sobald $Z > y$ Saugwirkung eintritt und diese wird nach Gl. (34) zunehmen, wenn ϱ abnimmt, die Krümmung also stärker wird.

Liegt dagegen die Außenseite A an fester Wand an, während die Innenseite frei ist, so wird

$$k_i = 0 = y + Z_i \quad \text{oder} \quad Z_i = -y,$$
$$k_a = Z_i + Z = Z - y. \tag{39}$$

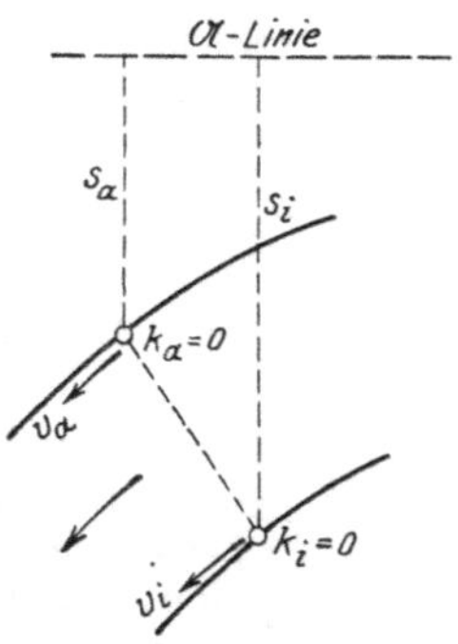

Abb. 55.

Für $Z > y$ ist dann $k_a > 0$, so entsteht also Druck auf die Wand.
„ $Z < y$ „ „ $k_a < 0$, „ „ „ Zug „ „ „

Weil im freien Strom $k_a = k_i = 0$, so zeigt die 𝔄-Linie (Abb. 55), daß

$$s_i > s_a,$$

also auch

$$v_i > v_a,$$

daß also die inneren Randfäden größere Geschwindigkeit besitzen als die äußeren.

Eine noch größere Geschwindigkeit der inneren Randfäden gegen die äußeren wird vorhanden sein, wenn bei stark gekrümmter Innenwand (Abb. 56) k_i nach Gl. (38) negativ wird.

Lassen sich nun in einem bestimmten Fall die Spannungen k (und damit auch z) in den Randfäden auf die angegebene Weise ermitteln, so kann man von ihnen ausgehend von Schicht zu Schicht fortschreitend die Spannungen im ganzen Querschnitt berechnen immer unter der Voraussetzung, daß auch die Größen s und ϱ bekannt seien.

In der Tat, es seien für die Schicht n (Abb. 57) die Werte k_n und $s_n = Y_n - k_n$ gefunden, dann ergibt sich für die nächste Schicht aus $k_n = y_n + Z_n$:

$$k_{n+1} = k_n + \Delta k_n = y_n + \Delta y_n + Z_n + \Delta Z_n,$$

also:

$$\Delta k_n = \Delta y_n + \Delta Z_n$$

und für $\Delta y_n = \frac{\Delta a}{\cos\varphi}$ und $\Delta Z_n = -\frac{2s}{\varrho}\cdot\Delta a$:

$$\Delta k_n = -\left[\frac{2s}{\varrho} - \frac{1}{\cos\varphi}\right]\Delta a,$$

$$k_{n+1} = k_n - \left[\frac{2s}{\varrho} - \frac{1}{\cos\varphi}\right]\Delta a, \tag{40}$$

ferner aus $Y_{n+1} = Y_n + \Delta a\cdot\cos\varphi$:

$$s_{n+1} = Y_{n+1} - k_{n+1} = Y_n + \Delta a\cos\varphi - k_n + \left[\frac{2s}{\varrho} - \frac{1}{\cos\varphi}\right]\Delta a$$

oder

$$s_{n+1} = s_n + \Delta a\left[\frac{2s}{\varrho} + \cos\varphi - \frac{1}{\cos\varphi}\right]. \tag{41}$$

Insbesondere wird im Scheitel des Strahls, wo $\varphi = 0$, also $\cos\varphi = 1$ wird,

$$\Delta k = -\left(\frac{2s}{\varrho} - 1\right)\Delta a,$$

daher in der Schicht n des Scheitelquerschnitts in der Tiefe y:

$$k = \sum_0^n(\Delta a) - \sum_0^n\left(\frac{2s}{\varrho}\Delta a\right) = y - \sum_0^n\left(\frac{2s}{\varrho}\Delta a\right)$$

und im inneren Randfaden:

$$k_i = y_i - \sum_0^{n_i}\left(\frac{2s}{\varrho}\Delta a\right).$$

Je nachdem $\frac{2s}{\varrho} \gtreqless 1$, wird eine bei n vorhandene Saugspannung $-k$ beim Übergang nach $(n+1)$ $\begin{cases}\text{vergrößert}\\ \text{nicht verändert oder eine Druckspannung } +k \\ \text{vermindert}\end{cases}$ $\begin{cases}\text{vermindert.}\\ \text{nicht verändert.}\\ \text{vergrößert.}\end{cases}$

Nun sind aber die Größen s und ϱ nicht bekannt. Die Größen s hängen ab von den Werten von z, wie dies u. a. aus den Skizzen der letzten Seiten hervorgeht, überdies sind sie an die Kontinuitätsbedingung gebunden, wonach für jeden Querschnitt

$$\sum(\sqrt{2gs}\cdot\Delta a) = q$$

sein muß, wenn unter q die den Querschnitt sekundlich durchströmende Wassermenge verstanden wird.

Die Krümmungsradien ϱ sind bestenfalls für die Randfäden, niemals für die inneren Fäden einer Strömung bekannt.

Wir werden an späteren Beispielen sehen, wie wir uns einstweilen mit diesen Schwierigkeiten abzufinden haben.

8. Berücksichtigung der Richtung der Stromfäden.

Wenn die Strömungsrichtung merklich von der Wagerechten abweicht (Abb. 58), so sind bei der Berechnung des Arbeitsvermögens die Neigungswinkel φ der einzelnen Stromfäden zu berücksichtigen.

Die Geschwindigkeit v wird in der Richtung des Stromfadens gemessen.

In einem lotrechten Schnitt fließen durch einen Faden (Abb. 59 u. 60), dessen Höhe, lotrecht gemessen, gleich dy, also winkelrecht zur Stromrichtung gemessen $= dy\cos\varphi$ ist, in der Sekunde:

$$dq = dy \cdot \cos\varphi \cdot v$$

oder

$$dq = v \cdot \cos\varphi \cdot dy,$$

durch den ganzen Querschnitt also:

$$q = \int_0^h v \cdot \cos\varphi \cdot dy.$$

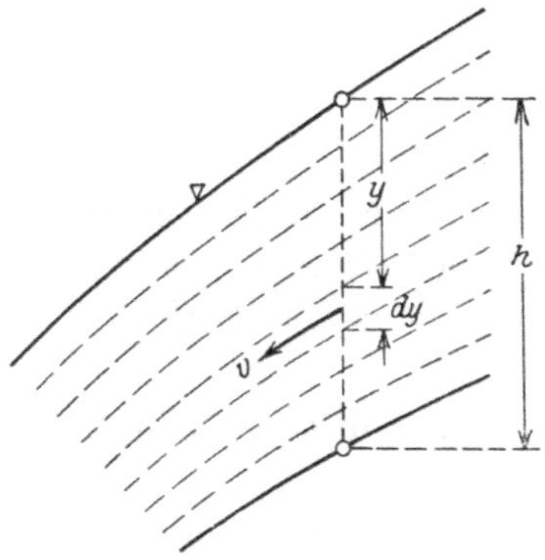

Abb. 58.

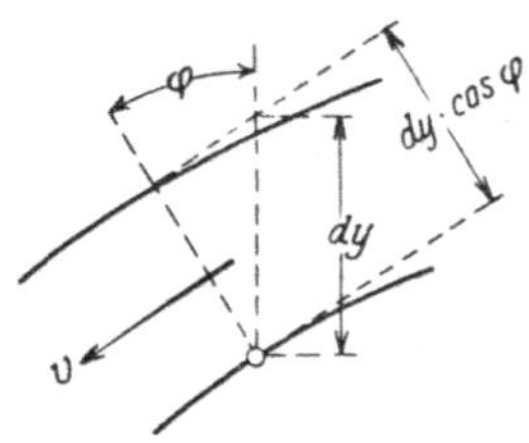

Abb. 59.

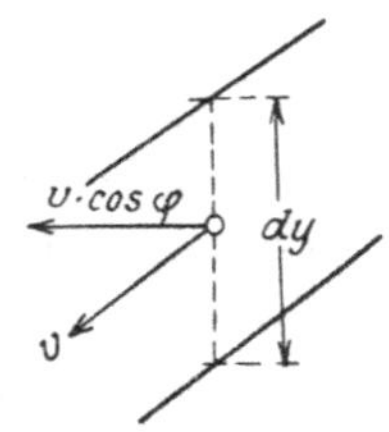

Abb. 60.

Zur Berechnung der $\mathfrak{A}_h$ $\mathfrak{A}_v$ $\mathfrak{A}_z$ für einen lotrechten Schnitt sind deswegen an Stelle der in der Richtung der Stromfäden wirkenden Geschwindigkeiten v_y deren Projektionen $v_y \cos\varphi$ auf die Wagerechte zu setzen und an Stelle der „v-Linie" eine „($v\cos\varphi$)-Linie" (Abb. 61).

Dagegen bleiben die Größen $s = \dfrac{v^2}{2g}$ und k unbeeinflußt von φ und unverändert.

$\mathfrak{A}_h$ liegt im Wasserspiegel.

Für einen winkelrecht zur Stromrichtung gelegten Querschnitt OU (Abb. 62) berechnen sich $\mathfrak{A}_v$ und $\mathfrak{A}_z$ nach dem in Vorhergehendem angegebenen Verfahren, wenn die Richtungen der einzelnen Stromfäden nicht sehr voneinander abweichen. $\mathfrak{A}_h$ liegt hier nicht im Schnittpunkt O mit dem Wasserspiegel, da für die Wasserfäden zwischen O und U die Lage im Wasserspiegel von O bis U' wandert. Vielmehr findet sich für die ganze Wassermenge q die Lage von $\mathfrak{A}_h$ aus der Höhenlage des Schwerpunktes der von der v-Linie eingeschlossenen q-Fläche.

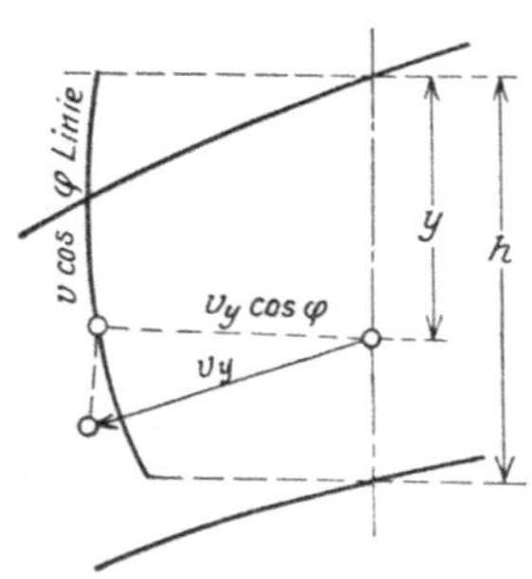

Abb. 61.

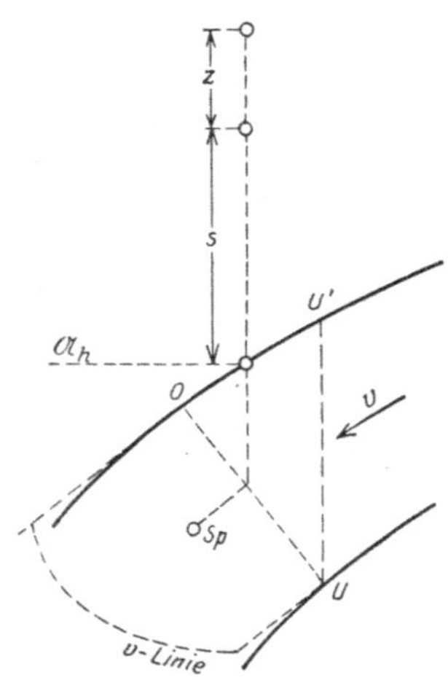

Abb. 62.

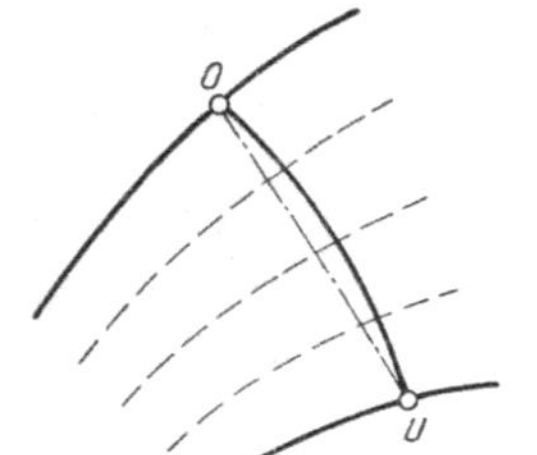

Abb. 63.

Bei starker Abweichung der Richtung der einzelnen Stromfäden genügt es meist, einen winkelrecht zu den Stromfäden gekrümmten Querschnitt OU durch die Sehne des Bogens zu ersetzen (Abb. 63).

Dritter Abschnitt.

Weitere Hilfsmittel.

1. Der Satz von der Stützkraft.

Als ein wertvolles Hilfsmittel für die Lösung der uns hier vorliegenden Aufgaben lernten wir im vorigen Abschnitt die Lehre vom Arbeitsvermögen kennen. Nicht minder gute Dienste für die gleichen Zwecke wird uns der Satz von der Stützkraft leisten.

Für die Entwicklung dieses wichtigen Satzes sind einige Hilfssätze erforderlich, die zunächst aufgeführt werden mögen.

Bekanntlich wird in der Mechanik das Produkt aus einer Masse in ihre Geschwindigkeit „Bewegungsgröße" genannt. Es ist:

$$\mathfrak{B} = m v = \frac{q}{g} v \left(= \frac{m^3 \sec^{-1} \cdot m \sec^{-1}}{m \sec^{-2}} = m^3 \right), \quad (42)$$

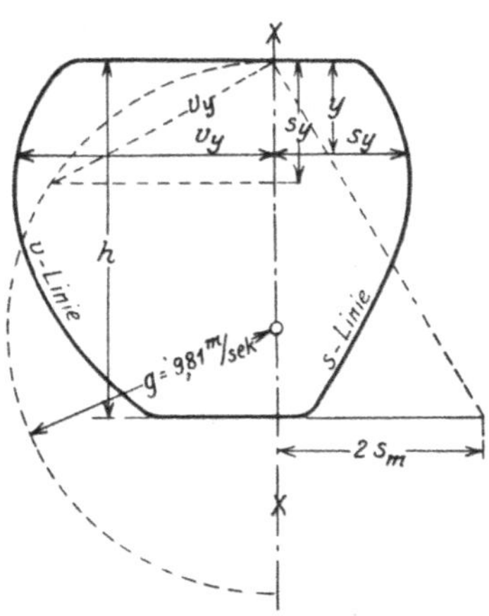

Abb. 64.

die sekundliche Bewegungsgröße $\mathfrak{B}$ ist also in Tonnen ausgedrückt. Unter Berücksichtigung, daß $q = h v$ ist, kann man auch schreiben:

$$\mathfrak{B} = \frac{h}{g} v^2 = 2 s h. \quad (43)$$

Ändert sich v mit der Tiefe y, so ist für die Schicht dy (Abb. 64):

$$dq = v\,dy,$$

daher:

$$d\mathfrak{B} = \frac{v\,dy}{g} \cdot v = 2 s\,dy,$$

$$\mathfrak{B} = 2 \int_0^h s\,dy = 2 h s_m.$$

Die Ermittlung der s-Linie aus der v-Linie mittels des g-Kreises, der die Größen $s_y = \frac{v_y^2}{2g}$ liefert, bedarf nach dem früher Gesagten (S. 14 u. 15) keiner weiteren Erläuterung. Die Länge $2s$ ergibt sich aus der Verwandlung der von der s-Linie und der X-Achse eingeschlossenen Fläche in ein Dreieck von der Grundlinie h.

Das Produkt (Pt) aus einer Kraft P in die Zeit t ihrer Einwirkung heißt „Antrieb" der Kraft.

Ist ferner p die Beschleunigung, die einer Masse m durch P erteilt wird und setzt man P und v gleichgerichtet sowie P als konstant voraus, so folgt aus $p = \frac{P}{m}$:

$$v = v_0 + p t = v_0 + \frac{P}{m} t,$$

$$m v - m v_0 = P t, \quad (44)$$

d. h.: die Zunahme der Bewegungsgröße ist gleich dem Antrieb:

Trifft nun ein Strom von q cbm/sec mit der Geschwindigkeit v auf eine winkelrecht zur Stromlinie stehende feste Wand (Abb. 65), so sind die Wasserteilchen gezwungen, seitlich abzufließen und die Geschwindigkeit in der ursprünglichen Richtung wird Null; die Bewegungsgröße in der Richtung von v geht vollständig verloren.

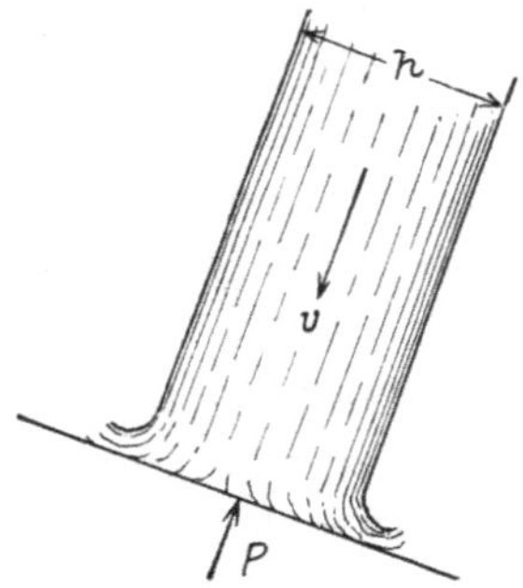

Abb. 65.

Dem Verlust ist der von der Wand geleistete Gegendruck ($-P$) gleich.

In der Zeit t treffen auf die Wand qt cbm Wasser mit einer Bewegungsgröße von

$$\mathfrak{B}t = h \cdot 2st,$$

so daß sich für den Gegendruck ergibt:

$$\left.\begin{aligned} -P \cdot t &= h\, 2s \cdot t, \\ -P &= h \cdot 2s. \end{aligned}\right\} \qquad (45)$$

Der vom Strom auf die Wand ausgeübte Druck ist der „**Stoßdruck**". Er ist gleich groß wie der Gegendruck, aber entgegengesetzt gerichtet. Seine Größe ist demnach

$$P = 2sh = \frac{vq}{g} = \mathfrak{B}. \qquad (45\text{a})$$

Die Stoßdruckhöhe oder kürzer:

die **Stoßhöhe** ist daher gleich der doppelten Geschwindigkeitshöhe.

Trifft der Strom schräg auf die Wand (Abb. 66), so kommt nur ein Teil seiner Bewegungsgröße, nämlich:

$$\mathfrak{B}_x = \mathfrak{B} \cos \alpha$$

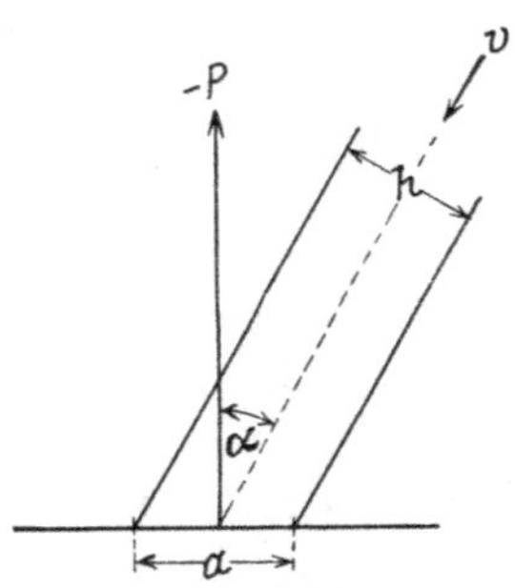

Abb. 66.

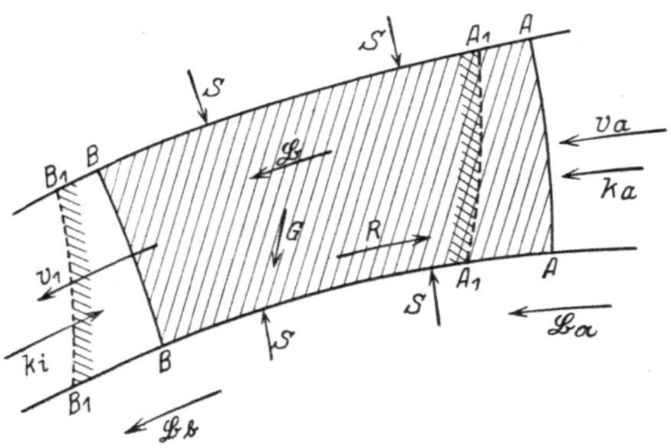

Abb. 67.

zur Geltung und es ist der Stoßdruck:

$$P = \mathfrak{B} \cos \alpha = 2hs \cdot \cos \alpha$$

sowie für $h = a \cos \alpha$

$$P = 2as \cos^2 \alpha \qquad (46)$$

die Stoßhöhe ist $= 2s \cos^2 \alpha$.

Nach diesen Feststellungen wollen wir in die Untersuchung des dynamischen Zustandes eines Stromes eintreten, der sich im Beharrungszustand befindet und eine sekundliche Wassermenge von q cbm führt.

Wir trennen aus demselben durch zwei Normalschnitte $A \ldots A$ und $B \ldots B$ (Abb. 67) winkelrecht zur Richtung der Stromfäden einen Abschnitt $A \ldots B$ heraus. Im Laufe der Zeit fließen fortgesetzt q cbm/sec durch $A \ldots A$ in den Abschnitt und die gleiche Menge fließt durch $B \ldots B$ ab. Hiernach bleiben nicht dieselben

Wasserteilchen im Abschnitt, aber die Wassermenge Q cbm des Abschnitts und ihr Gewicht

$$G(t)\,(=Q\ \text{cbm})$$

bleiben zeitlich die gleichen.

Jedes Wasserteilchen fließt in einer bestimmten Bahn und ändert dabei fortgesetzt seine Geschwindigkeit, also auch seine Bewegungsgröße. An jedem Ort herrscht eine bestimmte Geschwindigkeit, die sich nicht ändert, daher ist auch die Bewegungsgröße der Wasserteilchen an diesem Ort und somit die Bewegungsgröße $\mathfrak{B}_0$ der gesamten Wassermenge Q zeitlich unveränderlich.

Nach einer (unendlich) kurzen Zeit Δt gelangen die Wasserteilchen aus dem Schnitt AA nach A_1A_1 und aus BB nach B_1B_1, der ganze Abschnitt AB verschiebt sich nach A_1B_1. Dieser neue Abschnitt A_1B_1 hat dieselbe Wassermenge Q, aber eine andere Bewegungsgröße $\mathfrak{B}_1$ als AB. Während der Zeit Δt hat sich die Bewegungsgröße von Q um

$$\mathfrak{B}_1 - \mathfrak{B}_0 = \Delta\mathfrak{B}$$

verändert, ein Ausdruck, der positiv oder negativ sein kann, je nachdem $\mathfrak{B}_1 \left.\begin{matrix}>\\ \text{oder}\\ <\end{matrix}\right\} \mathfrak{B}_0$ ist.

Der Abschnitt $A—A_1$ enthält eine Wassermenge $q\Delta t$ von der Bewegungsgröße

$$\frac{q}{g}\cdot v_a\cdot \Delta t = \mathfrak{B}_a \Delta t,$$

ebenso ist für den Abschnitt $B—B_1$:

$$\frac{q}{g}\cdot v_b\cdot \Delta t = \mathfrak{B}_b\cdot \Delta t,$$

während die Bewegungsgröße des Abschnitts $A—B$ unverändert bleibt. Daher ist

$$\mathfrak{B}_1 - \mathfrak{B}_0 = (\mathfrak{B}_b - \mathfrak{B}_a)\,\Delta t = \Delta\mathfrak{B}$$

oder, wenn man statt $\mathfrak{B}_a$ und $\mathfrak{B}_b$ die Stoßkräfte P_a und P_b einsetzt:

$$\mathfrak{B}_1 - \mathfrak{B}_0 = (P_b - P_a)\,\Delta t,$$

wonach bei Verschiebung des Abschnitts AB in die Lage A_1B_1 seine Bewegungsgröße um einen Betrag zunimmt, der gleich ist dem Antrieb der während der Dauer Δt der Verschiebung auf den Abschnitt wirkenden Kräfte, die während dieses kurzen Zeitraums als unveränderlich angesehen werden dürfen. Die Kräfte, um die es sich dabei handelt, sind teils Belastungen oder äußere Kräfte, teils innere Kräfte oder Spannungen. Unter den letzteren sind diejenigen Kräfte zu verstehen, die — wenn es möglich wäre, eine Strömung oder einen Wasserstrahl wie einen Balken zu durchschneiden — in den Schnittflächen angebracht werden müßten, um die voneinander getrennten Teile genau in dem Gleichgewichtszustand zu erhalten, der vor der Trennung bestand.

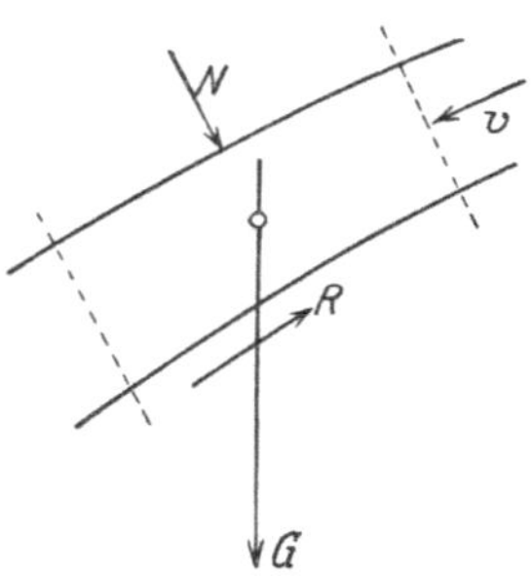

Abb. 68.

Als Belastungen eines Stromabschnitts kommen in Betracht (Abb. 68):

a) sein stets lotrecht wirkendes Gewicht G,

b) die winkelrecht zur Bewegungsrichtung wirkenden Wanddrücke N,

c) die der Bewegungsrichtung entgegengesetzt wirkenden Reibungswiderstände R.

Als innere Spannungen sind zu berücksichtigen:

a) Die hydraulischen Kräfte, nämlich die Wirkung, welche zwei durch einen Schnitt *a—b* (Abb. 69) getrennt zu denkende Teile einer Strömung in der Schnittlinie mit ihren Bewegungsgrößen aufeinander ausüben.

Dabei sind zu unterscheiden:

α) die verzögerte Bewegung $v_1 < v_0$ (Abb. 70), bei welcher der stromauf abgeschnittene Strom auf den zu untersuchenden Stromteil (0)—(1) im Querschnitt (0)—(0) den

hydraulischen Druck $S_0 = + m v_0$

und der stromab abgeschnittene Strom im Querschnitt (1)—(1) den

hydraulischen Gegendruck $S_1 = - m v_1$

ausübt;

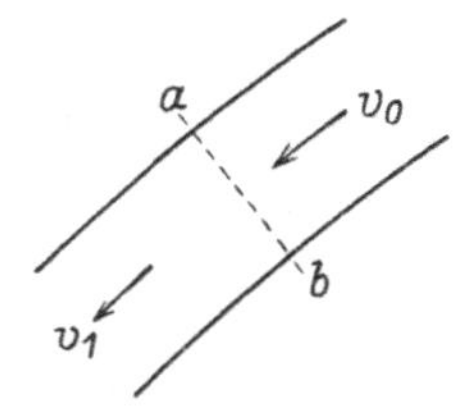

Abb. 69.

β) die beschleunigte Bewegung $v_1 > v_0$ (Abb. 71), bei welcher der stromab abgeschnittene Strom auf den zu untersuchenden Stromabschnitt (0)—(1) im Querschnitt (1)—(1) den

hydraulischen Zug

$S_1 = + m v_1$

und der stromauf abgeschnittene Strom im Querschnitt (0)—(0) den

hydraulischen Gegenzug

$S_0 = - m v_0$

ausübt.

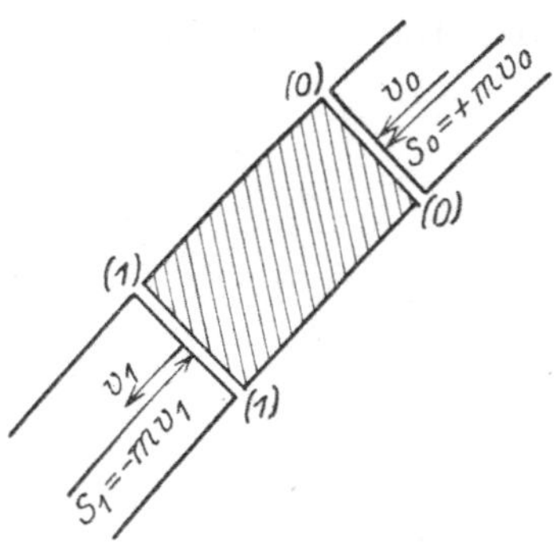

Abb. 70.

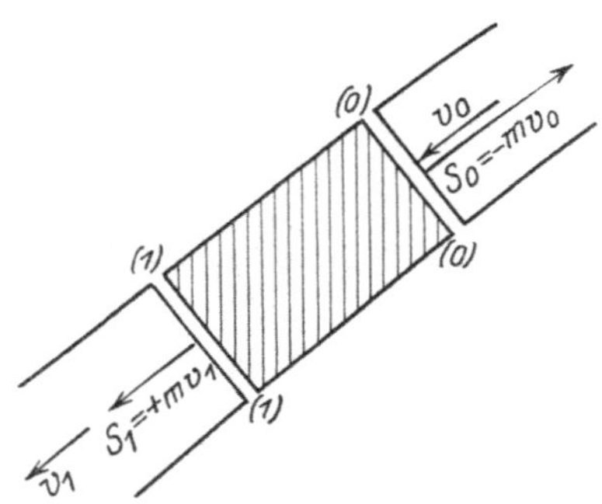

Abb. 71.

Es löst also in den Trennungsschnitten eines Stromabschnitts eine verzögerte Bewegung Pressungen und eine beschleunigte Bewegung Zugspannungen aus, soweit man beim Wasser von solchen sprechen kann (vgl. u. a. S. 18 und 19).

b) Die Spannung *k*. Sie setzt sich zusammen aus dem durch das Eigengewicht erzeugten hydrostatischen Druck *P* und der Zusatzkraft *Z*, die in gekrümmten Bahnen durch die Schleuderkraft hervorgerufen wird:

$$K = P + Z.$$

Der hydrostatische Druck *P* findet sich aus dem Grundgesetz, daß die Druckhöhe an jedem Punkt des Querschnitts gleich seinem lotrechten Abstand vom Wasserspiegel ist (Abb. 72). Danach ist der gesamte hydrostatische Druck auf eine Querschnittsfläche *a—b* gleich dem Inhalt eines Dreiecks von der Grundlinie *a—b* und der Höhe y_i; nämlich dem lotrechten Abstand des Punktes *b* vom Wasserspiegel.

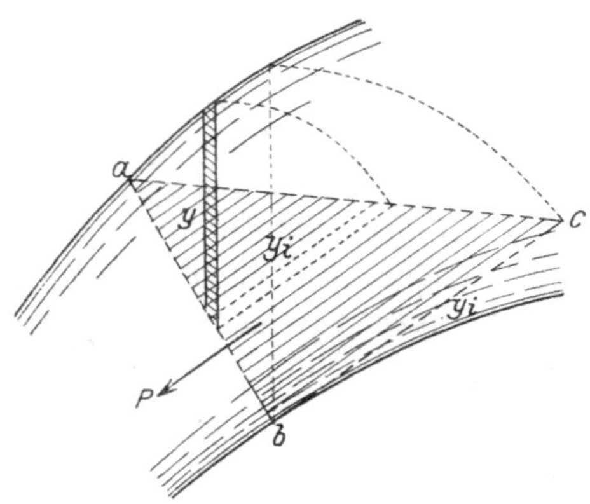

Abb. 72.

Ist der Strom auf seiner Innenseite dem Einfluß einer Luftverdünnung (Abb. 73) von der Druckhöhe $(at—d)$ ausgesetzt, während er auf der Außenseite unter dem vollen

Atmosphärendruck steht, so hat das dieselbe Wirkung, als wenn in einem freien, d. h. allerseits von der Atmosphäre umspülten Strom der hydrostatische Druck in irgendeinem Punkte nicht gleich seinem lotrechten Abstand y vom Wasserspiegel, sondern $y+d$ wäre. Deswegen wird in diesem Fall der hydrostatische Gesamtdruck auf einen Querschnitt a—b durch ein über a—b errichtetes Paralleltrapez dargestellt, dessen beide zu ab senkrechte Parallelseiten die Längen d und $(y+d)$ haben.

Auf die Richtung des hydrostatischen Drucks P in den Endquerschnitten ist es ohne Einfluß, ob die Bewegung eine verzögerte oder beschleunigte ist. Wenn man diejenigen Kräfte P, deren Richtung mit der Richtung der Bewegung zusammenfällt (Abb. 74), als positive bezeichnet, so ist sowohl bei steigendem als bei fallendem Strom P stets Druckkraft. Im gleichen Stromabschnitt dagegen ist im höher liegenden Querschnitt $P\begin{cases}\text{positiv}\\ \text{negativ}\end{cases}$, je nachdem der Strom $\begin{cases}\text{fällt}\\ \text{steigt}\end{cases}$. Das Umgekehrte findet im tieferliegenden Querschnitt statt.

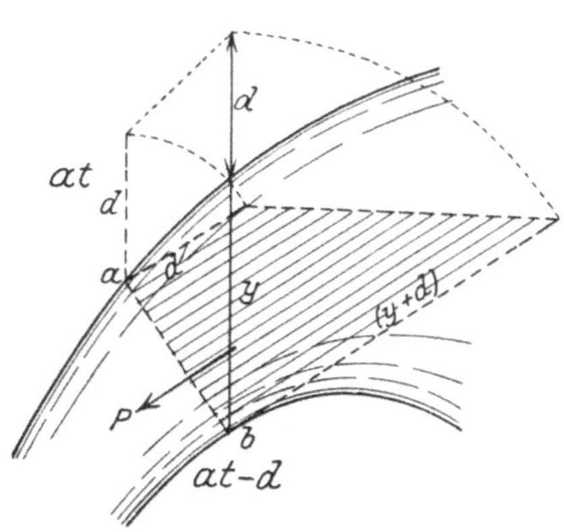

Abb. 73.

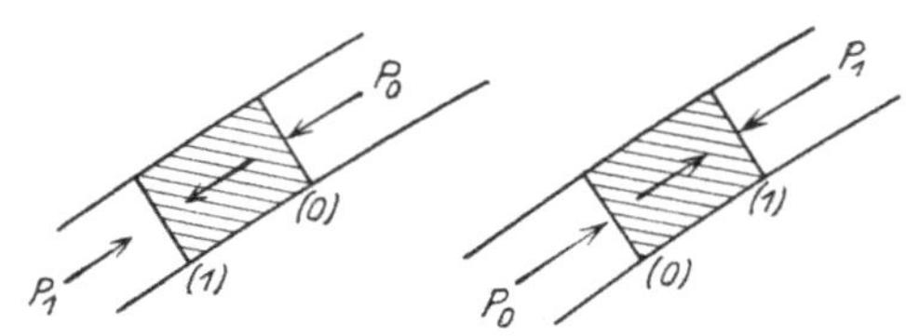

Abb. 74.

Die Größe der Zusatzkraft Z und die Art ihrer Berechnung ist an anderer Stelle erläutert worden (Zweiter Abschn. 7). Wir knüpfen wieder an an die vorhin aufgestellte Gleichung $(\mathfrak{B}_1 - \mathfrak{B}_0) = (P_b - P_a)\Delta t$ und setzen in dieselbe die gefundenen Werte ein.

Zerlegt man alle Kräfte in Seitenkräfte nach zwei Richtungen X und Y, so ist nach dem Antriebsatz:

$$(P_{bx} - P_{ax})\Delta t = (G_x + \Sigma S_x + R_x + K_{ax} + K_{bx})\Delta t$$

oder

$$\left.\begin{aligned} P_{bx} - P_{ax} &= G_x + \Sigma S_x + R_x + K_{ax} + K_{bx}, \\ P_{by} - P_{ay} &= G_y + \Sigma S_y + R_y + K_{ax} + K_{by}. \end{aligned}\right\} \qquad (47)$$

ebenso

Wenn man die sehr kleinen Kräftepaare vernachlässigt, die in den Abweichungen der Form des Abschnitts AB vom Rechteck ihren Ursprung haben, und die überdies um so geringfügiger werden, je kleiner der Abschnitt gewählt wird, so besteht nach diesen Gleichungen Gleichgewicht zwischen der Stoßkraft P_a auf den Zulaufquerschnitt, dem Gegendruck $-P_b$ auf den Abflußquerschnitt und den auf den Abschnitt wirkenden Kräften.

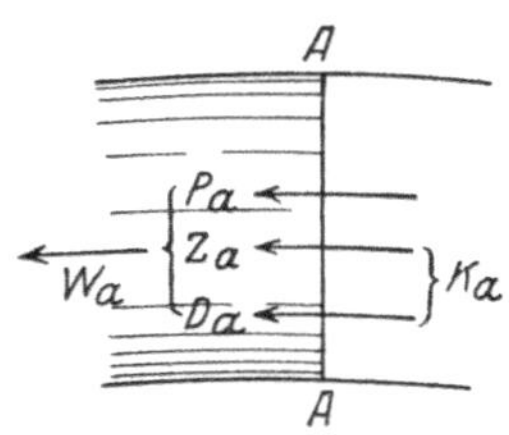

Abb. 75.

Auf den Zulaufquerschnitt AA (Abb. 75) wirken der Druck K_a, der sich zusammensetzt aus dem hydrostatischen Druck D_a und der (positiven oder negativen) Zusatzspannung Z_a, dazu die Stoßkraft P_a. Diese Kräfte lassen sich ersetzen durch ihre Mittelkraft W_a.

Ebenso werden im Abflußquerschnitt BB (Abb. 76) der Druck K_b und der hydraulische Gegendruck P_b ersetzt durch ihre Mittelkraft W_b.

Wir nennen W die Stützkraft und erhalten den wertvollen

Stützkraftsatz:

In einem durch zwei Normalschnitte begrenzten Stromabschnitt stehen die Stützkräfte im Gleichgewicht mit Eigengewicht, Wanddrücken und Reibungswiderstand.

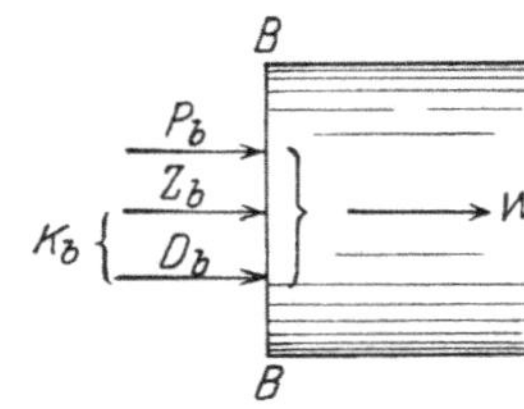

Abb. 76.

In der Stützkraft ist an die Stelle der dynamischen Wirkung des bewegten Wassers die gleichwertige Stoßkraft gesetzt. Dadurch wird der Zustand der Bewegung in einen gleichwertigen Zustand der Ruhe verwandelt und an Stelle der dynamischen tritt die einfachere statische Untersuchung.

Bei der Berechnung von D, Z und P ist die Veränderung von v und z mit der Tiefe zu berücksichtigen. Einfacher ist es aber meist, den Strom in einzelne Schichten zu spalten und den Stützkraftsatz auf jede einzelne Schicht anzuwenden. Dabei sind als Seitenkräfte die Innendrücke k einzusetzen.

Das Stützkraftverfahren vereinfacht und ermöglicht die Lösung vieler Aufgaben der Hydrodynamik. Wir werden in der Folge wiederholt von demselben Gebrauch machen.

2. Die q-Linie.

Eine geometrische Darstellung, welche in anschaulicher Weise erkennen läßt, wie sich bei unverändertem Arbeitsvermögen $\mathfrak{A}$ und unveränderter Fassung einer Strömung deren sekundliche Wassermenge q mit der Wassertiefe y ändert, nennen wir die q-Linie, und sie wird sich gleichfalls bei unseren Untersuchungen als außerordentlich nützlich erweisen.

Wenn in einem Gerinne von der Breite 1 das Wasser in einer Wassertiefe von y m (Abb. 77) mit einer Geschwindigkeit v m/sec fließt, so ist die sekundlich abfließende Wassermenge

$$q = y \cdot v \text{ cbm/sec},$$

das Arbeitsvermögen der Lage, bezogen auf die Sohle,

$$\mathfrak{A}_h = q \gamma y \text{ m}^4/\text{sec}$$

oder, da das spez. Gewicht des Wassers $\gamma = 1$ ist und daher weggelassen werden kann,

$$\mathfrak{A}_h = q \cdot y \text{ m}^4/\text{sec}.$$

Das $\mathfrak{A}$ der Bewegung ist:

$$\mathfrak{A}_v = \frac{1}{2} m v^2 = \frac{1}{2} \frac{q}{g} \cdot v^2 \text{ m}^4/\text{sec}$$

oder, wenn die Geschwindigkeitshöhe $s = \dfrac{v^2}{2g}$ gesetzt wird:

$$\mathfrak{A}_v = q s \text{ m}^4/\text{sec}.$$

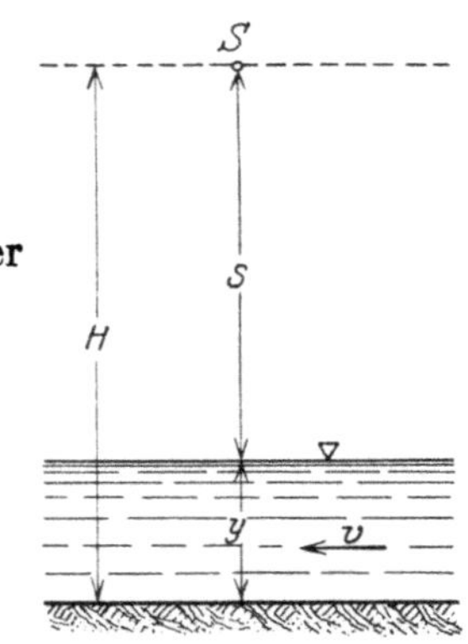

Abb. 77.

Unter der nur für die gleichförmige Bewegung beim Beharrungszustand zutreffenden Voraussetzung, daß im Innern des Wassers keine Spannung — weder Überdruck noch Unterdruck — besteht, ist sonach das gesamte Arbeitsvermögen

$$\mathfrak{A} = \mathfrak{A}_h + \mathfrak{A}_v = q(y + s) = q \cdot H.$$

Das Arbeitsvermögen des mit der Geschwindigkeit v strömenden Wassers von der Tiefe y ist also gleich dem Arbeitsvermögen einer gleich großen ruhenden Wassermenge, deren Spiegel um s höher in S liegt. Die Höhenlage S gibt sonach einen Maßstab für die Größe des Arbeitsvermögens.

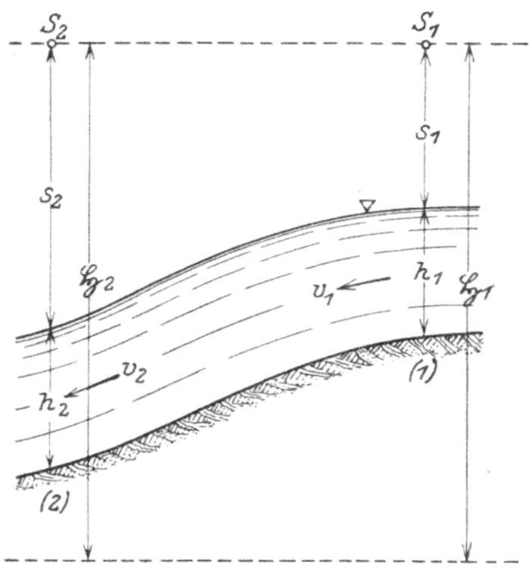

Abb. 78.

Für zwei Querschnitte (1) und (2) (Abb. 78) müssen S_1 und S_2 in gleicher Höhe liegen, wenn das Arbeitsvermögen erhalten bleibt, wie sich das schon aus dem Bernoullischen Prinzip ergab. In bezug auf einen beliebigen Horizont ist das $\mathfrak{A}$ in (1):

$$\mathfrak{A}_1 = \mathfrak{H}_1 q$$

und in (2):

$$\mathfrak{A}_2 = \mathfrak{H}_2 q,$$

und da $\mathfrak{H}_2 = \mathfrak{H}_1$, ist auch $\mathfrak{A}_2 = \mathfrak{A}_1$ und die S-Linie ist wagerecht.

Das Arbeitsvermögen für einen beliebigen Querschnitt ist das Produkt aus q und H. Dabei ist q die abfließende Wassermenge, H die Stromstärke. Während die Wassermenge q von der Wassertiefe y und der Geschwindigkeit v abhängt, ist die Stromstärke H durch die Höhenlage von S bedingt.

Es bestehen also die Beziehungen:

$$q = y v,$$

$$s = \frac{v^2}{2g},$$

$$H = y + s,$$

und für einen unveränderlichen Wert von H ist:

$$\left.\begin{aligned} s &= H - y, \\ v &= \sqrt{2gs} = \sqrt{2g(H-y)}, \\ q &= yv = y\sqrt{2g(H-y)}. \end{aligned}\right\} \qquad (48)$$

Läßt man y von 0 bis H wachsen und trägt den jedesmaligen Wert von q als Ordinate zu y auf, so erhält man die q-Linie (Abbildung 79).

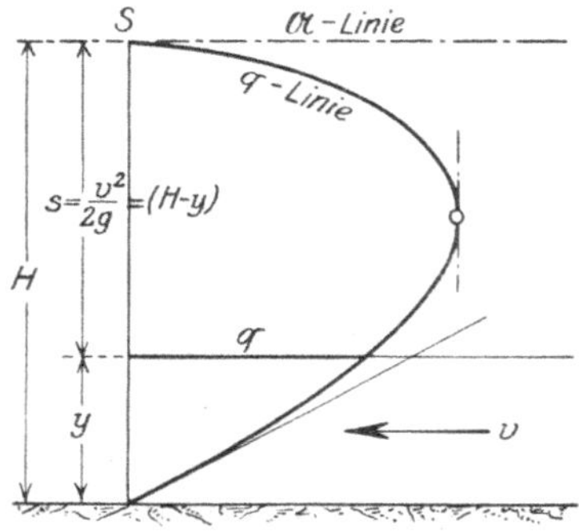

Abb. 79.

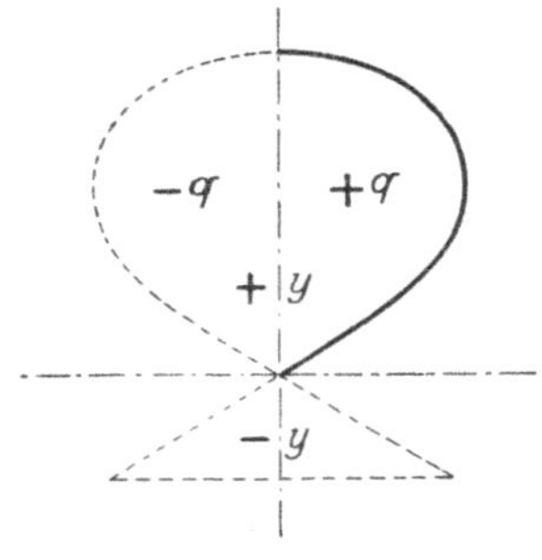

Abb. 80.

Die Ordinaten der q-Linie geben also die Wassermengen q an, welche bei den Wassertiefen y die gleiche Stromstärke H liefern.

Durch die Höhe H ist eine q-Linie vollständig gegeben.

Die q-Linie ist der positive Teil einer semikubischen Parabel (Abb. 80), deren negative Teile ($h - y$ und $-q$) für unsere Zwecke nicht in Betracht kommen.

Über ihren Verlauf gibt die Gleichung folgende Aufschlüsse (vgl. Abb. 81):

$$\text{für } y = 0 \text{ ist } q = 0,$$
$$\text{„ } y = H \text{ „ } q = 0,$$
$$\frac{dq}{dy} = \sqrt{2g}\left\{\sqrt{(H-y)} - \frac{1}{2}\frac{y}{\sqrt{H-y}}\right\},$$
$$= \sqrt{2g}\cdot\frac{2H-3y}{2\sqrt{H-y}},$$

für $y = H$ ist daher $\frac{dq}{dy} = \infty$ und also die Tangente in S eine Wagerechte; für $\frac{dq}{dy} = 0$ ist die Tangente eine Senkrechte, ihr Berührungspunkt liefert ein Maximum der q-Linie, d. h. den Größtwert von q bei dem gegebenen Arbeitsvermögen. Wir sagen von einem Wasserlauf, der die bei seinem Arbeitsvermögen größtmögliche Wassermenge abführt, er befinde sich in seinem Grenzzustand. Seine Tiefe, die Grenztiefe, ergibt sich aus $2H - 3y = 0$ zu:

$$y = \mathfrak{h} = \tfrac{2}{3}\boldsymbol{H}.$$

Die Grenzgeschwindigkeit ist:

$$\mathfrak{v} = \sqrt{\tfrac{2}{3}gH} = \sqrt{g\mathfrak{h}},$$

die Grenzmenge:

$$\mathfrak{q} = \mathfrak{h}\sqrt{g\mathfrak{h}};$$

für die Grenztiefe hat man auch:

$$\mathfrak{h} = \frac{\mathfrak{q}}{\sqrt{g\mathfrak{h}}}$$

oder aus $\mathfrak{h}^2 = \frac{\mathfrak{q}^2}{g\mathfrak{h}}$:

$$\mathfrak{h} = \sqrt[3]{\frac{\mathfrak{q}^2}{g}}. \qquad (48\text{a})$$

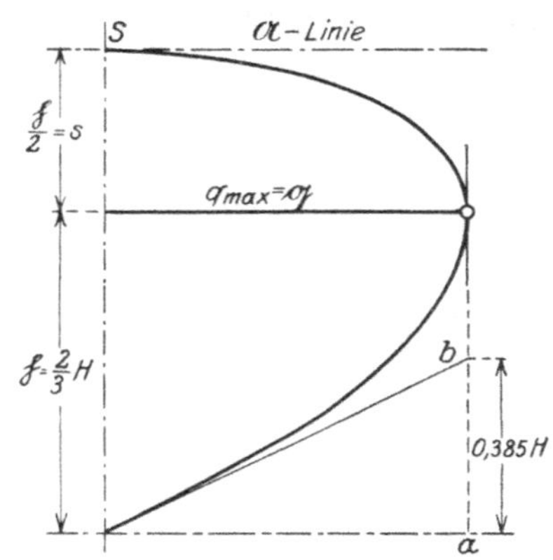

Abb. 81.

Aus der Tangentengleichung erhält man für $y = 0$:

$$\frac{dq}{dy} = \sqrt{2gH}.$$

Andererseits ergibt die Figur:

$$\frac{dq}{dy} = \frac{\mathfrak{q}}{ab},$$

daher:

$$ab = \frac{\mathfrak{q}}{\sqrt{2gH}} = \frac{\frac{2}{3}H\sqrt{2g\cdot\frac{1}{3}H}}{\sqrt{2gH}} = \frac{2H}{3\sqrt{3}}$$
$$= \underline{\boldsymbol{0{,}385\,H}}, \qquad (49)$$

ein Wert, der beim Aufzeichnen der q-Linie gute Dienste tut.

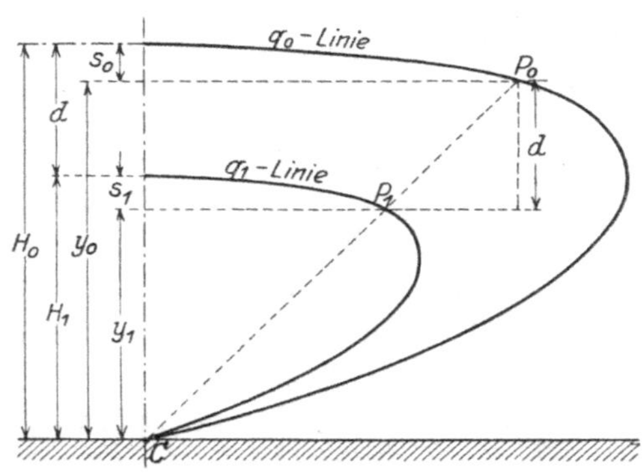

Abb. 82.

Ist die q_0-Linie für eine Arbeitshöhe H_0 gegeben, so läßt sich daraus die q_1-Linie für die Arbeitshöhe $H_1 = H_0 - d$ ableiten, indem jedem Punkt P_0 (Abb. 82) mit der Ordinate y_0 auf der q_0-Linie ein Punkt P_1 mit der Ordinate $y_1 = y_0 - d$ auf der

q_1-Linie entspricht, der zugleich mit P_0 auf einem und demselben von C ausgehenden Strahl, also kollinear, liegt. Denn aus

$$H_1 = H_0 - d$$

und

$$y_1 = y_0 - d$$

ergibt sich:

$$s_1 = s_0,$$

daher auch:

$$v_1 = v_0$$

und

$$\frac{q_1}{q_0} = \frac{y_1 v_1}{y_0 v_0} = \frac{y_1}{y_0}.$$

Denjenigen Punkten P_0, die weniger hoch als d über der Sohle liegen, entsprechen Punkte P_1 des für uns belanglosen negativen Teils der semikubischen Parabel.

Die den beiden kollinearen Kurven entsprechenden Grenzzustände haben im allgemeinen nicht den Höhenunterschied d, weshalb auch die Kurvenmaxima nicht auf demselben Strahl durch C liegen. Die eine Kurve ist also nicht das Abbild der anderen, beide liegen nicht perspektivisch zueinander.

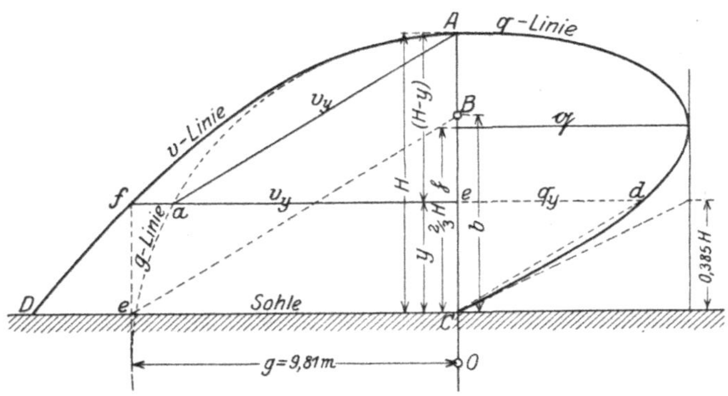

Abb. 83.

Die q-Linien lassen sich bequem zeichnen, wenn man von den v-Linien ausgeht. Ist in irgendeinem Maßstab $\overline{AC}$ (Abb. 83) die Arbeitshöhe, für welche die q-Linie gezeichnet werden soll, so trägt man von A aus in gleichem Maßstab auf der Lotrechten AC die Strecke $\overline{AO} = g = 9{,}81$ m ab und beschreibt um O den g-Kreis, so weit er gebraucht wird.

Schneidet dieser Kreis in einem Punkt a den Wasserspiegel des Gerinnes bei einem Wasserstand von y m, so ist Aa die Geschwindigkeit v_y für die Tiefe y. In der Tat ist:

$$\overline{Aa}^2 = Ae \cdot (2\,\overline{AO}) = (H - y) \cdot 2g = v_y^2,$$

$$Aa = \sqrt{2g(H-y)} = v_y.$$

Durch Abtragen von $v_y = Aa$ nach ef erhält man einen Punkt f der v-Linie.

Der entsprechende Punkt der q-Linie ergibt sich aus der Überlegung, daß einerseits $q = v_y \cdot y$ und andererseits $q = q_y \cdot b$ ist, wobei b eine feste Länge bedeutet, mit der jede Ordinate der q-Linie multipliziert werden muß, um die ihr entsprechende Wassermenge zu bekommen.

Aus beiden Gleichungen folgt:

$$\frac{v_y}{b} = \frac{q_v}{y}.$$

Man trägt also ein für alle Male von C nach B die Verwandlungsbasis b auf, projiziert den Endpunkt f von v_y auf die Sohle nach e, verbindet e mit B und zieht zu eB eine Parallele durch C. Letztere schneidet alsdann auf der Verlängerung von v_y den Punkt d der q-Linie heraus, denn es ist $ed = q_y$, wie sich aus der Abbildung leicht ergibt.

Die q-Linie liefert für jede Wassermenge q (mit Ausnahme der Grenzmenge) zwei verschiedene Wassertiefen y_1 und y_2 und es ist stets (Abb. 84):

$$y_1 > \mathfrak{h} > y_2 .$$

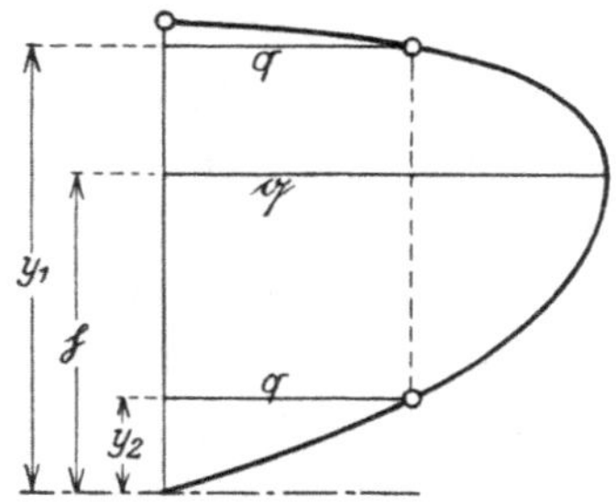

Abb. 84.

Es ist oft erwünscht, wenn y_1 gegeben ist, die entsprechende Tiefe y_2, bei welcher die gleiche Wassermenge q^* gefördert wird, durch Rechnung bestimmen zu können, und das ist möglich, ohne daß deswegen eine Gleichung dritten Grades gelöst zu werden braucht.

Denn wenn man in die Gleichung

$$q^* = y\sqrt{2g(H - y)}$$

für die unabhängige Veränderliche einmal den Wert $y = h_1$ und einmal den Wert $y = h_2$ einsetzt, so erhält man zwei Gleichungen, die nach ihrer Quadrierung lauten

$$h_1^3 - Hh_1^2 + \frac{q^{*2}}{2g} = 0$$

und

$$h_2^3 - Hh_2^2 + \frac{q^{*2}}{2g} = 0 ,$$

daher:

$$h_3^3 - h_1^3 - H(h_1^2 - h_1^2) = 0$$

oder nach Division mit $(h_1 - h_2)$:

$$h_2^2 + h_2 h_1 + h_1^2 - H(h_2 + h_1) = 0 ,$$

sowie mit $(H - h_1) = s_1$:

$$h_1^2 - h_2 s_1 - h_1 s_1 - 0 ,$$

$$h_2 = \frac{s_1}{2} \pm \sqrt{\frac{s_1^2}{4} + h_1 s_1} = \frac{s_1}{2}\left(1 + \sqrt{1 + 4\frac{h_1}{s_1}}\right). \tag{50}$$

Wir nennen einen Strom, dessen Wassertiefe kleiner ist als die Grenztiefe, einen **reißenden Strom**, und einen Strom, dessen Wassertiefe größer ist als die Grenztiefe, einen **ruhigen Strom**.

Den Übergang vom reißenden in den ruhigen Strom bildet der Grenzstrom.

Wir haben also

$$\left.\begin{array}{ll} \text{reißenden Strom, wenn} & v > \\ \text{Grenzzustand,} \quad\;\;\, „ & v = \\ \text{ruhigen Strom,} \quad\;\;\, „ & v < \end{array}\right\} \sqrt{gy} .$$

Für einen natürlichen Wasserlauf (Abb. 85) vom Gefälle J und einer Tiefe, die gering ist gegenüber seiner Breite, so daß man in der Formel $v = c\sqrt{RJ}$ die Wassertiefe h statt R einsetzen darf, ist demnach im Grenzzustand:

$$\mathfrak{v} = c\sqrt{hJ} = \sqrt{gh} ,$$

daher:

$$J = \frac{g}{c^2}$$

oder für $c = 40$ bis 50:

$$J = \frac{1}{160} - \frac{1}{250}, \quad \text{im Mittel } \frac{1}{200} .$$

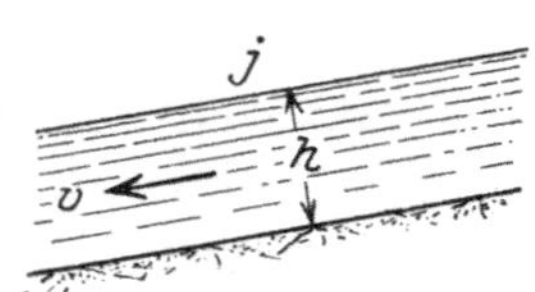

Abb. 85.

Sonach darf man auch sagen: in breiteren Flüssen mittlerer Tiefe besteht

$$\left.\begin{array}{lll}\text{reißender Strom,} & \text{wenn} & J> \\ \text{Grenzzustand,} & \text{„} & J= \\ \text{ruhiger Strom,} & \text{„} & J< \end{array}\right\} 1:200\,.$$

Die Abb. 86 lehrt ohne weiteres, daß der Grenzstrom eine gegebene Wassermenge q mit dem geringsten Arbeitsaufwand befördert; denn sowohl der ruhige wie der reißende Strom bedürfen einer größeren Arbeitshöhe E als der Grenzstrom, um die gleiche Wassermenge zum Abfluß zu bringen.

In einem Wasserlauf, dessen Gefälle vermöge der allgemeinen Geländegestaltung wesentlich von $\frac{1}{200}$ abweicht — sei es, daß es in der Ebene geringer, sei es, daß es im Gebirge größer ist —, wird die Abführung einer bestimmten sekundlichen Wassermenge unter allen Umständen einen größeren Arbeitsaufwand erforderlich machen, als er für den Grenzzustand nötig sein würde. Die Wassertiefe wird für den ruhigen Strom größer und für den reißenden Strom geringer sein als die Tiefe h des Grenzstromes.

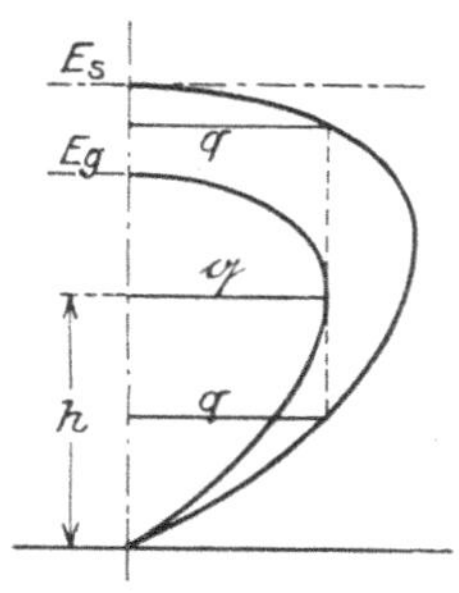

Abb. 86.

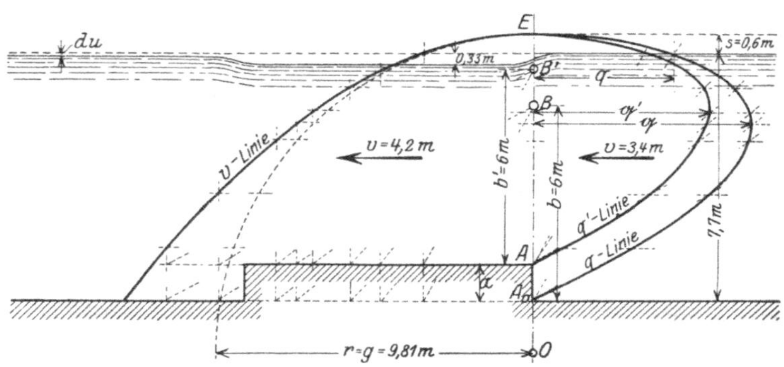

Abb. 87.

Die Grenztiefe und damit der Grenzzustand werden sich aber vermöge des Grundsatzes vom geringsten Arbeitsaufwand an allen denjenigen Stellen des Wasserlaufs herauszubilden suchen, an denen die Geschwindigkeit von dem allgemeinen Flußgefälle unabhängig ist: also an plötzlichen Querschnittsverengungen, wie sie durch Einbau von Grundschwellen, Brückenpfeilern, Stauwerken u. dgl. entstehen. Einige Beispiele mögen dies erläutern:

In Abb. 87 ist der Einbau einer $a = 1{,}20$ m hohen Grundschwelle in einen Fluß von 7,7 m Wassertiefe und $v = 3{,}4$ m Geschwindigkeit dargestellt.

Es ist $s = \frac{v^2}{2g} = 0{,}6$ und daher die Arbeitshöhe $H = A_0 E = 7{,}7 + 0{,}6 = 8{,}3$ m. Außer der q-Linie für die Arbeitshöhe $A_0 E$ ist noch die q'-Linie für die um die Höhe a der Grundschwelle verminderte Höhe $A_1 E$ mit Hilfe der v-Linie zu zeichnen. Aus derselben ergibt sich, daß dieselbe Wassermenge q, die im freien Flußbett bei einer Wassertiefe von 7,70 m befördert wird, über die Grundschwelle bei einem um 33 cm gesenkten Grenz-Wasserspiegel mit einer von 3,4 m/sec auf 4,2 m/sec erhöhten Geschwindigkeit abfließt. Unterhalb der Schwelle erhebt sich der Wasserspiegel bis auf einen Verlust du wieder auf die alte Höhe.

Nicht immer wird es wie im vorigen Fall dem Fluß möglich sein, seine mitgeführte sekundliche Wassermenge über die Schwelle hinüberzubefördern, ohne dazu durch eine Anstauung sein Arbeitsvermögen zu erhöhen. Das erläutere folgendes

Beispiel (Abb. 88), in welchem ein Strom von 8 m Wassertiefe seine sekundliche Wasserführung von 40,5 cbm über eine Grundschwelle von 1,8 m Höhe hinüberzubefördern hat.

Mittels der v-Linie werden zunächst wieder die q-Linie und die q_a-Linie gezeichnet. Für letztere ergibt sich eine Grenzmenge von 35,4 cbm/sec, so daß das Arbeitsvermögen des Stromes nicht ausreicht, um den Abfluß von 40,5 cbm über die Schwelle hinüber zu erzwingen. Es ist daher durch einen Stau oberhalb des Hindernisses die Kraft des Stromes auf eine kurze Strecke zu verstärken, und zwar wird der Kraftaufwand sich auf das geringste Maß beschränken, wenn ein Grenzzustand hergestellt wird. Danach ist also eine q_a'-Linie zu zeichnen, deren Grenztiefe $\mathfrak{h}$ der Bedingung genügt:

$$\mathfrak{h}' = \sqrt{g\mathfrak{h}'} = 40{,}5\,,$$

woraus sich ergibt;

$$\mathfrak{h}' = 5{,}51 \text{ m}\,, \qquad \tfrac{3}{2}\mathfrak{h}' = H' = 8{,}26 \quad \text{und} \quad H = 1{,}80 + 8{,}26 = 10{,}6 \text{ m}\,,$$

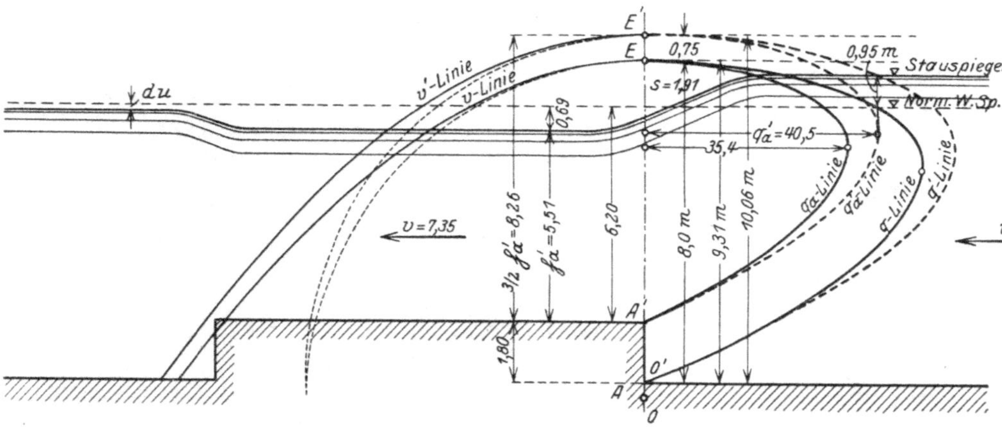

Abb. 88.

so daß die neue Arbeitslinie E' um 0,75 m höher liegt als die Linie E. Man kann nun die Linien q' und q_a' zeichnen. Sie liegen kollinear zu den Linien q bzw. q_a. Auf die v'-Linie braucht dabei nicht zurückgegriffen zu werden, trotzdem ist sie der Vollständigkeit und Übersichtlichkeit halber mit dargestellt.

Aus den Linien ergibt sich nun:

1. daß vor dem Hindernis der Wasserspiegel um 95 cm gestaut wird, wobei sich die Geschwindigkeit von $\frac{40{,}5}{8} = 5{,}06$ m/sec auf $\frac{40{,}5}{8{,}95} = 4{,}53$ m/sec ermäßigt;

2. daß über dem Hindernis der Wasserspiegel um 0,69 m gesenkt wird, so daß dem Stau ein Abfall von 1,64 m folgt, während sich die Geschwindigkeit auf $\frac{40{,}5}{5{,}51} = 7{,}35$ m/sec steigert:

3. daß nach Überschreiten des Hindernisses das Wasser wieder ansteigt und bis auf einen geringen Unterschied du unter gleichzeitiger entsprechender Ermäßigung seiner Geschwindigkeit die alte Höhe wieder erreicht.

Die beiden Beispiele zeigen das Verhalten des ruhigen Stromes gegenüber der Verengung seines Bettes durch eine Grundschwelle. Abb. 89 zeigt das gleiche für den reißenden Strom, und zwar gleichzeitig für zwei Wasserstände I und II.

Der Wasserstand I schneidet die q-Linie im Punkt a und die Senkrechte in diesem Punkt trifft die q_a-Linie in b und die Wagerechte durch b gibt die Höhe des Wasserspiegels über der Schwelle an. Sie beträgt 2,40 m und erhebt sich somit 4,20 m über die Flußsohle, wobei die Geschwindigkeit von 11,9 m/sec auf 10,8 m/sec sinkt. Hinter der Schwelle fällt das Wasser auf eine Höhe ab, die um ein geringes Maß du, das vornehmlich Stoßverluste darstellen wird, über dem Spiegel oberhalb der Schwelle liegt.

Der Wasserspiegel II schneidet die q-Linie in einem Punkt c und das Lot in c trifft die q_a-Linie überhaupt nicht, die Energie des Stromes reicht also nicht aus, um die bei der Tiefe y_{II} mitgeführte sekundliche Wassermenge von 40,5 cbm in einer Sekunde über die Schwelle hinüberzubefördern. Sie muß daher örtlich durch eine Anstauung vergrößert werden. Man ermittelt wieder, wie dies schon gezeigt wurde, diejenige q_a'-Linie, für welche die in Betracht kommende Wassermenge die Grenzmenge bedeutet, und erhält damit die notwendige Vergrößerung der Arbeitshöhe um die Strecke EE'. E' verbindet man noch mit A durch die q'-Linie.

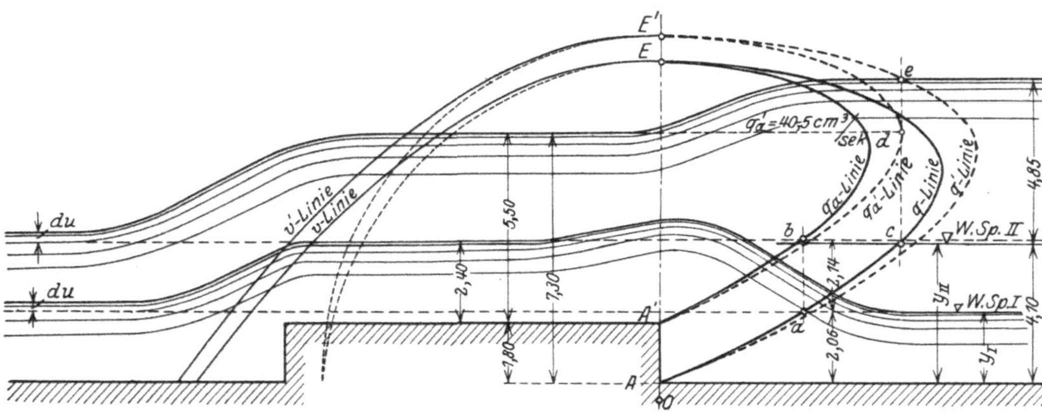

Abb. 89.

Das Lot in c berührt die q_a'-Linie in d und schneidet die q'-Linie in e. Letzterer Punkt gibt die Höhe des notwendigen Staus, d die Höhe des Wassers über der Schwelle. Das Ergebnis ist also eine Anstauung des Wasserspiegels II um 4,85 m auf die Gesamthöhe von 8,95 m, d. h. auf dieselbe Höhe, auf die in dem vorhergehenden Beispiel der ruhige Strom angestaut werden mußte, um die gleiche Wassermenge von 40,5 cbm/sec über die gleiche hohe Grundschwelle hinüberzubringen. Auch über der Schwelle selbst ergibt sich hier und dort die gleiche Überströmungshöhe von 5,50 m. Ein Unterschied tritt erst hinter der Schwelle ein, wo der Grenzzustand, den allgemeinen Verhältnissen des Flusses entsprechend, durch einen Absturz wieder in den reißenden Strom übergeht.

Auch die Wirkung von Pfeilereinbauten läßt sich durch die q-Linie sehr anschaulich darstellen. Für den nicht eingeengten Teil des Flusses (Abb. 90) ist

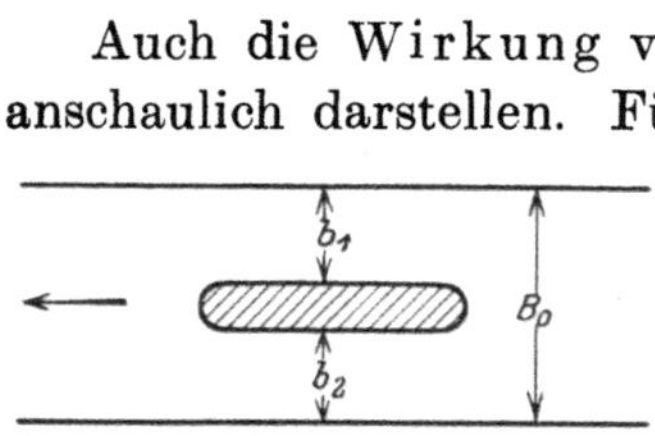

Abb. 90.

$$q_0 = \frac{Q}{B_0},$$

für den durch Pfeiler eingeengten dagegen:

$$q_1 = \frac{Q}{\Sigma(b)} = \frac{B_0}{\Sigma(b)} \cdot q_0 .$$

Abb. 91 bezieht sich auf den Fall, in welchem $q_1 < \mathfrak{q}$. Es entsteht dann **kein Stau** vor dem Pfeiler. Zwischen den Pfeilern aber bildet sich bei ruhigem Strom eine Senkung und bei reißendem Strom ein Stau, deren Höhenmaße aus der q-Linie abgelesen werden können.

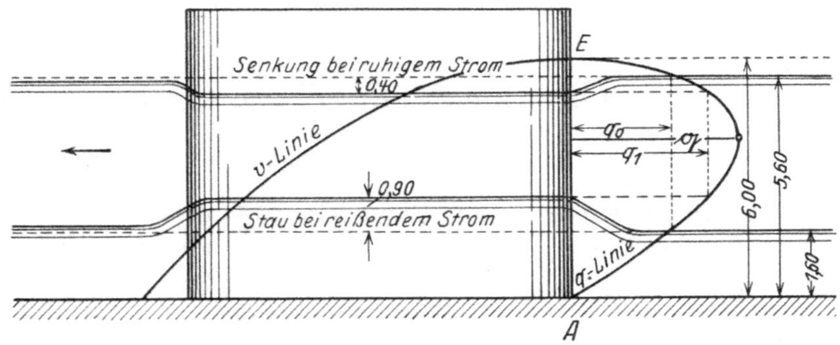

Abb. 91.

Ist $q_1 > \mathfrak{q}$ (Abbildung 92), so entsteht vor dem Pfeiler bei ruhendem Strom sowohl wie bei reißendem Strom ein Stau, zu dessen Berechnung noch die q'-Linie für die vergrößerte Arbeitshöhe AE' gezeichnet werden muß. Nimmt man $q_0 = 26$ und $q_1 = 30$ cbm/sec an, so ergibt sich aus $30 = \mathfrak{h}\sqrt{g\mathfrak{h}}$:

$\mathfrak{h} = 4{,}51$ m

und

$AE' = \frac{3}{2}\mathfrak{h} = 6{,}76$ m.

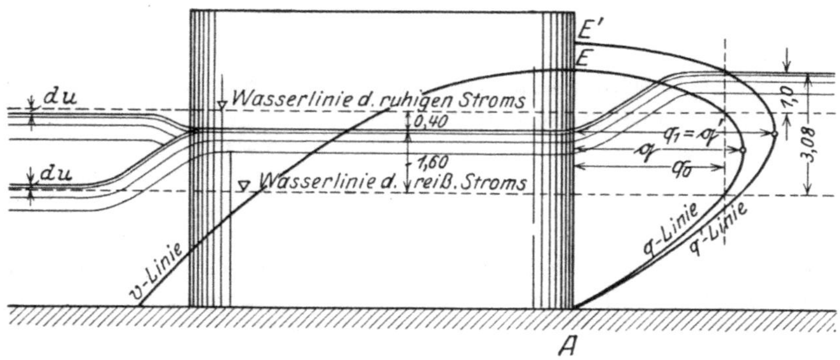

Abb. 92.

Vor den Pfeilern entsteht, wie aus der q'-Linie hervorgeht, für beide Stromarten der gleiche Stau, und zwischen den Pfeilern ebenfalls, für beide übereinstimmend der Grenzzustand.

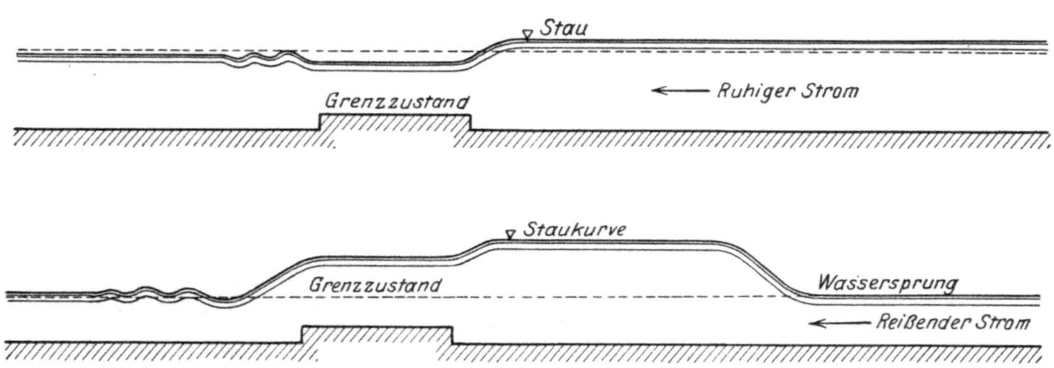

Abb. 93.

Zur weiteren Verdeutlichung seien in Abb. 93 noch in etwas größerer Ausdehnung die Stromlinien bei Stau durch eine Schwelle im ruhigen und im reißenden Strom für den Fall dargestellt, daß die abzuführende Wassermenge q größer ist als die Grenzmenge über der Grundschwelle.

Vierter Abschnitt.

Bewegungslehre.

A. Die Bewegung eines einzelnen Punktes.

1. Geradlinige Bewegung.

Bewegt sich ein materieller Punkt auf geradliniger Bahn mit der unveränderlichen Geschwindigkeit v m/sec, so nennt man, wie wir schon sahen, die Bewegung eine gleichförmige, und es ist der dabei in der Zeit t sec zurückgelegte Wert s m:

$$s = v\,t$$

und

$$v = \frac{s}{t}.$$

Ist die Geschwindigkeit mit der Zeit veränderlich, so nennt man die Bewegung eine ungleichförmige und hat:

$$ds = v\,dt,$$

$$v = \frac{ds}{dt}.$$

Unter Beschleunigung $+p$ und Verzögerung $-p$ ist die Zunahme oder Abnahme der Geschwindigkeit in 1 Sekunde zu verstehen, also allgemein:

$$p = \frac{dv}{dt} = \frac{d^2 s}{dt^2}.$$

Das zeitlich unveränderliche p gibt mit positivem Vorzeichen die gleichmäßig beschleunigte und mit negativem Vorzeichen die gleichmäßig verzögerte Bewegung mit:

$$v_1 = v_0 \pm p\,t,$$

$$\pm p = \frac{v_1 - v_0}{t},$$

$$s = v_0 t \pm \tfrac{1}{2} p\,t^2 = \frac{v_0 + v_1}{2} \cdot t,$$

$$p\,s = \frac{v_1^2 - v_0^2}{2}.$$

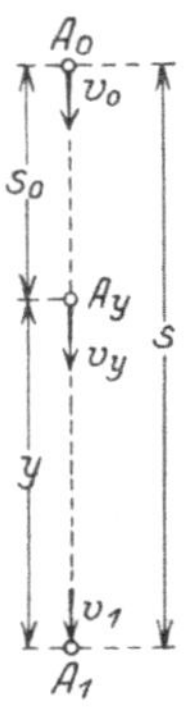

Abb. 94.

Für den freien Fall (Abb. 94) ist p gleich der Beschleunigung der Schwere (s. S. 8):

$$p = g = 9{,}81 \text{ m/sec}.$$

Der seine Ruhelage mit der Geschwindigkeit $v_0 = 0$ verlassende Punkt wird nach t Sekunden die Geschwindigkeit

$$v_1 = g\,t$$

erreichen. Seine Fallhöhe beträgt bis dahin

$$s = \tfrac{1}{2} v_1 t = \frac{g}{2} t^2 = \frac{v_1^2}{2g},$$

daher auch

$$v_1 = \sqrt{2gs}.$$

Beginnt der Punkt seinen Fall erst aus der Höhe y von A_y aus mit einer ihm etwa durch künstlichen Antrieb erteilten Geschwindigkeit v_y, der die Geschwindigkeitshöhe

$$\frac{v_y^2}{2g} = s_0$$

entspricht, so erreicht er in A_1 die Geschwindigkeit

$$v_1 = \sqrt{2g(y + s_0)}.$$

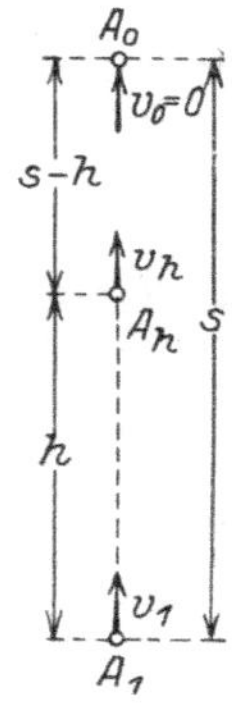

Abb. 95.

Umgekehrt (Abb. 95) wird ein Punkt, der aus seiner Ruhelage A_1 mit der Anfangsgeschwindigkeit v_1 **aufsteigt**, seine Steighöhe erreichen, wenn

$$v_0 = v_1 - g\,t = 0,$$

$$t = \frac{v_1}{g}$$

und

$$s = \tfrac{1}{2} v_1 t = \frac{v_1^2}{2g}$$

ist. Der von A_1 mit der Geschwindigkeit v_1 aufgestiegene Punkt wird in der Höhe h mit der Geschwindigkeit

$$v_h = \sqrt{2g(s - h)}$$

ankommen.

Setzt sich die Bewegung aus verschiedenen verschieden gerichteten Geschwindigkeiten oder Beschleunigungen zusammen, so erhält man die Mittelgeschwindigkeit und Mittelbeschleunigung durch Geschwindigkeits- bzw. Beschleunigungspolygone, die genau so gebildet werden wie die Kräftepolygone.

2. Krummlinige Bewegung.

a) Die freie Wurflinie. Eine Beschleunigung p_n, die in jedem Augenblick normal gerichtet ist zu der fortschreitenden Geschwindigkeit v eines Punktes, macht dessen Bewegung zu einer krummlinigen.

Für einen Zeitteil Δt (Abb. 96) wird:

$$\varrho : \tfrac{1}{2} v \Delta t = v \Delta t : \tfrac{1}{2} p_n \Delta t^2,$$

daher:

$$\left.\begin{aligned} &\text{der Krümmungshalbmesser:} \quad \varrho = \frac{v^2}{p_n} \\ &\text{die Normalbeschleunigung:} \quad p_n = \frac{v^2}{\varrho} \end{aligned}\right\} . \qquad (51)$$

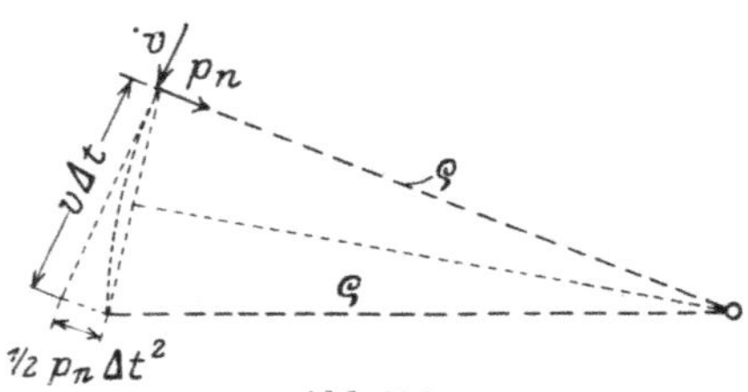

Abb. 96.

Bleiben v und p_n zeitlich unverändert, so bewegt sich der Punkt auf einem Kreis vom Halbmesser $r = \dfrac{v^2}{p_n}$.

Ein Punkt A_0 (Abb. 97) habe eine Horizontalgeschwindigkeit v_0 m/sec und eine Vertikalbeschleunigung $g = 9{,}81$ m/sec. Dann wird er nach der Zeit t nach einem Ort A gelangt sein von den Koordinaten:

$$x = v_0\,t,$$

$$y = \tfrac{1}{2} g\,t^2,$$

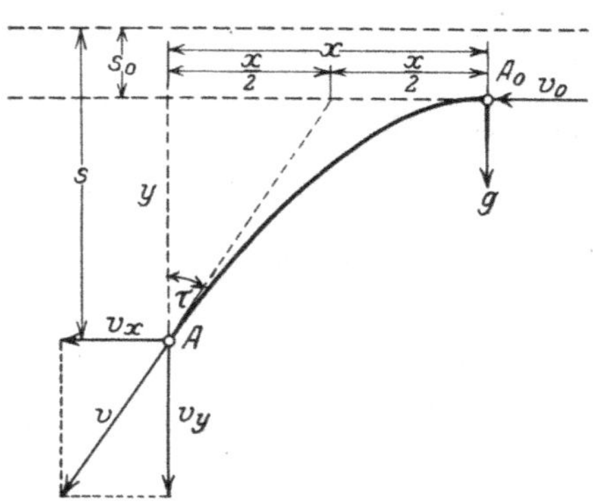

Abb. 97.

woraus:

$$x^2 = 2\frac{v_0^2}{g}y$$

oder mit $s_0 = \frac{v_0^2}{2g}$:

$$x^2 = 4 s_0 y. \tag{52}$$

Die Wurfbahn ist also eine Parabel vom Parameter $2 s_0$, ihre Richtung in A findet sich aus $2x\,dx = 4 s_0\,dy$:

$$\frac{dx}{dy} = \operatorname{tg}\tau = \frac{2 s_0}{x}, \tag{53}$$

oder aus $dx = v_0\,dt$ und $dy = g\,t\,dt$ zu:

$$\operatorname{tg}\tau = \frac{dx}{dy} = \frac{v_0}{g\,t} = \frac{\frac{1}{2} v_0 t_0}{\frac{1}{2} g t^2} = \frac{\frac{1}{2} x}{y}, \tag{53a}$$

d. h. die Tangente halbiert die Strecke x auf der Scheiteltangente. Die Geschwindigkeit v in A ergibt sich aus $v_x = v_0$ und $v_y = g\,t$ zu:

$$v = \sqrt{v_0^2 + g^2 t^2} = \sqrt{2g\left[\frac{v_0^2}{2g} + \frac{g\,t^2}{2}\right]} = \sqrt{2g(s_0 + y)} = \sqrt{2gs}. \tag{54}$$

$(s_0 + y) = s$ ist die Geschwindigkeitshöhe. Die Geschwindigkeit v in der Bahnrichtung ist also gleich der lotrechten Geschwindigkeit des freien Falls aus einer um s_0 über A liegenden Höhe.

Ist also statt A_0 irgend ein anderer Punkt der Bahn z. B. A samt Größe und Richtung der in ihm herrschenden Geschwindigkeit v gegeben, so läßt sich ebenfalls die Wurflinie bestimmen. Denn es findet sich nach Zerlegung von v in v_x und v_y:

$$v_0 = v_x,$$

$$g\,t = v_y \quad \text{oder} \quad t = \frac{v_y}{g},$$

$$x = v_0 t, \qquad y = \frac{g}{2} t^2,$$

oder auch aus:

$$s_0 = \frac{v_0^2}{2g} = \frac{v_x^2}{2g} \quad \text{und} \quad s = \frac{v^2}{2g}:$$

$$y = s - s_0.$$

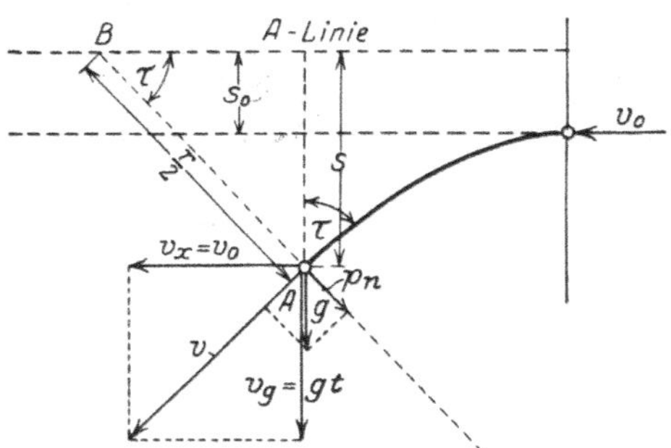

Abb. 98.

Der Krümmungshalbmesser r im Punkt A (Abb. 98) findet sich durch Zerlegung von g in die Richtung der Bahn und winkelrecht dazu. Man erhält die Normalbeschleunigung:

$$p_n = g \cdot \sin\tau$$

und daraus:

$$r = \frac{v^2}{p_n} = \frac{v^2}{g\sin\tau} = \frac{2s}{\sin\tau}.$$

Wenn daher die Normale in A die 𝔄-Linie im Punkte B schneidet, so ist

$$AB = \frac{s}{\sin\tau} = \frac{r}{2}. \tag{55}$$

Man darf also für künftige Rechnungen setzen:

$$r = \frac{2s}{\sin\tau} = 2s \cdot \frac{v}{v_0}. \tag{56}$$

Der Krümmungshalbmesser wächst mit der Geschwindigkeit, und die Bahn wird immer flacher. Der kleinste Halbmesser ist für $v = v_0$ und $s = s_0$ im Scheitel vorhanden und beträgt:

$$r = 2\, s_0 . \tag{57}$$

b) Die abgelenkte Wurflinie. Sie entsteht, wenn auf die freie Wurflinie außer der Beschleunigung der Schwere noch eine besondere Normalbeschleunigung $\pm d_n$ wirkt, die, je nachdem sie positiv oder negativ ist, die freie Wurflinie nach innen oder außen ablenkt (Abb. 99). Die gesamte Normalbeschleunigung ist alsdann:

$$p_n = g \sin \tau \pm d_n ,$$

der Krümmungshalbmesser:

$$\varrho = \frac{v^2}{g \sin \tau \pm d_n} \tag{58}$$

wofür man auch setzen kann:

$$\varrho = \frac{2\, s}{\sin \tau + \frac{d_n}{g}} ,$$

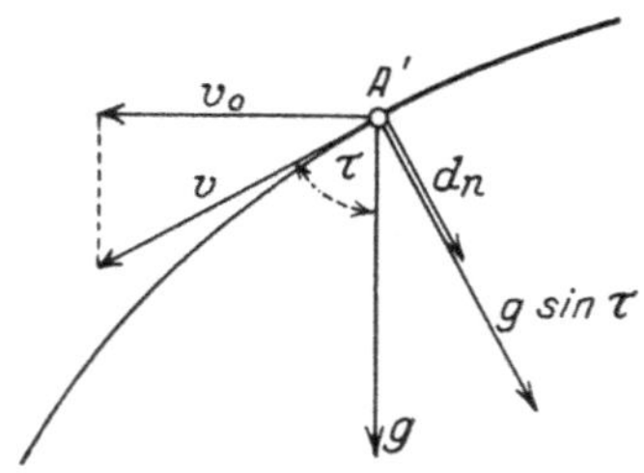

Abb. 99.

Gegenüber einer freien Wurflinie besitzt also die abgelenkte Wurflinie

einen $\left\{\begin{array}{l}\text{kleineren}\\ \text{größeren}\end{array}\right.$ Krümmungshalbmesser oder

eine $\left\{\begin{array}{l}\text{stärkere}\\ \text{schwächere}\end{array}\right.$ Krümmung,

je nachdem d_n positiv oder negativ ist.

In Abb. 100 ist auf zeichnerischem Wege ermittelt, in welchem Maße die einer Horizontalgeschwindigkeit von $v_0 = 4$ m/sec entsprechende freie Wurflinie durch eine positive Normalbeschleunigung von $\frac{g}{4}$ m/sec² aus ihrer Bahn abgelenkt wird.

Zu diesem Zweck ist die von den Wurflinien bestrichene Fläche in eine Anzahl senkrechter Streifen von je 0,80 m Breite eingeteilt worden, so daß jeder derselben mit der Horizontalgeschwindigkeit von 4 m/sec in $\Delta t = {}^1/_5$ Sekunde durcheilt wird. In jedem Streifen nimmt die vertikale Beschleunigung um $\frac{g}{5} = 1{,}962$ m und nimmt die Normalbeschleunigung um $\frac{g}{4 \cdot 5} = 0{,}49$ m zu. Die letztere muß senkrecht zur abgelenkten Wurflinie gerichtet sein. Die Bedingung wird erfüllt, wenn z. B. für den ersten Streifen über der Linie $a\,b$ des Beschleunigungspolygons als Hypotenuse ein rechtwinkliges Dreieck gezeichnet wird, dessen eine Kathete der Größe und Richtung nach die Normalbeschleunigung d_n und dessen andere Seite die entsprechende Seite der abgelenkten Wurflinie ist. In gleicher Weise wird für die anderen Streifen verfahren, so daß man schließlich an Stelle der Beschleunigungen 1, 2, 3 ... die durch die d_n vergrößerten Beschleunigungen 1′, 2′, 3′ ... erhält. Hinsichtlich ihrer Lage ist zunächst angenommen, daß sie durch die Eckpunkte des die freie Wurflinie umhüllenden Tangentenpolygons hindurchgehen, das sie verbindende Seilpolygon ist als „erste Annäherung" der gesuchten abgelenkten Wurflinie bezeichnet. Eine „zweite Annäherung" erhält man durch Verschiebung der Kräfte 1′, 2′, 3′ ... in die Lagen 1*, 2*, 3* ..., in denen sie durch die Eckpunkte des letztgenannten

Polygons hindurchgehen. Die wirkliche abgelenkte Wurflinie liegt zwischen beiden Annäherungen und ist damit zwischen enge Grenzen eingeschlossen.

Derartige Wurflinien kommen z. B. beim Überfall in Betracht, wo durch die Krümmung der Wasserfäden Schleuderwirkungen entstehen, die in die Rechnungen als Normalbeschleunigungen einzuführen sind. Bei mangelndem Luftzutritt werden sie vielfach negativ und rufen Saugwirkungen hervor. Beim Ablauf beobachten wir ähnliche Erscheinungen. Es wird darauf an anderer Stelle zurückzukommen sein.

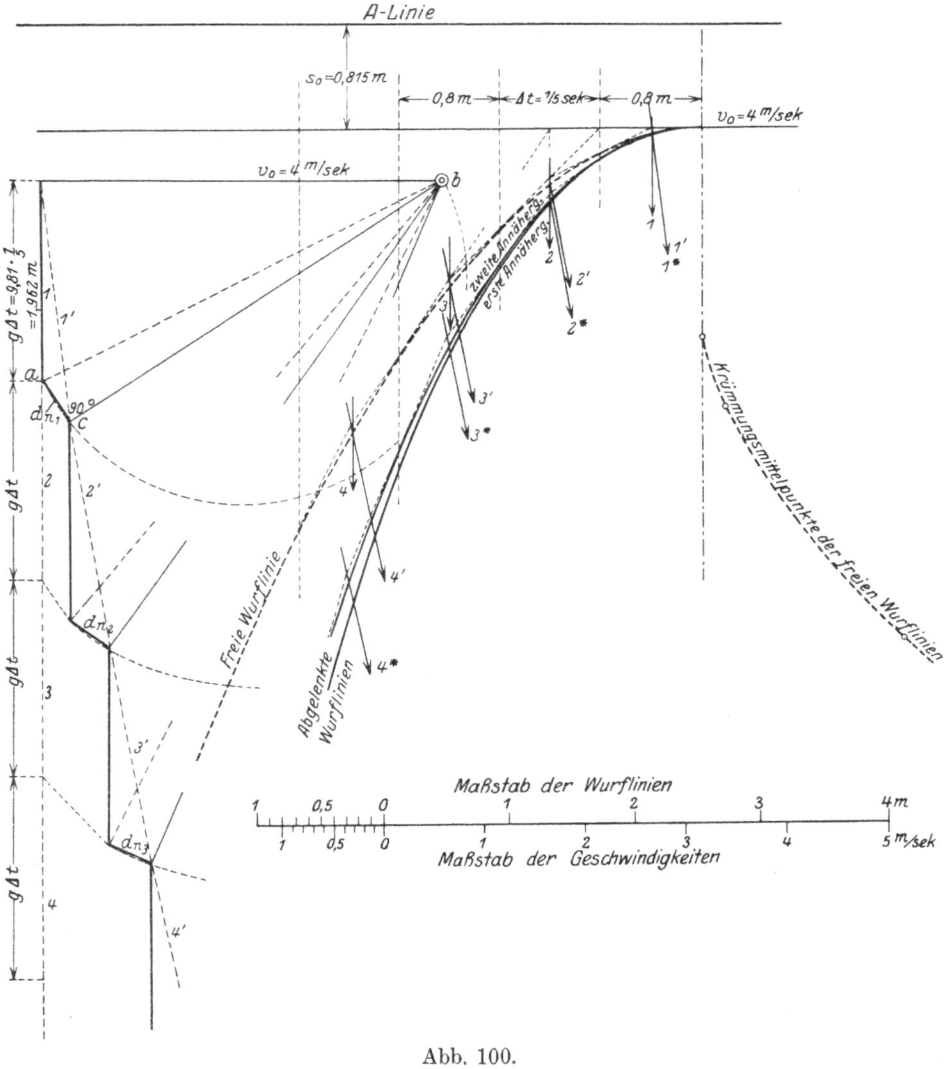

Abb. 100.

Bevor wir den Fall verlassen, ist es noch nützlich, uns aus der Abbildung klar zu machen, wie die wagerechten und lotrechten Seitenkräfte der Tangentialgeschwindigkeit in irgendeinem Punkt der abgelenkten Bahn durch die ablenkenden Beschleunigungen beeinflußt werden und daß namentlich die wagerechten Seitenkräfte v_0 keineswegs unverändert bleiben, wie das auf der freien Wurflinie der Fall ist.

c) Die Wurflinie auf gegebener Bahn. Ist der materielle Punkt (z. B. ein Wassertropfen) gezwungen, sich auf einer gegebenen Bahn zu bewegen, die an einem

Ort A einen Krümmungshalbmesser ϱ hat, so sind in der Grundgleichung

$$\varrho = \frac{v^2}{g \sin \tau + d_n}$$

nunmehr ϱ und τ bekannt, während v und d_n zu ermitteln sind. Dabei ist aber d von v abhängig, wie wir das schon im vorigen Absatz erkannten.

Zunächst folgt aus unserer Gleichung ohne weiteres:

$$d_n = \frac{v^2}{\varrho} - g \sin \tau . \tag{59}$$

Um die Rechnung nicht unnötig zu erschweren, sei angenommen, daß der Punkt sich auf einem Kreis vom Halbmesser R zu bewegen habe, wie denn die Bahnen, für welche derartige Rechnungen in der Praxis auszuführen sind, sich in der Regel vornehmlich aus Kreisbögen zusammensetzen werden. Es soll aber späterhin überdies gezeigt werden, wie man sich auch in anderen Fällen helfen kann.

Unserer Annahme zufolge lautet die Gleichung

$$d_n = \frac{v^2}{R} - g \sin \tau .$$

Die Berechnung von d_n aus dieser Formel ist aber deswegen nicht einfach, weil an jeder Stelle der Bahn die Geschwindigkeit v wieder abhängig ist von den Beschleunigungen d_n, welche auf den bisher zurückgelegten Strecken der Bahn auf den materiellen Punkt einwirkten.

Nehmen wir als Halbmesser des Kreises $R = 1{,}00$ m an und teilen wir für die Durchführung der Rechnung die Bahn in Abschnitte von $\frac{R}{10} = 0{,}1$ m Breite (Abb. 101), deren jeder mit der Anfangsgeschwindigkeit v_0 in $\Delta t = \frac{0{,}1}{v_0} = \frac{0{,}1}{2} = 0{,}05$ Sekunden durchströmt werden würde. Dann besteht die Aufgabe darin, für jeden dieser Abschnitte die Geschwindigkeit v_{n+1} des betrachteten Punktes aus seiner Geschwindigkeit v_n im vorhergehenden Abschnitt und der lotrechten Geschwindigkeitszunahme $g \Delta t$ durch Einfügung einer Normalgeschwindigkeitszunahme $d_n \cdot \Delta t$ so zu bestimmen, daß die Richtung von v_{n+1} mit der Kreistangente zusammenfällt, deren Berührungspunkt in der Mitte des Abschnittes liegt. Die Berührungspunkte liegen sonach auf den nebenstehend punktierten Grenzen der Lamellen, während die Brechpunkte des Tangentenpolygons in die Lamellenmitten fallen.

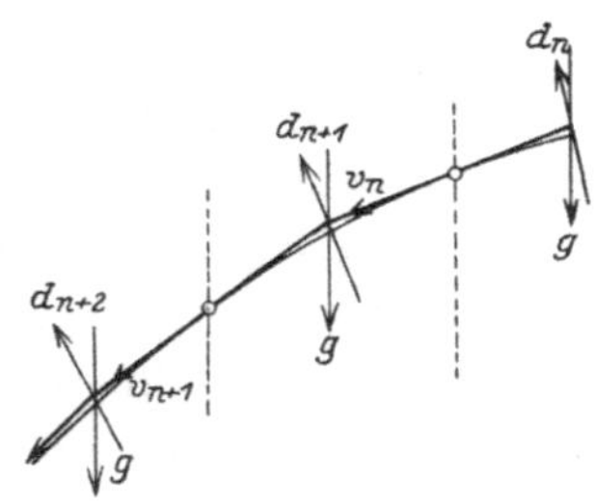

Abb. 101.

Beginnen wir im Scheitel.

In der Annahme, daß hier die Bewegung des Punktes ihren Anfang nimmt, darf man setzen:

$$d_n = \frac{v_0^2}{R} - g \cdot s \sin 90^0 = \frac{2^2}{1} - g \cdot 1 = 4 - 9{,}81 = -5{,}81 \text{ m/sec}^2 .$$

Diese Beschleunigung wirkt nur auf eine halbe Lamellenbreite, und zwar der Schwere entgegengesetzt, so daß sich ergibt (Abb. 102):

$$(g - d_0) \cdot \frac{\Delta t}{2} = (9{,}81 - 5{,}81) \cdot \frac{1}{40} = 0{,}1 \text{ m/sec},$$

$$v_{01} = \sqrt{v_0^2 + 0{,}1^2} = \sqrt{2^2 + 0{,}1^2} = 2{,}0825 \text{ m/sec}.$$

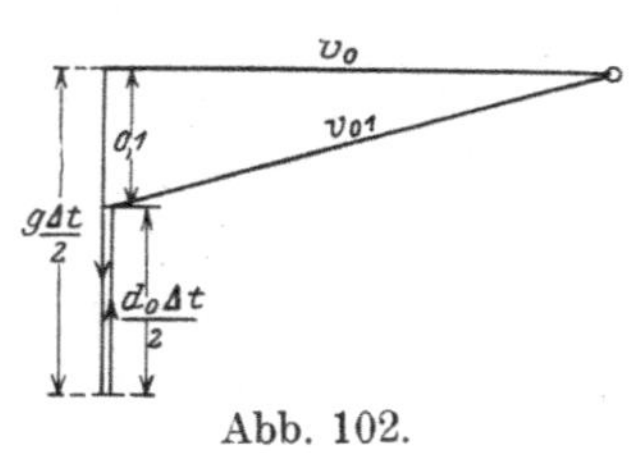

Abb. 102.

Übergehend zur folgenden Lamelle (Abb. 103) haben wir die Geschwindigkeit v_{01} mit der Geschwindigkeitszunahme $(g\,\Delta t)$ zusammenzusetzen. Das Ergebnis ist eine Geschwindigkeit $v_{12}^* = \sqrt{2^2 + (0{,}1 + 0{,}49)^2} = 2{,}08$ m/sec. Sie schließt mit v_0 einen Winkel α ein, der sich aus

$$\operatorname{tg}\alpha = \frac{0{,}1 + 0{,}4905}{2} = 0{,}29525 \quad \text{zu} \quad \alpha = 16^0\,27'$$

bestimmt. Die Geschwindigkeit v_{12} ergibt sich als eine Kathete eines rechtwinkligen Dreiecks, welches über v_{12}^* als Hypotenuse zu errichten ist und zwar muß diese Kathete der Tangente (1, 2) des Tangentenpolygons (Abb. 104) parallel sein. Sie schließt mit der Geschwindigkeit v_0 den Winkel $\varphi_{1,2} = (90^0 - \tau)$ ein, der sich bestimmt aus $\sin\varphi_{1,2} = \frac{0{,}15}{1{,}00} = 0{,}15$ zu $\varphi_{1,2} = 8^0\,38'$.

Es ist daher $(\alpha - \varphi_{1,2}) = 7^0\,49'$ und schließlich $(d_1\,\Delta t) = 2{,}08 \cdot \sin 7^0\,49' = 0{,}283$ m/sec. Endlich ist

$$v_{1,2} = 2{,}08 \cdot \cos 7^0\,49' = 2{,}08 \cdot 0{,}99 = 2{,}06 \text{ m/sec.}$$

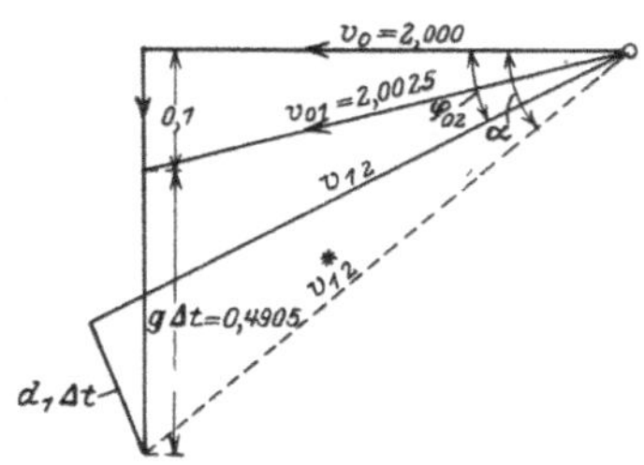

Abb. 103.

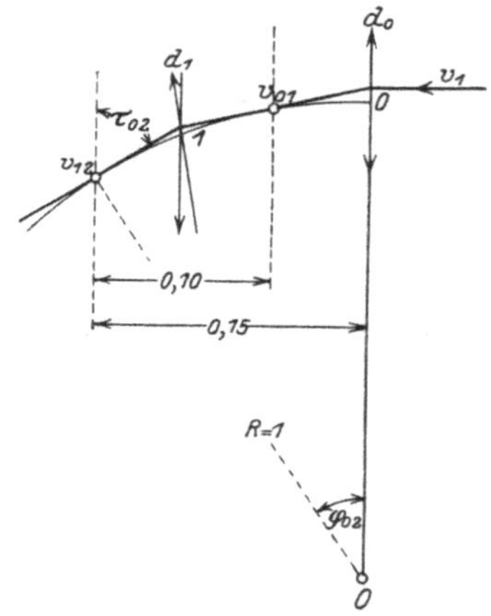

Abb. 104.

Man könnte diese Rechnung über die ganze Bahnlänge fortsetzen, doch wird man, ohne dabei an Genauigkeit einzubüßen, auf rein zeichnerischem Wege wesentlich schneller zum Ziele kommen, wie das in Abbildung 105 gezeigt ist.

Sie bedarf nach den vorherigen Darlegungen kaum besonderer Erklärungen. Die ersten Staffeln des um den Pol C gruppierten Geschwindigkeitsdiagramms sind eine Wiederholung der zur Erläuterung der Rechnung dienenden Skizzen mit dem Unterschied nur, daß sie maßstäblich sind. Das Diagramm bildet gewissermaßen das Kräftepolygon auf Grund dessen das mit der kreisförmigen Bahn zusammenfallende Seilpolygon gezeichnet ist, auf welcher der Punkt sich bewegen soll.

Mittels des Diagramms wurden nun die Größen $(d_n\,\Delta t)$, das heißt also Geschwindigkeiten ermittelt, die demnach mit dem Geschwindigkeitsmaßstab gemessen und durch Δt dividiert werden müssen, um die Normalbeschleunigungen zu geben. Dabei ist Δt die Zeit, in welcher eine unserer 0,10 m breiten Lamellen mit der Geschwindigkeit $v_0 = 2$ m/sec von dem Punkt durcheilt wird; d. h. $\Delta t = \frac{0{,}1}{2} = 0{,}05$ Sekunden. Mißt man also im Scheitelpunkt (0) $(d_{n0}\,\Delta t) = 0{,}29$ m/sec, so ist $d_{n0} = \frac{0{,}29}{0{,}05} = 5{,}8$ m/sec², was übrigens mit unserem schon weiter oben erhaltenen Rechnungsergebnis übereinstimmt.

Bei dem Punkt E der Bahn in der Nähe von Punkt 6 wechseln die Normalbeschleunigungen ihr Vorzeichen, d. h. der materielle Punkt verläßt in E die Bahn in der Richtung ihrer Tangente und bewegt sich auf einer freien Wurflinie weiter, deren Gleichung sich leicht bestimmen läßt:

In der Tat ergibt sich aus dem Geschwindigkeitsdiagramm die Geschwindigkeit in der Richtung der Kreistangente in E, die zugleich auch Parabeltangente in E ist zu $v = 2{,}94$ m/sec und deren wagerechte Seitengeschwindigkeit zu $v_0 = 2{,}34$ m/sec. Es ist daher $s_0 = 0{,}28$ m und $s = 0{,}441$ m. Die Scheitelgleichung der gesuchten Parabel lautet $x^2 = 4 s_0 y = 1{,}12\, y$. In bezug auf das gleiche Koordinatensystem hat man auch $s = s_0 + y$, so daß

$$y = s - s_0 = 0{,}441 - 0{,}280 = 0{,}161$$

die Höhe des Parabelscheitels über E ist. Der wagerechte Abstand x beider Punkte ergibt sich aus $x^2 = 1{,}12 \cdot 0{,}161$ zu $x = 0{,}425$ m. Man erhält also durch Auftragen von x und y den Parabelscheitel. Die Parabel ist in die Zeichnung gestrichelt eingetragen.

Wenn sich von E ab der Punkt auf einer freien Wurflinie bewegt, treten selbstverständlich die in der Zeichnung eingetretenen Normalbeschleunigungen 7 und 8 nicht auf, doch würden diese dann zur Wirkung kommen, wenn der Punkt sich von E ab im Inneren eines Kreises bewegte. Dieser Fall liegt in nachfolgendem Beispiel (Abb. 106) vor.

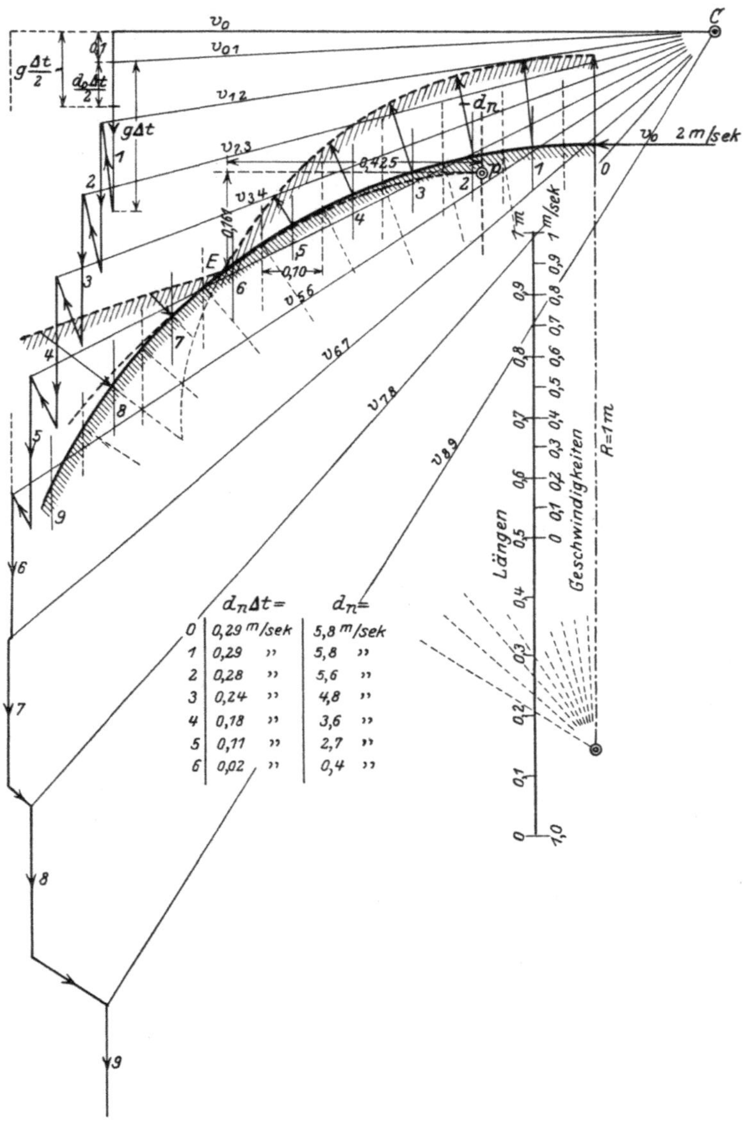

Abb. 105.

Es handelt sich dabei um die Untersuchung eines Überfallrückens, dessen Umrißlinien größtenteils aus Kreisbogen bestehen. Über dem Scheitel der nach einem Halbmesser von 1 m abgerundeten Krone habe der materielle Punkt, unter dem wir hier ein Wasserteilchen verstehen wollen, eine wagerechte Geschwindigkeit von $v_0 = 2$ m/sec. Wir haben diese Verhältnisse schon in dem vorigen Beispiel untersucht und können also die gewonnenen Ergebnisse unmittelbar hier verwenden.

Danach löst sich das Wasserteilchen in einem bestimmten Punkte E von dem Kreise ab und stürzt auf freier Wurfbahn, deren Gleichung wir kennen, auf das ebenfalls nach einem Kreis vom Halbmesser $R = 1$ m abgerundete Sturzbett, das es in einem Punkt A trifft, um sich von da ab auf der Innenseite des Kreises weiter zu bewegen.

Punkt	$d_n \Delta t =$	$d_n =$
0	1,05 m/sec	29,4 m/sec²
1	1,82 „	51 „
2	1,72 „	48,2 „
3	1,60 „	45 „
4	1,60 „	45 „
5	0,90 „	25,2 „
6	0 „	0 „

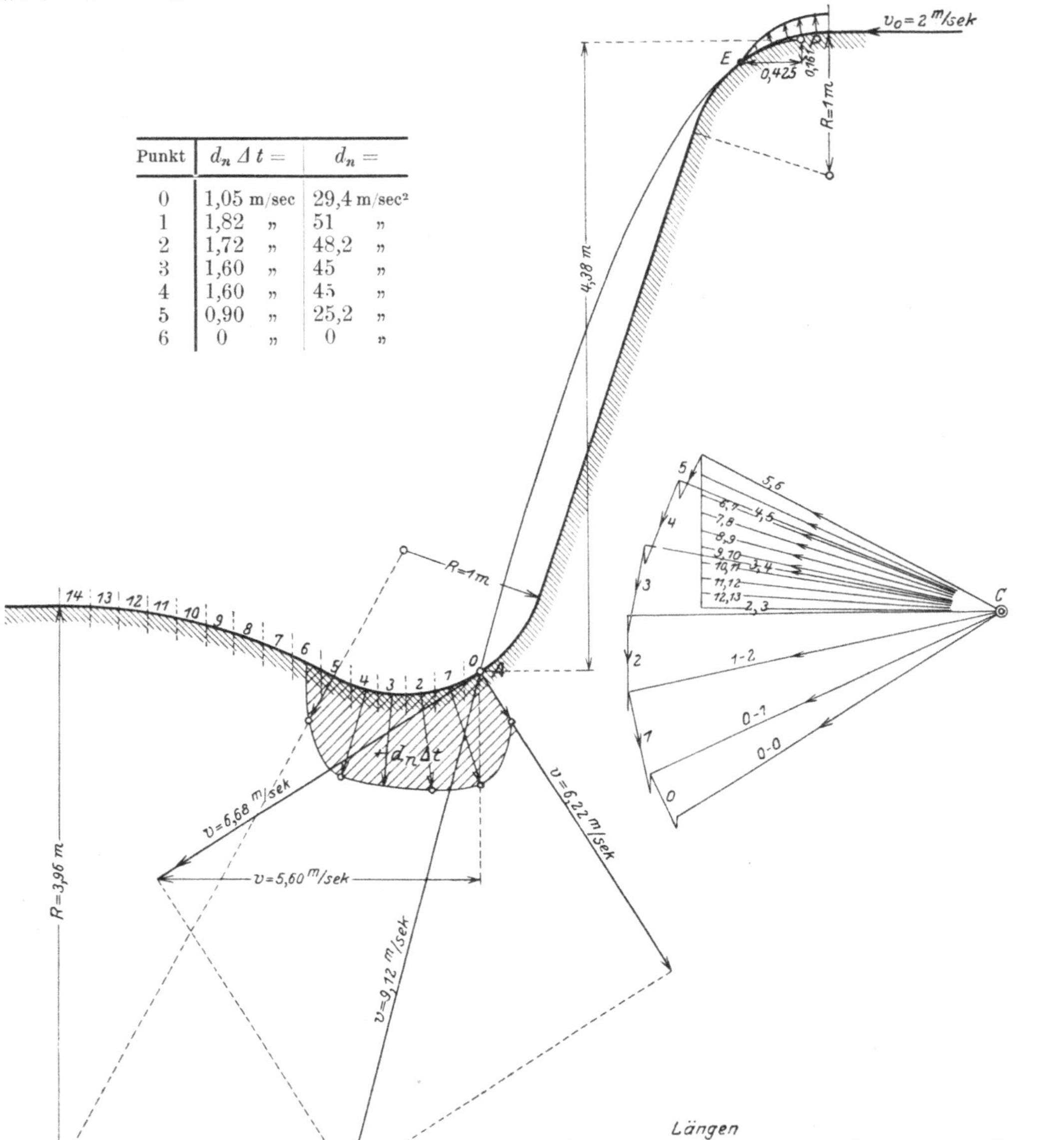

Abb. 106.

Der Punkt A liegt 4,38 m tiefer als der Scheitel P der Wurfparabel, den wir gleichfalls vorhin ermittelten, und wir wissen, daß die Tangente in A an die Wurfparabel die auf deren Scheiteltangente von P aus aufgetragene wagerechte Entfernung zwischen A und P halbiert, wodurch die Richtung dieser Tangente bestimmt ist. Die Größe der Geschwindigkeit in dieser Tangente findet sich aus ihrer Geschwindigkeitshöhe s, denn es ist $s = s_0 + y = 0{,}280 + 4{,}38 = 4{,}66$ m, woraus $v = \sqrt{2gs} = 9{,}12$ m/sec. Sie zerlegt sich beim Auftreffen auf das Sturzbett in zwei

Seitengeschwindigkeiten senkrecht und tangential zu diesem. Erstere wird beim Aufprall vernichtet und geht verloren. Die andere ist die Anfangsgeschwindigkeit, mit der sich das Wasserteilchen auf der ihm vorgeschriebenen Bahn weiterbewegt. Sie hat eine Größe von 6,68 m/sec und ihre wagerechte Seitengeschwindigkeit beträgt 5,60 m/sec. Teilen wir also die Bahn in Lamellen von 0,20 m Breite ein, so wird jede derselben mit der Geschwindigkeit von 5,60 m/sec in $\frac{0,20}{5,60} = \Delta t = 0,0357$ Sekunden durcheilt und die Geschwindigkeiten $g \Delta t$ erhalten die Größen 0,350 m/sec.

Damit sind alle Elemente vorhanden für die Herstellung eines Geschwindigkeitsplanes um den Pol C zur Ermittlung der Größen $d_n \Delta t$.

Aus ihm ergibt sich, daß Normalbeschleunigungen nur auftreten zwischen A und der 6. Lamelle, aber sie sind im Verhältnis zu denjenigen an der Wehrkrone, die in gleichem Maßstab in die Zeichnung eingetragen sind, von bedeutender Größe. Von der 6. Lamelle ab reichen in der schwachen Krümmung der Sohle die Mehrungen $g \Delta t$ der Geschwindigkeit in lotrechtem Sinne gerade aus, um die jeweilige Geschwindigkeit des Wasserteilchens der Sohlenneigung anzupassen.

Ließe man statt des einzelnen Wasserteilchens eine Wasserschicht von der vollen Breite des Gerinnes in das der Überfallrücken eingebaut ist, über diesen hinüberfallen und würde dabei in den Raum zwischen dieser Überfalldecke und dem Wehrrücken keine Luft von außen eindringen können, so müßte die darin von Anfang her noch vorhandene Luft bald von der Strömung mitgerissen und in dem entstehenden luftverdünnten Raum die Überfalldecke mehr und mehr von dem Wehrrücken gleichsam angesaugt werden, und der Abschluß des Wassers würde sich dann wesentlich anders gestalten, als wir vorstehend ermittelt haben. Aber es ist hier noch nicht der Ort, darauf näher einzugehen.

B. Die Bewegung einer Folge von Punkten.

1. Gleichmäßige und ungleichmäßige Strömung.

Folgen auf einen materiellen Punkt I in Zeitabschnitten Δt fortgesetzt weitere Punkte II, III, IV, ... (Abb. 107), so erhält man eine Punktreihe, einen „Stromfaden“ oder kurz einen „Faden“ und nennt die Erscheinung eine „Strömung“.

Abb. 107.

Bei der gleichmäßigen Strömung fällt der Stromfaden mit der Bahnlinie zusammen. Jeder einzelne Punkt kann seine Geschwindigkeit und Beschleunigung in der Bahn ständig ändern, aber an einem beliebigen Ort der Bahn haben die zeitlich aufeinander folgenden Punkte stets dieselbe Geschwindigkeit und Beschleunigung, wie wir das schon an anderer Stelle sahen (S. 2). Die Geschwindigkeit ist stets tangential zur Bahnlinie gerichtet. Die gleichmäßige Strömung stellt danach einen Beharrungszustand dar.

Bei der ungleichmäßigen Bewegung bewegen sich die Punkte I, II, III, ..., die alle durch einen Punkt X hindurchgehen mögen, nicht mehr auf der gleichen Bahn, sondern sie schlagen verschiedene Bahnen ein (Abb. 108): der Punkt I die Bahn I, der Punkt II die Bahn II, der Punkt III die Bahn III usw., und sie folgen aufeinander in den Zeiten 1, 2, 3, 4, ...

Der Punkt I befinde sich zur Zeit 0 in X und in den folgenden Zeiten 1, 2, 3,... an den Orten 1, 2, 3,... der Bahn I.

Der Punkt II befinde sich zur Zeit 1 in X und zu den Zeiten 2, 3, 4,... an den Orten 2, 3, 4,... der Bahn II.

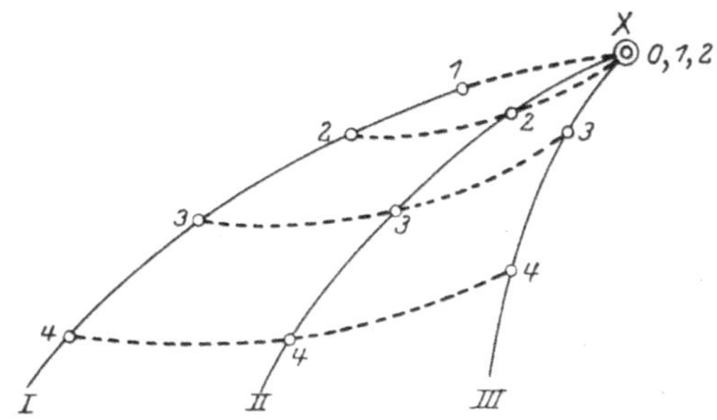

Abb. 108.

Der Punkt III befinde sich zur Zeit 2 in X und zu den Zeiten 3, 4, 5, ... an den Orten 3, 4, 5, ... der Bahn III.

Die Punkte bewegen sich also nicht hintereinander und der von ihnen gebildete Faden verschiebt sich

aus der Lage	1—1	zur Zeit	1
in die Lage	2—2—2	„ „	2,
„ „ „	3—3—3	„ „	3,
„ „ „	4—4—4	„ „	4.

Die einzelnen Fäden fallen also nicht mehr mit den Bahnlinien zusammen, ihre Punkte bewegen sich in der Richtung ihrer Bahnlinie, aber nicht mehr in der Richtung ihres Fadens, sie ändern ihre Richtung, Geschwindigkeit und Beschleunigung in verschiedenem Maße.

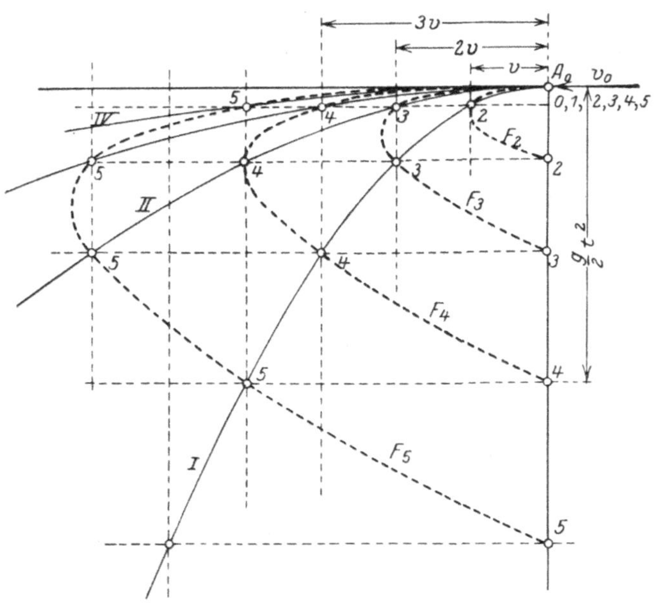

Abb. 109.

Als Beispiel diene eine Schar von einem Punkte A (Abb. 109) ausgehender freier Wurflinien von verschiedenen horizontalen Anfangsgeschwindigkeiten v_0. Ändert sich v_0 mit der Zeit nicht, so bewegen sich alle Punkte auf derselben Wurflinie, mit welcher der Stromfaden zusammenfällt, und die Strömung ist gleichmäßig. Ändert sich aber die Geschwindigkeit

von	$v_0 = 0$	zur Zeit	0,
in	$v_0 = v$	„ „	1,
„	$v_0 = 2v$	„ „	2,
„	$v_0 = 3v$	„ „	3,

so bewegt sich der den Punkt A_0

zur Zeit	0	verlassende Punkt auf der	Fallinie	0,
„ „	1	„ „ „ „	Parabel	I,
„ „	2	„ „ „ „	„	II,
„ „	3	„ „ „ „	„	III usf.

In der Abbildung deuten gleiche arabische Ziffern die Stellen an, an welchen sich die Punkte 0, I, II, ... auf ihren verschiedenen Bahnen gleichzeitig befinden. Sie sind durch gestrichelte Linien F_2, F_3, F_4, ... miteinander verbunden, welche die Stromfäden darstellen, die sich in der Richtung der Wurflinien fortbewegen. Diese Stromfäden sind von den Wurfbahnen verschieden, so daß es sich auch hier um eine ungleichmäßige Strömung handelt. Man begegnet derartigen

Strömungen z. B. im Ebbe- und Flutstrom, beim Steigen und Fallen des Wassers in den Flüssen, bei den Wellen und bei pulsierenden Bewegungen. Wir befassen uns in Nachfolgendem nur mit gleichmäßigen Strömungen, also mit dem Beharrungszustand.

2. Die Stromfäden und ihr Füllungsgrad.

Die Geschwindigkeit, mit der sich ein materieller Punkt unter der Einwirkung eines bestimmten Antriebes von einem Ort zu einem anderen fortbewegt, ist verschieden, je nachdem er als Einzelpunkt seinen Weg für sich allein zurücklegt oder ob er einer Folge von Punkten angehört, die einen Stromfaden bilden und die ihn durch ihre Nachbarschaft in seiner Bewegung beeinflussen. Wir haben uns daher mit den Stromfäden und ihrer Zusammensetzung näher zu befassen.

Nehmen wir an, die Zahl der materiellen Punkte, die auf einem 1 m langen Abschnitt eines Stromfadens Platz finden, die also diesen Abschnitt des Fadens vollständig ausfüllen, sei n_0. Dann sagen wir von einem solchen Faden oder Strom, der auf 1 m Länge n_0 materieller Punkte enthält, er sei „gefüllt".

Sind aber mehr als n_0 Punkte auf dem 1 m langen Abschnitt vorhanden, so finden sie keinen Platz, ein Teil wird seitlich herausgedrängt und der Faden ist „überfüllt" oder „zerdrückt".

Sind endlich weniger als n_0 Punkte vorhanden, so reichen sie zur Füllung nicht aus, es bilden sich leere, unter Umständen mit Luft angefüllte Räume zwischen den Punkten: der Faden ist „ungefüllt" oder „zerrissen".

Das Verhältnis λ der wirklich vorhandenen zu der für die Füllung notwendigen Anzahl von Punkten heiße der „Füllungsgrad" $\left(\lambda = \frac{n}{n_0}\right)$ und es sind demnach drei verschiedene Strömungszustände zu unterscheiden:

der überfüllte, zerdrückte Stromfaden	mit	$\lambda > 1$,
„ gefüllte dichte „	„	$\lambda = 1$,
„ ungefüllte, zerrissene „	„	$\lambda < 1$.

In dem 1 m langen Abschnitt des zerrissenen Fadens ist eine $(1-\lambda)$ m lange Strecke nicht ausgefüllt, sie ließe sich ausfüllen durch die fehlenden $n_0 - n$ Punkte.

Aus dem 1 m langen Abschnitt des zerdrückten Fadens sind $n - n_0$ Punkte verdrängt, sie würden, dicht aneinander gereiht, einen Faden von $(\lambda - 1)$ m Länge bilden.

3. Die frei fallende Punktreihe.

An einem Orte A_0 sei der freie Faden dicht gefüllt, daher $\lambda_0 = 1$ und die Geschwindigkeit v_0, dann strömen in einem Zeitabschnitt Δt durch A_0 (Abb. 110):

$$N_0 = \Delta t \cdot v_0 \cdot n_0 \text{ Punkte.} \qquad (60)$$

Der Beharrungszustand verlangt, daß jeden anderen Ort A des Fadens in der gleichen Zeit Δt die gleiche Anzahl von Punkten durchströmt. Für A ist daher mit $n = \lambda n_0$:

$$N = \Delta t \cdot v \lambda n_0, \qquad (61)$$

also, da $N = N_0$:

$$\Delta t v \cdot \lambda n_0 = \Delta t v_0 n_0,$$

$$\lambda = \frac{v_0}{v}. \qquad (62)$$

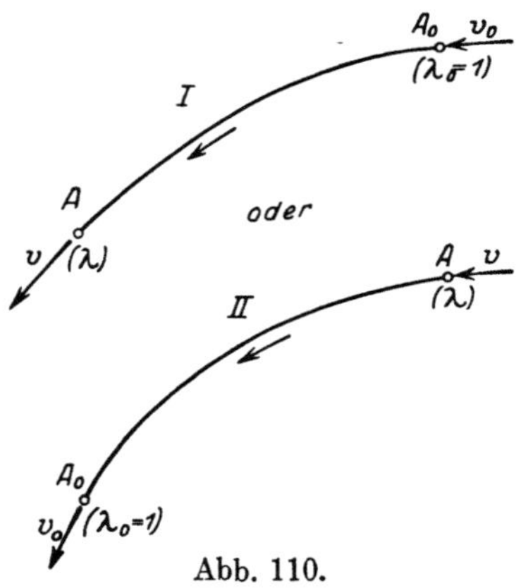

Abb. 110.

Liegt A hinter A_0, wie bei I, so ist im Falle der Beschleunigung $v > v_0$, daher $\lambda < 1$, also der Faden bei A ungefüllt (zerrissen), und im Falle der Verzögerung $v < v_0$, daher $\lambda > 1$, d. h. der Faden überfüllt (zerdrückt).

Liegt A vor A_0, wie bei II, so ist dagegen

bei Beschleunigung $v < v_0$, $\lambda > 1$, der Faden bei A überfüllt,
bei Verzögerung $v > v_0$, $\lambda < 1$, „ „ „ A ungefüllt.

In Abbildung 111 ist versucht, diese Verhältnisse übersichtlich darzustellen.

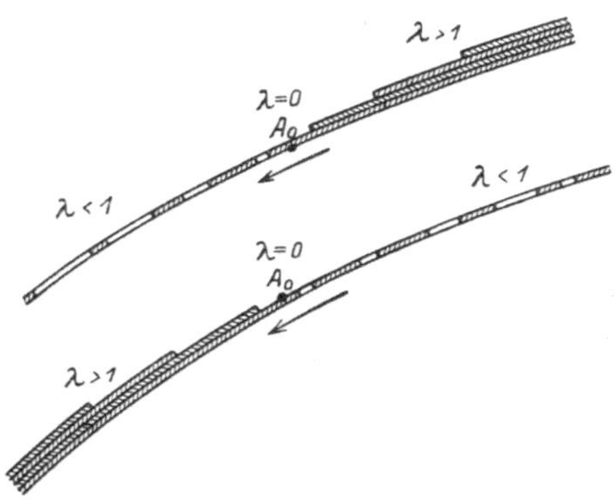

Abb. 111.

Beispiel: An einem Orte A_0 (Abb. 112) herrsche in der dort dicht gefüllten Punktreihe die Geschwindigkeit v_0. Welche Luftmenge saugt der Faden in der Tiefe h bei A ein und welche Luftmenge faßt der ganze Faden $A_0 A$?

Die (sv)-Linie, die für jedes s die entsprechende Geschwindigkeit angibt und deren Konstruktion auf S. 42 erläutert wurde, zeigt den Verlauf des Füllungsgrades $\lambda = \frac{v_0}{v}$ von A_0 bis A. Es herrscht Beschleunigung mit abnehmender Füllung.

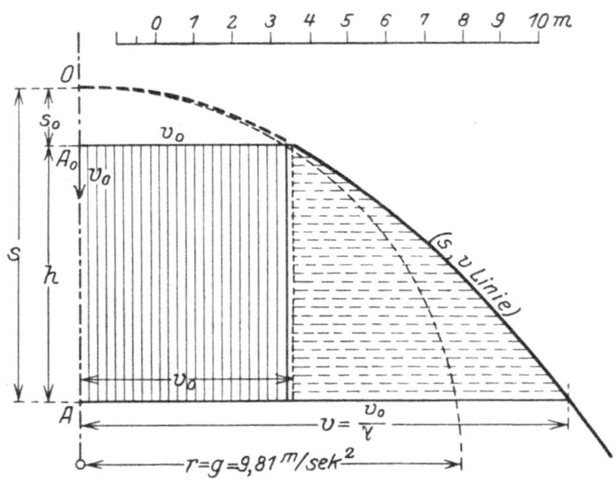

Abb. 112.

Bei A_0 ist:

$$v_0 = \sqrt{2 g s_0},$$

bei A ist:

$$v = \sqrt{2 g s} = \sqrt{2 g (h + s_0)},$$

daher:

$$\lambda = \frac{v_0}{v} = \sqrt{\frac{s_0}{h + s_0}}.$$

Sekundlich ist bei A:

die Fadenlänge $= v$ m,

hiervon die Punktmenge:

$$\lambda v n_0 = v_0 n_0 \quad \text{oder} \quad \lambda v = v_0,$$

die Luftmenge:

$$(1 - \lambda) v = v - v_0 = \sqrt{2 g (h + s_0)} - \sqrt{2 g s_0} = \sqrt{2 g s_0}\left(\sqrt{1 + \frac{h}{s_0}} - 1\right),$$

somit das Verhältnis λ_z der sekundlich abströmenden $\frac{\text{Luftmenge}}{\text{Punktmenge}}$:

$$\lambda_z = \frac{v - v_0}{v_0} = \frac{1}{\lambda} - 1 = \frac{(1 - \lambda) \cdot v}{\lambda \cdot v} = \sqrt{1 + \frac{h}{s_0}} - 1. \tag{63}$$

Die Luftmenge wächst also mit h. Für

$h = s_0$	ist	$\lambda_z = 0{,}41$,
$3 s_0$	„	$1{,}0$,
$8 s_0$	„	$2{,}0$,
$15 s_0$	„	$3{,}0$,
$24 s_0$	„	$4{,}0$.

Um die im ganzen Faden enthaltene Luftmenge zu ermitteln, sind noch s und v durch die Zeit t auszudrücken.

Dazu kann die (sv)-Linie (Abb. 113) ohne weiteres auch als (ts)-Linie angesehen werden, welche den zurückgelegten Weg s mit der dazu gebrauchten Zeit t in Beziehung setzt, wenn die Zeit auf der Abszissenachse im Maßstab 1 sec $= 9{,}808$ m $= g$ aufgetragen wird. Es führt dann zum gleichen Ergebnis: ob man zu einer bestimmten Fallhöhe s als Ordinate die Dauer t des Falls oder die erreichte Geschwindigkeit v aufträgt: in beiden Fällen gelangt man zum gleichen Kurvenpunkt.

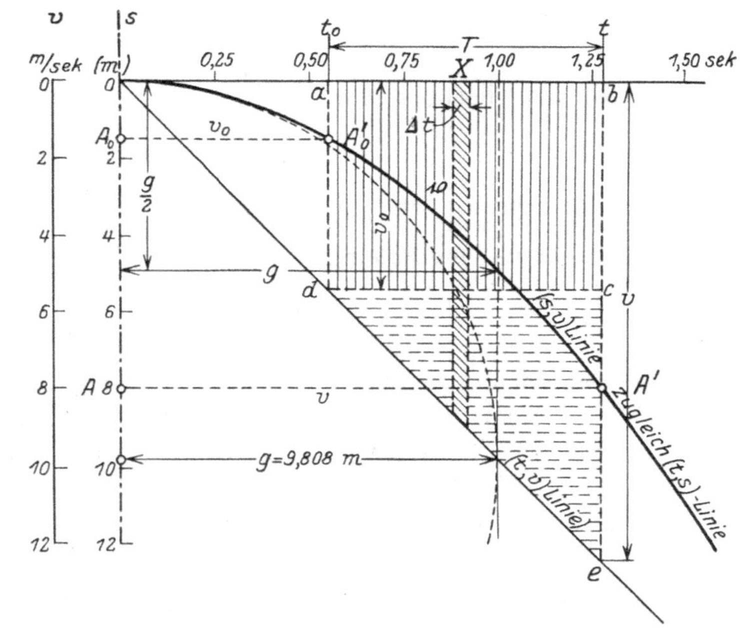

Abb. 113.

Zur Lösung der Aufgabe ist noch die Zeit-Geschwindigkeitslinie erforderlich. Sie wird bestimmt mittels der Beziehung $v = g\,t$ und ist also eine Gerade. Für

$$t = 1 \text{ sec } (9{,}808 \text{ m}) \quad \text{ist} \quad v = g = 9{,}808 \text{ m}.$$

Die Linie bildet daher mit den Hauptachsen Winkel von 45°. Die Größen v dieser Linie sind als Ordinaten aufgetragen.

Aus A_0 und A ergeben sich auf der (t, s)-Linie die Lagen A_0' und A' und damit die Zeiten t_0 und t, zu welchen diese Punkte erreicht werden, ferner die Zeit $T = t - t_0$, die für den Weg h beansprucht wird. Aus der (tv)-Linie sind die in A_0 und A_1 herrschenden Geschwindigkeiten v_0 und v in ihrer Abhängigkeit von der Zeit zu entnehmen.

Durch einem Ort X zwischen A_0 und A geht in der Zeit Δt ein Faden von der Länge

$$(\mathfrak{v}\,\Delta t)$$

hindurch, der die Punktmenge $(\lambda\,\mathfrak{v}\,\Delta t)$

und die Luftmenge $(1 - \lambda)\,\mathfrak{v}\,\Delta t$

enthält.

Hiernach ist für die ganze Zeit T die mittlere Fadenlänge:

$$h = \frac{v + v_0}{2}\,T,$$

die Punktmenge:

$$\sum(\mathfrak{v}\,\lambda\,\Delta t) = \sum\left(\mathfrak{v}\,\frac{v_0}{\mathfrak{v}}\,\Delta t\right) = v_0\,T$$

(dargestellt durch das Viereck $abcd$).

die Luftmenge:

$$\sum\left(1-\frac{v_0}{\mathfrak{v}}\right)\mathfrak{v}\,\varDelta t=\sum(\mathfrak{v}\,\varDelta t)-\sum(v_0\,\varDelta t)=\left(\frac{v+v_0}{2}-v_0\right)T=\frac{v-v_0}{2}\,T$$

(dargestellt durch das Dreieck cde der Abbildung),

somit das Verhältnis von ganzer $\frac{\text{Luftmenge}}{\text{Punktmenge}}$:

$$\lambda_T=\frac{v-v_0}{2\,v_0}=\frac{1}{2}\left(\frac{v}{v_0}-1\right)=\frac{1}{2}\left(\frac{1}{\lambda}-1\right),$$

daher mit Gleichung (63):

$$\lambda_T=\frac{1}{2}\lambda_Z=\frac{1}{2}\left[\sqrt{1+\frac{h}{s_0}}-1\right]. \tag{64}$$

Ein Gemisch von 1 Raumteil Punkten und λ_T Raumteilen Luft hat aber ein durchschnittliches Füllungsverhältnis $\lambda=\frac{1}{1+\lambda_T}$ und der Anteil der Luft ist:

$$(1-\lambda)=\frac{\lambda_T}{1+\lambda_T}.$$

Danach ergeben sich für das Gemisch folgende Werte:

Für $h=s_0$	wird:	$\lambda_T=0{,}20$,	$\lambda=0{,}83$,	$1-\lambda=0{,}17$,
$=3\,s_0$	„	$=0{,}50$,	$=0{,}67$,	$=0{,}33$,
$=8\,s_0$	„	$=1{,}00$,	$=0{,}50$,	$=0{,}50$,
$=15\,s_0$	„	$=1{,}50$,	$=0{,}40$,	$=0{,}60$,
$=24\,s_0$	„	$=2{,}00$,	$=0{,}33$,	$=0{,}67$.

Das Verhältnis λ_T ist sonach, wie das ja auch schon Gleichung (64) besagt, für die Strecke A_0A halb so groß, wie das entsprechende Verhältnis λ_Z für den Einzelpunkt A_0.

4. Die freie Punktreihe im steigenden Strahl.

Die Steighöhe H eines mit der Geschwindigkeit v_0 aufsteigenden Wasserstrahls (Abb. 114) ist erfahrungsmäßig kleiner als die Geschwindigkeitshöhe $s_0=\frac{v_0^2}{2g}$, doch war bisher das Gesetz über die Beziehungen zwischen H und s_0 unbekannt. Die „Hütte“ führt nur einige Versuchsergebnisse mit Feuerschlauchmundstücken auf, aber keine Formel. Sie sagt: „Zufolge des Luftwiderstandes entspricht bei gleichem s_0 einem größeren d auch ein größeres H“.

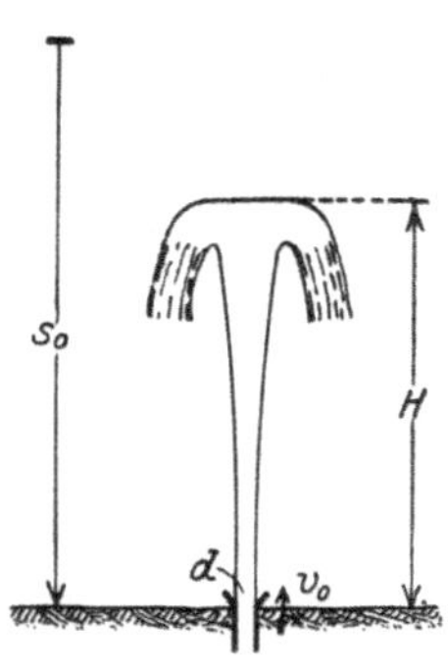

Abb. 114.

Forchheimer erwähnt in seiner „Hydraulik“:

„Bei kleinen Ausflußgeschwindigkeiten kann die Sprunghöhe ohne merklichen Fehler der Geschwindigkeitshöhe gleichgesetzt werden, bei größerer Geschwindigkeit aber bleibt sie des Luftwiderstandes wegen merklich hinter letzterer zurück.“

Es beruht indessen auf einem Irrtum, den Luftwiderstand als Ursache der verminderten Steighöhe anzusehen. Der Widerstand der Luft entsteht nur durch Reibung am äußeren Mantel des Strahls, und diese ist so geringfügig, daß sie außer Betracht bleiben muß.

Schon Mariotte (1686), dann Bossut, Baumgarten, und insbesondere Weisbach (1848), neuerdings Freemann, haben sich mit der Steighöhe befaßt und aus Versuchsreihen Beiwerte für Erfahrungsformeln aufgestellt:

Mariotte: $\frac{s_0}{H} = 1 + 0{,}0103\, s_0$;

Weisbach: $\frac{s_0}{H} = 1 + 0{,}01158\, s_0 + 0{,}000582\, s_0^2$ für $d = 1$ cm und

$\frac{s_0}{H} = 1 + 0{,}00778\, s_0 + 0{,}0006038\, s_0^2$ für $d = 1{,}41$ cm

für Werte von s_0 zwischen 1 und 24 m.

d'Aubuisson setzte auf Grund der Mariotteschen Versuche einfacher:

$$H = s_0 (1 - 0{,}01\, s_0).$$

Grashof behandelt in seiner „Hydraulik" (1875) eingehend die Erfahrungsergebnisse und bringt auch den „Versuch einer theoretischen Entwicklung". Dazu sagt er im Eingang:

„Die Steighöhe eines springenden Wasserstrahles wird offenbar durch so mannigfache und komplizierte Einflüsse bedingt, daß eine in befriedigendem Maße zutreffende Analyse und mathematische Formulierung derselben kaum zu gewärtigen ist."

und kommt nach umständlichen Rechnungen zu der Formel:

$$\sqrt{h} = m s \pm \sqrt{(m s)^2 + s \cdot m \cdot n \log [n s^2 (1 + p s^2)]},$$

worin m, n und p Erfahrungswerte bedeuten.

Wir stellen, um das gesuchte Gesetz zu erhalten, die nachfolgenden Erwägungen an:

Im vorigen Abschnitt zeigte sich uns die fallende Punktreihe als ein ungefüllter Faden, bei nachstehender Untersuchung wird sich die steigende Punktreihe als ein überfüllter Faden erweisen.

Wir wissen, daß ein einzelner Punkt, der von seinem Ausgangsort A_0 (Abb. 115) mit einer Anfangsgeschwindigkeit v_0 lotrecht aufsteigt, nach der Theorie die Höhe

$$s_0 = \frac{v_0^2}{2g}$$

erreichen wird, die wir die Geschwindigkeitshöhe nennen, und daß der Punkt am Orte A in der Höhe h über dem Ausgangsort die Geschwindigkeit

$$v = \sqrt{2g(s_0 - h)}$$

besitzt.

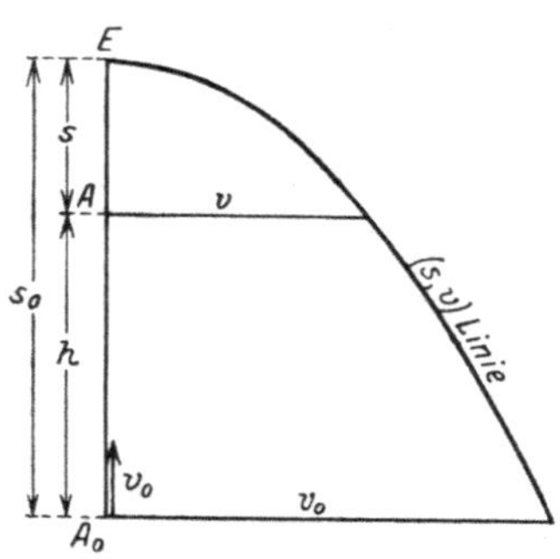

Abb. 115.

Steigt nun statt des einzelnen Punktes eine Punktreihe als gefüllter Stromfaden auf, so folgen sich bei einer Aufstieggeschwindigkeit v_0 in der Zeit von 1 Sekunde $v_0 \cdot n_0$ Punkte in derselben lotrechten Bahn mit allmählich in der Höhe bis auf $v = 0$ abnehmender Geschwindigkeit.

Um festzustellen, wie sich diese Punkte verhalten, wenn sie in der gleichen Lotrechten dicht hintereinander aufsteigen, nehmen wir sie zunächst nebeneinander befindlich an, so daß sie sich in ihren Bewegungen nicht gegenseitig behindern.

Abbildung 116 soll den Vorgang versinnbildlichen.

Die der Anfangsgeschwindigkeit v_0 entsprechende Steighöhe s_0 ist in vier Abschnitte zerlegt, derart, daß an den Grundlinien A_1, A_2, A_3 der drei oberen Abschnitte die Geschwindigkeit v_0 sich um je ein Viertel vermindert. Die Punkte seien zunächst als Würfel von der Seitenlänge δ_0 gedacht, und diese Seitenlänge sei zugleich das Maß, um welches sich bei Beginn der Bewegung von der Höhenlinie A_0 aus die Punkte in der Zeit Δt heben. Also

$$\delta_0 = v_0 \Delta t .$$

Der Punkt 8 hebt sich zuerst, und in dem Augenblick, in welchem der Punk 1 an die Reihe kommt, befindet sich jeder der Punkte 2, 3, 4, ... um je δ_0 höher als der vorhergehende. Abgesehen von den geringfügigen Verminderungen, die infolge der Geschwindigkeitsabnahme streng genommen die Steighöhen schon hier erleiden, lassen sich also in der untersten Zone D die Würfel noch zu einem gefüllten Faden zusammenschieben.

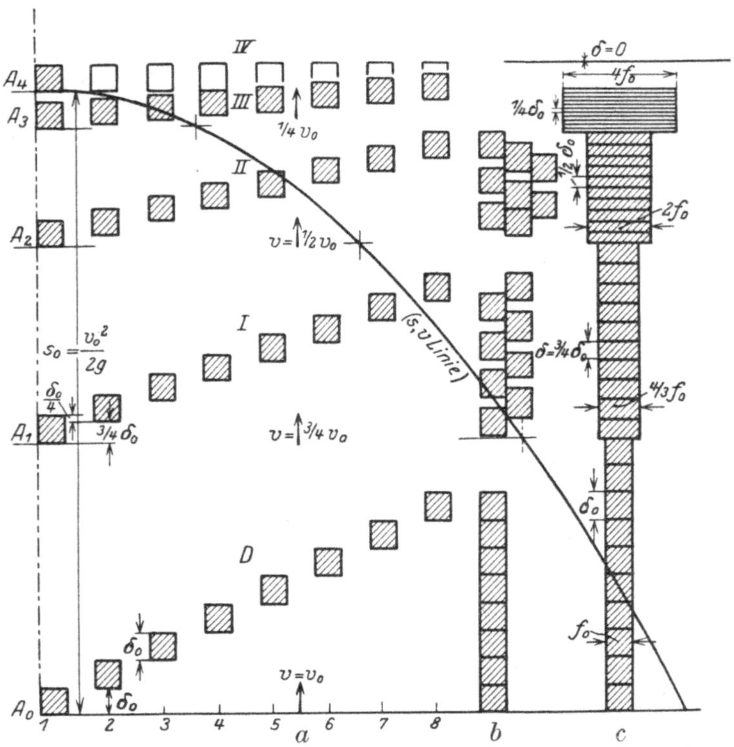

Abb. 116.

Die untere Grenze der zweiten Zone, nämlich die Höhenlinie A_1, überschreiten die Punkte schon mit der Geschwindigkeit $\frac{3}{4} v_0$. Jedes Teilchen befindet sich in einem bestimmten Zeitpunkt in einer nur um $\frac{3}{4} \delta_0$ höheren Lage als sein nachfolgendes Nachbarteilchen, und die Punkte des Abschnittes lassen sich nun nicht mehr zu einem einzigen Faden zusammenschieben, wie es im Abschnitt D möglich war, vielmehr müssen mehrere Punkte seitlich ausgestoßen werden, die einen Nebenfaden bilden. In der Zone II entstehen sogar zwei Nebenfäden und in der Zone III lassen sich die Punkte überhaupt nur noch wagerecht nebeneinander reihen.

Das vorstehend für starre Körperchen Gesagte gilt natürlich nicht ohne weiteres auch für das Wasser, welches der Umgestaltung in eine beliebige Form keinen Widerstand entgegensetzt und die veränderte Gestaltung beibehält, ohne in die ursprüngliche Form zurückzustreben.

Wenn bei A_0 der gefüllte Faden auf 1 m Länge n_0 Punkte enthält, so daß den Ort A_0 in der Sekunde $v_0 \cdot n_0$ Punkte durchströmen, von denen jeder eine Länge δ_0 hat, so ist:

$$v_0 n_0 \delta_0 = v_0 ,$$

$$\delta_0 = \frac{1}{n_0} . \qquad (65)$$

Durch den Ort A, wo die Geschwindigkeit auf v herabgegangen ist, müssen sekundlich ebenfalls $v_0 n_0$ Punkte hindurchgehen, die aber nunmehr die Länge δ

haben, daher:

$$v_0 n_0 \delta = v,$$

$$\delta = \frac{v}{v_0} \cdot \frac{1}{n_0} = \frac{v}{v^0} \delta_0. \tag{66}$$

Dabei erfordert die Erhaltung der Masse eine Verdickung des Fadens von f_0 auf f, so daß

$$f\delta = f_0 \delta_0,$$

$$f = \frac{\delta_0}{\delta} \cdot f_0 = \frac{v_0}{v} \cdot f_0. \tag{67}$$

Hiernach wird die steigende Punktreihe für das Wasser nicht durch die Skizze *b*, sondern schon eher und ebensfalls nur schematisch durch die Skizze *c* unserer Abbildung dargestellt. Die Längen verkürzen sich im Verhältnis $\frac{v}{v_0}$ und der Faden verdickt sich im Verhältnis $\frac{v_0}{v}$.

Die Verkürzung der Steighöhe wird nun dadurch veranlaßt, daß die Länge der aufsteigenden Punkte mit dem Aufsteigen im Verhältnis $\frac{v}{v_0}$ ständig abnimmt.

Um zu einer Berechnung der Steighöhe zu gelangen, stellen wir eine Beziehung auf zwischen dem während der sehr kleinen Zeit Δt zurückgelegten Weg Δs eines Einzelpunktes und dem in derselben Zeit zurückgelegten Weg Δy einer Punktreihe.

Mögen die Einzelpunkte wie die Punktreihe den Ausgangspunkt A_0 (Abb. 117) ihrer Aufwärtsbewegung mit der Geschwindigkeit v_0 verlassen und mögen dabei in beiden Fällen während der Zeit Δt durch A_0 N Punkte hindurchgehen.

Die Geschwindigkeiten von Punkt und Faden werden erst in verschiedenen Höhen an den nebenstehend mit A bezeichneten Stellen auf v heruntergegangen sein. Auch durch A werden in beiden Fällen während der Zeit Δt N Punkte hindurchgehen, was für den Einzelpunkt dahin zu verstehen ist, daß er bei A_0 in der Zeit Δt eine Strecke zurücklegt gleich Nmal seiner Länge δ_0. Diese Länge wird der Einzelpunkt auch in der Höhe A noch beibehalten haben, während sich bis dahin die Längen der Fadenpunkte bei gleichzeitiger Verdickung derselben auf δ verkürzen werden.

Man gelangt somit zu folgenden Beziehungen:

$$-\Delta s = N\delta_0,$$
$$\Delta y = N\delta,$$

$$-\frac{\Delta y}{\Delta s} = \frac{\delta}{\delta_0} = \frac{v}{v_0} \tag{68}$$

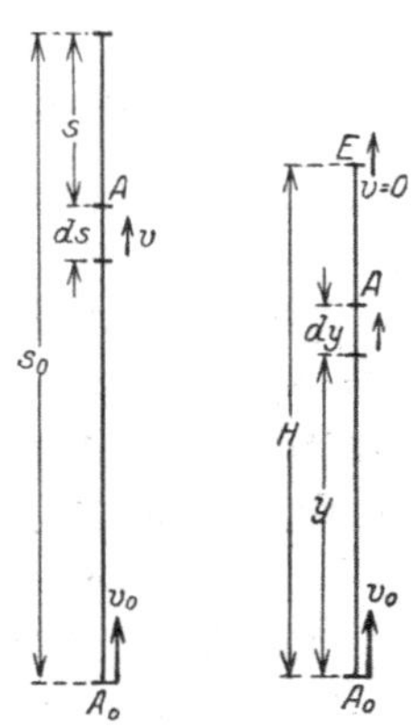

Abb. 117.

oder auch

$$dy = -\frac{v}{v_0} \cdot ds$$

und mit $ds = \frac{v\,dv}{g}$:

$$dy = -\frac{1}{v_0 g} \cdot v^2 dv,$$

$$y = -\frac{1}{v_0 g} \cdot \int_{v_0}^{v} v^2 dv = \frac{1}{3} \cdot \frac{1}{v_0 g} \cdot \left[v_0^3 - v^3\right] = \frac{2}{3} \left[\frac{v_0^2}{2g} - \frac{v}{v_0} \cdot \frac{v^2}{2g}\right],$$

$$y = \frac{2}{3}\left(s_0 - \frac{v}{v_0} s\right). \tag{69}$$

Die gesamte Steighöhe H erhält man für $v = 0$ und $s = 0$:

$$H = \tfrac{2}{3} s_0. \tag{70}$$

Dieser Weg gilt aber nur für große Steighöhen, für geringere Höhen wird $H > \frac{2}{3} s_0$, wie später gezeigt werden wird.

Forchheimer berechnet für $s_0 = 22{,}8$ nach Weisbach $H = 15{,}2$ m, das ist genau $H = \frac{2}{3} s_0$.

Auf Grund der mitgeteilten Formeln erhält man für $s_0 = 22{,}8$ m statt $H = 15{,}20$ m

nach Mariotte:	$H = 18{,}45$ m,	also etwa	22 %	mehr,
„ Weisbach:	$H = 17{,}20$ m,	„ „	11 %	„
bzw.	$H = 18{,}88$ m,	„ „	22,4 %	„

Für den kreisförmigen Querschnitt eines aufsteigenden Strahls mit dem Halbmesser r_0 am Ausgangspunkt A_0 (Abb. 118) ergibt sich, da durch jeden Querschnitt eine gleich große Wassermenge Q hindurchströmen muß, in der Höhe y aus

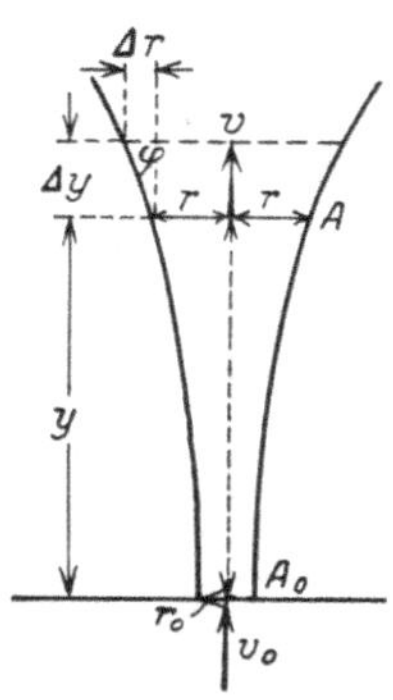

Abb. 118.

$$Q = r_0^2 \pi \cdot v_0 = r^2 \pi \cdot v,$$

$$r = r_0 \sqrt{\frac{v_0}{v}} \tag{71}$$

und

$$dr = -\tfrac{1}{2} r_0 \sqrt{v_0} \cdot v^{-\frac{3}{2}} dv$$

$$dy = -\frac{v}{v_0} ds = -\frac{1}{v_0 g} \cdot v^2 dv$$

und für den Richtungswinkel φ des Mantels aus

$$\operatorname{tg} \varphi = \frac{dr}{dy} = \frac{\frac{1}{4} \cdot r_0 v_0^{\frac{3}{2}} \cdot g}{v^{\frac{3}{2}} \cdot s} = \frac{1}{4} \cdot \frac{r_0}{s} \left(\frac{v_0}{v}\right)^{\frac{3}{2}}. \tag{72}$$

Insbesondere ist für den Ausgangsort A_0 mit $v = v_0$:

$$\operatorname{tg} \varphi_0 = \frac{1}{4} \frac{r_0}{s_0}.$$

Hohe Strahlen mit großem s_0 steigen sehr schlank. Am Kopf des Strahles wird für $v_0 = 0$ und $s = 0$: $\operatorname{tg} \varphi = \infty$. Demnach müßte sich der Strahl wagerecht ausbreiten. Da das aber nicht möglich ist, fällt er vorher zurück und es stellen sich Verhältnisse ein, die, wie wir sehen werden, die Ursache sind, daß der Strahl etwas höher als $^2/_3\, s_0$ ansteigt.

Der Verlauf eines aufsteigenden Strahls von kreisförmigem Querschnitt $r_0 = 0{,}2$ m und der Austrittsgeschwindigkeit $v_0 = 18$ m, also $s_0 = 16{,}51$ m ist nachfolgend berechnet und aufgezeichnet:

Steigender Strahl mit $r_0 = 0{,}20$ m, $v_0 = 18{,}0$ m/sec.

	1	2	3	4	5	6	7	8	9	10
	$v =$ m/sec	$\frac{v}{v_0}$	s	$s_0 - s$	$y = \frac{2}{3}\left(s_0 - \frac{v}{v_0}\cdot s\right)$	$\frac{y}{s_0 - s}$	$y + s$	$\Delta s_0 = s_0 - (y + s)$	$r =$	$\operatorname{tg}\varphi =$
A_0	$v_0 = \mathbf{18}$	1,0	$s_0 = \mathbf{16{,}51}$	0	0		16,51	0	0,20	1 : 330
	15	$^5/_6$	11,47	5,04	4,64	0,921	16,11	0,40	0,219	1 : 175
	12	$^2/_3$	7,34	9,17	7,75	0,845	15,09	1,42	0,245	1 : 80
	9	$^1/_2$	4,13	12,38	9,63	0,778	13,76	2,75	0,283	1 : 29
	6	$^1/_3$	1,83	14,68	10,60	0,722	12,43	4,08	0,346	1 : 7
	3	$^1/_6$	0,46	16,05	10,96	0,683	11,42	5,09	0,490	1,6 : 1
	2	$^1/_9$	0,20	16,31	11,01	0,675	11,21	5,30	0,600	7 : 1
	1	$^1/_{18}$	0,05	16,46	11,01	0,669	11,06	5,45	0,848	76 : 1
E	0	0	0	**16,51**	**11,01**	0,667	11,01	5,46	∞	∞ : 1

Die Zusammenstellung zeigt in

Spalte 3 die Geschwindigkeitshöhen s,
„ 4 die Steighöhe $(s_0 - s)$ eines Einzelpunktes,
„ 5 „ „ des Strahls,
„ 6 das Verhältnis beider,
„ 7 die vorhandene Arbeitshöhe,
„ 8 den Verlust an Geschwindigkeits-(oder Arbeits-)Höhe,
„ 9 den Halbmesser des Strahlquerschnitts,
„ 10 die Neigung des Mantels.

In Abbildung 119 sind diese Werte zeichnerisch aufgetragen.

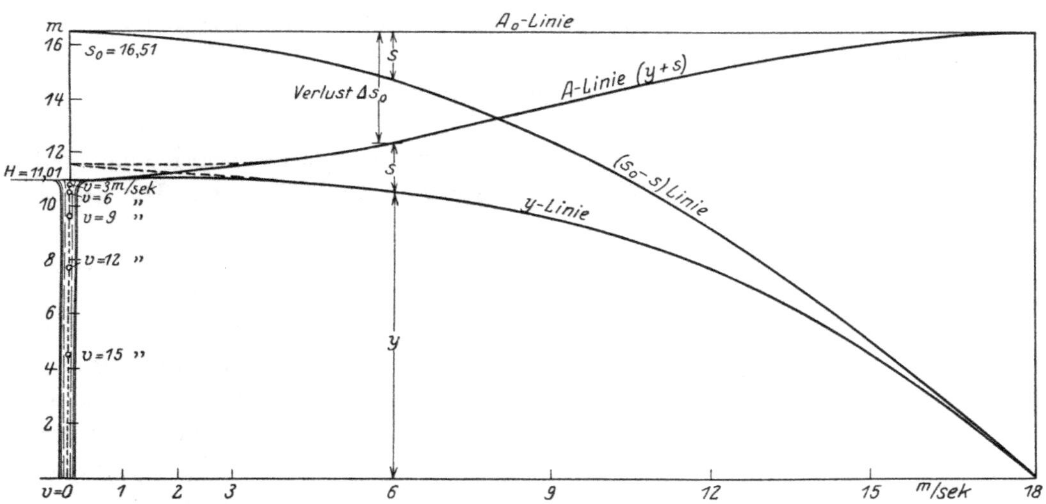

Abb. 119.

Die Steighöhe des Strahls (y-Linie) bleibt im Anfang des Aufstieges nur wenig hinter der eines Einzelpunktes $(s_0 - s)$ zurück. Das Verhältnis nimmt dann gleichmäßig ab, und schon bei $v = 3$ m/sec ist nahezu die volle Steighöhe $H = \frac{2}{3} s_0 = 11{,}01$ m erreicht.

In der linken Anfangsvertikalen ist die Gestalt des Strahls in kleinem Maßstab angedeutet. Der Querschnitt vergrößert sich bis zu einer Höhe von etwa 10,5 m

nur langsam, von da ab, also im letzten halben Meter, wächst er rasch, um sich bei einer Geschwindigkeit von nur noch 2 m/sec mit nur 4 cm Steighöhe plötzlich ins Unendliche zu verbreiten.

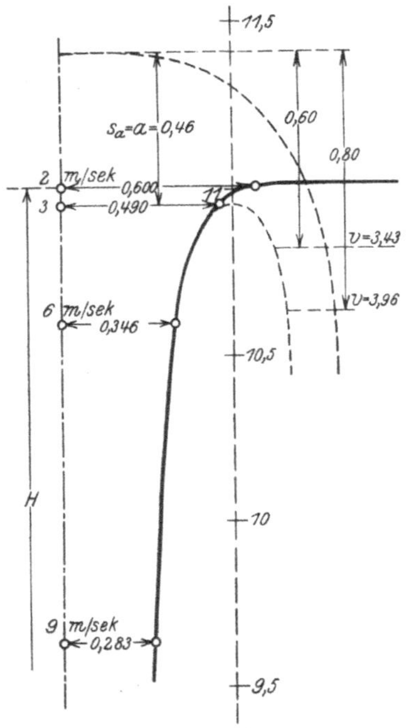

Abb. 120.

In Abbildung 120 ist der Kopf in größerem Maßstab dargestellt. Der Strahl wird sich schon abbiegen, bevor er noch seine Steighöhe erreicht hat. Die genaue Höhe, in der das geschieht, wird erst durch weitere Untersuchungen festzustellen sein; in der Abbildung ist sie — wohl nicht allzu weit von der Wahrheit abweichend — 5 cm unter der errechneten Steighöhe angenommen worden oder 10,96 m über dem Ausgangspunkt des Strahles, in einer Höhe also, in der dessen Geschwindigkeit 3 m/sec beträgt. Von hier ab hört der Zwang auf, unter dem die zum Strahl gebündelten Wasserfäden standen. Sie heben sich von hier aus vermöge der ihnen innewohnenden Energie noch bis zur Höhe $a = s_a = 0{,}46$ m, um dann in der Form einer Glocke abzustürzen, deren Querschnitt aus der Kontinuitätsbedingung und der gegebenen Arbeitshöhe bestimmt werden kann.

In unserer Abbildung ist die sich hiernach ergebende Abänderung der $\mathfrak{A}$-Linie und der y-Linie in der Krone gestrichelt angedeutet.

Wir wollen für die Folge drei Abschnitte des steigenden Strahls unterscheiden (Abb. 121):

1. den Fuß, der von dem Mundstück des Ausflußrohres bis zu der in der Regel vorhandenen Einschnürung des Strahles reicht;
2. den Stamm, der mit der berechneten Steighöhe endigt;
3. die Krone.

Die letztere zeigt häufig statt der Pilzform, der wir vorhin begegneten, die Form einer Garbe, bei der einzelne Tropfen in größere Höhe aufsteigen. Die Garbe entsteht vornehmlich bei großen Werten von $\left(\frac{s_0}{r_0}\right)$ und dürfte wohl auf mitgeführte Luftbläschen zurückzuführen sein, die im Stamm des Strahles zusammengepreßt werden und in der Krone explosionsartig auseinanderstieben.

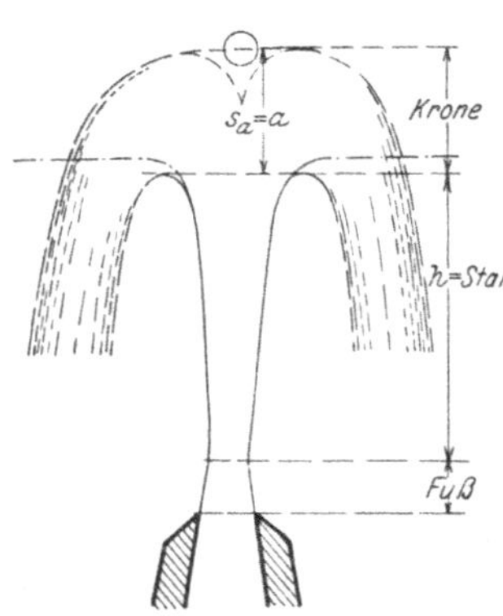

Abb. 121.

Abb. 122.

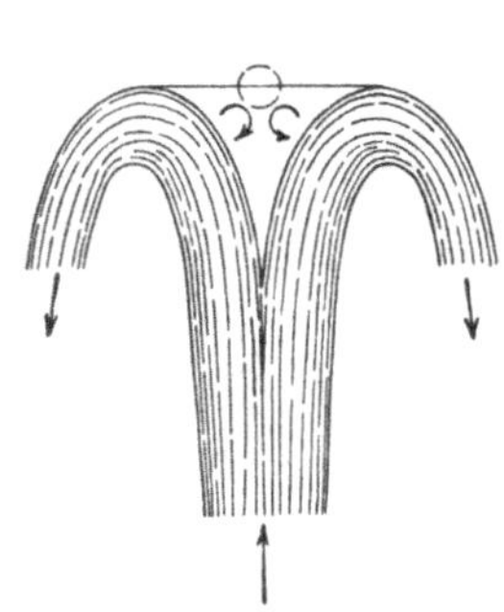
Abb. 123.

Anzunehmen ist, daß die Pilzkrone einen stehenden Kern enthält, in dem das Wasser nicht am Abfluß teilnimmt, sondern sich in wirbelnder Bewegung befindet (wie hinter einem Überfall) und durch seinen Druck veranlaßt, daß der aufsteigende Strahl nach außen abgetrieben wird. Dafür spricht die bekannte Erscheinung an Springbrunnen, wonach eine von dem Strahl in die Höhe geworfene Glaskugel auf der Krone ruhen bleibt (Abb. 123).

Bei der Pilzform ist die Höhe des Stammes (Abb. 124):

$$h = \frac{2}{3}\left[s_0 - \frac{v_a}{v_0}\cdot s_a\right],$$

die der Krone:

$$a = s_a = \frac{v_a^2}{2g},$$

somit die ganze Steighöhe $h + a$:

$$H = \frac{2}{3}\left[s_0 - \frac{v_a}{v_0} s_a\right] + s_a$$

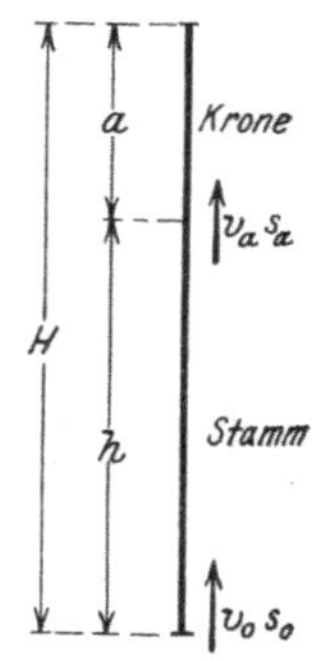

Abb. 124.

und das Verhältnis von Steighöhe zu Geschwindigkeitshöhe:

$$\left.\begin{aligned} \frac{H}{s_0} &= \frac{2}{3} + \frac{s_a}{s_0}\left[1 - \frac{2}{3}\frac{v_a}{v_0}\right] \\ \text{oder, da } \frac{v_a}{v_0} = \sqrt{\frac{s_a}{s_0}}: \quad \frac{H}{s_0} &= \frac{2}{3} + \frac{s_a}{s_0} - \frac{2}{3}\frac{s_a}{s_0}\sqrt{\frac{s_a}{s_0}} \end{aligned}\right\}. \qquad (73)$$

Für $s_a = 0$ ist $\frac{H}{s_0} = \frac{2}{3}$

und für $s_a = s_0$ ist $\frac{H}{s_0} = 1$.

Mit der Zunahme von $\frac{s_a}{s_0}$ wächst $\frac{H}{s_0}$ von $\frac{2}{3}$ bis 1. In der Tat ergibt sich für

das Verhältnis	$\frac{s_a}{s_0} = 0$	0,01	0,04	0,16	0,25	0,36	0,64	0,81	1,00
die Zunahme	$\frac{s_a}{s_0}\left[1 - \frac{2}{3}\sqrt{\frac{s_a}{s_0}}\right] = 0$	0,009	0,035	0,117	0,167	0,216	0,299	0,324	0,333
also	$\frac{H}{s_0} = \frac{2}{3} = 0{,}667$	0,676	0,702	0,784	0,833	0,883	0,966	0,991	1,000

In Abbildung 125 sind diese Werte aufgetragen. Die Darstellung zeigt den Einfluß der Kronenhöhe auf die Steighöhe. Ist die Kappenhöhe gleich der halben Geschwindigkeitshöhe, so beträgt deren Verlust nur noch 7 %. Bei noch größerer Kappenhöhe erreicht die Steighöhe des Strahles nahezu die volle Geschwindigkeitshöhe.

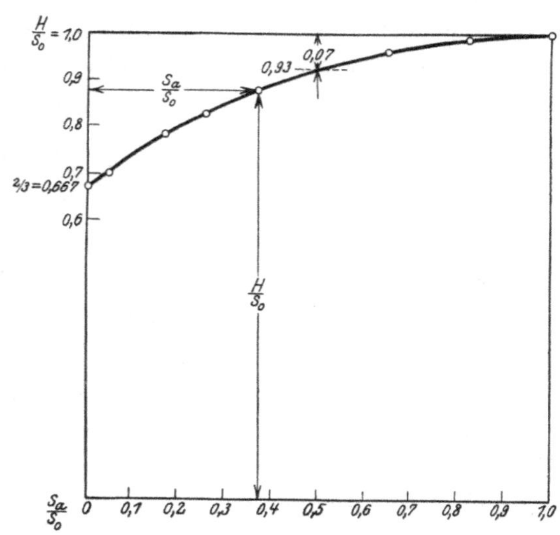

Abb. 125.

Es ist des Vergleichs wegen von Interesse, noch einen Strahl zu untersuchen, der bei ebenfalls $r_0 = 0{,}20$ m Halbmesser nur eine Anfangsgeschwindigkeit $v_0 = 4$ m besitzt, so daß $s_0 = 0{,}815$ m wird, $H = \frac{2}{3} s_0 = 0{,}543$.

Die Rechnung ergibt folgendes:

$v =$	$\frac{v}{v_0}$	$s =$	$y =$	$r =$
4 m	1	**0,815**	0	0,205
3	0,75	0,460	0,313	0,231
2	0,50	0,204	0,475	0,282
1	0,25	0,051	0,534	0,400
0	0	0	0,543	∞

Diese Zahlen sind in Abbildung 126 aufgetragen.

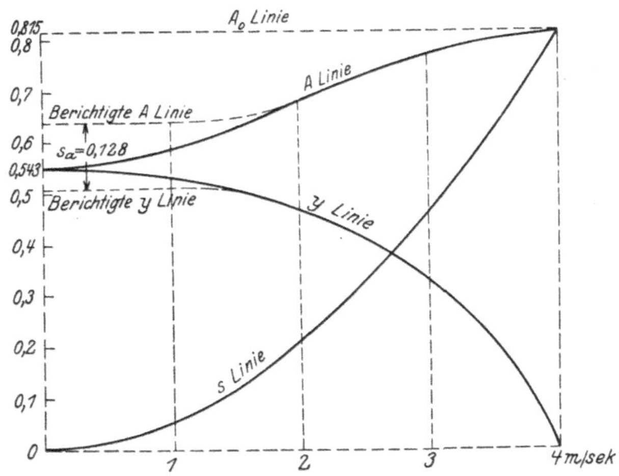

Abb. 126.

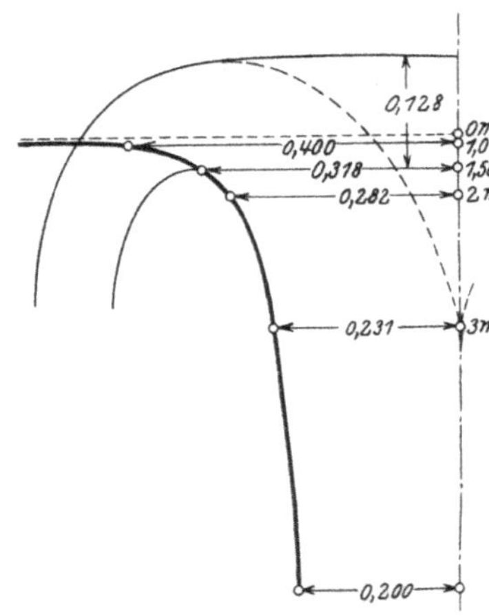

Abb. 127.

Die in Abb. 127 stark ausgezogene Leitlinie des eine Rotationsfläche bildenden Strahlmantels ist beim Austritt des Strahls nur schwach gekrümmt. Doch wächst die Krümmung zunächst langsam und in der Nähe der Steighöhe immer rascher, bis sie inmitten der Hohlkehle, die den Übergang in die Wagerechte vermittelt, ihren Größtwert (der Krümmungshalbmesser also seinen kleinsten Wert) erreicht. Man geht wohl nicht fehl, wenn man annimmt, daß spätestens an dieser Stelle des kleinsten Krümmungshalbmessers der Absturz erfolgen muß, weil eine erneute Streckung der Linie von diesem Punkte aus sich nur durch das Hinzukommen neuer Kräfte erklären ließe, das aber nicht stattfindet.

An dieser Stelle beträgt die Steighöhe etwa 0,5 m, also das Verhältnis $\frac{s_a}{s_0} \infty 0,3$, daher ist nach Gl. (69):

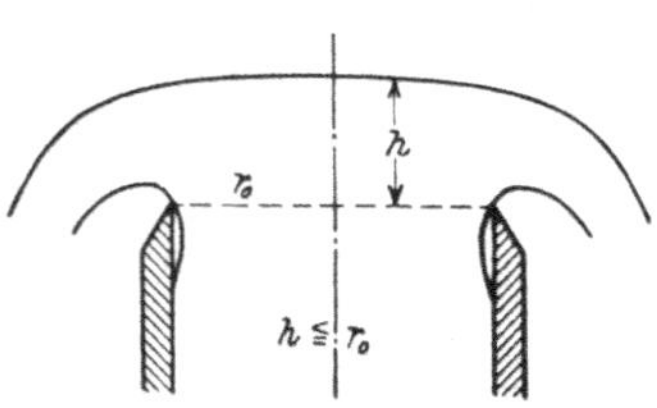

Abb. 128.

$$\frac{H_0}{s_0} = \frac{2}{3} + 0,3\left(1 - \frac{2}{3}\sqrt{0,3}\right) = 0,857,$$

$$H_0 = 0,857 \cdot 0,815 = 0,7 \text{ m}.$$

Das ist eine Höhe, die 11 cm unter der Geschwindigkeitshöhe bleibt und etwa 86 vH derselben beträgt.

Nimmt die Austrittsgeschwindigkeit noch weiter ab, so verschwindet schießlich etwa bei $s_0 = r_0$, also für $s_0 \gtreqless 0,2$ m oder für $v_0 < 2$ m/sec, der Stamm und die Krone verwandelt sich in einen Überfall von kreisförmiger Überfallkante (Abb. 128) mit der Ausflußmenge:

$$Q = \tfrac{2}{3}\mu \cdot 2 r_0 \pi \cdot h \sqrt{2 g h}.$$

Über die Größe von μ sowie über die Gestalt der Pilzkrone sollten Versuche angestellt werden, die auch Sicherheit darüber geben würden, welcher Wert von v_a je nach der Größe von s_0 und r_0 anzunehmen ist.

Wenn ein Vergleich der vorstehend berechneten Steighöhen mit den Messungsergebnissen Abweichungen zeigt, so ist dies oft dadurch verursacht, daß infolge der Gestaltung des Mundstücks der Strahl nach seinem Austritt zunächst eine Einschnürung (Abb. 129) seiner Querschnittsfläche von f_0 auf f_e erleidet, so daß sich die Geschwindigkeit von v_0 auf

$$v_e = \frac{f_0}{f_e} \cdot v_0$$

und die Geschwindigkeitshöhe von s_0 auf

$$s_e = \left(\frac{f_0}{f_e}\right)^2 \cdot s_0$$

erhöht. Es müssen also bei Berechnung der Steighöhe die Werte r_0, v_0, s_0 durch r_e, v_e, s_e ersetzt werden. Das ist insbesondere bei der Beurteilung der Steighöhe von Feuerlöschstrahlen zu beachten.

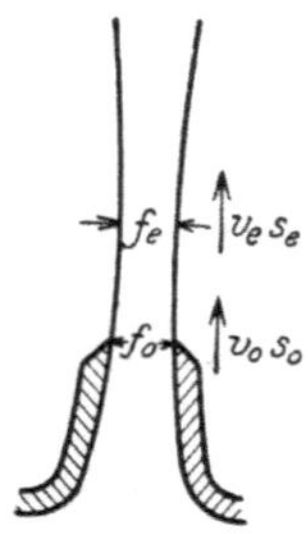

Abb. 129.

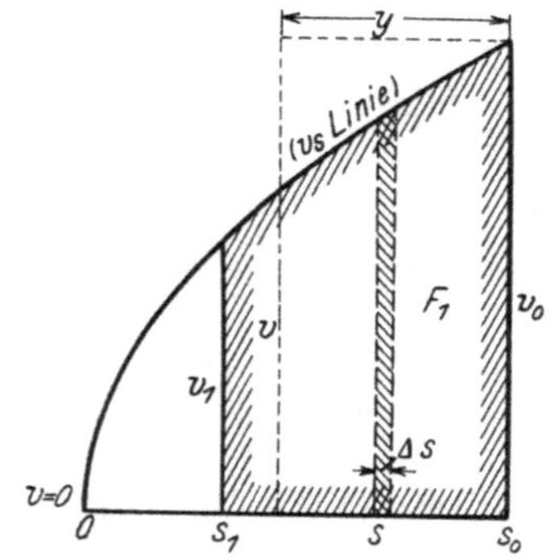

Abb. 130.

Ein anschauliches Bild liefert endlich die zeichnerische Behandlung der Aufgabe (Abb. 130):

Aus der Grundgleichung

$$\Delta y = \frac{v}{v_0} \cdot \Delta s$$

ergibt sich die Steighöhe y bis zur Geschwindigkeit v_1:

$$y = \frac{1}{v_0} \sum_{v_1}^{v_0} (v \Delta s).$$

Den Ausdruck unter dem Summenzeichen erhält man aus der (vs)-Linie als Fläche F_1 zwischen v_0 und v_1. Durch Verwandlung von F_1 in ein Rechteck von der Basis v_0 erhält man als Höhe desselben:

$$y = \frac{F_1}{v_0}. \tag{74}$$

Für die ganze Steighöhe von $v = v_0$ bis $v = 0$ wird

$$F = \tfrac{2}{3} v_0 s_0,$$

daher

$$H = \frac{F}{v_0} = \frac{2}{3} s_0.$$

Für eine pilzförmige Krone von der Höhe s_a ergibt sich die Stammhöhe (Abb. 131):

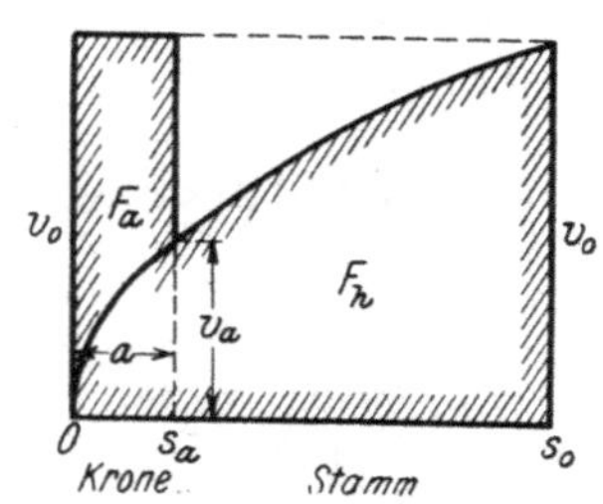

Abb. 131.

$$h = \frac{F_h}{v_0},$$

die ganze Steighöhe:

$$H = h + s_a = \frac{F_h}{v_0} + \frac{s_a v_0}{v_0} = \frac{F_h + F_a}{v_0} \tag{74a}$$

es ist also $F = F_h + F_a$ zu setzen.

Man erkennt auch, daß, je kleiner bei gleichbleibendem s_a s_0 ist, um so geringer ist der Unterschied zwischen der Fläche F und dem umschriebenen Rechteck, um so mehr nähert sich die Steighöhe H der Geschwindigkeitshöhe s_0, umgekehrt verschwindet bei zunehmendem s_0 der Einfluß des Kronenrechtecks und die Steighöhe nähert sich dem Wert $\frac{2}{3} s_0$.

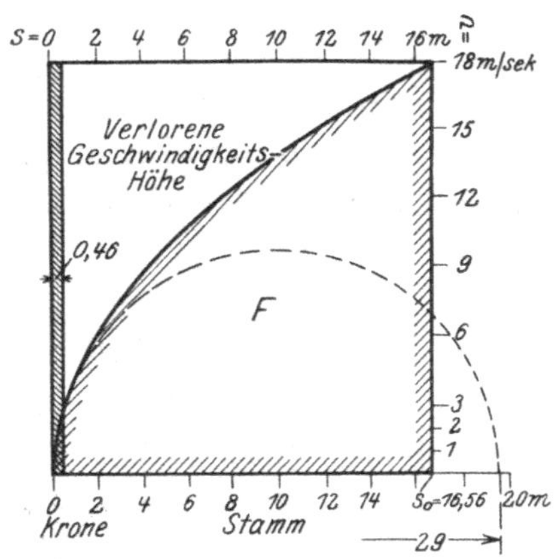

Abb. 132.

Für das auf S. 67 berechnete Beispiel ergibt sich die nebenstehende Skizze (Abb. 132).

Für die Steighöhe von $v_0 = 18$ m bis $v = 0$ m ist

$$F = \tfrac{2}{3} v_0 \cdot s_0 = \tfrac{2}{3} \cdot 18 \cdot 16{,}51 = 198{,}12\,,$$

daher

$$h = \frac{F}{v_0} = \frac{198{,}12}{18} = 11{,}01 \text{ m}.$$

5. Die freie Punktreihe in der Wurflinie.

Auch die Wurflinie eines freien Wasserstrahls ermitteln wir wieder aus der Wurflinie eines einzelnen Punktes, die eine Parabel (Abb. 133) ist, an deren nachfolgende Eigenschaften vorab erinnert sei:

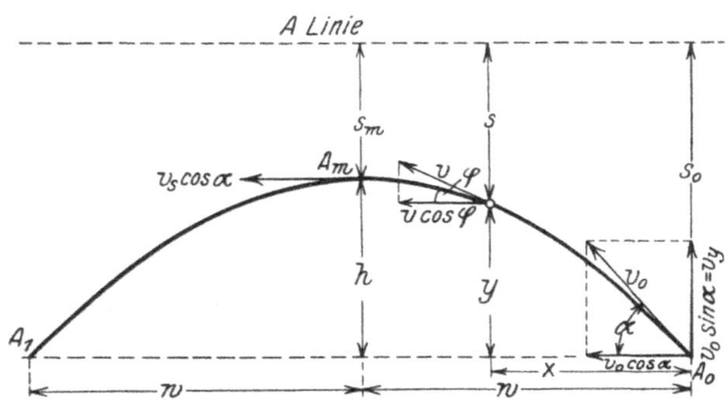

Abb. 133.

Die Seitengeschwindigkeit in wagerechter Richtung behält unvermindert die Größe $v_0 \cos \alpha$, an einem Ort (yx) der Bahn ist also

$$v_x = v \cos \varphi = v_0 \cos \alpha = \text{konst.}, \tag{75}$$

auch im Scheitel ist

$$\boldsymbol{v_m = v_0 \cos \alpha}\,,$$

daher

$$\boldsymbol{s_m} = \frac{v_m^2}{2g} = \frac{v_0^2}{2g} \cos^2 \alpha = \boldsymbol{s_0 \cos^2 \alpha}\,, \tag{76}$$

$$\boldsymbol{h} = s_0 - s_m = s_0 (1 - \cos^2 \alpha) = \boldsymbol{s_0 \sin^2 \alpha}\,. \tag{77}$$

Die halbe Wurfweite ist:

$$\boldsymbol{w} = 2h \cdot \operatorname{cotg} \alpha = 2 s_0 \sin \alpha \cos \alpha = \boldsymbol{s_0 \cdot \sin 2\alpha}\,, \tag{78}$$

woraus folgt, daß die größte Wurfweite erreicht wird für $\sin 2\alpha = 1$ oder $\alpha = 45^0$ mit:

$$h = \tfrac{1}{2} s\,,$$

$$W = 2w = 2 s_0\,.$$

Allgemein gilt wieder für einen beliebigen Punkt (xy) der Wurflinie:

$$\boldsymbol{v} = \frac{v_x}{\cos \varphi} = \frac{\boldsymbol{\cos \alpha}}{\boldsymbol{\cos \varphi}} \cdot \boldsymbol{\vartheta_0}\,,$$

$$s = s_0 - y\,,$$

daher auch:

$$v = \sqrt{2g(s_0 - y)}\,,$$

und schließlich aus $(w - x)^2 : w^2 = (h - y) : h$:

$$y = h\left[1 - \left(1 - \frac{x}{w}\right)^2\right], \tag{79}$$

sowie:

$$x = w\left(1 - \sqrt{1 - \frac{y}{h}}\right). \tag{80}$$

Dies vorausgeschickt, mögen nun die Bahnen eines Einzelpunktes und eines Fadens (Abb. 134) an ihrem Ausgangspunkt A_0 die gleiche Steigung α gegen die Wagerechte und die gleiche Geschwindigkeit v_0 haben, und es sollen in der Sekunde $n_0 v_0$ Punkte des Fadens von der Einzellänge δ_0 durch A_0 hindurchgehen, so daß man auch sagen darf:

$$v_0 = n_0 v_0 \delta_0 .$$

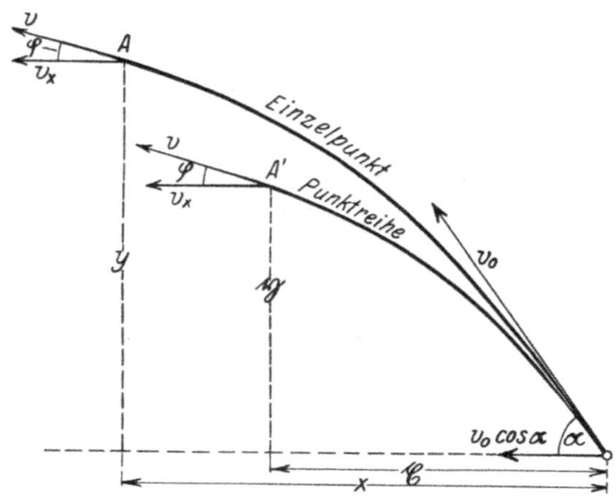

Abb. 134.

Nach einer gewissen Zeit seien Einzelpunkt und Faden an zwei Punkten A und A' angekommen, an welchen sie beide die gleiche Geschwindigkeit v besitzen. Diese und damit die Bahnen selbst müssen dann aber auch in beiden Punkten die gleiche Richtung φ gegen die Wagerechte haben, weil die wagerechten Komponenten der beiden Geschwindigkeiten einander gleich sind, nämlich:

$$v_x = v_0 \cos\alpha .$$

Die Geschwindigkeit in A läßt sich nun ebenso, wie dies vorhin für A_0 geschah, in Punktlängen ausdrücken durch

$$v = n_0 \delta_0 \cdot v .$$

Durch A' müssen der Kontinuitätsbedingung zufolge ebenso viele Punkte in der Sekunde hindurchströmen wie durch A_0, aber ihre Einzellänge wird in dem überfüllten Faden eine andere, nämlich δ sein, so daß sich hier die Gleichung ergibt:

$$v = n_0 v_0 \delta .$$

Aus beiden Ausdrücken für v folgt:

$$\delta = \frac{v}{v_0} \delta_0 . \tag{81}$$

Das ist wieder dasselbe einfache Grundgesetz, dem wir schon bei der Behandlung der steigenden Punktreihe begegneten.

Durch Multiplikation beider Seiten des Ausdrucks mit $\cos\varphi$ bzw. $\sin\varphi$ erhält man:

$$\left.\begin{aligned} \Delta\mathfrak{x} &= \frac{v}{v_0}\Delta x , \\ \Delta\mathfrak{y} &= \frac{v}{v_0}\Delta y , \end{aligned}\right\} \tag{82}$$

oder, wenn man Δx als Projektion des Bogens Δl ansieht, mit $\Delta x = \Delta l \cdot \cos\varphi$:

$$\Delta\mathfrak{x} = \frac{v \cdot \cos\varphi}{v_0} \Delta l$$

und für

$$v \cos\varphi = v_0 \cos\alpha \,,$$

und

$$\left.\begin{aligned} \Delta\mathfrak{x} &= \Delta l \cos\alpha \\ \mathfrak{x} &= l \cos\alpha \,. \end{aligned}\right\} \qquad (83)$$

Trägt man also auf der gemeinsamen Richtungstangente in A_0 (Abb. 135) beider Wurflinien die Bogenlängen, also z. B. $A_0 A_3 = l_3$ auf, so ist die Projektion des Endpunktes (A_3) dieser Strecke die Abszisse des dem Punkt A_3 entsprechenden Punktes A_3' der Bahn des Fadens. Insbesondere entspricht dem Scheitel A_m der Punktbahn der Scheitel der Fadenbahn, und mit letzterem ist zugleich die Sprungweite $\mathfrak{w}_1$ gegeben.

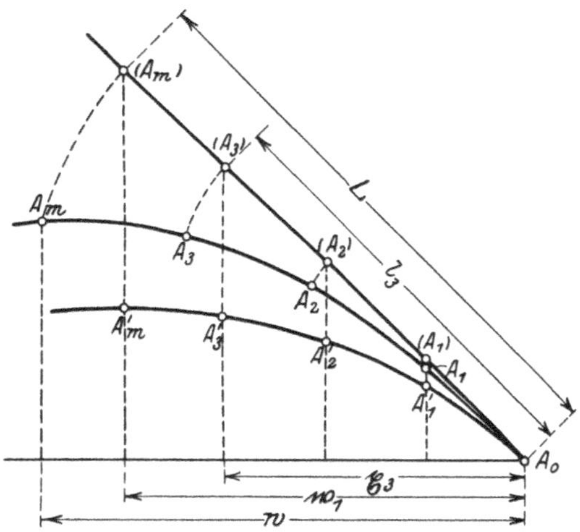

Abb. 135.

Diese merkwürdige Beziehung zwischen der Bogenlänge einer freien Wurflinie und der von demselben Ausgangspunkt entspringenden Bahn eines Stromfadens von gleicher und gleich gerichteter Anfangsgeschwindigkeit, liefert also ein einfaches Mittel zur Ableitung des Stromfadens aus der freien Wurflinie des Einzelpunktes.

Für die Berechnung würde die Integration der Gleichungen

$$d\mathfrak{x} = \frac{v}{v_0} \cdot dx \quad \text{oder} \quad d\mathfrak{x} = \cos\varphi \cdot dl$$

erforderlich sein. Indessen läßt sich aus der bekannten Länge L eines Parabelbogens die Länge der Wurflinie rechnerisch herleiten.

Für die Gleichung der Parabel:

$$y^2 = 2\,p \cdot x \,.$$

ist (s. „Hütte"):

$$L = \frac{p}{2}\left\{\sqrt{\frac{2\,x}{p}}\left(1 + \frac{2\,x}{p}\right) + \ln\left[\sqrt{\frac{2\,x}{p}} + \sqrt{1 + \frac{2\,x}{p}}\right]\right\}.$$

Da die Geschwindigkeitshöhe im Scheitel $s_m = s_0 \cos^2\alpha$ und der Parameter nach Gl. (52): $p = 2\,s_m = 2\,s_0 \cos^2\alpha$, so ist für die ganze Bogenlänge $A_0 A_m = l$ mit $x = h = s_0 \sin^2\alpha$, sowie unter Berücksichtigung, daß

$$\frac{2\,x}{p} = \frac{2\,s_0 \sin^2\alpha}{2\,s_0 \cos^2\alpha} = \operatorname{tg}^2\alpha$$

und

$$1 + \frac{2\,x}{p} = \frac{1}{\cos^2\alpha}\,,$$

zu setzen:

$$L = s_0 \cos^2\alpha \left\{\frac{\sin\alpha}{\cos^3\alpha} + \ln\left[\operatorname{tg}\alpha + \frac{1}{\cos\alpha}\right]\right\}$$

und demnach:

$$\mathfrak{w}_1 = L \cos\alpha = s_0 \left\{\tfrac{1}{2}\sin 2\,\alpha + \cos^3\alpha \ln\left(\frac{1 + \sin\alpha}{\cos\alpha}\right)\right\}.$$

Für $\alpha = 45^0$ wird

$$\frac{\mathfrak{w}_1}{s_0} = 0{,}5 + \tfrac{1}{4}\sqrt{2}\ln(1+\sqrt{2}) = 0{,}811\,.$$

Die Ordinaten y und die Wurfhöhe $\mathfrak{h}$ ergeben sich aus der Grundgleichung (82):

$$d\mathfrak{y} = \frac{v}{v_0}\cdot dy$$

mit

$$y = s_0 - s = \frac{v_0^2}{2g} - \frac{v^2}{2g} \quad \text{oder} \quad dy = -\frac{v\,dv}{g},$$

daher

$$dy = -\frac{v^2}{v_0 g}\cdot dv$$

zu

$$\mathfrak{y} = -\frac{1}{3}\cdot\frac{v^3}{v_0 g} + C = -\frac{2}{3}\cdot\frac{v}{v_0}s + C$$

und, da für $\mathfrak{y} = 0$ $v = v_0$ und $s = s_0$ ist:

$$0 = -\tfrac{2}{3}s_0 + C, \qquad C = \tfrac{2}{3}s_0,$$

sonach:

$$\mathfrak{y} = \frac{2}{3}\left(s_0 - \frac{v}{v_0}s\right) = \frac{2}{3}s_0\left(1 - \frac{v}{v_0}\cdot\frac{s}{s_0}\right). \tag{84}$$

Für den Scheitel ist $\mathfrak{y} = \mathfrak{h}$ und nach Gl. (75) und (76) $v = v_0 \cos\alpha$ sowie $s = s_0 \cos^2\alpha$, daher:

$$\mathfrak{h} = \tfrac{2}{3}s_0(1 - \cos^3\alpha),$$

und da nach (77):

$$h = s_0 \sin^2\alpha,$$

$$\frac{\mathfrak{h}}{h} = \frac{2}{3}\cdot\frac{1 - \cos^3\alpha}{\sin^2\alpha}.$$

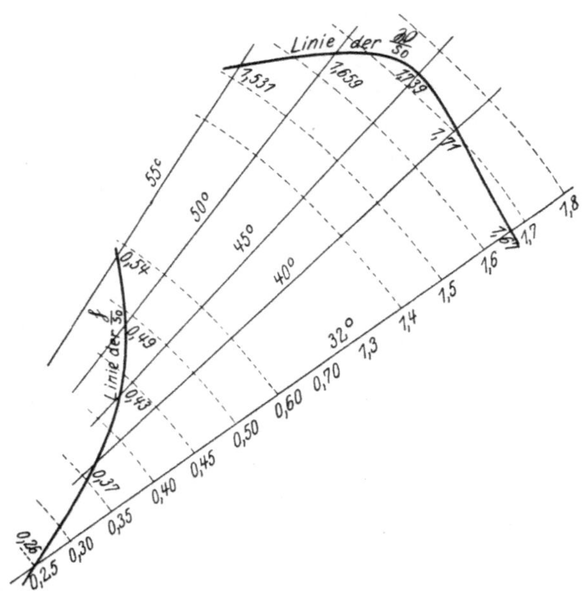

Abb. 136.

Im abfallenden Ast bewegt sich die Punktreihe mit Beschleunigung, die einzelnen Punkte trennen sich voneinander, wie die der fallenden Punktreihe und stören sich nicht mehr in ihrer Bewegung. Der Faden verfolgt daher von A_m' ab eine Bahn, die ganz gleich ist der Bahn des von A_m ab fallenden Einzelpunktes, nur ist infolge der gegenüber A_m tieferen Lage des Scheitels A_m' die Wurfweite $\mathfrak{w}_2$ geringer. Man hat

$$\mathfrak{w}_2 = \sqrt{\frac{\mathfrak{h}}{h}}\cdot\mathfrak{w},$$

also für $\mathfrak{w} = s_0\cdot\sin 2\alpha$:

$$\mathfrak{w}_2 = 2s_0\cos\alpha\sqrt{\tfrac{2}{3}(1 - \cos^3\alpha)}.$$

Die ganze Wurfweite ist:

$$\mathfrak{W} = \mathfrak{w}_1 + \mathfrak{w}_2\,.$$

In Abb. 136 sind für einen und denselben Wert von s_0 aber für verschiedene Wurfwinkel α die Steighöhen und die Wurfweiten sowohl für einen Einzelpunkt wie für einen Stromfaden ermittelt und der besseren Übersicht wegen auf einem Strahlenbüschel (Abb. 136) aufgetragen, dessen einzelne Strahlen unter den Wurfwinkeln gegen die Wagerechte geneigt sind.

$\alpha =$	55^0	50^0	45^0	40^0	32^0
$\frac{h}{s_0} = \sin^3 \alpha =$	0,67	0,5868	0,50	0,4132	0,2808
$\frac{\mathfrak{h}}{s_0} = \frac{2}{3}(1 - \cos^3 \alpha) =$	0,5409	0,4896	0,431	0,367	0,2601
daher $\mathfrak{h}$ in Hundertsteln von $h =$	80,6 %	83,5 %	86,2 %	89 %	93 %
$\frac{w}{s_0} = \sin 2\alpha =$	0,9396	0,9848	1,000	0,9848	0,8988
$\frac{\mathfrak{w}_1}{s_0} = \frac{1}{2} \sin 2\alpha + \cos^3 \alpha \ln\left(\frac{1+\sin\alpha}{\cos\alpha}\right) =$	0,6875	0,760	0,8115	0,8350	0,8087
$\frac{\mathfrak{w}_2}{s_0} = w\sqrt{\frac{h}{\mathfrak{h}}} =$	0,844	0,899	0,928	0,8751	0,8646
$\frac{\mathfrak{W}}{s_0} = \frac{\mathfrak{w}_1 + \mathfrak{w}_2}{s_0} =$	1,531	1,659	1,739	1,7101	1,673
daher $\mathfrak{W}$ in Hundertsteln von $W = 2w =$	81,5 %	84,2 %	86,9 %	87 %	93 %

Die Darstellung läßt erkennen, daß bei einem Wurfwinkel von etwa 45^0 die Wurfweite am größten wird. Bei steilerer Bahn nimmt sie rasch, bei flacherer langsamer ab. Die Wurfhöhe wird um so größer, je steiler die Bahn ist. Im allgemeinen nähert sich die Bahn der Punktreihe derjenigen des Einzelpunktes bei gleichem Steigwinkel um so mehr, je flacher beide sind.

In Abbildung 137 sind beide für einen Steigwinkel von 45^0 dargestellt.

Für $\alpha = 45^0$ ist $\sin\alpha = \cos\alpha = \frac{1}{\sqrt{2}}$, daher $h = s_m = \frac{s_0}{2}$, ferner $\sin 2\alpha = 1$, daher $w = s_0$, wonach sich die Parabel zeichnen läßt.

Der eine Arm derselben wurde in zehn Teile geteilt und die gleiche Teilung auf die Richtungstangente übertragen. Auf den Lotrechten durch diese Tangententeilpunkte liegen die den Punkten 1, 2, ..., 10 der Wurflinie des Einzelpunktes entsprechenden Punkte 1′, 2′, ..., 10′ der Wurflinie des Fadens. Für die letzteren sind noch die Ordinaten zu bestimmen.

Das kann mittels der Gl. (84):

$$\mathfrak{y} = \frac{2}{3} s_0 \left(1 - \frac{v}{v_0} \cdot \frac{s}{s_0}\right)$$

geschehen, nachdem in der schon früher bekannt gegebenen Weise zuvor die (vs)-Linie gezeichnet worden ist.

In der angezogenen Gleichung stellt der Quotient $\frac{vs}{v_0 s_0}$ das Verhältnis der Flächeninhalte zweier Rechtecke zueinander dar. Das erstere (vs) ist abhängig von den Werten v und s in demjenigen Punkt n der einen Wurflinie, für den der entsprechende Punkt n' auf der anderen Wurflinie gesucht wird. In der Abbildung

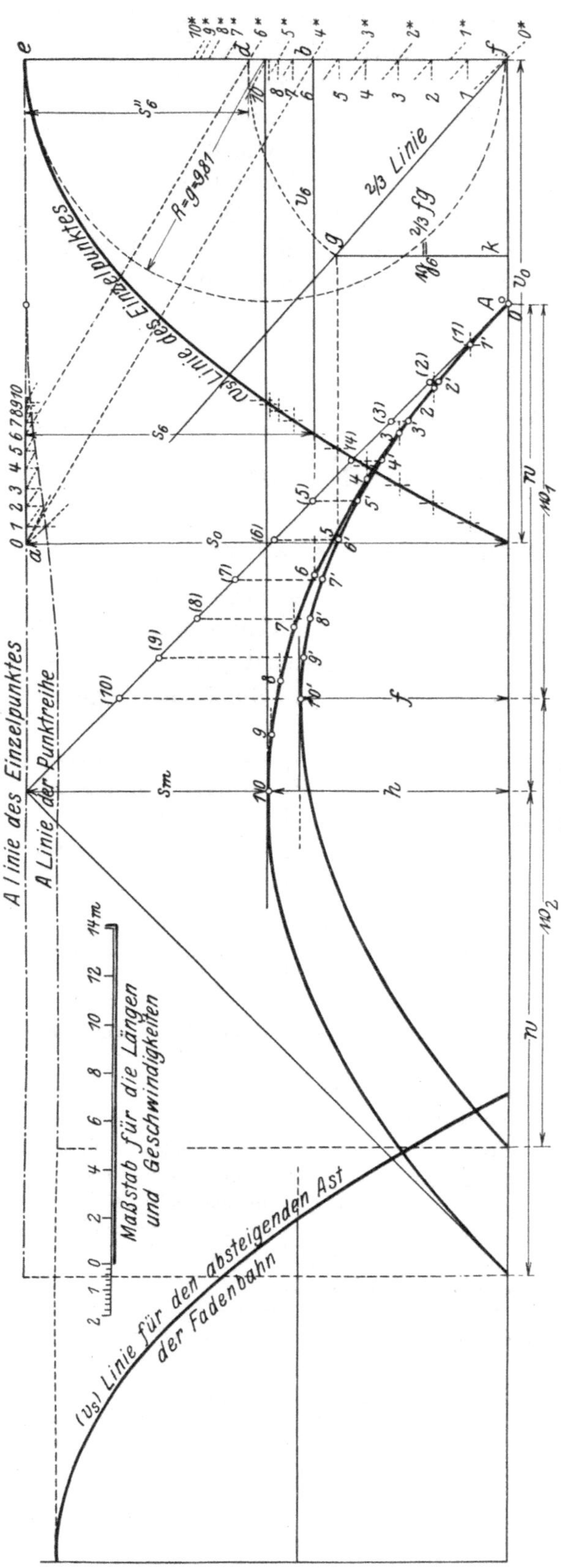

Abb. 137.

ist beispielsweise hervorgehoben, wie für den Punkt 6 mittels v_6 und s_6 der Punkt 6′ gefunden wurde.

Man verwandelt das Verhältnis der beiden Rechtecke in ein Verhältnis zweier Längen, wenn man beide Rechtecke auf dieselbe Basis, z. B. v_0, umformt und also das Rechteck (vs) durch das Rechteck $(v_0 s'')$ ersetzt. Die Länge s_6'' aber erhält man, indem man zu der Verbindungslinie der beiden Ecken a und b des großen und kleinen Rechtecks eine Parallele durch die b gegenüberliegende Ecke c des kleinen Rechtecks zieht. Sie trifft die Linie ef in dem auch mit 6* bezeichneten Punkte d und es ist $(de) = s_6''$. Nun kann man auch schreiben:

$$\mathfrak{y} = \frac{2}{3} s_0 \left(1 - \frac{s_6''}{s_0}\right)$$

oder

$$\mathfrak{y} = \frac{2}{3}(s_0 - s_6'') = \frac{2}{3} df.$$

Es bleibt also nur noch die Strecke df auf die ebenfalls von f ausgehende „$^2/_3$-Linie" zu übertragen. Dieselbe hat die Eigenschaft, daß, wenn man von irgendeinem ihrer Punkte, z. B. von g aus, ein Loth auf die Wagerechte durch f errichtet, die Länge dieses Lotes gleich $^2/_3$ der Länge der Strecke fg ist. Danach ist gk die gesuchte Ordinate des Punktes 6′.

Die Arbeitslinie des Einzelpunktes ist die Wagerechte in der Höhe s_m über dem Scheitel seiner Wurflinie.

Das Arbeitsvermögen der Fadenbahn ist in deren Scheitel ebenfalls s_m, die Arbeitslinie liegt also über dem Scheitel 10′ um den Höhenunterschied beider Scheitel tiefer, als die 𝔄-Linie des Einzelpunktes. In jedem Punkt n' des aufsteigenden Astes der Fadenlinie ist die Geschwindigkeit v und damit auch die Geschwindigkeitshöhe s dieselbe wie in dem entsprechendem Punkt n der Wurflinie des Einzelpunktes. Man hat also nur die zu den Punkten n gehörigen Werte von s nach den Punkten n' zu übertragen, um auch für den aufsteigenden Ast der Wurflinie des Fadens die 𝔄-Linie zu erhalten. Sie steigt vom Scheitel bis zum Ausgangspunkt A, wo sie die Höhe der 𝔄-Linie des Einzelpunktes erreicht, wie denn bei verzögerter Bewegung stets Arbeit verbraucht wird. Über dem absteigenden Ast ist die 𝔄-Linie als Wagerechte gezeichnet. Die beschleunigte Bewegung vollzieht sich in der Regel ohne Arbeitsverlust.

Fünfter Abschnitt.

Strömungsarten und Strombilder.

1. Beharrungs- und veränderlicher Zustand.

Um zu deutlichen Unterscheidungsmerkmalen der verschiedenen Strömungsarten des Wassers zu gelangen, müssen wir uns vor allem über die Kennzeichen der den Strömungen zugrunde liegenden Bewegungszustände Rechenschaft geben. Das geschehe in Wiederholung und Ergänzung früherer Ausführungen durch nachfolgende Zusammenstellung:

<table>
<tr><td></td><td colspan="5">A. Beharrungszustand
Der Zustand im Querschnitt ändert sich nicht mit der Zeit</td><td>B. Veränderlicher Zustand
Der Zustand in jedem Querschnitt ändert sich mit der Zeit</td></tr>
<tr><td>Bewegungsart</td><td>1. Ruhe</td><td colspan="2">2. Gleichförmige Bewegung</td><td colspan="2">3. Ungleichförmige Bewegung</td><td>4. Ungleichmäßige Bewegung</td></tr>
<tr><td>Querschnitte:</td><td>unveränderlich</td><td colspan="2">einander gleich und unveränderlich</td><td colspan="2">verschieden, aber unveränderlich</td><td>mit der Zeit veränderlich</td></tr>
<tr><td rowspan="2">$v =$</td><td rowspan="2">Null</td><td colspan="2">gleich in allen Querschnitten und zwar:</td><td colspan="2">verschieden in allen Querschnitten und dabei:</td><td rowspan="2">mit der Zeit veränderlich (Wellen, steigendes und fallendes Wasser, Ebbe und Flut, Gezeiten usw.)</td></tr>
<tr><td>entweder
a) gleich in allen Punkten desselben Querschnitts</td><td>oder
b) zu- oder abnehmend in den Lotlinien der Querschnitte</td><td>entweder
a) gleich in allen Punkten desselben Querschnitts</td><td>oder
b) zu- oder abnehmend in den Lotlinien der Querschnitte</td></tr>
<tr><td>Zustand des Wassers</td><td colspan="3">Geschlossenes Wasser (der ganze Raum wird von den Wasserteilchen ausgefüllt)
$Q = J$.</td><td colspan="3">In der Regel geschlossenes Wasser wie bei 1 und 2.
$Q = J$.
Anderenfalls: zerrissenes (Wasserfall) oder zerdrücktes (Wassersprung) } Wasser
mit Luftteilchen untermischt (Brandung)
Wassermenge: $Q = \tau J$.
Luftmenge: $Q_\tau = (1 - \tau) J$.</td></tr>
</table>

Wie die Ruhe in Bewegung übergehen kann, so vermag sich der Beharrungszustand infolge veränderter natürlicher Umstände oder äußerer Eingriffe in einen veränderlichen Zustand zu verwandeln und umgekehrt.

Nun lernten wir bereits in dem Abschnitt über die q-Linie drei wichtige Strömungsarten des Beharrungszustandes kennen, nämlich

den ruhigen Strom,
den Grenzstrom und
den reißenden Strom

und fanden ferner bei Besprechung der Reibungsarbeit ebenfalls für den Beharrungszustand als vierte Strömungsart

den Gleichstrom oder die Gleiche,

d. h. diejenige gleichförmige Strömung, deren Gefälle und Arbeitsvermögen gerade ausreicht zur Überwindung der ihr entgegenstehenden, ebenfalls gleichförmigen Widerstände.

Der Gleichstrom kann als ruhiger, Grenz- oder reißender Strom fließen, wenn nur nach Gl. (18b) seine Wassertiefe h der Bedingung genügt:

$$h = \sqrt[3]{\frac{q^2}{c^2 \cdot \alpha}}.$$

Andererseits ist nach Gl. (48a) die Wassertiefe des Grenzstromes:

$$\mathfrak{h} = \sqrt[3]{\frac{q^2}{g}},$$

so daß sich aus $h = \mathfrak{h}$ für die Grenzgleiche

$$\alpha = \frac{g}{c^2}$$

oder für den mittleren Wert von $c = 45$

$$\alpha \sim \frac{1}{200}$$

ergibt.

Es gilt demnach für die Hauptstromarten der wichtige Satz:

Der Gleichstrom fließt als $\left\{\begin{array}{l}\text{ruhiger Strom}\\ \text{Grenzstrom}\\ \text{reißender Strom}\end{array}\right\}$, je nachdem sein Sohlengefälle

$$\underline{\alpha \left\{\begin{array}{c} < \\ = \\ > \end{array}\right\} \frac{g}{c^2}}$$

ist.

So habe z. B. eine Grenzgleiche von $h_0 = 5$ m Wassertiefe ein Sohlengefälle von

$$\alpha_0 = \frac{1}{200} = \frac{q}{c^2},$$

dann ist $c = 45$

$$v_0 = c\sqrt{h\,\alpha} = 45 \cdot \sqrt{\frac{5}{200}} = 7{,}12 \text{ m/sec}, \qquad s_0 = \frac{v_0^2}{2g} = 2{,}58 \text{ m},$$

$$q = h_0\, v_0 = 5 \cdot 7{,}12 = 35{,}6 \text{ cbm/sec},$$

Probe: $h_0^3 = \dfrac{q^2}{c^2 \cdot \alpha_0} = \left(\dfrac{35{,}6}{45}\right)^2 200 = 125{,}136$ statt 125;

stimmt also.

Für die Wassertiefe h_1 des **ruhigen Gleichstroms** besteht allein die Bedingung:

$$h_1 = \sqrt[3]{\frac{q^2}{c^2 \cdot \alpha}}$$

und man kann hier etwa h_1 oder α_1 innerhalb der durch die Verhältnisse gegebenen Grenzen frei wählen. Wir wählen $h_1 = 9$ m und erhalten:

$$\alpha_1 = \frac{q^2}{c \cdot h_1^3} = \frac{35{,}6^2}{45^2 \cdot 9^3} = \frac{1}{1155}.$$

Trägt man den Winkel α, der hier zugleich auch das Gefälle i des Wasserspiegels und das Reibungsgefälle darstellt (Abb. 138), in 100facher Vergrößerung auf, so ergibt sich aus den in dem Abschnitt über die Reibungsarbeit $\mathfrak{A}_r$ enthaltenen Ausführungen über die zeichnerische Darstellung der Reibungsarbeit

$$\frac{s_1}{h_1} = 100\,\alpha \quad \text{oder} \quad s_1 = \frac{100}{1155} \cdot 9 = 0{,}78 \text{ m}.$$

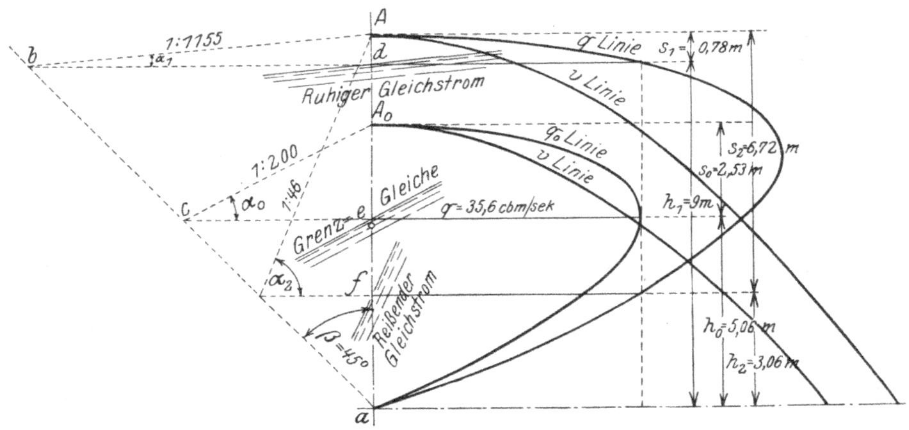

Abb. 138.

Damit ist auch die Arbeitshöhe $\mathfrak{A}$ des ruhigen und des reißenden Gleichstromes bestimmt, und es kann für diese Höhe die q-Linie gezeichnet und daraus die Wassertiefe und das Gefälle des reißenden Stromes zeichnerisch abgeleitet werden. Wir wollen der Kontrolle halber auch noch die Tiefe h_2 des ruhigen Stromes rechnerisch herleiten aus der Gl. (50)

$$h_2 = \frac{s_1}{2}\left(1 + \sqrt{1 + 4\,\frac{h_1}{s_1}}\right) = \frac{0{,}78}{2}\left(1 + \sqrt{1 + 4 \cdot \frac{9}{0{,}78}}\right) = 3{,}06 \text{ m},$$

ferner:

$$s_2 = (h_1 + s_1 - h_2) = 9{,}78 - 3{,}06 = 6{,}72 \text{ m},$$

$$\alpha_1 = \frac{1}{100} \cdot \frac{6{,}72}{3{,}06} \sim \frac{1}{46}.$$

Werte, die mit den zeichnerisch gefundenen übereinstimmen.

Die Zeichnung erläutert auf das deutlichste die Abhängigkeit der behandelten Strömungsarten voneinander.

Ist nun die Wassertiefe h einer beliebigen Strömung größer, als die Wassertiefe h_0 der sich auf demselben Sohlengefälle α einstellenden und dieselbe Wassermenge führenden Gleiche, so nennen wir die Strömung einen Überstrom, und ist sie kleiner als h_0, so nennen wir sie einen **Unterstrom**. Je nachdem dabei der Wasserspiegel ein stärkeres oder schwächeres Gefäll besitzt als die Sohle, ist die Geschwindigkeit beschleunigt oder verzögert (Abb. 139).

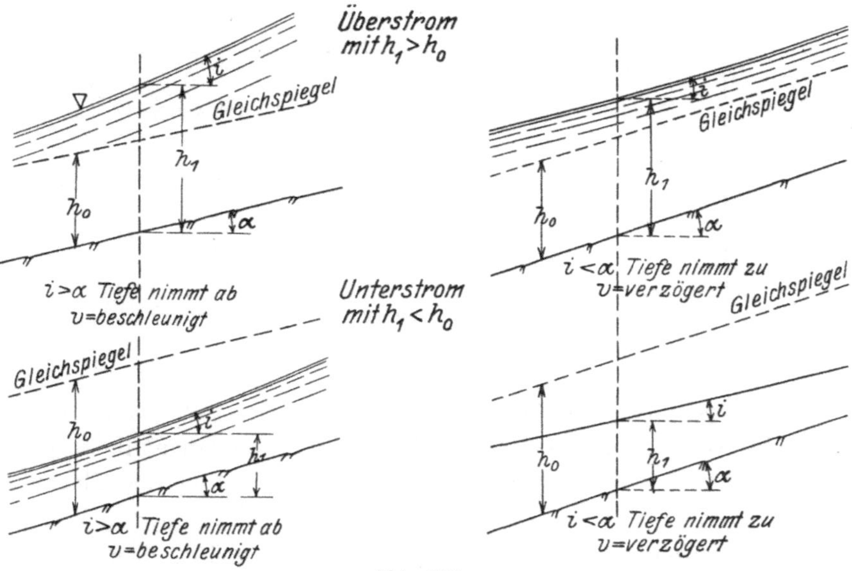

Abb. 139.

Überstrom und Unterstrom finden sich z. B. bei gleichmäßigem Sohlengefäll in den Stromstrecken der Staukurven oder der Senkungskurven als Übergänge aus dem oder in den Gleichstrom, wobei letzterer je nach dem Sohlengefäll ruhiger, Grenz- oder reißender Strom sein kann. Es ergeben sich folgende Fälle:

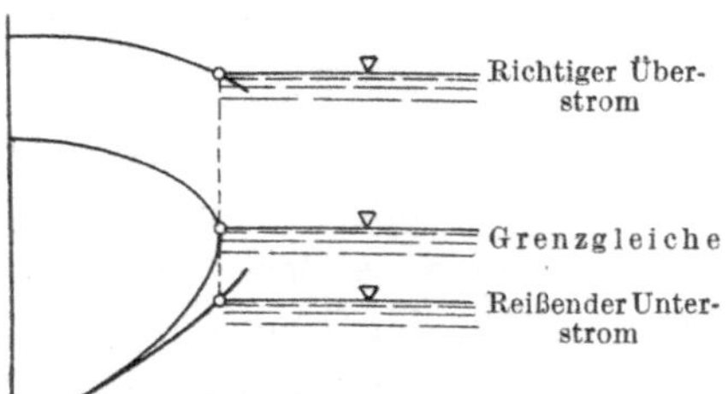

Abb. 140 a.

Beim **Grenzgleichstrom** (Abb. 140a) ist der Überstrom stets ruhig, der Unterstrom stets reißend.

Für **ruhigen Gleichstrom** (Abb. 140b) ist der Überstrom auch ruhig, der Unterstrom kann dagegen als ruhiger Strom, als Grenz- oder reißender Strom fließen.

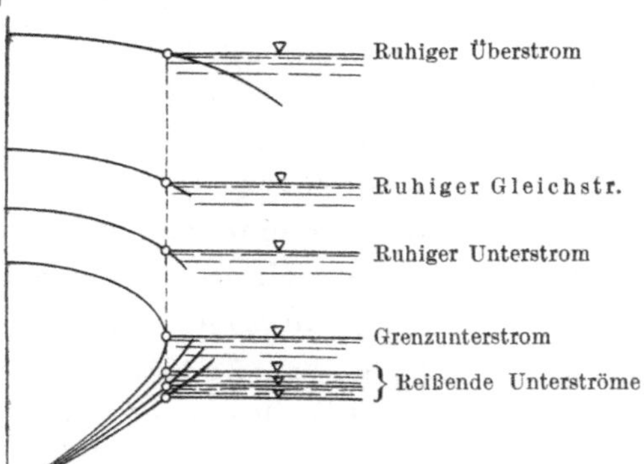

Abb. 140 b.

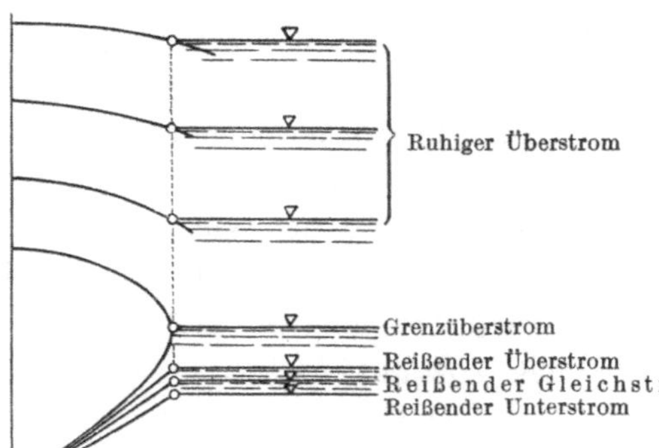

Abb. 140 c.

Ist der **Gleichstrom reißend** (Abb. 140c), so kann der Überstrom entweder auch reißend oder als Grenz- oder ruhiger Strom fließen, der Unterstrom dagegen nur reißend.

Zusammengefaßt haben wir, wenn an sich gleichartige Strömungen auch nach ihrer Entstehung unterschieden werden, 13 Stromarten:

Wassertiefe	$\alpha < \frac{g}{c^2}$	$\alpha = \frac{g}{c^2} = \sim \frac{1}{200}$	$\alpha > \frac{g}{c^2}$	
Gleichtiefe $h_0 = \sqrt[3]{\frac{g^2}{c^2 \cdot \alpha}}$	ruhiger	Grenz-	reißender	Gleichstrom
Übertiefe $h > h_0$	ruhiger	ruhiger	ruhiger Grenz- reißender	Überstrom
Untertiefe $h < h_0$	ruhiger Grenz- reißender	reißender	reißender	Unterstrom

Es ist daran festzuhalten, daß jede dieser Stromarten sich auf einen bestimmten Querschnitt des Wasserlaufs bezieht und bei einem Sohlengefälle α von dem jeweiligen Verhältnis der Wassertiefe h zur Grenztiefe $\mathfrak{h}$ und der Gleichtiefe h_0 abhängig ist.

Ferner ist zu beachten, daß ganz neue Bilder entstehen, wenn die vorhin aus dem Gleichstrom erhaltenen 10 verschiedenen Über- und Unterströme wieder in Gleichstrom zurückgeführt werden. Man denke an den Zu- und Abfluß bei einem Wehr! Es treten daher zu den schon erhaltenen 13 Stromarten 10 weitere hinzu.

Aber mit 23 Formen ist deren Zahl keineswegs erschöpft.

So zeigen sich eigenartige Zustände, wenn die Sohle sehr stark fällt oder steigt, wenn sie konkav oder konvex gekrümmt ist, oder wenn sie mehr oder weniger scharfe Gefällsbrüche aufweist.

Von besonderem Einfluß sind die Krümmungsverhältnisse des Wasserlaufs, eine unregelmäßige Gestaltung und wechselnde Breite seiner Querschnitte, Einengungen durch Brückenpfeiler, Grundschwellen, Buhnen. Endlich kommen äußere Kräfte in Betracht, wie die durch Sturm aufgepeitschten Wellen, der Sog der Schiffsschrauben und der sehr wesentliche Umstand, ob die Strömung sich im Beharrungszustand befindet, oder ob das Wasser wie die Gezeitenströme in zu- oder abnehmender Menge fließt, indem es dabei steigt oder fällt.

Aus diesen und weiteren Möglichkeiten ergibt sich eine unübersehbare Zahl von verschiedenartigen Zuständen oder Strombildern, wenn wir unter Strombild die Gesamtheit der Erscheinungen verstehen, die wir an einer Strömung wahrnehmen, nämlich die Gestaltung der Wasserfläche, die Geschwindigkeit der einzelnen Wasserteilchen nach Größe und Richtung, ihre Pressung durch innere Kräfte und ihren Zusammenhang, ob sie dicht aneinandergelagert oder mit Luft untermischt sind.

Alle diese Zustände und Bilder stellen sich in jedem Falle nach ganz bestimmten hydrodynamischen Gesetzen ein, so daß ihr Verlauf und ihre Gestaltung im voraus berechnet werden könnten, wenn die Gesetze bekannt wären, denen sie unterliegen. Sie zu erforschen, muß daher Aufgabe und Ziel der Versuchsanstalten sein!

2. Übergänge zwischen verschiedenen Strömungsarten.
(Sprung-, Schwall- und Staulinie.)

Zwischen den verschiedenen Strömungsarten, auf die der vorige Abschnitt die Aufmerksamkeit hinlenkt, vollziehen sich die Übergänge in vielfach sehr bemerkenswerter Weise. Schon die Beispiele für die q-Linien lieferten davon eine Vorstellung. Ein weiteres Beispiel von großem Interesse gibt Abbildung 141, die den Einbau eines Wehres in eine Flußstrecke von gleichförmigem Gefälle und gleichförmiger Geschwindigkeit darstellt. Es herrscht ruhiger Gleichstrom. Die Wassertiefe sei h_0, das Gefälle $i = \alpha$ sei $< \frac{g}{c^2}$.

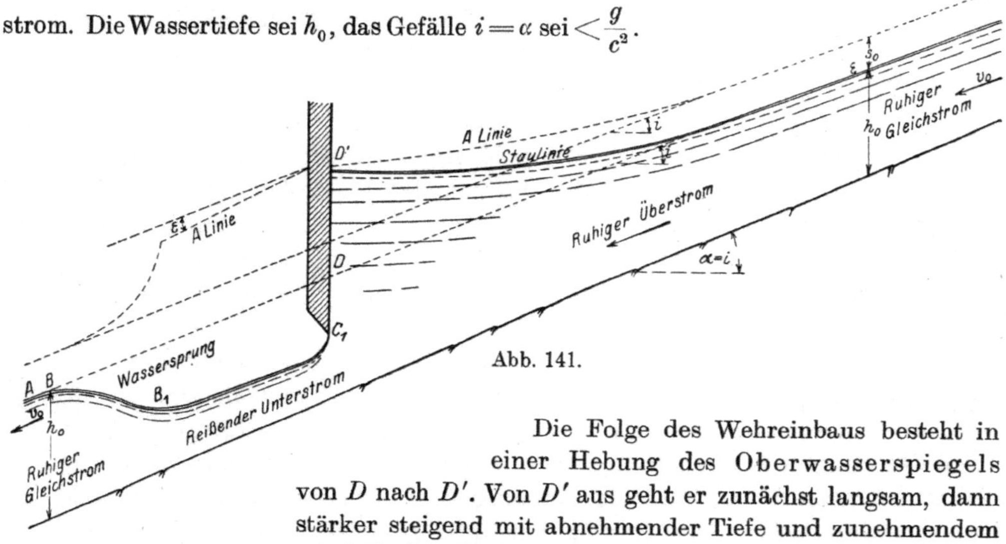

Abb. 141.

Die Folge des Wehreinbaus besteht in einer Hebung des Oberwasserspiegels von D nach D'. Von D' aus geht er zunächst langsam, dann stärker steigend mit abnehmender Tiefe und zunehmendem v bei E allmählich in den ursprünglichen Spiegel über.

$D'E$ ist ruhiger Überstrom.

Oberhalb E besteht der ursprüngliche ruhige Gleichstrom.

Der Unterwasserspiegel ist beim Wehr von D nach C_1 abgesenkt, von C_1 nach B_1 nimmt die Wassertiefe zu und bei B_1 geht sie plötzlich in einem Sprung $B_1 B$ in alte Tiefe h_0 des ursprünglichen Wasserspiegels BA über.

$C_1 B_1$ ist reißender Unterstrom.

$B_1 B$ ist ein Wassersprung, ein Wechsel von reißendem in den ruhigen Strom.

Abwärts B herrscht ruhiger Gleichstrom.

Die das Arbeitsvermögen darstellende Linie zeigt, daß s von E bis D_1 abnimmt, von D_1 aus hat sie zunächst das Reibungsgefäll, um dann über dem Sprung plötzlich auf die alte Arbeitshöhe abzustürzen und dadurch zu kennzeichnen, daß der Sprung mit einem erheblichen Arbeitsverlust verbunden ist.

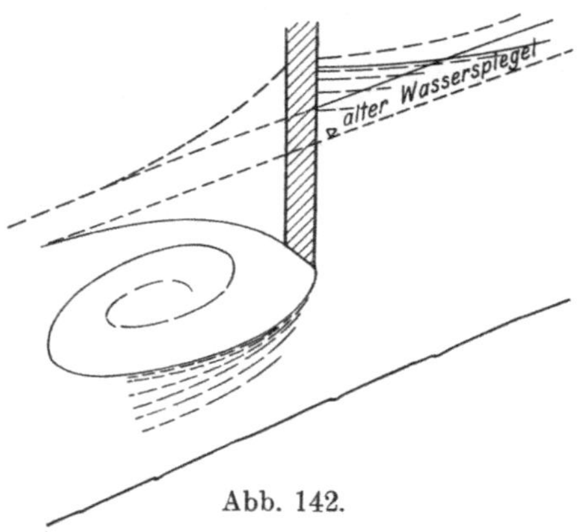

Abb. 142.

Es kann aber auch, besonders bei hohem Unterwasserstand, vorkommen, daß das Arbeitsvermögen des Flusses nicht ausreicht, um einen Sprung von der erforderlichen Höhe auszuführen, dann bildet sich statt des Sprungs ein Wasserschwall

(Abb. 142), d. h. ein Teil des ausfließenden Strahles bildet in rücklaufender Strömung einen Wirbel, während der übrige Teil unmittelbar dem abfließenden Unterwasser zuströmt.

Das Beispiel zeigt also drei verschiedene Formen für den Übergang von einer Stromart zur anderen: den Stau, den Sprung und den Schwall. Betrachten wir sie nachfolgend einzeln.

a) Der Wassersprung (Abb. 143). Im Wassersprung erfolgt ein plötzlicher sprungartiger Übergang eines reißenden Stromes von der kleinen Wassertiefe h_0 und der großen Geschwindigkeit v_0 — wobei $v_0 > \sqrt{g h_0}$ — in einen ruhigen Strom von großer Tiefe h_1 und kleiner Geschwindigkeit v_1, wobei $v_1 < \sqrt{g h}$.

Abb. 143.

Wir wollen den Sprung näher betrachten, nicht nur, weil er ganz besonders interessant und lehrreich ist, sondern auch weil er schon seit mehr als 100 Jahren Gegenstand Studiums der Wasserbauingenieure ist.

Es war der Italiener Bidoni, welcher zuerst den Wassersprung in einer rechteckigen gemauerten Rinne von 0,325 m Breite und einer Sohlenneigung $\alpha = 0{,}023$ beobachtete und seine Beobachtungen in den Mémoires de l'Académie de Turin 1820 veröffentlichte.

Berechnet wurden die beobachteten Sprunghöhen zuerst im Jahre 1827 von Bélanger unter Annahme der Erhaltung der Energie und im Jahre 1838 von Bresse unter Benutzung des Satzes von der Bewegungsgröße („Impuls-Satz").

Auch wir sind bis heute nur imstande, einigermaßen zutreffend die Sprunghöhe zu berechnen, eine rechnerische Bestimmung der Form der Sprunglinie oder der Entfernung, in welcher der Sprung vor dem Hindernis oder hinter dem Wehr stattfindet, ist uns bisher nicht geglückt.

Zur Ermittlung der Sprunghöhe benutzen wir den im 3. Abschnitt entwickelten Satz von der Stützkraft. Danach hat man sich vorzustellen, daß der gesamten zwischen den Querschnitten (0) und (1) (Abb. 144) eingeschlossenen Wassermasse, d. h. ihrem Gewicht G, den auf sie wirkenden Wanddrücken $E(S)$ und den ihrer Bewegung entgegenstehenden Reibungswiderständen R die auf die Querschnitte (0) und (1) wirkenden äußeren Kräfte W_0 und W_1 das Gleichgewicht halten.

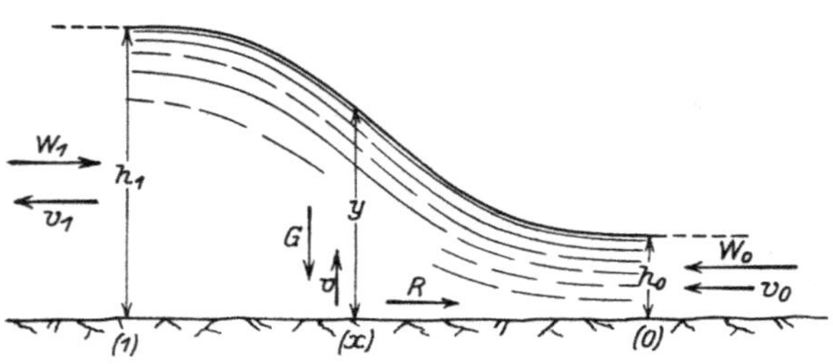

Abb. 144.

Es setzt sich aber W_0 zusammen aus dem hydraul. Wasserdruck: $\frac{h_0^2}{2}$ und dem Stoßdruck: $h_0 \cdot 2s$. Daher:

$$W_0 = \frac{y_0^2}{2} + 2 h_0 s,$$

ebenso

$$W_1 = \frac{y_1^2}{2} + 2 y_1 s.$$

Für einen Querschnitt (x) zwischen (0) und (1) kommt zu diesen Kräften noch die innere Pressung hinzu, welche dadurch entsteht, daß der Querschnitt (0) mit der großen Geschwindigkeit v_0 gewissermaßen vorwärts geschoben wird, während der Querschnitt (1) nur mit der stark verminderten Geschwindigkeit v_1 ausweicht. Es ist das die Spannung:

$$Z = y\,z\,,$$

so daß wir haben:

$$W_x = \frac{y^2}{2} + 2\,s\,y + y\,z\,.$$

Ferner besteht die Gleichung:

$$W_x = W_1 = W_0\,.$$

Hiernach kann die Sprunghöhe $(h_1 - h_0)$ eines Wassersprungs berechnet werden, und es läßt sich überdies für jeden Wert von y der zugehörige Wert z der inneren Spannung bestimmen.

Das soll nachstehend für einen Wassersprung geschehen, der 1919 im Darmstädter Wasserbau-Laboratorium hergestellt wurde. Es wurden damals gemessen:

Die sekundliche Wassermenge in der 40 cm breiten Versuchsrinne:

$$Q = 0{,}123 \text{ cbm/sec}\,,$$

woraus

$$q = \frac{0{,}123}{0{,}40} = 0{,}307 \text{ cbm/sec}\,,$$

ferner

$$h_0 = 0{,}075 \text{ m}\,,$$

$$h_1 = 0{,}460 \text{ m}\,,$$

daraus ergibt sich noch:

$$v_0 = \frac{q}{h_0} = \frac{0{,}307}{0{,}075} = 4{,}09 \text{ m/sec}\,,$$

$$s_0 = \frac{v^2}{2\,g} = 0{,}853 \text{ m}\,,$$

$$W_0 = \frac{0{,}075^2}{2} + 2 \cdot 0{,}075 \cdot 0{,}853 = 0{,}13076\,.$$

Um die Sprunghöhe zu finden setzt man:

$$W_1 = \frac{h_1^2}{2} + 2\,h_1\,s_1 = \frac{h_0}{2} + 2\,h_0\,s_0 = W_0\,,$$

$$h_1^2 - h_0^2 = 4\,h_0\,s_0 - h_1\,s_1\,,$$

und, da aus $q = h_1\,v_1 = h_0\,v_0$:

$$v_1 = \frac{h_0}{h_1}\,v_0\,,$$

$$s_1 = \frac{v_1^2}{2\,g} = \frac{h_0^2}{h_1^2} \cdot s_0\,,$$

$$(h_1 - h_0)\,(h_1 + h_0) = 4\,h_0\,s_0\left(1 - \frac{h_0}{h_1}\right) = 4\,h_0\,s_0\,\frac{h_1 - h_0}{h_1}\,,$$

$$(h_1 + h_0) = \frac{4\,h_0\,s_0}{h_1}\,,$$

$$h_1^2 + h_1\,h_0 = 4\,h_0\,s_0\,,$$

$$h_1 = -\frac{h_0}{2} \pm \sqrt{\frac{h_0^2}{4} + 4\,h_0\,s_0} = \frac{h_0}{2}\left(-1 \pm \sqrt{1 + 16\,\frac{s_0}{h_0}}\right), \qquad (85)$$

woraus durch Einsetzen der Werte für h_0 und s_0:

$$h_1 = 0{,}470 \text{ m}$$

— also nicht ganz übereinstimmend mit der Messung ergibt. Die Abweichung beträgt 1 cm, d. h. etwa 2 vH, wir kommen darauf zurück.

Zunächst erhält man noch:

$$v_1 = \frac{q}{h_1} = \frac{0{,}307}{0{,}47} = 0{,}667 \text{ m/sec},$$

$$s_1 = \frac{v_1^2}{2g} = 0{,}023.$$

Durch den Sprung wurde die ursprüngliche Arbeitshöhe $H_0 = h_0 + s_0 = 0{,}928$ m
nach der Beobachtung vermindert auf $H_1 = h_1 + s_1 = 0{,}483$ „
so daß ein Stoßverlust entstand von $\Delta H =$ 0,445 m
wohingegen dieser Verlust, als Stoßverlust unelastischer Körper berechnet, betragen würde:

$$\frac{(v_0 - v_1)^2}{2g} = \frac{(4{,}09 - 0{,}667)^2}{2g} = \frac{3{,}423^2}{2g} = 0{,}596 \text{ m};$$

er müßte danach um fast genau $^1/_3$ größer sein als er sich durch den Versuch ergab.

Im Sprung erleiden die Stromfäden eine Zusatzpressung, die für einen Querschnitt x (Abb. 145) von der Höhe y den Mittelwert z haben möge, der ebenfalls mittels des Satzes von der Stützkraft berechnet werden kann. Wir wollen die Rechnung für den Grenzquerschnitt ausführen, in welchem der reißende Strom in den ruhigen Strom übergeht.

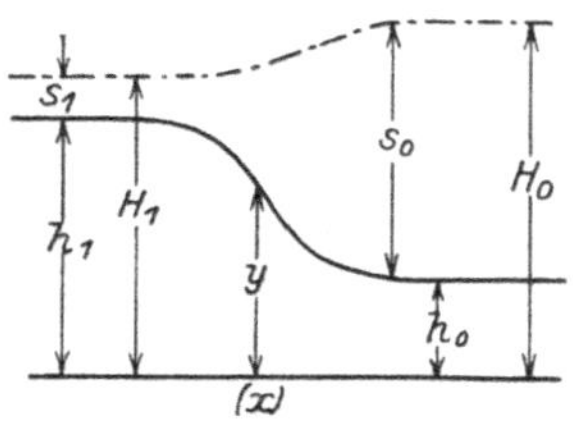

Abb. 145.

Es berechnet sich dafür zunächst die Grenztiefe $\mathfrak{h}$ aus:

$$\mathfrak{h}\sqrt{g\mathfrak{h}} = q = 0{,}307$$

zu

$$\mathfrak{h} = 0{,}213 \text{ m},$$

$$W_{\mathfrak{h}} = \frac{\mathfrak{h}^2}{2} + 2\mathfrak{h}\cdot\frac{\mathfrak{h}}{2} + \mathfrak{h}z = \frac{3}{2}\mathfrak{h}^2 + \mathfrak{h}z$$

und, weil $W_{\mathfrak{h}} = W_0$:

$$\mathfrak{h}z = W_0 - \tfrac{3}{2}\mathfrak{h}^2 = 0{,}13076 - 0{,}06805 = 0{,}06271,$$

$$z = \frac{0{,}06271}{0{,}213} = \mathbf{0{,}294}.$$

Nachfolgend sind für mehrere Stellen des Sprungs die Werte von s und z berechnet und der Übersicht wegen in Abbildung 146 aufgetragen worden. Letztere zerfällt in zwei Teile:

y	v	s	$y+s$	$\frac{y^2}{2}$	$2ys$	$\frac{y^2}{2}+2ys$	$yz = W_0 - \left(\frac{y^2}{2}+2ys\right)$ $= 0{,}1308 - \left(\frac{y^2}{2}+2ys\right)$	$z =$	$h = y+s+z =$
0,075	4,09	0,853	**0,928**	0,002812	0,12795	$W_0 =$ **0,1308**	0	0	0,928
0,080	3,84	0,752	0,832	0,00320	0,1203	0,1235	0,0073	0,091	0,923
0,100	3,07	0,480	0,580	0,0050	0,0960	0,1010	0,0298	0,298	0,878
0,12	2,56	0,334	0,454	0,0072	0,07968	0,0869	0,0439	0,366	0,820
0,15	2,05	0,213	0,363	0,01125	0,0639	0,0752	0,0556	0,370	0,733
0,20	1,535	0,120	0,320	0,0200	0,0480	0,0680	0,0628	0,314	0,634
	oder	Grenzzus	and :						
0,214	1,434	0,106	0,320	0,0228	0,0454	0,0682	0,0627	0,294	0,614
0,30	1,02	0,053	0,353	0,045	0,0318	0,0768	0,054	0,180	0,533
0,40	0,77	0,03	0,43	0,08	0,024	0,104	0,0268	0,067	0,497
0,45	0,682	0,024	0,474	0,1012	0,0216	0,1228	0,0080	0,018	0,482
0,50	0,614	0,019	0,519	0,1250	0,0190	0,1440	— 0,01324	0,0265	
1,00	0,031	0,005	1,005	0,500	0,010	0,510			

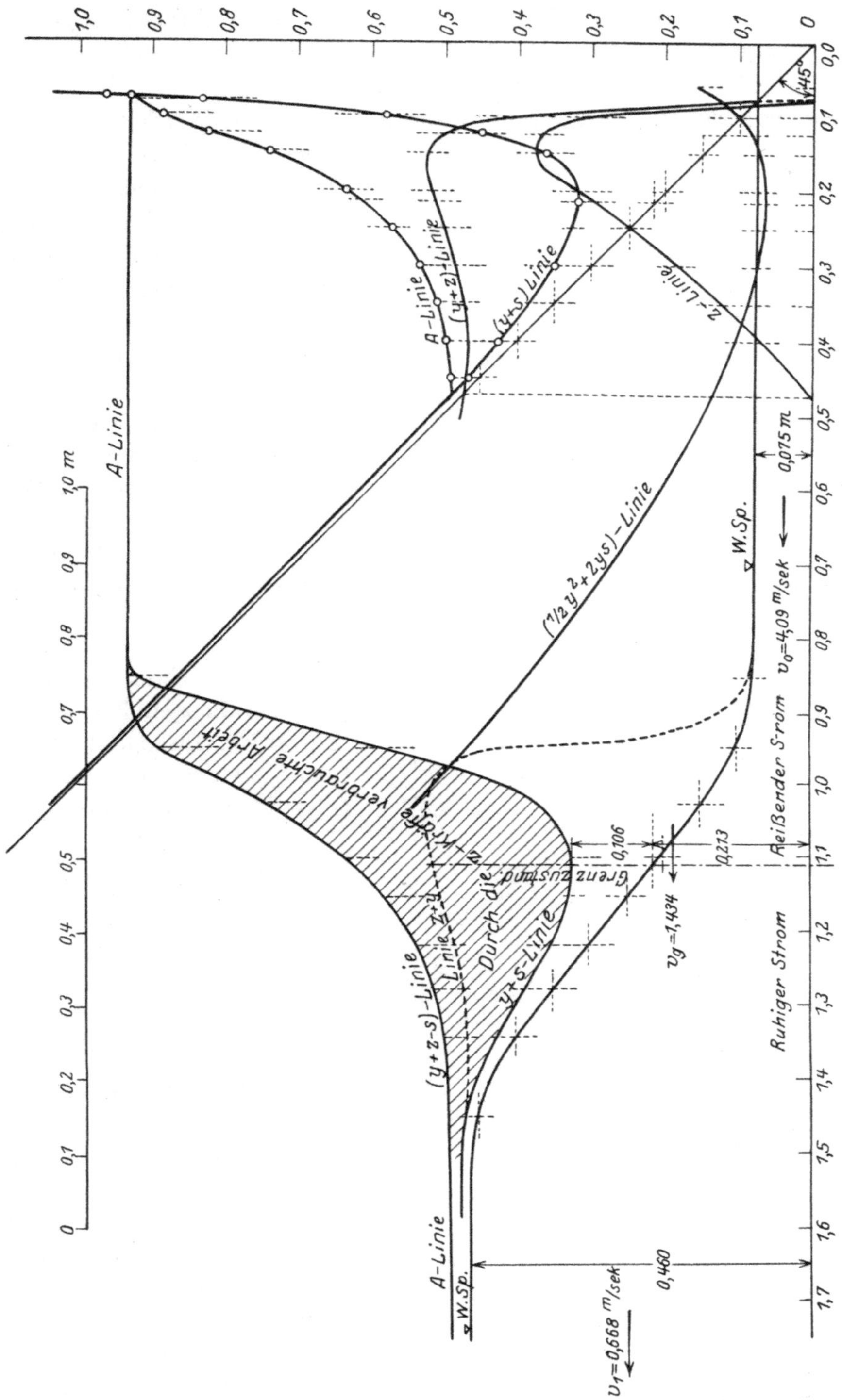

Abb. 146.

Im rechtsseitigen Teil ist die Wassertiefe durch eine 45°-Linie dargestellt, indem jeder ihrer Punkte eine von der Abszissenachse aus in der Senkrechten gemessenen Tiefe y begrenzt. Von ihr aus sind die Größen s, z, sowie $(s+z)$ nach oben hin aufgetragen und dadurch die Linien $(y+s)$, $(y+z)$, sowie die $\mathfrak{A}$-Linie erhalten.

Im **linksseitigen** Teil wurde die 45°-Linie durch eine willkürlich angenommene Sprunglinie ersetzt; wir müssen uns ja mit einem solchen Notbehelf begnügen, solange wir über die Sprungweite nichts wissen.

Da sowohl vor wie hinter dem Sprung das Arbeitsvermögen sich aus der Wassertiefe y und der Geschwindigkeitshöhe s zusammensetzt, ließe sich die gleiche Erscheinung auch im Bereich des Sprungs vermuten. Eine solche Vermutung würde indessen ein Irrtum sein. Denn man sieht, wie die $(s+y)$-Linie zuerst stark abnimmt, um sich dann wieder zu erheben. Aber verlorenes $\mathfrak{A}$ kann nicht wieder erstehen; deshalb kann die $(y+s)$-Linie die $\mathfrak{A}$-Linie nicht sein, vielmehr ist das an jeder Stelle verfügbare Arbeitsvermögen:

$$\mathfrak{A} = y + s + z.$$

Es ist zu beachten, daß die Höhen der schraffierten Fläche zwischen der $(y+s)$-Linie und der $\mathfrak{A}$-Linie gleich z sind, und es stellt daher diese Fläche die Arbeit dar, welche durch die beim Sprung entstehenden inneren Pressungen z **verbraucht** wird.

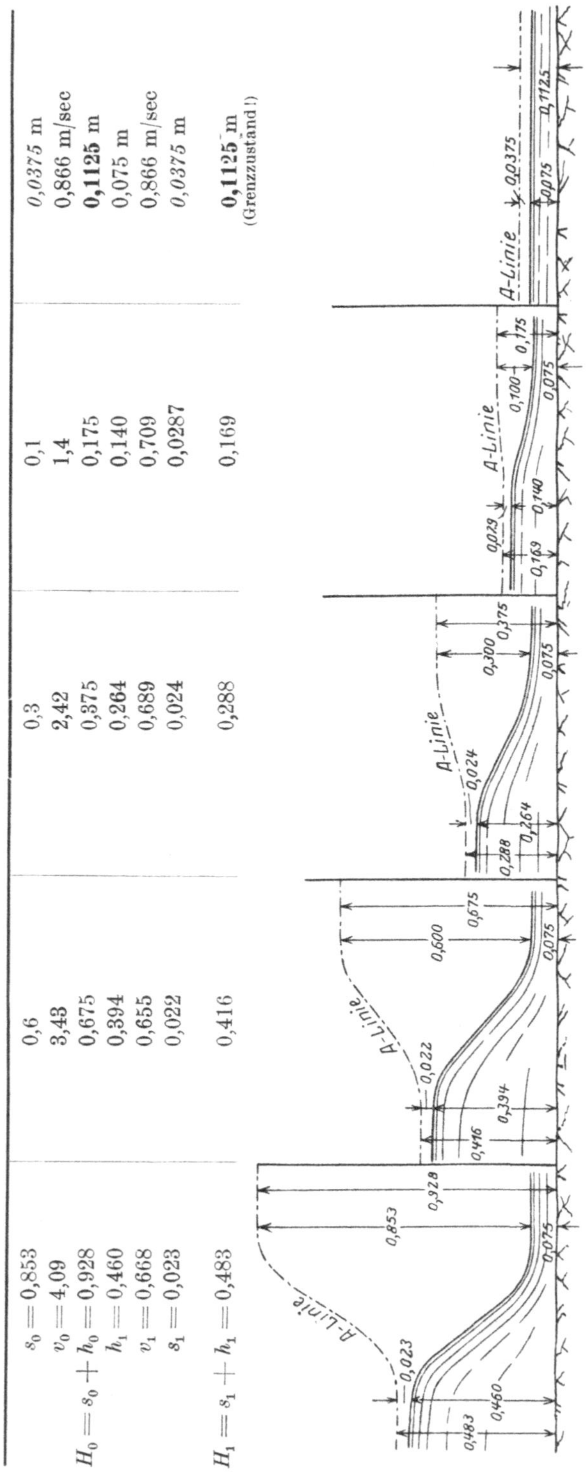

Abb. 147.

Der Vorgang liegt demnach schon ziemlich weit aufgeklärt vor unseren Augen:

Der von rechts her mit großer Geschwindigkeit ankommende reißende Strom muß, sowie er auf den ruhigen Strom auftrifft, seine Geschwindigkeit bedeutend mäßigen. Das kann nur geschehen, indem seine Wasserteilchen sich zusammenpressen: ihre wagerechten Abmessungen werden vermindert, ihre senkrechten vergrößert, die Oberfläche der Masse hebt sich. Die dazu verbrauchte Arbeit deutet die Zeichnung an, ziffernmäßig läßt sie sich nicht ermitteln, solange die Beziehungen zwischen y und x nicht bekannt sind.

Bis zum Grenzzustand ermäßigt sich die Geschwindigkeit von 4,09 m auf 1,434 m/sec. In der Lotlinie des Grenzzustandes hat die $(y+s)$-Linie ihr Minimum.

Wenn man unter Beibehaltung der unserem Versuch zugrunde liegenden Wassertiefe $\boldsymbol{h_0 = 0{,}075}$ **m** die sekundliche Wassermenge und damit die Geschwindigkeitshöhe s_0 herabmindert, so ergibt sich aus der Tabelle und Abb. 147 (S. 88) folgendes:

Die Sprunghöhe wird in dem Maße, in welchem s_0 abnimmt, immer geringer, bis zuletzt überhaupt kein Sprung mehr entsteht. Letzteres ist der Fall, wenn $s_0 = \frac{1}{2} h_0$, wenn also die bis dahin reißende Strömung zum Grenzstrom wird. Die Rechnung ergibt dann: $h_1 = h_0$, sowie $s_1 = s_0$; d. h. auch $h_1 + s_1 = h_0 + s_0$, oder m. a. W., die 𝔄-Linie wird zu einer dem Wasserspiegel parallelen Geraden.

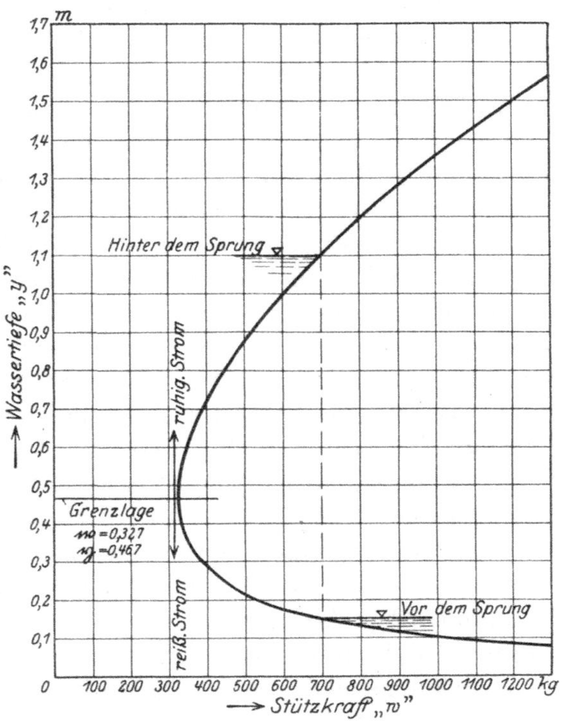

Abb. 148.

Verkleinert man s_0 noch weiter, so daß $s_0 < \frac{1}{2} h_0$ wird und der reißende Strom in einen ruhigen übergeht, so ergibt dafür die Rechnung, daß h_1 kleiner wird als h_0, daß andererseits s_1 sich derart vergrößert, daß $(s_1 + h_1) > (s_0 + h_0)$ wird, wonach sich also die 𝔄-Linie heben müßte. Das ist aber eine Unmöglichkeit, weil das Arbeitsvermögen einer Strömung im Verlauf derselben nicht zunehmen k a n n.

Aus alledem folgt, daß n u r d e r r e i ß e n d e S t r o m einen S p r u n g auszuführen vermag.

In Abbildung 148 sind für einen Strom von sich gleichbleibender Wassermenge von $q = 1$ cbm/sec auf 1 m Breite für alle Wassertiefen zwischen 8 cm und etwa 160 cm die Stützkräfte $w = \frac{y^2}{2} + 2sy$ berechnet und wagerecht als Abszissen aufgetragen, während die zugehörigen Ordinaten die Wassertiefen darstellen. Die Verbindung der aufgetragenen Punkte stellt eine gekrümmte Linie dar, die in der Höhe $\mathfrak{y} = \sqrt[3]{\frac{q^2}{g}} = 0{,}467$ m des Grenzwasserstandes ihren Scheitel und in ihm ihre lotrechte Tangente hat. Die Grenzstützkraft ist hierselbst: $\mathfrak{w} = \frac{\mathfrak{y}^2}{2} + 2\mathfrak{s}\mathfrak{y} = \frac{3}{2}\mathfrak{y}^2$.

Von allen anderen Loten wird die Linie zweimal geschnitten: den beiden Schnittpunkten entsprechen zwei Wassertiefen, für welche die Stützkräfte einander gleich sind, und von denen die eine einem reißenden und die andere einem ruhigen Strom entspricht. Wir wissen aber schon, daß ein reißender Strom mit dem ruhigen Strom, in den er durch einen Wassersprung übergeht, die gleiche Stützkraft hat und dürfen daraus umgekehrt schließen, daß, wenn ein reißender und ein ruhiger Strom, die beide die gleiche sekundliche Wassermenge führen, die gleichen Stützkräfte ergeben, beide durch einen Sprung ineinander übergehen können. Somit gestattet unsere Linie die unmittelbare Ablesung der Sprunghöhen[1]) für alle Wassertiefen des reißenden Stromes.

Die theoretische Rechnung der Sprunghöhen wurde durch eine Anzahl von Laboratoriumsversuchen nachgeprüft, über die im Anhang Näheres mitgeteilt ist.

Sprungbereite reißende Ströme ergießen sich besonders häufig aus den Grundablässen von Wehranlagen, die bedeutende Aufstauungen des Flusses, in welchem sie sich befinden, bewirken. Sie treffen daher auf Unterwasser, dessen Höhe über der Wehrschwelle h' sei, während h_1 wie vorhin die Sprunghöhe des ausfließenden Strahles bezeichne. Ob aber angesichts des Unterwassers ein Sprung wirklich zustande kommen kann, hängt davon ab, ob $h' \lesseqgtr h_1$ ist.

Ist $h' = h_1$, so findet der Sprung ohne weiteres statt, ist dagegen $h' < h_1$, so verdrängt der ausströmende reißende Strahl das Unterwasser zunächst eine Strecke stromabwärts, wobei seine Wassertiefe um ein Geringes zunimmt, seine Geschwindigkeit entsprechend abnimmt, vor allem aber ein Teil seines Arbeitsvermögens verzehrt und damit seine Sprungkraft vermindert wird, und zwar letzteres vielleicht so weit, bis sie sich der Höhe h' angepaßt hat, worauf dann der Sprung erfolgt. Der Sprung findet in um so größerer Entfernung von dem Wehr statt, je größer der Unterschied zwischen h' und h_1 ist. Man sagt: Der Sprung wandert stromabwärts. Ist endlich $h' > h_1$, so kann es zu einem Sprung überhaupt nicht kommen. Der ausfließende Strahl taucht in das Unterwasser ein, verdrängt die unteren Schichten und veranlaßt das Zurückstürzen der oberen: es bilden sich Wirbel um wagerechte Achsen, die auch wohl als „Walzen" oder als „Wasserschwall" bezeichnet werden und die durch entgegengesetzt gerichtete Geschwindigkeiten in der gleichen Lotlinie gekennzeichnet sind.

Der Sprung kann noch in geringem Maße beeinflußt werden durch Reibung und Sohlengefälle. Der Unterschied zwischen der $H = (h + s + z)$-Linie und der ursprünglichen Arbeitshöhe $H_0 = h_0 + s_0$ stellt einen Stoßverlust dar, der sich noch durch den Verlust infolge von Reibung an den Wandungen vergrößert und durch das Reibungsgefälle dargestellt wird.

Nach Gl. (19) wird der Reibungswinkel ε aus s und y erhalten. Es ist

$$\varepsilon = \frac{v^2}{c^2 R} = \frac{s}{\frac{c^2}{2g} y}$$

und da in der flachen Rinne c etwa zu 60 bis 65 angenommen werden darf, c^2 also zu 4000, so ist $\frac{c^2}{2g} = \frac{4000}{20} = 200$ und man hat:

$$\varepsilon = \frac{s}{200\, y}.$$

Geht man also in Abschnitten weiter, so erhält man

$$\text{für} \quad y = h_0 = 0{,}075 \qquad \varepsilon_0 = \frac{s_0}{200 \cdot h_0} = \frac{0{,}853}{200 \cdot 0{,}075} = 0{,}057,$$

$$y = 0{,}080 \qquad \varepsilon_1 = \qquad = \frac{0{,}752}{200 \cdot 0{,}080} = 0{,}047,$$

[1]) Die Anregung zu der erläuterten Darstellung der Stützkräfte gab Herr Studienrat Hainz.

$$y = 0{,}100 \qquad \varepsilon_2 = \qquad = \frac{0{,}480}{200 \cdot 0{,}100} = 0{,}024\,,$$

$$y = 0{,}450 \qquad \varepsilon_3 = \qquad = \frac{0{,}024}{200 \cdot 0{,}450} = 0{,}0003\,.$$

Bei größeren Tiefen werden die Reibungsverluste also immer kleiner, so daß sie kaum noch berücksichtigt zu werden brauchen.

Um die aus dem Reibungsgefäll zu entnehmenden Werte wird die 𝔄-Linie gesenkt, und es erfährt dadurch der Wert von h_1 eine Verminderung.

Hätte die Rinne ein der Geschwindigkeit v_0 entsprechendes Sohlengefälle gehabt ($\alpha = \varepsilon_0 = 0{,}06$), wodurch der reißende Strom zum Gleichstrom geworden wäre, so würde die beobachtete Sprunghöhe sich wahrscheinlich der vorstehend berechneten genähert haben.

Das ist die Ursache, warum die von Bidoni beobachteten Sprunghöhen größer sind als die durch Rechnung gefundenen; denn Bidoni hatte eine unter $\alpha = 0{,}023$ (rund $\frac{1}{40}$) geneigte Versuchsrinne!

b) Der Schwall. Der Schwall, dessen Auftreten unterhalb des Grundablasses wir vorhin kennen lernten, kann ebensowohl beim Absturz von einem Überfallwehr entstehen. Unterhalb des Grundablasses bildet sich auf dem Rücken des sich am

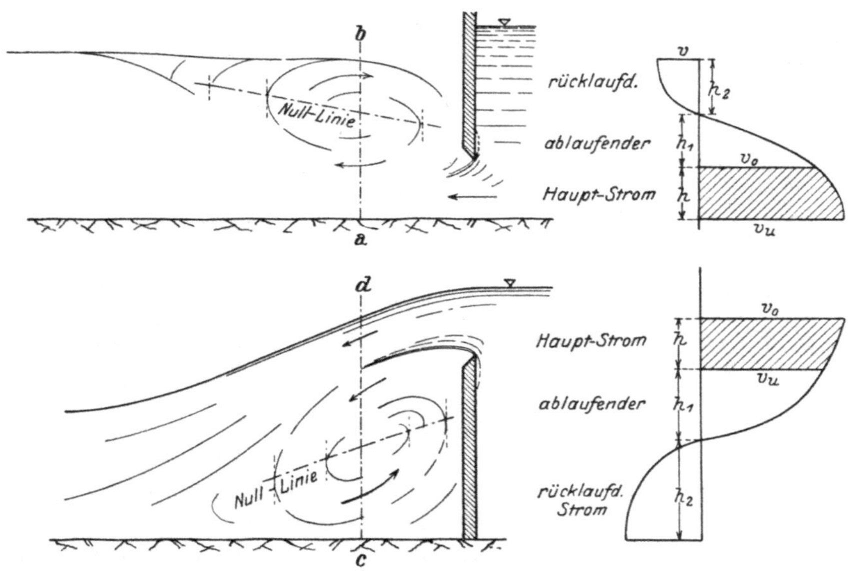

Abb. 149.

Grunde bewegenden eigentlichen wasserführenden Stromes die Oberflächenwalze, während unterhalb des Überfallwehres am Boden eine Grundwalze entsteht, die von der wasserführenden Strömung überflutet wird.

Beide Arten sind in Abbildung 149 dargestellt:

Wie dies aus den im Anhang mitgeteilten Versuchen über den Wasserschwall hervorgeht, ist jede Walze nach einer Nullinie orientiert, die so liegt, daß jedes Wasserteilchen bei seinem Durchgang durch dieselbe seine bisher stromabwärts gerichtete Bewegung in eine stromaufwärts gerichtete ändert und umgekehrt. Die Linie weicht nach den Versuchen von einer Geraden kaum ab und schneidet die Bahnen der einzelnen Wasserteilchen in Punkten, in denen ihre Tangenten senkrecht gerichtet sind. Die Nullinie der aufliegenden Walze steigt vom Wehr aus an, während die Nullinie der unterdrückten Walze vom Wehr aus fällt.

An den Übergangsstellen zwischen dem Hauptstrom, der die Wasserförderung besorgt, und der Walze ist die Geschwindigkeit beider gleich gerichtet und gleich. Die Geschwindigkeitslinie für irgendeinen Querschnitt durch den Hauptstrom und seine aufliegende oder unterdrückte Walze wird daher stetig verlaufen und für die Schnitte *a b* und *c d* unserer Abbildung die dort dargestellten Formen annehmen.

Um aus den schraffierten Flächenteilen dieser Diagramme die im Hauptstrom abfließenden Wassermengen zu bestimmen, betrachten wir die einen Teil des Flächenumfangs bildenden Abschnitte der Geschwindigkeitslinien als Parabeln, deren Gleichungen lauten:

für die Oberflächenwalze (Abb. 150):

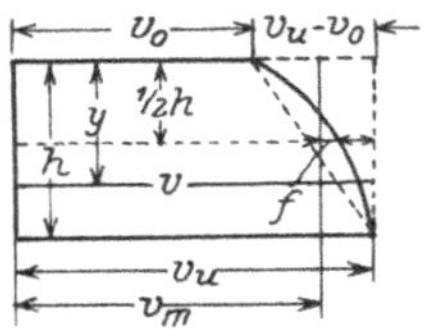

Abb. 150.

$$v = v_u - \frac{y^2}{h^2}(v_u - v_0)$$

und daher für $y = \frac{h}{2}$:

$$v_{\frac{h}{2}} = v_u - \frac{v_u - v_0}{4},$$

daher der Parabelpfeil

$$f = \frac{v_u - v_0}{4}$$

und die mittlere Geschwindigkeit:

$$v_m = \frac{v_0 + v_u}{2} + \frac{2}{3} \cdot \frac{v_u - v_0}{4} = \frac{2\,v_u + v_0}{3},$$

daher die Wassermengen:

$$q = \frac{h}{3}(2\,v_u + v_0),$$

für die Grundwalze (Abb. 151):

$$v = v_0 - \frac{y^2}{h^2}(v_0 - v_u)$$

und daher für $y = \frac{h}{2}$:

$$v_{\frac{h}{2}} = v_0 - \frac{v_0 - v_u}{4},$$

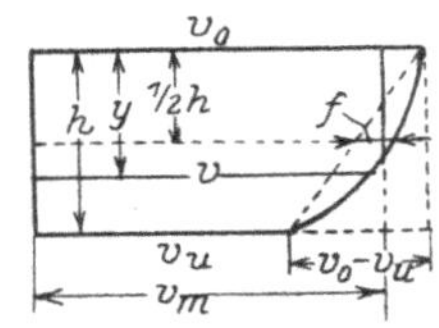

Abb. 151.

$$f = \frac{v_0 - v_u}{4},$$

$$v_m = \frac{v_0 + v_u}{2} - \frac{2}{3}\,\frac{v_0 - v_u}{3},$$

$$v_m = \frac{2\,v_0 + v_u}{2}, \qquad (86)$$

$$q = \frac{h}{3}(2\,v_0 + v_u).$$

In der Walze fließen im Kreislauf ablaufend ähnlicher Ableitung zufolge:

$$q = \tfrac{2}{3}\,h_1 \cdot v_0\,, \qquad q = \tfrac{2}{3}\,h_1 \cdot v_u\,,$$

rücklaufend:

$$q = \tfrac{2}{3}\,h_2\,\mathfrak{v}\,, \qquad q = \tfrac{2}{3}\,h_2 \cdot \mathfrak{v}\,.$$

c) **Die Staulinie** (Abb. 152). Gegeben ist das gleichmäßige Sohlengefäll α und die Wassertiefe h_a des Stauspiegels am Wehr. Der Abfluß wird mittels des verstellbaren Wehres so geregelt, daß die Höhenlage des Stauspiegels am Wehr, also h_a, unverändert erhalten bleibt, während sich im übrigen der Stauspiegel mit dem Wasserstand ändert. Die Abbildung zeigt die gegenseitige Lage der Stauspiegel bei verschiedenen Wasserständen. Die Staulinie reicht von A bis zur Staugrenze E, wo sie in den gewöhnlichen Wasserspiegel des Flusses übergeht.

In der gestauten Flußstrecke AE fließt das Wasser als ruhiger Strom, oberhalb der Staugrenze E als $\left\{\begin{array}{l}\text{ruhiger}\\ \text{Grenz-}\\ \text{reißender}\end{array}\right\}$ Strom, je nachdem das Sohlengefälle $\alpha \lesseqgtr \frac{g}{c^2}$ ist und zwar als Gleichstrom.

Zu bestimmen ist die Staugrenze E und die Stauhöhe, also die Wassertiefe y an einem beliebigen Ort x für verschiedene Wasserstände.

Wenn oberhalb der Staugrenze im Gleichstrom die Wassertiefe, also die Gleichtiefe h_e beträgt (Abb. 153), dann ist nach Gl. (18a u. b)

$$v_e = c\sqrt{h_e \cdot \alpha},$$

$$s_e = \frac{v_e^2}{2g_e}$$

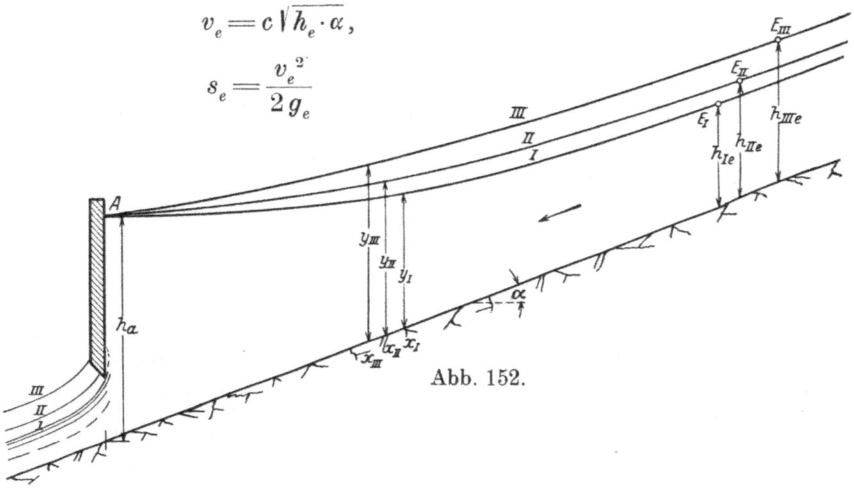

Abb. 152.

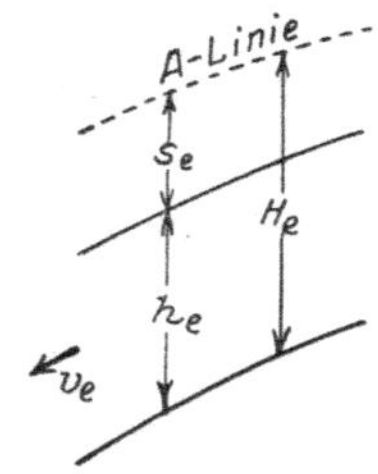

Abb. 153.

und die zufließende Wassermenge auf 1 m Breite:

$$q = h_e \cdot v_e = c\, h_e \sqrt{h_e\, \alpha},$$

also für eine gegebene Wassermenge q:

$$h_e = \sqrt[3]{\frac{q^2}{c^2 \cdot \alpha}}.$$

In Abbildung 154 stelle AE die Staulinie für die Zuflußmenge q dar, dann findet sich aus

$$v = \frac{q}{y^2}$$

und

$$s = \frac{v^2}{2g}$$

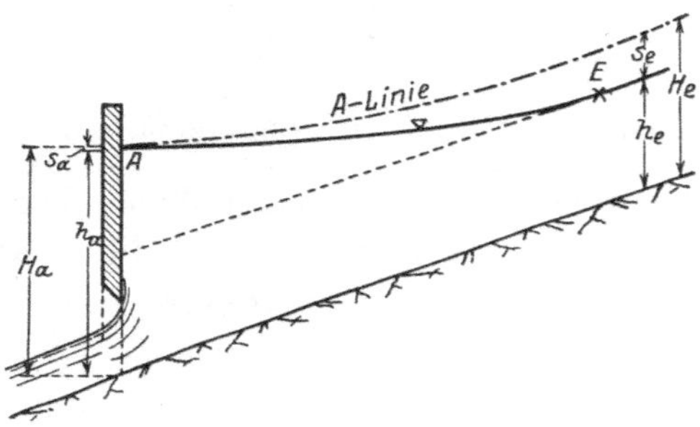

Abb. 154.

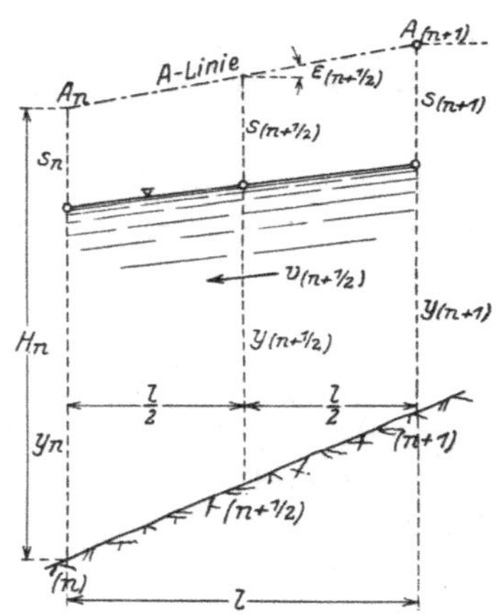

Abb. 155.

durch Auftragen der s-Werte die $\mathfrak{A}$-Linie und das Reibungsgefälle ε.

Ein durch zwei Querschnitte (n) und $(n+1)$ (Abb. 155) begrenzter Stromabschnitt sei so gewählt, daß auf seine Länge l sowohl der Wasserspiegel als die $\mathfrak{A}$-Linie als geradlinig angesehen werden können. Dann ist in diesem Abschnitt die mittlere Wassertiefe:

$$y_{(n+1/2)} = \frac{y_n + y_{n+1}}{2},$$

die zugehörige mittlere Geschwindigkeit:

$$v_{(n+1/2)} = \frac{q}{y_{(n+1/2)}},$$

die Geschwindigkeitshöhe:

$$s_{(n+1/2)} = \frac{v^2_{(n+1/2)}}{2g}$$

und hieraus das mittlere Reibungsgefälle nach (19)

$$\varepsilon_{(n+1/2)} = \frac{s_{(n+1/2)}}{\frac{c^2}{2g}\, y_{(n+1/2)}}. \tag{87}$$

Mit Hilfe dieser Elemente kann, sobald ein Querschnitt (n) mit seiner Wassertiefe y_n und der in der Höhe s_n über dem Wasserspiegel liegenden $\mathfrak{A}$-Linie bekannt ist, der Abstand l des Querschnitts $(n+1)$ von (n) gefunden werden, bis zu welchem die unter dem Winkel $\varepsilon_{(n+1/2)}$ gegen die Wagerechte geneigte $\mathfrak{A}$-Linie geradlinig verläuft. Man hat nämlich nur die von $\mathfrak{A}_n$ aus unter der berechneten Neigung $\varepsilon_{(n+1/2)}$ gezogene Linie mit der in der Höhe $H = (y_n + s_n)$ gezogenen Parallelen zur Flußsohle zum Schnitt zu bringen, um dadurch den Punkt $\mathfrak{A}_{(n+1)}$ der $\mathfrak{A}$-Linie und damit die Lage des Querschnitts $(n+1)$ im Abstand l von (n) zu erhalten. Auch der Wasserspiegel des Stromabschnitts kann nunmehr gezeichnet werden.

Ausgehend vom Wehr wird in dieser Weise in Abschnitten die Staulinie dargestellt und schließlich die Staugrenze mit $y = h_e$ erreicht. Ebensogut könnte auch von irgendeinem Zwischenpunkt oder von der Staugrenze aus die Aufzeichnung in der Richtung stromabwärts erfolgen. Um gute Schnitte zu erhalten ist starke Überhöhung notwendig.

Die Richtigkeit der gefundenen Staulinie ist wesentlich abhängig von der Zuverlässigkeit des bekanntlich sehr unsicheren Wertes c, und es kann sich empfehlen, wenn nicht im besonderen Fall ein genau bestimmter Wert von c vorliegt, die Rechnung für zwei Grenzwerte $c_{\min}$ und $c_{\max}$ durchzuführen, um dadurch zwei Lösungen zu erhalten, welche die richtige Staulinie zwischen sich fassen.

Beispiel: In einer kanalisierten Flußstrecke beträgt das Sohlengefälle $\alpha = \frac{1}{2500}$. Bei einer Wasserführung von 310 cbm/sec muß mit dem Öffnen der Wehre begonnen werden. Die mittlere Wassertiefe des ungestauten Flusses beträgt bei dieser Abflußmenge $h_e = 2{,}45$ m, sie soll am Wehr auf $h_a = 3{,}05$ m angestaut werden.

Aus $v = c\sqrt{h_e \alpha}$ und $q = v h_e$ folgt:

$$c = \frac{q}{h_e \sqrt{h_e \alpha}}$$

und, da für eine mittlere Flußbreite $b = 115$ m $q = \frac{310}{115} = 2{,}70$ m ist:

$$c = \frac{2{,}70}{2{,}45\sqrt{2{,}45 \cdot \frac{1}{2500}}} = 35.$$

Nachstehend sind die Werte des Reibungsgefälles für eine Anzahl von Punkten der Staulinien berechnet:

Ort	y_n	$y_{(n+1/2)}$	$v = \frac{q}{y}$	s_n	$s_{(n+1/2)}$	$H = y_n + s_n$	$\frac{c^2}{2g} \cdot y_{(n+1/2)}$	$\varepsilon_{(n+1/2)} = \frac{s_{(n+1/2)}}{\frac{c^2}{2g} y_{(n+1/2)}}$
0	3,05		0,875	0,039		3,089		
1/2		3,00	0,900		0,041		187	0,000220
1	2,95		0,918	0,043		2,993		
1/2		2,90	0,930		0,044		181	0,000221
2	2,85		0,949	0,046		2,896		
1/2		2,80	0,968		0,048		175	0,000275
3	2,75		0,980	0,049		2,799		
1/2		2,70	1,000		0,051		169	0,000302
4	2,65		1,020	0,053		2,703		
1/2		2,60	0,040		0,055		162	0,000340
5	2,55		1,060	0,057		2,608		
1/2		2,50	1,080		0,0597		156	0,000382
6	2,45		1,100	0,063		2,513		

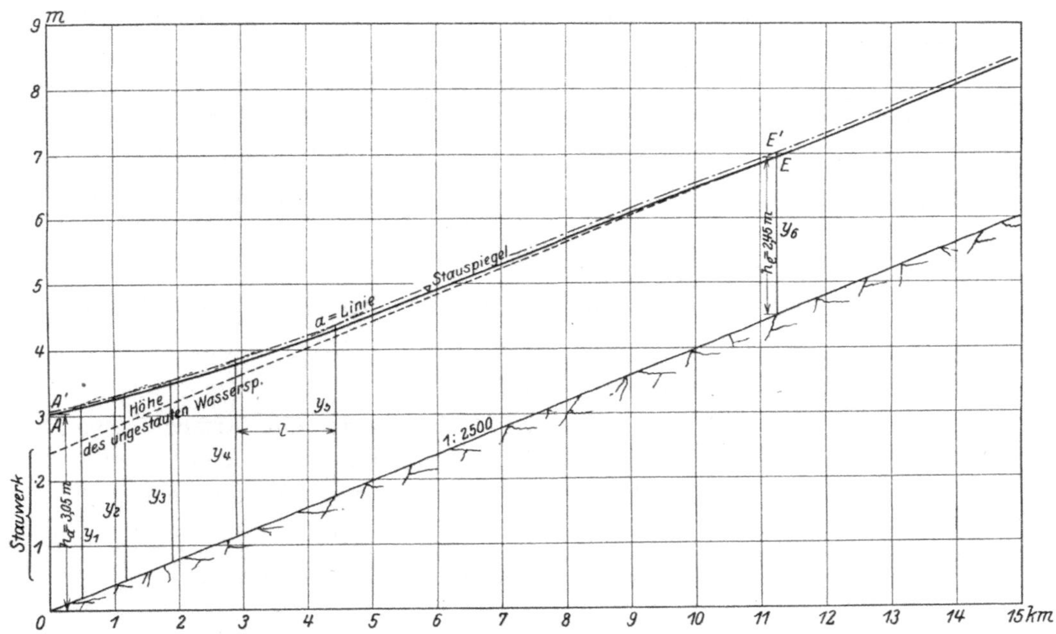

Abb. 156.

Die gewonnenen Werte wurden benutzt (Abb. 156), um in der vorbeschriebenen Weise vom Wehr ausgehend die Abstände l, in denen die angenommenen Wasserstände y_n sich folgen und damit die Staulinie zu ermitteln. Sie erstreckt sich auf eine Länge von rund 11 km, doch ist die Anstauung in dem oberen Teil dieser Strecke so gering, daß sie praktisch kaum noch in Betracht kommt.

Sechster Abschnitt.

Ausfluß aus Wandöffnungen.

1. Berechnung der Ausflußmengen.

a) Allgemeines. Durch eine kleine Öffnung, die sich h m unter dem Wasserspiegel in der Wand eines Gefäßes (Abb. 157) befindet, fließt das Wasser theoretisch mit der Geschwindigkeit

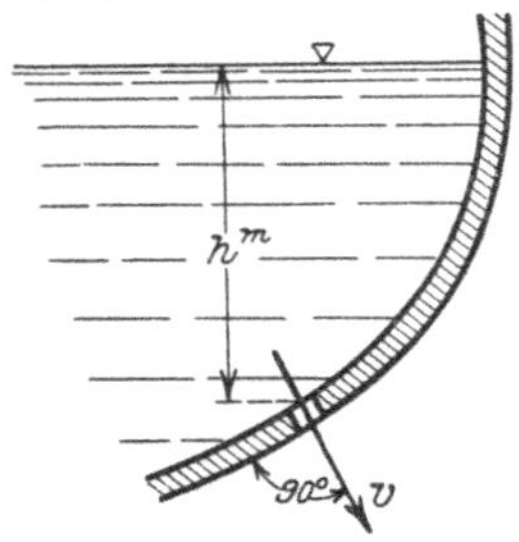

Abb. 157.

$$v_0 = \sqrt{2\,g\,h}$$

in einer Richtung senkrecht zur Wandfläche ab. Die Geschwindigkeitshöhe ist also gleich der Druckhöhe.

Dabei sinkt natürlich der Wasserspiegel des Gefäßes, wenn der Abfluß nicht durch Zufluß ersetzt wird, und dementsprechend vermindern sich die Geschwindigkeitshöhe und die Geschwindigkeit.

Findet aber ein Ersatz durch Zufluß statt, so kann dadurch — allerdings nur bei entsprechender Größe der Ausflußöffnung — eine Zuflußgeschwindigkeit c im Gefäß selbst entstehen. Sie vergrößert die für den Ausfluß maßgebende Druckhöhe um $s_0 = \frac{c^2}{2\,g}$ und die Ausflußgeschwindigkeit wird:

$$v_0 = \sqrt{2\,g\,(h + s_0)}\,.$$

Infolge innerer Reibung ist die wirkliche Geschwindigkeit um 2 bis 3 vH kleiner

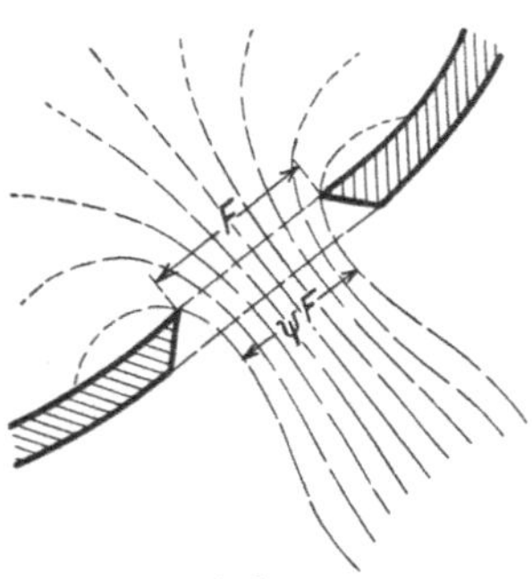

Abb. 158.

$$v = \varphi \cdot v_0,$$

wobei $\varphi = 0{,}97$ bis $0{,}98$ ist.

Der ausfließende Strahl erleidet eine Einschnürung (Abbildung 158), weil die Wasserteilchen von allen Seiten zufließen. Daher ist der nutzbare Ausflußquerschnitt:

$$F_1 = \psi\,F$$

und die wirklich ausfließende Wassermenge:

$$Q = \varphi \cdot \psi \cdot F \cdot v_0 = \varphi\,\psi\,F\sqrt{2\,g\,h}\,,$$

wofür man kurz zu schreiben pflegt:

$$Q = \mu\,F\sqrt{2\,g\,h}\,. \qquad (88)$$

Unter $\mu = \varphi\,\psi$ wird die Ausflußzahl oder der Ausflußbeiwert verstanden, der für scharfe Öffnungsränder etwa gleich 0,61 gesetzt werden kann.

Die angegebene Formel für Q gilt für die senkrechten oder geneigten Seitenwandungen eines Gefäßes nur, wenn die Öffnungen sehr klein sind, so daß zwischen den Druckhöhen ihrer einzelnen Punkte kein wesentlicher Unterschied besteht. Dagegen kann die Formel für den Ausfluß aus dem wagerechten Boden eines Gefäßes bei jeder Größe der Öffnung benutzt werden, weil in allen Punkten einer solchen die Druckhöhe dieselbe ist.

In den verschiedenen Punkten einer größeren Öffnung in einer Seitenwand (Abbildung 159) sind dagegen die Druckhöhen und infolgedessen auch die Ausflußgeschwindigkeiten sehr verschieden: sie wachsen nach unten. Man hat hier ganz allgemein:

$$Q = \mu \int_{h_0}^{h_1} (\sqrt{2\,g\,y}\,dF). \qquad (89)$$

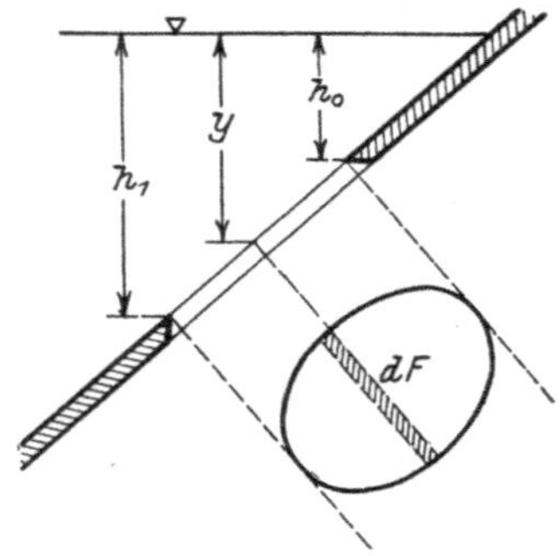

Abb. 159.

Daß sich bei diesen größeren Öffnungen die Druckhöhe in der Regel um die Geschwindigkeitshöhe $s_0 = \frac{c^2}{2g}$ der Zuflußgeschwindigkeit c vermehrt, wurde schon erwähnt. Die vorstehende Formel lautet also in solchen Fällen:

$$Q = \mu \int_{(h_0+s_0)}^{(h_1+s_0)} \sqrt{2\,g\,(y+s_0)}\,dF. \qquad (90)$$

In sehr einfacher Weise findet man die Ausflußmenge mittels der $(s\,v)$-Linie (Abbildung 160), deren Darstellung mittels des g-Kreises schon bei der Besprechung der q-Linie auf S. 42 gezeigt wurde. Die Ausflußmenge stellt sich als eine Fläche A dar, welche von dieser Linie, den Geschwindigkeiten v_1 und v_2 sowie der Grundlinie eingeschlossen wird. Es ist:

$$\left.\begin{aligned} A &= \tfrac{2}{3}(v_2 s_2 - v_1 s_1) = \tfrac{2}{3}(s_2 \sqrt{2\,g\,s_2} - s_1 \sqrt{2\,g\,s_1}) \\ A &= \tfrac{2}{3}\sqrt{2\,g}\left(s_2^{\frac{3}{2}} - s_1^{\frac{3}{2}}\right) \end{aligned}\right\} \qquad (91)$$

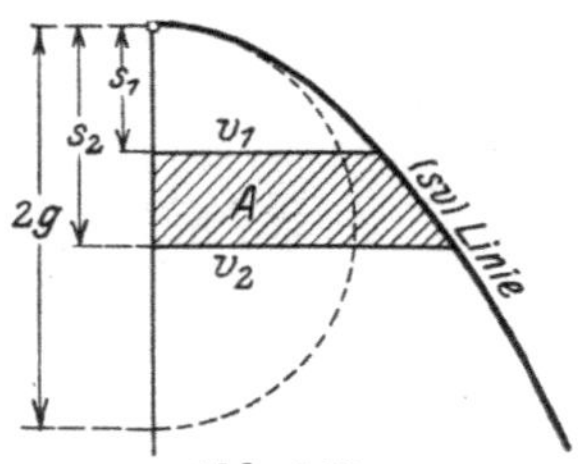

Abb. 160.

Da die $(s\,v)$-Linie sich immer mehr streckt, je größer s wird, kann man für tief liegende Öffnungen A als Trapez ansehen. Dann wird:

$$A = (s_2 - s_1) \cdot \frac{v_1 + v_2}{2}. \qquad (92)$$

Nachfolgend sei an einigen Beispielen erläutert, wie sich die Rechnung im einzelnen gestaltet.

b) Rechteckige Ausflußöffnung von der Breite b in lotrechter und geneigter Wand (Abb. 161). Durch den Flächenstreifen $b\,dy$ einer Öffnung in lotrechter Wand fließen sekundlich:

$$dQ = \mu\,b\,dA = \mu\,b\,v\,dy,$$

$$Q = \mu\,b \int_{v_1}^{v_2} v\,dy = \mu\,b\,A.$$

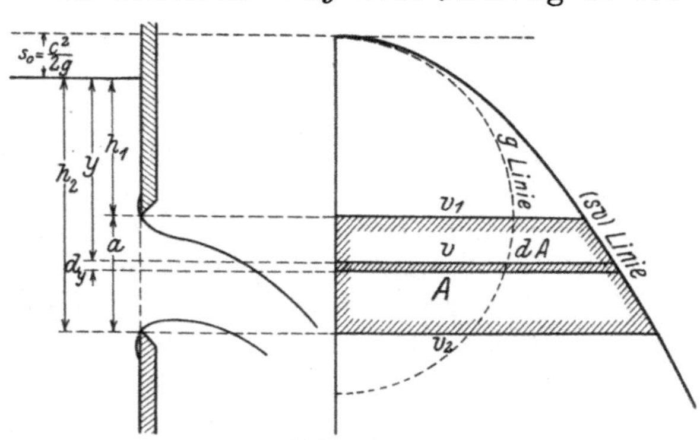

Abb. 161.

Hieraus, da

$$A = \tfrac{2}{3}(h_2 + s_0)\,v_2 - \tfrac{2}{3}(h_1 + s_0)\,v_1,$$

und da ferner $v_1 = \sqrt{2\,g\,(h_1 + s_0)}$ und $v_2 = \sqrt{2\,g\,(h_2 + s_0)}$:

$$Q = \tfrac{2}{3}\,\mu\,b\,\sqrt{2\,g}\left\{(h_2 + s_0)^{\frac{3}{2}} - (h_1 + s_0)^{\frac{3}{2}}\right\}. \qquad (93)$$

Für sehr großen Zulaufquerschnitt ist nahezu $s_0 = 0$, daher:

$$Q = \tfrac{2}{3}\,\mu\,b\,\sqrt{2\,g}\left(h_2^{\frac{3}{2}} - h_1^{\frac{3}{2}}\right). \qquad (94)$$

Diese Gleichung wird zweckmäßig für die erste Annäherung zur Berechnung von

c benutzt. Sie ergibt: $Q = Q_0$ und daraus als ersten Näherungswert $c = \frac{Q_0}{F}$, wenn F der Zulaufsquerschnitt ist. Daraus $s_0 = \frac{c^2}{2g}$ usf.

Für eine tief liegende Ausflußöffnung $(h_1 > a)$ ist

$$A = a \cdot \frac{v_1 + v_2}{2} = a \sqrt{2g\left(\frac{h_1 + h_2}{2} + s_0\right)},$$

$$Q = \mu \cdot a\, b \sqrt{2g\left(\frac{h_1 + h_2}{2} + s_0\right)}.$$

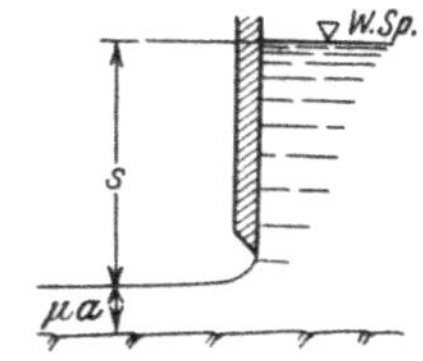

Abb. 162.

Wenn die untere Kante der Ausflußöffnung mit dem Boden des Ausflußbehälters zusammenfällt, so entsteht der **Grundablaß** (Abb. 162), der nach vorstehenden Formeln berechnet werden muß. Doch wird man oft, wenn die Höhe μa des ausfließenden Strahles, der in der Regel ein reißender Strom sein wird, klein ist, keinen nennenswerten Fehler begehen, wenn man schreibt:

$$q = \mu\, a\, b \sqrt{2gs}, \qquad (94\,a)$$

worin s die Geschwindigkeitshöhe des ausfließenden Strahls bedeutet.

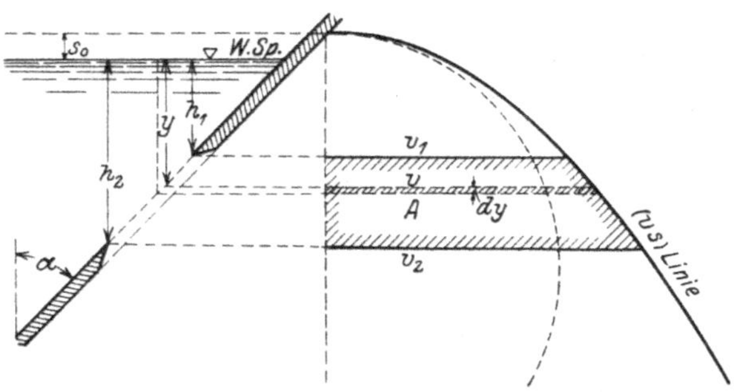

Abb. 163.

In **geneigter** (Abb. 163) Wand ist mit $dF = \frac{b\, dy}{\cos\alpha}$

$$dQ = \mu \cdot v\, dF = \frac{1}{\cos\alpha} \cdot \mu \cdot b \cdot v\, dy,$$

$$Q_\alpha = \frac{\mu\, b}{\cos\alpha} \cdot A,$$

oder für $\mu\, b\, A = Q$

$$Q_\alpha = \frac{Q}{\cos\alpha}. \qquad (95)$$

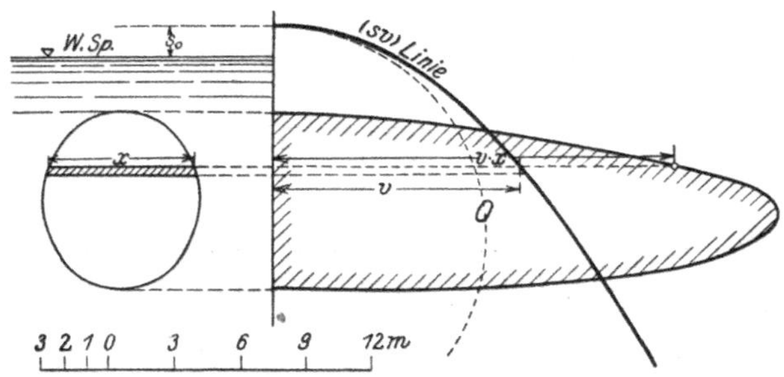

Abb. 164.

c) Beliebige Ausflußfläche (Abb. 164). Hier ist

$$Q = \mu \int x\, v\, dy = \mu\, O.$$

Die Höhen $v\,x$ der durch Schraffur umränderten Fläche O sind nur in einem Viertel der durch den Maßstab gebotenen Größe aufgetragen. Man wird daher im Bedarfsfall gut tun, die Fläche O nicht zeichnerisch, sondern auf Grund der Ausflußfläche und der $(s\,v)$-Linie rechnerisch zu ermitteln.

d) Ausfluß unter Wasser (Abb. 165). Für alle Punkte des gänzlich unterhalb des Unterwasserspiegels liegenden Ausflußquerschnitts F kommt die gleiche Druckhöhe $h + s_0$ in Betracht, also auch die gleiche Geschwindigkeit $v = \sqrt{2g\,(h + s_0)}$. Daher ist die Ausflußmenge:

$$Q = \mu\, F \sqrt{2g\,(h + s_0)} \qquad (96)$$

und bei großem Querschnitt des Zulaufs unter Vernachlässigung s_0 gegen h:

$$Q \cdot \mu \cdot F\sqrt{2gh}.$$

Die Formeln gelten für beliebige Formen der Fläche F und sind unabhängig von der Tiefe des Unterwassers.

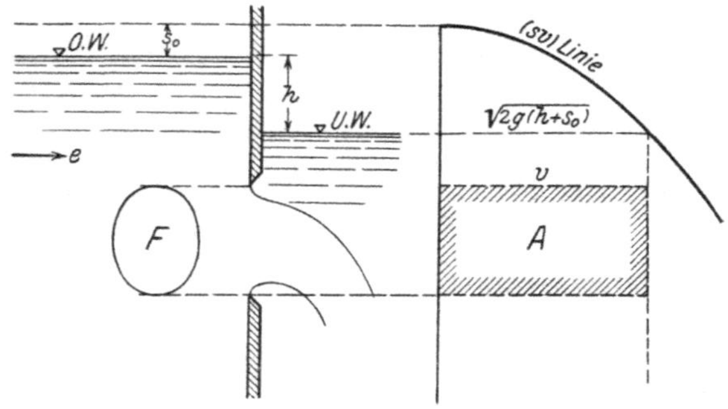

Abb. 165.

e) Vollkommener Überfall (Abbildung 166). Als solcher wird ein Überfall dann bezeichnet, wenn die Überfallkrone höher liegt als der Spiegel des Unterwassers. Er wird zum „unvollkommenen", wenn das Unterwasser über den Wehrrücken steigt.

Die Überfallkante sei wagerecht und ihre Länge betrage $b\,m$. Dann überströmt den Überfall nach dem Vorhergehenden die Wassermenge:

$$Q = \tfrac{2}{3}\,\mu \cdot b \cdot \sqrt{2g}\left\{(h + s_0)^{\frac{3}{2}} - s_0^{\frac{3}{2}}\right\}. \tag{97}$$

Dabei ist h vor dem Beginn E der Absenkung des Oberwassers, mindestens in einer Entfernung von $\frac{2}{3}H$ vor dem Überfall zu messen! Die Messung in der Lotebene der Überfallschneide würde zu kleine Ergebnisse liefern.

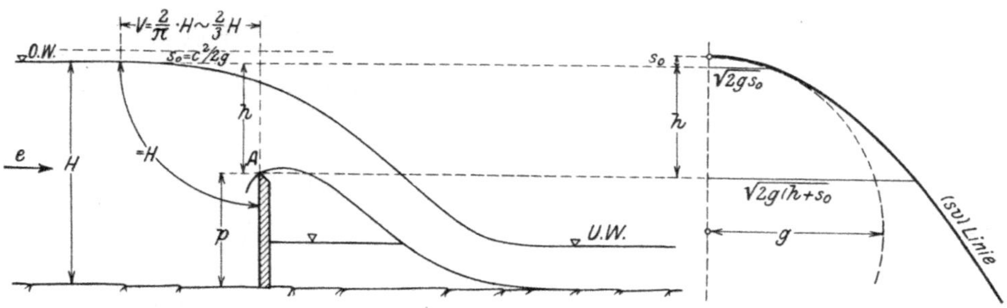

Abb. 166.

Es ist ferner vorausgesetzt, daß das Becken, aus dem sich der Überfall ergibt, nur klein ist, so daß ihm für die sekundlich entzogene Wassermenge von Q cbm ein sekundlicher Ersatz von Q cbm zugeführt werden muß, die im Oberwasser eine Strömung von $\frac{Q}{Hb} = c$ m/sec Geschwindigkeit und eine Erhöhung der Arbeitslinie um $s_0 = \frac{c^2}{2g}$ mit sich bringt.

Ist das Becken aber groß — etwa ein See —, so wird die Abzapfung weniger Kubikzentimeter in der Sekunde und ihr Ersatz durch Zuflüsse keine bemerkbare Strömung verursachen, so daß für diesen Fall $s_0 = 0$ zu setzen ist. Man hat dann

$$Q = \tfrac{2}{3}\,\mu \cdot b h\sqrt{2gh}. \tag{98}$$

Vorausgesetzt in obiger Skizze ist endlich, daß die Luft von der Seite her freien Zutritt unter den Überfallstrahl hat, was z. B. dann der Fall ist, wenn die Breite b des Überfalls geringer ist als die Gesamtbreite des Gerinnes, in dem er sich befindet. Man spricht in einem solchen Fall von einem „gelüfteten Strahl".

Nimmt aber der Überfall die ganze Breite des Gerinnes in Anspruch, so daß sich nicht nur die Überfallwand, sondern auch der Strahl dicht an die Seitenwände des Gerinnes anschließen, so findet eine völlige Absperrung des unter dem Strahl befindlichen Luftraumes vonder Atmosphäre statt (Abb. 167). Die anfänglich in diesem Raum noch befindliche Luft wird von dem rasch strömenden Wasser bald abgesaugt und es entsteht eine Luftverdünnung, die durch eine Druckhöhe „d“ mit negativem Vorzeichen gemessen wird. Es wirken dann auf die Überfalldecke:

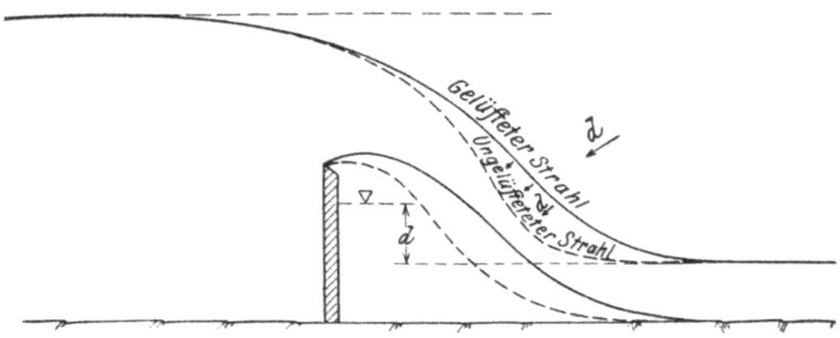

Abb. 167.

von außen die Atmosphäre	$10{,}3\,m$
von innen die um d verminderte Atmosphäre	$10{,}3\,m - dm$
d. h. von außen ein Überdruck von	dm

Dieser Überdruck bringt die Überfalldecke in die gestrichelte Form, wobei unter der Decke das Unterwasser um d ansteigt.

f) Der unvollkommene Überfall (das Grundwehr) (Abb. 168). Das Unterwasser liegt höher als die Überfallkante A

$$Q = \mu\, l \cdot \left\{ \tfrac{2}{3} \sqrt{2g} \left[(h_1 + s_0)^{\frac{3}{2}} - s_0^{\frac{3}{2}} \right] + (h_2 - h_1) \sqrt{2g \cdot (h_1 + s_0)} \right\}$$

$$Q = \mu\, l \cdot \sqrt{2g} \left\{ \tfrac{2}{3} \left[(h_1 + s_0)^{\frac{3}{2}} - s_0^{\frac{3}{2}} \right] + (h_2 - h_1) \sqrt{h_1 - s_0} \right\}. \qquad (99)$$

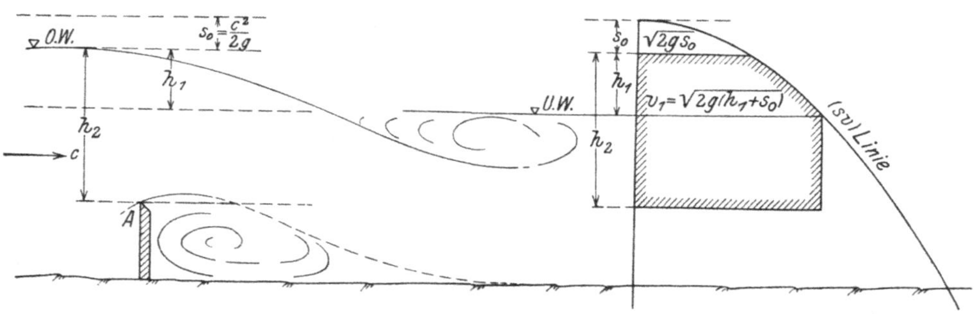

Abb. 168.

2. Die Einschnürungszahl μ.

Die Zahl ist für die verschiedenen vorstehend betrachteten Formen, in denen der Ausfluß stattfinden kann, dieselbe. Wir wollen sie für den besonderen Fall des Grundablasses für verschiedene Neigungen der Ausflußwand ermitteln.

a) Senkrechte Wand (Abb. 169). Es darf angenommen werden, daß die mit der Geschwindigkeit v_c ankommenden parallelen Wasserfäden sich gegen den Auslauf krümmen, um der Ausflußöffnung radial zuzuströmen. Bis zu einer Zylinderfläche AB, deren Umfang gleich der Wassertiefe h des Zuflusses ist, wird die Zuflußgeschwindigkeit $= v_0$ ungeändert bleiben. Von da ab bis zur Zylinderfläche DE wenden sich die Fäden gegen die Zylinderachse C, wobei ihre Geschwindigkeit sich fortgesetzt beschleunigt. Diese Beschleunigungen sind die Wirkungen innerer Kräfte K, die mit der Strömung radial gegen den Punkt C gerichtet sind und auf der Zylinderoberfläche AB noch den Wert Null haben, aber von da ab stetig wachsen. Innerhalb des Viertelkreiszylinders CDE tritt zu ihnen noch eine Gruppe quer gerichteter Kräfte, nämlich Eigengewichte und Bodenreaktionen, welche die Wasserfäden in die Wagerechte umlenken.

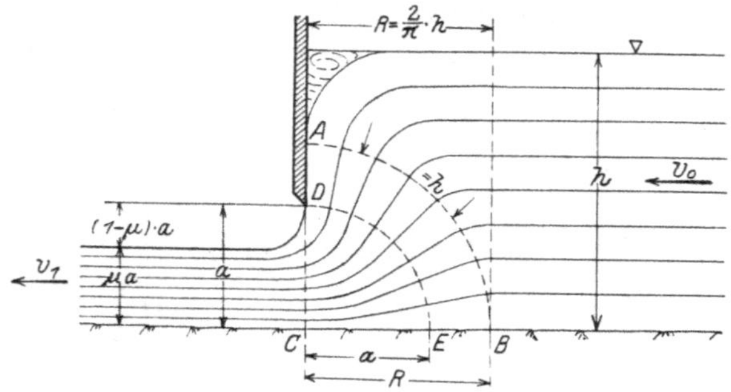

Abb. 169.

Um die Größe dieser Kräfte zu ermitteln, denke man sich zunächst den Ausfluß AB (Abb. 170) verschlossen und die Geschwindigkeit v_0 durch die Geschwindigkeitshöhe

$$s_0 = \frac{v_0^2}{2g}$$

ersetzt, so findet sich die Summe K der auf die Zylinderfläche BC wirkenden Drücke aus:

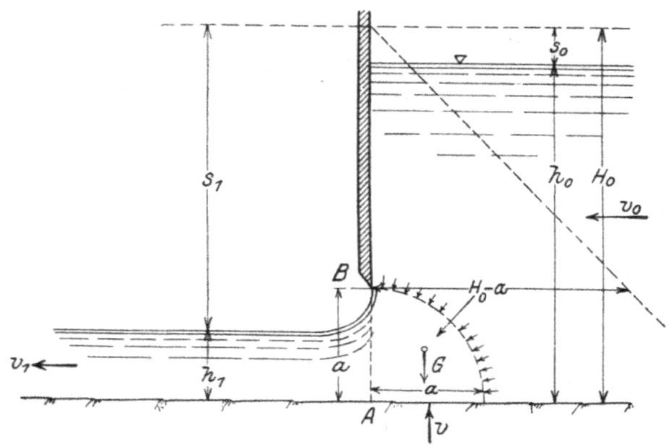

Abb. 170.

$$dK = a\,d\varphi\,(H - a\sin\varphi)$$
(vgl. Abb. 170a)

$$K = a\int_0^{\frac{\pi}{2}} (H_0 - a\sin\varphi)\,d\varphi$$

$$= a\,[H_0\,\varphi + a\cos\varphi]_0^{\frac{\pi}{2}}$$

$$= a\left[\frac{\pi}{2}\cdot H_0 - a\right].$$

Es ist ferner:

der Bodendruck: $V = a\,H_0$,

das Gewicht des Viertelzylinders: $G = \frac{\pi}{4}\cdot a^2$,

der Druck auf die Öffnung: $W = \frac{a}{2}(2\,H_0 = a)$.

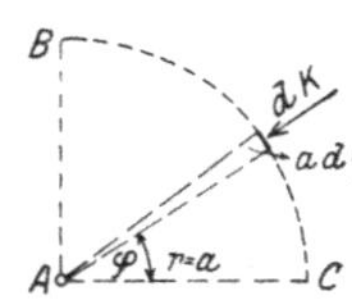

Abb. 170 a.

Wird nun die Öffnung freigelegt, so daß das Wasser zum Ausfluß kommt, so wirken auf die den Viertelzylinder durchströmenden Wasserfäden noch:

die Drücke dK in der Richtung der Strömung,
die Kräfte $(V - G)$ quer dazu, also ablenkend.

Der Druck W (Abb. 171) zerlegt sich in

den Druck D auf den eigentlichen Ausflußquerschnitt von der Höhe $h_1 = \mu\,a$ und

den Druck Z, der durch die Schleuderwirkung der gekrümmten ausströmen den Wasserfäden aufgehoben wird.

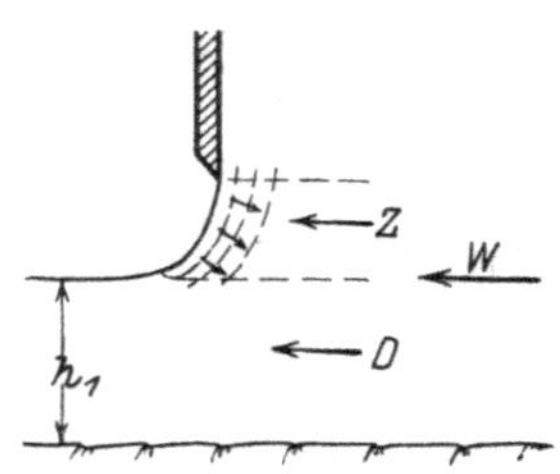

Abb. 171.

Es ist

$$D = \frac{h_1}{2}(2\,H_0 - h_1),$$
$$D + Z = W,$$

und man kann den Satz aufstellen:

Die treibende Kraft D des Wasserdruckes verhält sich zum ablenkenden Teil $Z = W - D$ wie die in der Richtung der Strömung wirkende Kraft K zur ablenkenden Kraft $V - G$.

$$D : W - D = K : V - G,$$

$$D : W = K : (K + V - G),$$

$$D = \frac{K}{K + V - G} \cdot W, \tag{100}$$

und nach Einsetzung der Werte:

$$\frac{h_1}{2} \cdot (2 H_0 - h_1) = \frac{a\left(\frac{\pi}{2} H_0 - a\right)}{a\left(\frac{\pi}{2} H_0 - a\right) + a H_0 - \frac{\pi}{4} a^2} \cdot \frac{a}{2}(2 H_0 - a),$$

$$\frac{h_1}{a} = \frac{\left(\frac{\pi}{2} H_0 - a\right)(2 H_0 - a)}{(2 H_0 - h_1)\left[\left(\frac{\pi}{2} + 1\right) H_0 - \left(\frac{\pi}{4} + 1\right) \cdot a\right]},$$

oder, wenn man setzt:

$$\frac{h_1}{a} = \mu \quad \text{und} \quad \frac{H_0}{a} = n:$$

$$\mu = \frac{\left(\frac{\pi}{2} n - 1\right)(2 n - 1)}{(2 n - \mu)\left[\left(\frac{\pi}{2} + 1\right) n - \left(\frac{\pi}{4} + 1\right)\right]} = \frac{\left(\frac{\pi}{2} - \frac{1}{n}\right)\left(2 - \frac{1}{n}\right)}{\left(2 - \frac{\mu}{n}\right)\left[\left(\frac{\pi}{2} + 1\right) - \frac{\frac{\pi}{4} + 1}{n}\right]} \tag{101}$$

und, wenn $\frac{H_0}{a}$ sehr groß ist, so daß $\frac{1}{n}$ vernachlässigt werden kann:

$$\mu = \frac{\pi}{2\left(\frac{\pi}{2} + 1\right)} = \frac{\pi}{\pi + 2} = \frac{11}{18} = 0{,}61. \tag{101a}$$

Für den Überfall ist $n = 1$ daher

$$2\mu - \mu^2 = \frac{\left(\frac{\pi}{2} - 1\right)}{\left(\frac{\pi}{2} + 1\right) - \frac{\pi}{4} + 1},$$

$$\mu^2 - 2\mu = \frac{4}{\pi} - 2,$$

$$\mu = 1 \pm \sqrt{\frac{3}{11}},$$

$$\mu = 0{,}478,$$

ferner erhält man für:

$n = 2$	$\mu = 0{,}565$	$n = 10$	$\mu = 0{,}602$
4	0,587	15	0,605
6	0,596	20	0,606
8	0,600	∞	0,601

b) Beliebig geneigte Wand (Abb. 172). Die allgemeine Formel

$$D = \frac{K}{K + V - G} \cdot W$$

gilt auch hierfür noch, doch ändern sich die Einzelwerte. Es ist:

$$r = \frac{a}{\sin \alpha} \qquad d = r(1 - \cos \alpha),$$

$$dK = r\, d\varphi\, (H_0 - r \cdot \sin \varphi),$$

$$K = r \cdot \int_0^\alpha (H_0 - r \cdot \sin \varphi)\, d\varphi$$

$$= r\,[H_0\,\varphi + r \cos \varphi]_0^\alpha,$$

$$\underline{K = r \cdot [H_0\,\alpha - r(1 - \cos \alpha)],}$$

$$V = H_0 \cdot d = r\, H_0\, (1 - \cos \alpha)$$

$$= a\, H_0 \cdot \frac{1 - \cos \alpha}{\sin \alpha},$$

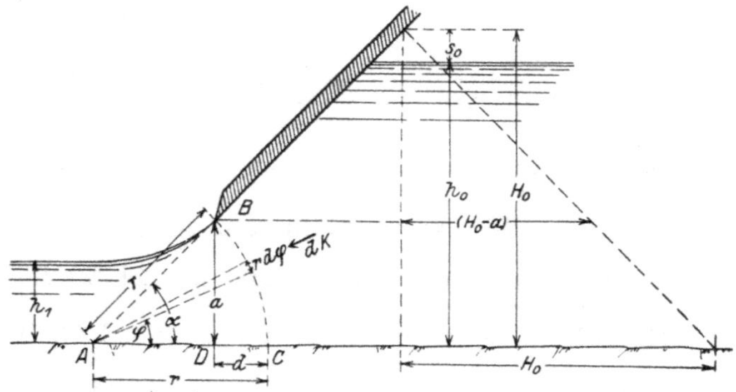

Abb. 172.

$$G = \int_0^\alpha \frac{r}{2} \cdot r\, d\varphi - \frac{1}{2}(r \cos \alpha \cdot a) = \frac{r^2}{2} \cdot \alpha - \frac{r \cdot a}{2} \cdot \cos \alpha = \frac{a^2}{2 \sin \alpha}\left(\frac{\alpha}{\sin \alpha} - \cos \alpha\right),$$

$$W = \frac{a}{2}(2\,H_0 - a).$$

Durch Einsetzen dieser Werte erhält man:

$$D = \frac{K}{K + V - G} \cdot W = \frac{r \cdot [H_0\,\alpha - r \cdot (1 - \cos \alpha)] \cdot \frac{a}{2}(2\,H_0 - a)}{r\,[H_0\,\alpha - r\,(1 - \cos \alpha)] + r\,H_0\,(1 - \cos \alpha) - \frac{r}{2}(r\,\alpha - a \cos \alpha)}$$

oder:

$$D = \frac{h_1}{2}(2\,H_0 - h_1) = \frac{a}{2}\,\frac{\left[H_0\,\alpha - \frac{a}{\sin \alpha}(1 - \cos \alpha)\right](2\,H_0 - a)}{\left[H_0\,\alpha - \frac{a}{\sin \alpha}(1 - \cos \alpha)\right] + H_0\,(1 - \cos \alpha) - \frac{a}{2}\left(\frac{\alpha}{\sin \alpha} - \cos \alpha\right)},$$

und mit $\frac{h_1}{a} = \mu$, $\frac{H_0}{a} = n$, $\frac{h_1}{H_0} = \frac{\mu}{n}$:

$$\frac{h_1}{a} = \mu = \frac{\left[H_0\,\alpha - \frac{a}{\sin \alpha}(1 - \cos \alpha)\right] 2\,(H_0 - a)}{(2\,H_0 - h_1)\,[H_0\,(1 + \alpha - \cos \alpha)] - \frac{a}{\sin \alpha}(1 - \cos \alpha) - \frac{a}{2}\left(\frac{\alpha}{\sin \alpha} - \cos \alpha\right)},$$

und nach geringen Umformungen:

$$\mu = \frac{\left(\alpha - \frac{1 - \cos \alpha}{\sin \alpha} \cdot \frac{1}{n}\right)\left(2 - \frac{1}{n}\right)}{\left(2 - \frac{\mu}{n}\right)\left\{(1 + \alpha - \cos \alpha) - \frac{1}{n}\left[\frac{1 - \cos \alpha}{\sin \alpha} + \frac{1}{2}\left(\frac{\alpha}{\sin \alpha} - \cos \alpha\right)\right]\right\}}. \qquad (102)$$

Ist also H_0 gegenüber a und damit auch n sehr groß, also $\frac{1}{n}$ sehr klein, so ergibt sich:

$$\mu = \frac{\alpha}{1 + \alpha - \cos \alpha}, \qquad (102\,a)$$

und daraus erhält man für:

$\alpha =$	0°	10°	30°	50°	70°	90°	110°	130°	150°	180°
Bogen $\alpha =$	0	0,175	0,524	0,873	1,222	1,571	1,920	2,269	2,618	3,142
$\cos\alpha$	1,000	0,985	0,866	0,643	0,342	0	−0,342	−0,643	−0,866	−1,000
$\alpha + 1 - \cos\alpha =$	0	0,190	0,658	1,230	1,880	2,571	3,262	3,912	4,484	5,142
$\mu =$	1,00	0,92	0,80	0,71	0,65	0,612	0,588	0,580	0,583	0,612

c) Einschnürung für Wassertiefen $h < \frac{\pi}{2} a$. Bei abnehmender Wassertiefe h nimmt auch der Halbmesser $R = \frac{2}{\pi} h$ des Viertelkreises AB ab, bis letzterer mit dem Bogen $\overline{DE}$ zusammenfällt und sein Halbmesser gleich der Öffnungsweite a und demgemäß $h = \frac{\pi}{2} a$ ist. Nimmt h noch weiter ab, so vergrößert sich die Einschnürungszahl μ, bis sie für $h = a$ in den Grenzwert $\mu = 1$ übergeht.

Ist $h < \frac{\pi}{2} a$, so tritt bei senkrechter Wand (Abb. 173) an Stelle der Zylinderfläche DE unserer Abbildung 169 eine Zylinderfläche DF mit anschließender lotrechter Fläche FE. Es ist nunmehr:

$$\frac{\pi}{2} r + d = h,$$

und da auch:

$$r + d = a,$$

so folgt:

$$r = \frac{h - a}{\frac{\pi}{2} - 1} \quad \text{und} \quad d = \frac{\frac{\pi}{2} a - h}{\frac{\pi}{2} - 1}.$$

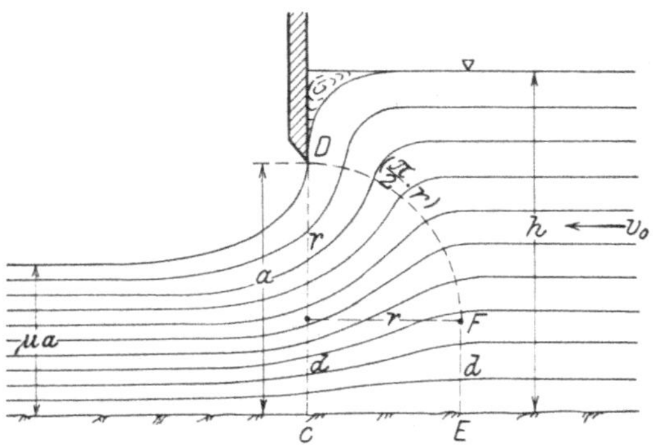

Abb. 173.

Die Wasserfäden nehmen eine zu DFE normal gerichtete Lage an und ihre Geschwindigkeit v_0 bleibt bis zu dieser Linie unverändert, während von da ab Beschleunigung erfolgt.

Zur Bestimmung von μ benutzen wir wieder die Formel:

$$D = \frac{K}{K + V - G} \cdot W$$

und bestimmen zunächst die einzelnen Größen. Es ist:

$$K = r \cdot \int_0^{\frac{\pi}{2}} (h - d - r \cdot \sin\varphi)\, d\varphi + (2h - d) \frac{d}{2},$$

$$= r\left[(h - d)\varphi + r \cdot \cos\varphi\right]_0^{\frac{\pi}{2}} + (2h - d)\frac{d}{2},$$

$$= r\left[(h - d) \cdot \frac{\pi}{2} - r\right] + (2h - d)\frac{d}{2},$$

ferner:

$$G = \frac{r^2 \pi}{4} + r\,d,$$

$$V = r\,h,$$

$$W = \frac{a}{2}(2h - a),$$

$$D = \frac{\mu a}{2}(2h - \mu a).$$

Daraus nach geringen Umformungen:

$$\frac{D}{W} = \frac{K}{K + V - G} = \frac{r(h-d)\cdot\frac{\pi}{2} - r^2 + (2h-d)\frac{d}{2}}{r\cdot(h-d)\left(\frac{\pi}{2}+1\right) - r^2\left(\frac{\pi}{4}+1\right) + (2h-d)\frac{d}{2}}$$

und mit Einsetzung der obigen Ausdrücke für r und d, wobei sich insbesondere ergibt:

$$(h-d) = \frac{\pi}{2}\cdot\frac{(h-a)}{\frac{\pi}{2}-1} \quad \text{und} \quad (h-d)\cdot r = \frac{\pi}{2}\cdot\frac{(h-a)^2}{\left(\frac{\pi}{2}-1\right)^2}:$$

$$\frac{D}{W} = \frac{(h-a)^2\left(\frac{\pi^2}{4}-1\right) + \left(\frac{\pi a}{2}-h\right)\left[\frac{h}{2}(\pi-1) - \frac{\pi a}{4}\right]}{(h-a)^2\left(\frac{\pi^2}{4}+\frac{\pi}{4}-1\right) + \left(\frac{\pi a}{2}-h\right)\left[\frac{h}{2}(\pi-1) - \frac{\pi a}{4}\right]},$$

und, wenn man $\frac{h}{a} = n$ setzt:

$$D = \mu\cdot(2n-\mu) = \frac{(n-1)^2\left(\frac{\pi^2}{4}-1\right) + \left(\frac{\pi}{2}-n\right)\left[\frac{n}{2}(\pi-1) - \frac{\pi}{4}\right]}{(n-1)^2\left(\frac{\pi^2}{4}+\frac{\pi}{4}-1\right) + \left(\frac{\pi}{2}-n\right)\left[\frac{n}{2}(\pi-1) - \frac{\pi}{4}\right]}\cdot(2n-1). \quad (103)$$

Für die Grenzlage $n = \frac{\pi}{2}$, d. h. $h = \frac{\pi}{2}a$ vereinfachen sich die Ausdrücke wie folgt:

$$2n\mu - \mu^2 = \frac{\frac{\pi^2}{4}-1}{\frac{\pi^2}{4}+\frac{\pi}{4}-1}\cdot(2n-1),$$

$$\mu^2 - \pi\cdot\mu + \frac{1,4674}{2,2528}(\pi-1) = 0,$$

$$\mu = \frac{\pi}{2} \pm \sqrt{\frac{\pi^2}{4} - \frac{1,4674}{2,2528}\cdot 2,1415},$$

$$\mu = \frac{\pi}{2} \pm 1,01 = \underline{0,56}.$$

Für $h = a$, also $n = 1$ wird:

$$\mu(2-\mu) = 2n - 1,$$

$$\mu^2 - 2\mu + 1 = 0,$$

$$\mu = 1 \pm \sqrt{1-1},$$

$$\underline{\mu = 1},$$

wie es sein muß. Einige aus der Formel berechnete Zwischenwerte sind noch in nachstehender Zusammenstellung enthalten:

$\frac{h}{a} = n = 1$	1,2	1,4	$1,57 = \frac{\pi}{2}$
$\mu = 1$	0,75	0,606	0,56 (Grenzfall).

Für den praktischen Bedarf genügt folgende Ableitung einer handlichen Formel:

$$\mu = \frac{D \cdot E}{DE + CE} = \frac{\frac{\pi}{2} r + d}{\frac{\pi}{2} r + d + r} = \frac{h}{h + r}$$

$$\mu = \frac{h}{h + \frac{h - a}{\frac{\pi}{2} - 1}} = \frac{\left(\frac{\pi}{2} - 1\right) h}{\frac{\pi}{2} h - a} = \frac{\pi - 2}{\pi - 2\frac{a}{h}}$$

und mit $\pi = \frac{22}{7}$:

$$\mu = \frac{4}{11 - 7\frac{a}{h}}. \tag{103a}$$

d) Die Einschnürungslinie. Aus der a m hohen Öffnung AB (Abb. 174) der lotrechten Stauwand eines Grundablasses fließe ein Wasserstrahl aus, dessen Einschnürungslinie APE sei.

Denkt man sich, daß in dem beliebig gewählten Punkt P eine Ebene PC den Ausflußstrahl berührt, die gegen den Horizont unter dem Winkel φ geneigt ist, dann kann man diese Ebene ebenfalls als eine Stauwand ansehen, deren untere Begrenzung in einer durch P hindurchgehenden wagerechten Schneide besteht, und die von ihr verursachte Einschnürungslinie wird mit dem Abschnitt PE der Einschnürungslinie APE der lotrechten Wand zusammenfallen. Beide ergeben bei gleichem Oberwasser die gleiche Wassertiefe h des Abflusses.

Wir fanden vorhin für die Kräfte, welche beim Ausfluß wirken, die Beziehung:

$$D : (W - D) = K : (V - G)$$

und schreiben dafür im Hinblick auf Abbildung 175, indem wir für K und V die Bogenlänge AB und die Bodenbreite BD setzen, auf welche die Kräfte wirken:

$$\mu a : (1 - \mu) a = AB : BD = r\varphi : (r - r\cos\varphi)$$

oder

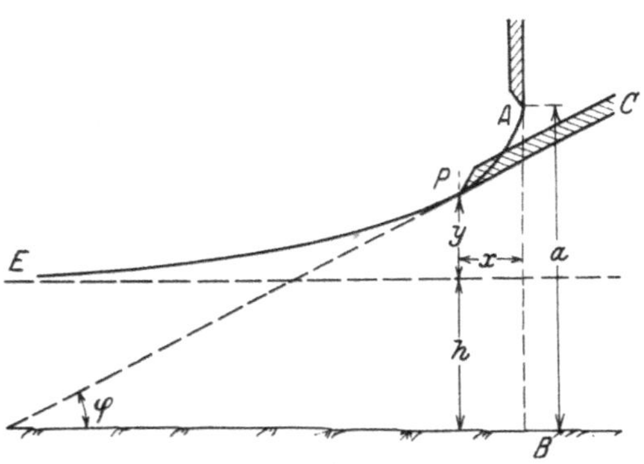

Abb. 174.

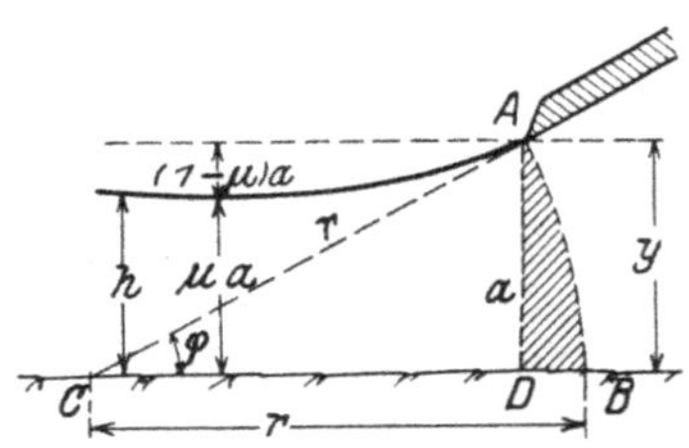

Abb. 175.

das ist dieselbe Gleichung, die wir schon unter (102a) kennen lernten. Zugleich ist aber auch $\mu = \frac{h}{y}$ daher:

$$\frac{h}{y} = \frac{\varphi}{1 + \varphi - \cos\varphi},$$

$$h(1 + \varphi - \cos\varphi) = \varphi \cdot y,$$

und durch Differenzierung:

$$h(1+\sin\varphi)\,d\varphi = \varphi\,dy + y\,d\varphi\,,$$

$$[h(1+\sin\varphi) - y]\,d\varphi = \varphi\,dy\,,$$

$$\frac{dy}{d\varphi} = \frac{h(1+\sin\varphi) - y}{\varphi}$$

und da $\varrho\,d\varphi = ds = \dfrac{dy}{\sin\varphi}$:

$$\varrho = \frac{h(1+\sin\varphi) - y}{\varphi\cdot\sin\varphi}\,. \tag{104}$$

Daraus ergibt sich für den Ausflußstrahl aus senkrechter Wand, also für $\varphi = 90^0$:

$$\left.\begin{aligned} \varrho &= 2\,\frac{2h - y}{\pi} \\ \text{oder für } h = \mu y\text{:}\qquad \varrho &= 2y\cdot\frac{2\mu - 1}{\pi} \end{aligned}\right\}. \tag{104a}$$

Aber diese Gleichungen genügen nicht zur Bestimmung der Form des ausfließenden Strahles. Man darf sie nur in Verbindung mit den Gl. (102) bzw. (102a) anwenden und kann mit $h = \mu y$ für (104) auch schreiben:

$$\varrho = \frac{\mu(1+\sin\varphi) - 1}{\varphi\cdot\sin\varphi}\cdot y\,. \tag{104b}$$

Wir hatten schon aus Gl. (102a) für verschiedene Neigungen φ die zugehörigen Werte von μ berechnet und wollen diesen nachstehend noch die Werte von ϱ hinzufügen:

Für:	$\varphi = 0^0$	10^0	30^0	50^0	70^0	90^0	110^0	130^0	150^0	180^0
ergab sich:	$\mu = 1$	0,92	0,80	0,71	0,65	0,612	0,588	0,580	0,583	0,612
daraus nach (104b):	$\varrho = \infty$	$2{,}64\,y$	$0{,}764\,y$	$0{,}38\,y$	$0{,}226\,y$	$0{,}143\,y$	$0{,}144\,y$	$0{,}146\,y$	$0{,}150\,y$	∞

Es fehlt uns einstweilen noch die Kenntnis der zu den Ordinaten gehörigen Abszissen x, deren wir zur Bestimmung der Ausflußlinie bedürfen. Aus einem im Darmstädter Wasserbaulaboratorium ausgeführten Versuch ergab sich ihre Gestaltung, die — wie das auch aus unseren Gleichungen hervorgeht — von der Tiefe und Arbeitshöhe des Oberwassers unabhängig ist, wie folgt:

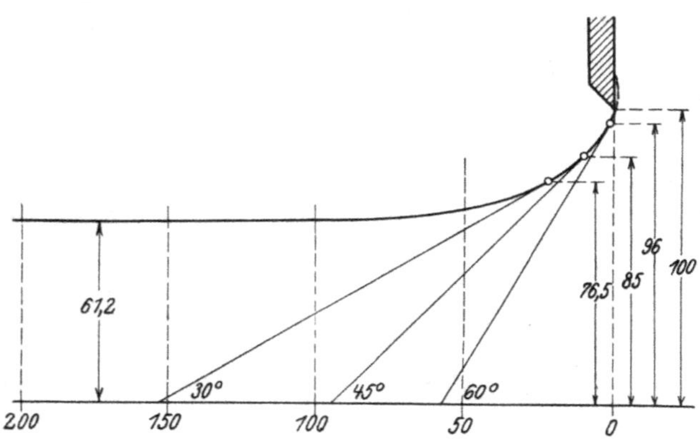

Abb. 176.

Wenn man eine senkrechte Wand (also $\varphi = 0$) und eine der Oberwassertiefe H_0 gegenüber nur geringe Ausflußhöhe a voraussetzt, so ist nach (104a):

$$\varrho \doteq \frac{2\mu - 1}{{}^{11}/_{7}}\cdot y$$

und man erhält für einen Punkt P der Begrenzungslinie des ausfließenden Strahls die Länge des Krümmungshalbmessers, indem man die Ordinate y des Punktes mit dem Ausdruck $\dfrac{2\mu - 1}{{}^{11}/_{7}}$ multipliziert, der seinerseits nach Gl. 102a abhängig ist von der Neigung $\bar{\alpha}$ der Strahloberfläche in P.

Der Krümmungshalbmesser ist also in jedem Punkte P der Ordinate y des Punktes proportional, insbesondere an der Ausflußstelle proportional der Öffnungshöhe a, und er nähert sich der Größe Null, wenn sich die Schütztafel ihrer Schlußstellung nähert.

Man darf aus allem folgern, daß die Begrenzungslinien der ausfließenden Strahlen (Abb. 177) einander ähnlich sind und daß der Schnittpunkt C der Ausflußwand mit der Sohle das Ähnlichkeitszentrum bildet. Auf Grund dieser Erwägung ist im Anhang anschließend an die Mitteilung über den Versuch 53 aus einer beobachteten und gemessenen Ausflußlinie ($k\,l$), die einer Öffnungshöhe a entspricht, die Ausflußlinie $k'\,l'$ für die Öffnung a' abgeleitet worden. Um nämlich zum Punkt P der Linie $k\,l$ den entsprechenden Punkt P' der Linie $k'\,l'$ zu finden, hat man nur durch k' eine Parallele zu $k\,P$ zu ziehen, dann schneidet aus ihr der Strahl $C\,P$ den Punkt P' heraus.

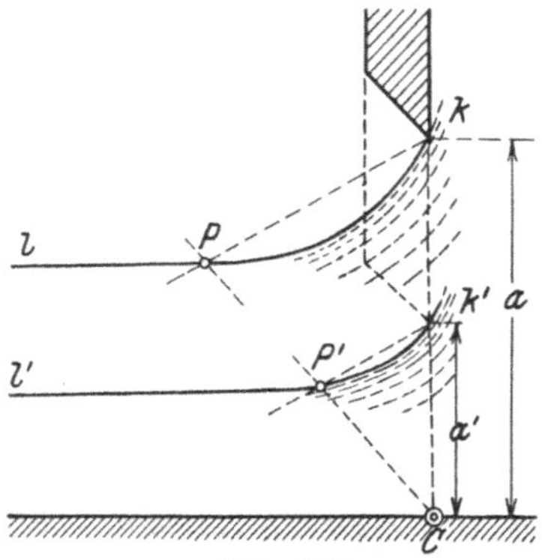

Abb. 177.

3. Ausfluß unter Wasser.

Im Vorhergehenden haben wir die Formeln angegeben, nach denen die ausfließende Wassermenge gewöhnlich gerechnet wird. Aber Versuche im Darmstädter Wasserbaulaboratorium zeigten, daß diese Formeln in gewissen Fällen unrichtige Ergebnisse liefern, und anderswo wird man dieselben Erfahrungen gemacht haben. Deswegen stellen wir uns nachstehend die Aufgabe, an Hand der Darmstädter Ergebnisse eine neue Rechnungsweise zu finden und benutzen dazu den Versuch vom 30. Juli 1913, bei welchem es sich um den Ausfluß unter dem Schütz eines Grundablasses handelt (Abb. 178). Der ausfließende Strahl ist nicht kräftig genug, das Unterwasser zu verdrängen und einen Sprung auszuführen, so daß das Unterwasser zurückflutet und einen Schwall bildet.

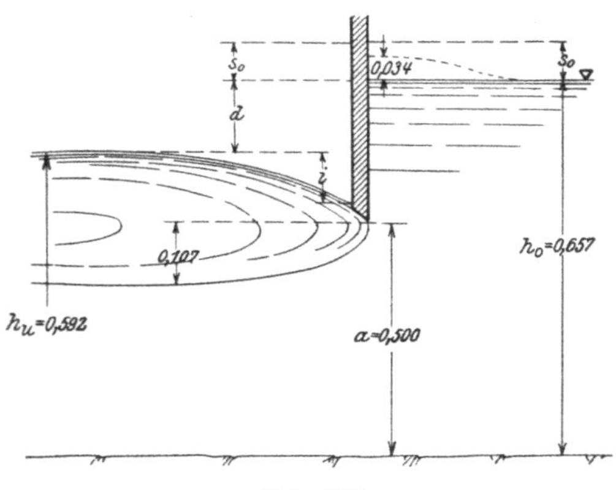

Abb. 178.

Folgende Zahlen wurden durch Messung festgestellt:

die sekundlich durch die Rinne strömende Wassermenge war $Q = 275$ l/sec, daher auf 1 m Breite

$$q = \frac{0,275}{0,39} = 0,709 \text{ cbm/sec},$$

ferner die Tiefe des Oberwassers:

$$h_0 = 0,657 \text{ m},$$

diejenige des Unterwassers:

$$h_u = 0,592 \text{ m},$$

die Höhe der Ausflußöffnung:

$$a = 0,500 \text{ m}.$$

Aus $d = h_0 - h_u = 0,065$ ergibt sich:

$$v = \sqrt{2g(h_0 - h_u)} = 1,13,$$

$$q = 0,6 \cdot 0,5 \cdot 1,13 = 0,339 \text{ cbm},$$

also noch nicht die Hälfte der wirklich durchgeströmten Menge!

Durch Vergrößerung von d um die Geschwindigkeitshöhe s_0 des zufließenden Wassers, also eine Vermehrung des Gefälls auf

$$d + s_0 = 0{,}065 + s_0$$

würde man erhalten:

a) Wenn die Gefällsvermehrung der Geschwindigkeitshöhe des Unterwassers gleichgesetzt wird:

$$s_0 = \left(\frac{0{,}592}{0{,}657}\right)^2 \cdot s_u = 0{,}81\, s_u,$$

$$s_u = d + s_0 = 0{,}065 + 0{,}81\, s_u,$$

$$0{,}19\, s_u = 0{,}065,$$

$$s_u = 0{,}342,$$

$$v_u = \sqrt{2 g s_u} = 2{,}59,$$

$$q = \mu \cdot 0{,}5 \cdot 2{,}59 = 0{,}777 \text{ cbm/sec},$$

also zu viel!

b) Wenn die Gefällsvermehrung der Geschwindigkeitshöhe im Bereich des Schwalls gleichgesetzt wird:

$$s_0 = \left(\frac{\mu \cdot 0{,}5}{0{,}657}\right)^2 \cdot s = 0{,}208\, s,$$

$$s = d + s_0 = 0{,}065 + 0{,}208\, s,$$

daher:

$$s = \frac{0{,}065}{0{,}792} = 0{,}082,$$

$$v = \sqrt{2 g s} = 1{,}26 \text{ m/sec},$$

$$q = 0{,}6 \cdot 0{,}5 \cdot 1{,}26 = 0{,}378 \text{ cbm/sec},$$

also zu wenig!

Wir werden nachher die Gründe erkennen, weshalb diese Annahmen nicht statthaft sind, wogegen uns die Berücksichtigung der Absenkung i des Wasserspiegels an der Hinterwand der Schütze zum Ziele führen wird.

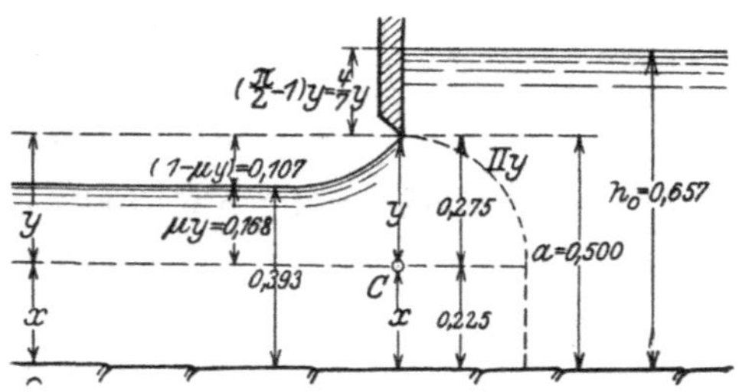

Abb. 179.

Zur Durchführung der Rechnung haben wir zunächst die Einschnürung des ausfließenden Strahles genauer festzustellen.

Es ist nach den mitgeteilten Grundmaßen (Abb. 179):

$$\frac{\pi}{2} a = \frac{11}{7} \cdot 0{,}500 = 0{,}786 \text{ m},$$

daher:

$$h = 0{,}657 \text{ m} < \frac{\pi}{2} a,$$

so daß es sich um einen Ausflußstrahl geringer Druckhöhe handelt, und man hat:

$$x + y = a$$

$$x + \frac{\pi}{2} y = h_0$$

woraus:

$$y = \frac{2}{\pi - 2}(h_0 - a) = \frac{7}{4}(h_0 - a) = 0{,}275,$$

$$x = a - y = 0{,}225.$$

Denkt man sich den ausfließenden Strahl in zwei übereinander liegende Schichten x und y geteilt, so treten in die untere Schicht x die Wasserfäden nahezu wagerecht ein und man darf annehmen, daß sie dieselben ohne wesentliche Einschnürung durchströmen. Die in die obere Schicht y eintretenden Fäden sind dagegen nach dem Mittelpunkt C des Viertelkreises $\frac{\pi}{2}\,y$ gerichtet, werden also stark abgelenkt und auf das Maß

$$0{,}61\,x = 0{,}61 \cdot 0{,}275 = 0{,}168 \text{ m}$$

eingeschnürt, so daß die Einschnürung

$$0{,}39\,x = 0{,}39 \cdot 0{,}275 = 0{,}107 \text{ m}$$

beträgt. Damit stimmt sie mit der beim Versuch angestellten Messung überein!

Bezeichnet man nun in Abbildung 180 die Absenkung mit i, dann ist die Geschwindigkeitshöhe des Ausflußstrahls:

$$s = i + d + s_0 \qquad (105)$$

und mit

$$s_0 = \left(\frac{0{,}393}{0{,}657}\right)^2 s = 0{,}357\,s\,,$$

$$s - s_0 = 0{,}643\,s = i + d = i + 0{,}065\,,$$

$$s = \frac{i + 0{,}065}{0{,}643}$$

und ebenso:

$$s_u = \left(\frac{0{,}393}{0{,}592}\right)^2 \cdot s = 0{,}441\,s\,.$$

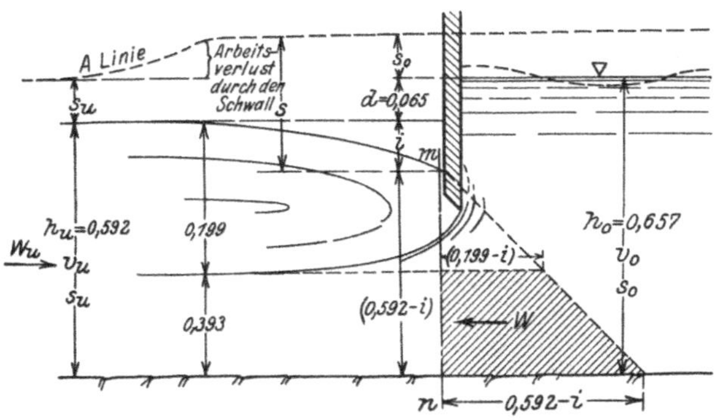

Abb. 180.

Für einen Querschnitt $m - n$ unmittelbar unterhalb der Schutztafel errechnet sich folgende Stützkraft:

$$W = 0{,}393\,\frac{(0{,}592 - i) + (0{,}199 - i)}{2} + 2 \cdot 0{,}393\,s\,,$$

$$= 0{,}393\left(\frac{0{,}791}{2} - i\right) + 0{,}786 \cdot \frac{i + 0{,}065}{0{,}643}\,,$$

$$= 0{,}2798 - 0{,}271\,i\,.$$

Für einen Querschnitt unterhalb des Schwalls ist:

$$W_u = \frac{0{,}592^2}{2} + 2 \cdot 0{,}592 \cdot 0{,}441 \cdot \frac{i + 0{,}065}{0{,}643}\,,$$

$$= 0{,}2280 + 0{,}8121\,i\,,$$

und da $W = W_u$:

$$0{,}2798 - 0{,}271\,i = 0{,}2280 + 0{,}8121\,i\,,$$

$$i = 0{,}048\,,$$

$$s = \frac{0{,}048 + 0{,}065}{0{,}643} = 0{,}176\,,$$

$$v = \sqrt{2\,g\,s} = 1{,}86\,,$$

$$q = 0{,}393 \cdot 1{,}86 = 0{,}731 \quad \text{statt} \quad 0{,}709\,.$$

Der beobachtete Wert beträgt also 97 vH des errechneten, d. h. er ist um 3 vH kleiner.

Man hat noch

$$s_u = 0{,}441\, s = 0{,}077\,,$$

d. h. die 𝔄-Linie fällt über dem Schwall um

$$s_0 + 0{,}065 - 0{,}077 = s - i - 0{,}077 = 0{,}176 - 0{,}048 - 0{,}077 = 0{,}051\ \mathrm{m}$$

ab und dieser Abfall stellt die Arbeit dar, die durch den Schwall verbraucht wird. Wir erkennen jetzt, daß die eingangs dieses Abschnitts angestellten Berechnungsversuche, weil sie diesen Arbeitsverlust nicht berücksichtigten, zu Ergebnissen führen mußten, die den Beobachtungen widersprachen.

4. Entlastung einer Schütztafel beim Ausfluß.

Gegeben sei die auch als „Stromstärke" zu bezeichnende Arbeitshöhe H einer Strömung (Abb. 181), die durch Heben der Schütztafel eines Grundablasses entstanden ist, und es soll ermittelt werden, um welches Maß a das Schütz gehoben werden muß, damit eine bestimmte Wassermenge q unter demselben abfließt.

Das Oberwasser wird hier zum Teil durch die Schütztafel gestützt und zwar in einem Maße, das von der einstweilen nicht bekannten Höhe der Öffnung a abhängt. Daher lassen sich in diesem Fall zusammengehörige Werte von h_0 und h_1 nicht mittels des Stützkraftsatzes ermitteln; wohl aber dürfen wir uns statt dessen, da das Ausströmen unter fortdauernder Beschleunigung aller Wasserteilchen vor sich geht und sonach keinerlei Arbeitsverlust entsteht, der q-Linie bedienen, indem wir zweckmäßig die Gl. (50) anwenden, die für die in unserem Beispiel gewählten Bezeichnungen lautet:

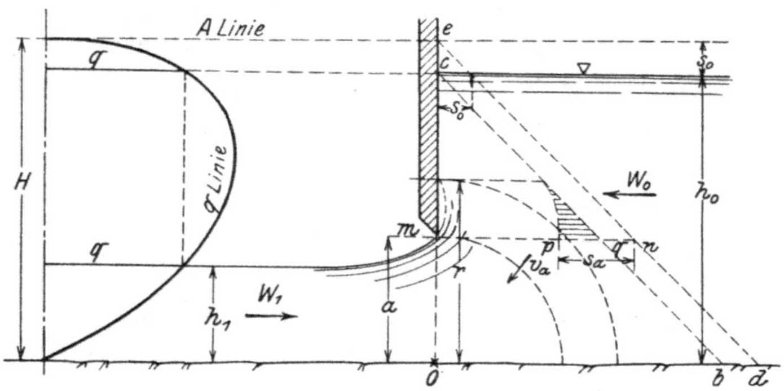

Abb. 181.

$$h_1 = \frac{s_0}{2}\left\{1 + \sqrt{1 + 4 \cdot \frac{h_0}{s_0}}\right\}.$$

Rechnen wir mit folgenden Zahlen:

$$H = 1{,}51\ \mathrm{m}, \qquad s_0 = 0{,}01\ \mathrm{m}, \qquad h_0 = 1{,}50\,,$$

dann ist:

$$h_1 = \frac{0{,}01}{2}\left\{1 + \sqrt{1 + 4 \cdot \frac{1{,}50}{0{,}01}}\right\} = 0{,}1276\,,$$

$$s_1 = H - h_1 = 1{,}51 - 0{,}1276 = 1{,}3824.$$

Daraus lassen sich die Stützkräfte berechnen:

$$W_0 = 1{,}50\left\{\frac{1{,}50}{2} + 2 \cdot 0{,}01\right\} = 1{,}1550$$

$$W_1 = 0{,}1276\,\{0{,}0638 + 2{,}7648\} = 0{,}3609$$

$$W_0 - W_1 = \Delta W = 0{,}7941$$

ΔW ist derjenige Betrag, der von Schütztafel aufgenommen wird. Wir werden aus ihm a errechnen können, wenn wir ΔW als Funktion von h_0 und a darzustellen vermögen.

Zu diesem Zweck ermitteln wir zunächst den Halbmesser des Viertelkreises, dessen Länge der Wassertiefe h_0 gleich ist:

$$r = \frac{2}{\pi} \cdot h_0 = k \frac{2}{\pi} \cdot 1{,}50 = 0{,}9550\ \mathrm{m}.$$

Beschreibt man mit diesem Halbmesser um den Schnittpunkt 0 der Innenwandung der Schütze mit der Sohle einen Viertelkreis, so werden bis zu ihm die Wasserfäden die Geschwindigkeit v_0 haben und letztere wird sich bis zu dem gleichfalls um 0 beschriebenen Viertelkreis mit dem Halbmesser a auf v_a vergrößern. Aus

$$v_a \cdot \frac{\pi}{2} a = v_0 \cdot \frac{\pi}{2} r$$

ergibt sich

$$s_a = \left(\frac{r}{a}\right)^2 \cdot s_0. \tag{106}$$

Die Geschwindigkeitshöhe $s_0 = \frac{v_0^2}{2g}$ wächst also für alle Teilchen zwischen dem Viertelkreis vom Halbmesser r und demjenigen vom Halbmesser a auf $s_a = \frac{v_a^2}{2g}$.

In der Abbildung stellt $0\,b\,c$ das hydrostatische Druckdreieck für den Schnitt $0\,c$ dar. Die zu seiner Grundlinie im wagerechten Abstand s_0 gezogene Parallele $e\,d$ kann zur Bestimmung der Arbeitshöhen benutzt werden, indem irgendeiner ihrer Punkte in der Höhe y über der Sohle von der Innenfläche $e\,0$ der Schütztafel den wagerecht zu messenden Abstand $(h_0 - y) + s_0$ hat. Insbesondere ist das also auch für den Punkt n in der Wagerechten $m - n$ in der Höhe a über der Sohle der Fall. Beträgt daher hier, wie wir sahen, die Geschwindigkeitshöhe nicht s_0, sondern $s_a > s_0$, so bedeutet das, daß an dieser Stelle — d. h. zwischen den beiden konzentrischen Viertelkreisen — da das Arbeitsvermögen nicht vergrößert werden kann, der Eigendruck mp des Wassers infolge seiner Geschwindigkeit eine Verminderung erfährt: insbesondere also auch der Druck auf die Schütztafel. Das Maß dieser Verminderung beträgt in der Höhe a über der Sohle:

$$\Delta k = s_a - s_0 = s_0 \left[\left(\frac{r}{a}\right)^2 - 1\right]$$

und ist in der Höhe r über der Sohle gleich Null, so daß die gesamte Entlastung der Schütztafel dem Inhalt des schraffierten Dreiecks

$$k = \frac{1}{3}(r - a) \cdot s_0 \left[\left(\frac{r}{a}\right)^2 - 1\right] \tag{107}$$

gleichzusetzen ist. Danach haben wir für den Druck auf die Schütztafel, den wir schon vorher zu $\Delta W = 0{,}7941$ m auf 1 m Breite berechnet hatten, den Ausdruck:

$$\Delta W = \frac{(h_0 - a)^2}{2} - \frac{1}{3}(r - a)\, s_0 \left[\left(\frac{r}{a}\right)^2 - 1\right] = 0{,}7941$$

gefunden und können nun hieraus a ermitteln.

Durch Einsetzen der Werte für h_0, r und s_0 erhält man:

$$0{,}7941 = \frac{(1{,}50 - a)^2}{2} - \frac{1}{3}(0{,}955 - a) \cdot 0{,}01 \left[\left(\frac{0{,}955}{a}\right)^2 - 1\right],$$

$$4{,}7646 = 3\,(2{,}25 - 3\,a + a^2) - (0{,}0191 - 0{,}02\,a) \frac{\overline{0{,}955}^2 - a^2}{a^2},$$

$$4{,}7646\,a^2 = 6{,}75\,a^2 - 9\,a^3 + 3\,a^4 - 0{,}017192 + 0{,}0191\,a^2 + 0{,}01824\,a - 0{,}02\,a^3,$$

$$0{,}0174192 = 3\,a^4 - 9{,}02\,a^3 + 2{,}0045\,a^2 + 0{,}01824\,a$$

oder, wenn wir hierin, da a ungefähr gleich $\frac{h_1}{\mu} = \frac{0{,}1276}{0{,}6} \sim 0{,}20$ sein wird, einsetzen:

$$\begin{aligned} a &= 0{,}2 + \delta, \\ a^2 &= 0{,}04 + 0{,}4\,\delta, \\ a^3 &= 0{,}008 + 0{,}12\,\delta, \\ a^4 &= 0{,}0016 + 0{,}032\,\delta. \end{aligned}$$

$$\begin{array}{rrrr} +0{,}0048 & +0{,}096\,\delta & -0{,}07216 & -1{,}0824\,\delta \\ +0{,}080180 & +0{,}8018\,\delta & & \\ +0{,}003648 & +0{,}01824\,\delta & & \\ \hline +0{,}088628 & +0{,}91604\,\delta & & \\ -0{,}07216 & -1{,}0824\,\delta & & \\ \hline 0{,}0174192 = 0{,}016468 & -0{,}16636\,\delta & & \end{array}$$

$$-0{,}16636\,\delta = 0{,}0009512,$$

$$\delta = -0{,}000572,$$

daher

$$\mathbf{a = 0{,}199\ m.}$$

5. Grundausfluß mit Ansatz.

Schon vor 120 Jahren hat Bidone durch Versuche gezeigt, daß beim Ausfluß von Wasser durch ein zylindrisches Ansatzrohr in diesem Rohr Saugwirkungen in der Nähe des Ansatzes auftreten. Ähnliche Versuche wurden noch bis gegen Mitte des letzten Jahrhunderts von Michelotti, d'Aubuisson, Eytelwein, Weisbach u. a., in späterer Zeit aber nicht mehr ausgeführt. Sie bezweckten lediglich die Änderung der Zusammenschnürung zu ermitteln, geben aber weder Aufschluß über Größe und Ausdehnung der Saugwirkung noch über die Druckverminderung außerhalb der Saugzone. Auch sind die Gesetze noch nicht gefunden, nach denen diese Größen berechnet werden könnten, und es soll nachstehend versucht werden, zu einigen derselben zu gelangen.

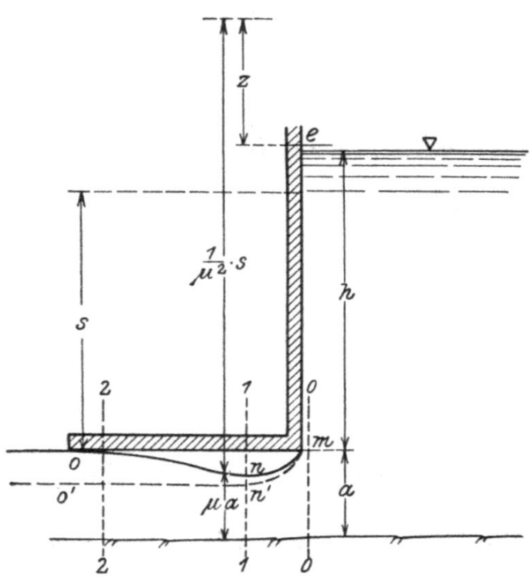

Abb. 182.

Behandeln wir zunächst (Abb. 182) den freien Ausfluß unter einem rechtwinkligen Ansatz. Wenn der Ansatz nicht vorhanden wäre, würde der unter der Unterkante m der lotrechten Wand lm ausfließende Strahl nach der Linie $mn'o'$ begrenzt sein. Der Ansatz hat die Wirkung, daß die von dem ausströmenden Wasser mitgerissene Luft sich nicht rasch genug ersetzen kann, so daß sie sich immer mehr verdünnt und daher den Ausflußstrahl immer mehr anzieht, bis er sich schließlich in o an den Ansatz anlegt. In dem dadurch von der übrigen Luft völlig abgesperrten Raum mno — wir nehmen an, daß die Wandungen des

Gerinnes auch einen Luftzutritt von den Seiten nicht gestatten — herrscht daher ein Druck, der geringer ist als der Atmosphärendruck, nämlich

$$\text{at} - z = 10{,}3 - z,$$

so daß z das Maß der Luftverdünnung in einer Länge ausdrückt.

Bezeichnet man nun die Höhe der Öffnung mit a, die Wassertiefe mit $a+h$, die Einschnürung im Querschnitt (1) mit μ, ferner die Geschwindigkeiten und Geschwindigkeitshöhen in (2) mit v und s, in (1) mit $\frac{v}{\mu}$ und $\frac{s}{\mu^2}$, so ist, da bis zum Querschnitt (1) nur Beschleunigung herrscht und sonach kein Energieverlust stattfindet:

$$a + h = \mu a + \frac{1}{\mu^2} \cdot s - z$$

oder

$$s - \mu^2 z = \mu^2 (1-\mu) a + \mu^2 h. \tag{108}$$

Die Stützkraft ist im Querschnitt (1):

$$W_1 = \mu a \cdot \left[\frac{\mu a}{2} + 2 \cdot \frac{s}{\mu^2} - z\right]$$

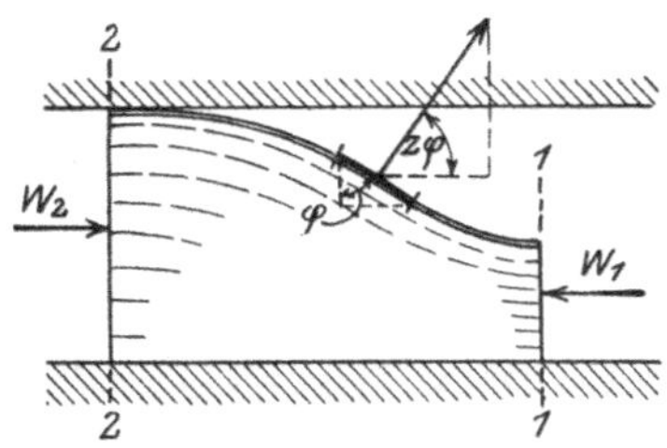

Abb. 183.

und im Querschnitt (2)

$$W_2 = a\left[\frac{a}{2} + 2s\right].$$

Überdies sind bei Aufstellung der Gleichgewichtsbedingungen für den durch die Querschnitte (1) und (2) begrenzten Teil des Strahls die wagerechten Seitenkräfte der Oberflächenspannungen zu berücksichtigen, denen er in dem luftverdünnten Raum ausgesetzt ist. Auf ein Element f dieser Fläche (Abb. 183) wirkt senkrecht die Spannung f_Z und ihre wagerechte Seitenkraft ist $f_Z \cdot \cos\varphi$. Man kann diesen Ausdruck auch so deuten, als wirke eine wagerechte Spannung z auf die Vertikalprojektion $f \cos\varphi$ des Flächenelements. Auf die Vertikalprojektion der ganzen den luftleeren Raum begrenzenden Oberfläche des Strahlausschnitts (1)—(2) wirkt daher die Spannung

$$(1-\mu) \cdot za \cdot .$$

Sonach ist die gesuchte Gleichgewichtsbedingung:

$$W_1 = W_2 + (1-\mu) az,$$

$$\mu a \left[\frac{\mu a}{2} + 2\frac{s}{\mu^2} - z\right] = a\left[\frac{a}{2} + 2s\right] + (1-\mu) az,$$

$$\frac{\mu^2 a}{2} + 2\frac{s}{\mu} = \frac{a}{2} + 2s + z,$$

$$\frac{a}{2}(\mu^2 - 1) = 2s\left(1 - \frac{1}{\mu}\right) + z, \tag{108a}$$

Dazu Gl. (108)

$$a(1-\mu) + h = \frac{1}{\mu^2} \cdot s - z.$$

Die Addition beider Gleichungen ergibt:

$$h + \frac{a}{2}[\mu^2 - 2\mu + 1] = s\left[2 - \frac{2}{\mu} + \frac{1}{\mu^2}\right]$$

$$h + \frac{a}{2}(1-\mu)^2 = s\left[\left(1 - \frac{1}{\mu}\right)^2 + 1\right], \tag{108b}$$

und für $\mu = 0{,}6$

$$h + \frac{a}{2} \cdot 0{,}16 = s \cdot \frac{13}{9},$$

$$s = \frac{9}{13} h + 0{,}055\, a = \mathbf{0{,}69}\, \boldsymbol{h} + \mathbf{0{,}055}\, \boldsymbol{a}.$$

Daraus erhält man, indem man wieder ausgeht von der Grundgleichung

$$a + h = \mu a + \frac{1}{\mu^2} \cdot s - z$$

für $\mu = 0{,}6$:

$$a + h = 0{,}6\, a + \frac{1}{0{,}36} \left[\frac{9}{13} h + 0{,}055\, a \right] - z$$

$$\boldsymbol{z} = \mathbf{0{,}92}\, \boldsymbol{h} - \mathbf{0{,}25}\, \boldsymbol{a}.$$

und für $a = \frac{h}{10}$:

$$s = 0{,}684\, h \quad \text{und} \quad z = 0{,}895\, h.$$

Die durchfließenden Wassermengen sind:

bei angesaugtem Strahl: $q_1 = a \cdot \sqrt{0{,}684} \cdot \sqrt{2gh} = 0{,}827 \cdot a \cdot \sqrt{2gh}$

bei freiem Strahl: $q_0 = 0{,}6 \cdot a \cdot \sqrt{2gh}$,

daher $$\frac{q_1}{q_0} = \frac{0{,}83}{0{,}6} = \mathbf{1{,}38}.$$

Der Ansatz steigert also die Ergiebigkeit der Ausflußmenge um 38 vH.

Die Druckhöhen h_1 und h_0, von denen die eine mit, die andere ohne Ansatzrohr die gleiche Wassermenge q liefert, erhält man

bei Saugwirkung aus: $2 g h_1 = \frac{q^2}{0{,}684\, a^2}$,

bei freiem Ausfluß aus: $2 g h_0 = \frac{q^2}{0{,}36\, a^2}$,

daher $$\frac{h_1}{h_0} = \frac{0{,}36}{0{,}684} = 0{,}526.$$

Unter den gegebenen Umständen kann also, wenn der Ausfluß unter Luftansaugung durch das Ansatzstück erfolgt, die Druckhöhe um etwa 47 vH geringer sein, als sie bei freiem Ausfluß sein müßte, damit in beiden Fällen die gleiche Wassermenge ausfließt.

Sei der Durchflußschlitz unter einer Schütztafel $a = 0{,}25$ m, die Wassertiefe $a + h = 2{,}07$ m und daher $h = 1{,}82$ m, so ist nach den vorigen Entwicklungen:

$$s = 0{,}69 \cdot 1{,}82 + 0{,}055 \cdot 0{,}25 = 1{,}269 \text{ m},$$

$$z = 0{,}92 \cdot 1{,}82 - 0{,}25 \cdot 0{,}25 = 1{,}612 \text{ m},$$

daher $$v = \sqrt{2gs} = 1{,}58 \text{ m} \qquad \frac{v}{\mu} = \frac{1{,}58}{0{,}6} = 2{,}93 \text{ m},$$

$$\frac{s}{\mu^2} = \frac{1{,}269}{0{,}36} = 3{,}525 \text{ m},$$

$$v \cdot 2{,}07 = 1{,}58 \cdot 0{,}25,$$

daher $$v_0 = 0{,}395,$$

$$s_0 = \frac{v_0^2}{2g} = 0{,}08,$$

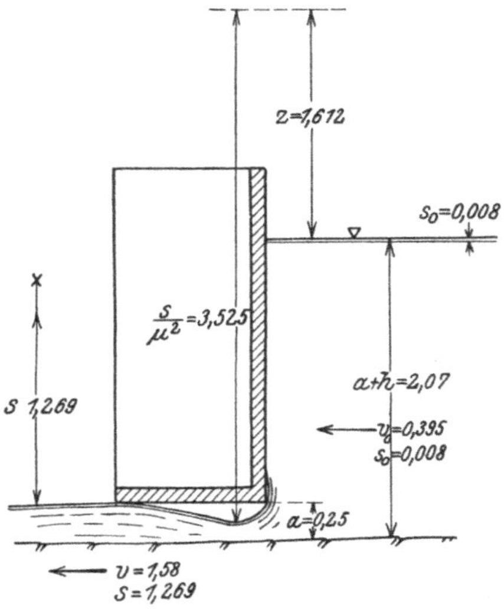

Abb. 184.

und wenn man die errechneten Werte in den Ausdruck

$$a + h = \mu a + \frac{s}{\mu^2} - z$$

einsetzt, erhält man auf der rechten Seite mit $\mu = 0{,}6$:

$$a + h = 0{,}15 + 3{,}525 - 1{,}612 = 2{,}063$$

statt 2,070, also eine genügende Übereinstimmung. Die Ergebnisse sind in Abbildung 184 maßstäblich aufgetragen.

6. Auftrieb einer Schütztafel mit abgeschrägter Unterkante.

Die Bodenfläche einer Schütze entspricht der Decke eines Ansatzrohres. Noch im ersten Jahrzehnt unseres Jahrhunderts war nicht bekannt und ist auch bei der Berechnung von Schützenaufzügen nie beachtet worden, daß der Wasserdruck auf die Unterfläche der Schütze kleiner ist, als der hydrostatische Druck und daß sogar eine Saugwirkung auftreten kann.

Wenn es sich darum handelt, die zum Aufziehen von Schützen erforderliche Kraft zu berechnen, so entsteht die Frage: Wie groß ist der Auftrieb, wenn die Schütze angehoben wird und das Wasser ausströmt? Um zu ihrer Beantwortung zu gelangen, wurden im Jahre 1910 im Darmstädter Wasserbau-Laboratorium Versuche angestellt, über deren Ergebnisse an dieser Stelle nur hervorgehoben sei, daß bei allmählicher Entfernung der Schütz-Unterkante vom Boden die Hubkraft anfänglich in vielfach ganz überraschendem Maße zunimmt, um erst nach Erreichung einer gewissen Höhe, die von den Wasserständen und natürlich auch von der Gesamthöhe der Schützöffnung abhängt, wieder abzunehmen. Demnach ist die zum Heben einer Schütztafel erforderliche Kraft wesentlich größer als sie sich aus dem Eigengewicht und dem hydrostatischen Auftrieb allein ergibt.

Wir wollen nun, um Schritt für Schritt vorzugehen, nachstehend zunächst den Auftrieb ermitteln, wie er sich unter dem Einfluß des strömenden Wassers ohne Berücksichtigung der Saugwirkung gestaltet, um in einer zweiten Rechnung die veränderte Form, die der Strahl durch die Saugwirkung annimmt, in Anschlag zu bringen, während eine dritte genauere Rechnung auch die Stärke der Saugwirkung ergeben wird.

a) Der Auftrieb unter dem Einfluß des strömenden Wassers ohne Berücksichtigung der Saugwirkung (Abb. 185). Es sei freier Abfluß ins Unterwasser vorausgesetzt, und wir wollen die Fragen beantworten:

1. Wie groß ist der Auftrieb $\mathfrak{A}$, wenn die Schütztafel um a m über die Wehrschwelle gehoben wird?

2. Wie muß das Abschrägungsverhältnis $\alpha = \frac{y - a}{b}$ sein, damit $\mathfrak{A}$ seinen Größtwert erreicht?

Da bei freiem Abfluß kein nennenswerter Verlust an Energie entsteht, so ist an der Austrittsstelle des Wassers:

$$s = (H - a)$$

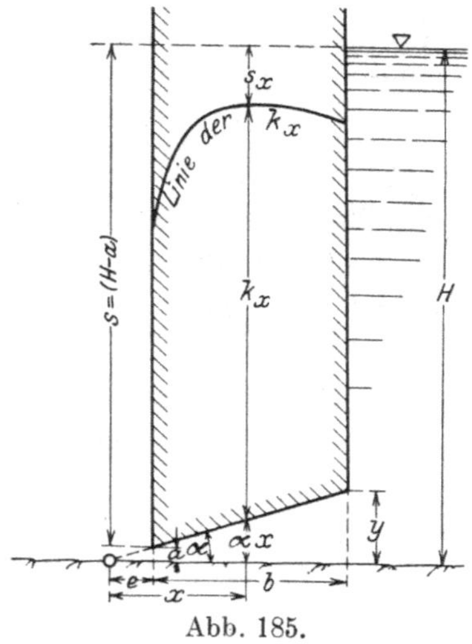

Abb. 185.

die abfließende Wassermenge: $q = \mu a \sqrt{2g(H-a)}$;
im Abstand x ist:

die Strahlstärke: $= \alpha x$,

die Geschwindigkeit: $v_x = \frac{q}{\alpha x}$,

die Geschwindigkeitshöhe: $s_x = \frac{v_x^2}{2g} = \frac{q^2}{2g\alpha^2} \cdot \frac{1}{x^2}$,

also die Belastung $k_x = H - s_x - \alpha x$ und der Auftrieb auf die Länge dx:

$$d\mathfrak{A} = k_x dx.$$

$$\mathfrak{A} = \int k_x dx = \int \left[H - \frac{q^2}{2g\alpha^2} \cdot \frac{1}{x^2} - \alpha x\right] dx$$

$$= Hx + \frac{q^2}{2g\alpha^2} \cdot \frac{1}{x} - \frac{1}{2}\alpha x^2 + C,$$

somit für $x = e$, $\alpha x = a$:

$$\mathfrak{A}_a = He + \frac{q^2}{2g\alpha^2} \cdot \frac{1}{e} - \frac{1}{2}\alpha e^2 + C = He + \frac{q^2}{2g\alpha} \cdot \frac{1}{a} - \frac{1}{2}\frac{a^2}{\alpha} + C,$$

ebenso für $x = (e+b)$, $\alpha x = \alpha(e+b) = y$:

$$\mathfrak{A}_{e+b} = H(e+b) + \frac{q^2}{2g\alpha} \cdot \frac{1}{y} - \frac{1}{2}\frac{y^2}{\alpha} + C$$

$$\mathfrak{A}_{e+b} - \mathfrak{A}_a = \mathfrak{A} = Hb + \frac{q^2}{2g\alpha}\left(\frac{1}{y} - \frac{1}{a}\right) - \frac{1}{2\alpha}(y^2 - a^2)$$

$$= Hb + \frac{q^2}{2g\alpha} \cdot \frac{a-y}{ay} - \frac{1}{2\alpha}(y-a)(y+a).$$

und, da $\frac{y-a}{\alpha} = b$:

$$\mathfrak{A} = b\left\{H - \frac{q^2}{2gay} - \frac{a+y}{2}\right\},$$

$$\mathfrak{A} = b\left\{H - \mu^2 \cdot \frac{a(H-a)}{y} - \frac{a+y}{2}\right\}.$$

$$\frac{d\mathfrak{A}}{dy} = b \cdot \left\{\frac{\mu^2 \cdot a(H-a)}{y^2} - \frac{1}{2}\right\}.$$

Daher erhält man den Größtwert von $\mathfrak{A}$ aus

$$\mu^2 a(H-a) = \tfrac{1}{2} y^2,$$

oder für: $y = \mu \cdot \sqrt{2a(H-a)}$

woraus sich für $\mu = 0{,}6$, $H = 8{,}3$ m, $b = 3$ m, $a = 0{,}2$ m ergibt:

$y = 1{,}08$, $\alpha = 0{,}287$, $\mathfrak{A}_{max} = 20{,}611$ t.

Läßt man y allmählich von 0,2 m (Parallelstellung zur Sohle) bis 1,8 m wachsen, so erhält man folgende Werte des Auftriebes:

$y =$	0,2	0,8	1,08	1,20	1,80 m,
$\mathfrak{A} =$	15,55	21,21	21,36	21,34	20,93 t.

b) Auftrieb in verschiedenen Höhenstellungen und seine Beeinflussung durch die Form des ausfließenden Strahls. Die Schütztafel (Abb. 186), unter welcher bei verschiedenen Höhenstellungen der Ausfluß erfolgen soll, sei längs ihrer Unterkante nach einer Neigung von 1:2 abgeschrägt, so daß der Winkel φ der Abschrägung gegen den Horizont sich aus:

$$\operatorname{tg}\varphi = \tfrac{1}{2} \quad \text{zu} \quad \varphi = 26^0\,34'$$

errechnet.

Daher ist nach Gl. (102a) die Einschnürungszahl des unter der Abschrägunghervorschießenden Wasserstrahls:

$$\mu = \frac{\varphi}{1 + \varphi - \cos\varphi} = \frac{0{,}463676}{1{,}463676 - 0{,}804415} = \mathbf{0{,}81}.$$

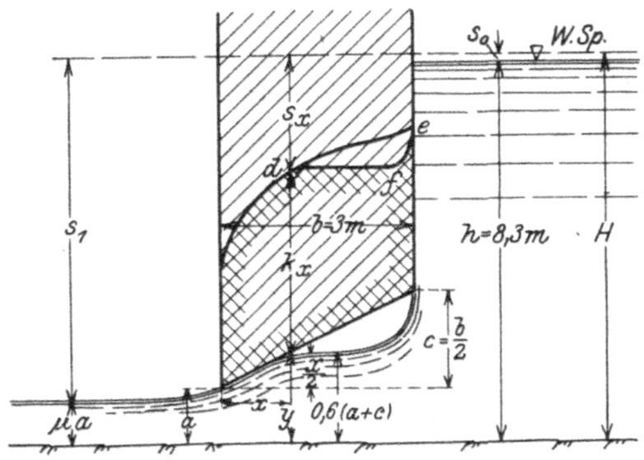

Abb. 186.

Auch hier darf wieder die Annahme gemacht werden, daß ein wesentlicherArbeitsverlust bei dem Ausfluß nicht stattfindet, so daß die Beziehungen bestehen:

$$H = h + s_0 = \mu a + s_1,$$

und

$$s_1 = \left(\frac{h}{\mu a}\right)^2 \cdot s_0,$$

woraus sich für alle Werte von a, d. h. für alle Höhenstellungen der Schütztafel und alle Tiefen h des Oberwassers die Geschwindigkeitshöhen des Ober- und Unterwassers bestimmen lassen.

Der eingeschnürte Strahl trifft die Abschrägung in einer Entfernung x vor der Rückwand, und man erhält X aus:

$$\frac{x}{b} = \frac{0{,}6\,(a+c) - a}{c} = \frac{0{,}6\,c - 0{,}4\,a}{\frac{b}{2}}$$

zu

$$x = 1{,}2\,c - 0{,}8\,a,$$

oder mit $c = \frac{b}{2} = 1{,}50$ m:

$$\boldsymbol{x = 1{,}8 - 0{,}8\,a},$$

wobei die Abschnürungszahl zu 0,6 angenommen ist.

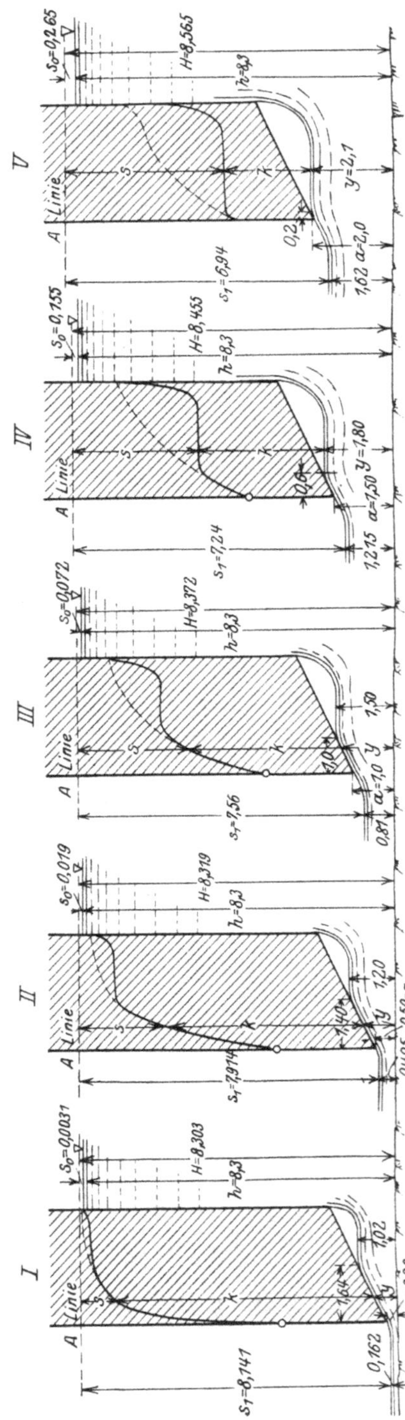

Abb. 187.

Der Auftrieb ergibt sich für irgendeine Lotrechte y im Abstand x von der Hinterwand zu:

$$k_x = H - y - s_x. \tag{109}$$

Darin bedeutet y die Wassertiefe unter der Schütztafel. Wäre also eine Einschnürung unter der Schütztafel nicht vorhanden und der ganze keilförmige Raum zwischen Abschrägung und Boden mit Wasser ausgefüllt, so würde die obere Begrenzungslinie der k_x vom Punkte d aus unmittelbar nach e verlaufen. Weil aber die Einschnürung des ausfließenden Strahles vorhanden ist, verläuft die Begrenzungslinie von d aus bis etwa f wagerecht und hebt sich erst von da ab zum Punkte e.

Nachfolgend sind für verschiedene Höhenstellungen der Schütztafel und für verschiedene Abszissen x ihrer Breite die Größen y, s_x und k_x zusammengestellt. Soweit für diese Größen zwei Zahlenwerte angegeben sind, bezieht sich der obere auf den nicht eingeschnürten, der untere auf den eingeschnürten Strahl:

	$a =$	$\mu a =$	$s_1 =$	$X =$	$X =$	0	0,2 b	0,4 b	0,6 b	0,8 b	1,0 b
I.	0,2	0,162	8,141	1,64	$y =$	0,20	0,50	0,80	1,1 **1,02**	1,4 **1,02**	1,7
					$s_x = \left(\frac{\mu a}{y}\right)^2 \cdot s_1 = \left(\frac{0{,}162}{y}\right)^2 \cdot 8{,}141 =$	5,32	0,85	0,33	0,176 **0,205**	0,109 **0,205**	0,073
					$k_x = H - (y + s_x) =$	2,783	6,953	7,173	7,027 **7,078**	6,794 **7,078**	6,530
II.	0,5	0,405	7,914	1,40	$y =$	0,50	0,80	1,10	1,40 **1,20**	1,70 **1,20**	2,0
					$s_x = \left(\frac{0{,}405}{y}\right)^2 \cdot 7{,}914 =$	5,2	2,05	1,08	0,665 **0,902**	0,449 **0,902**	0,325
					$k_x =$	2,619	5,469	6,139	6,254 **6,217**	6,170 **6,217**	5,994
III.	1,0	0,81	7,56	1,00	$y =$	1,0	1,30	1,60 **1,50**	1,90 **1,50**	2,20 **1,50**	2,50
					$s_x = \left(\frac{0{,}81}{y}\right)^2 \cdot 7{,}562 =$	4,95	2,93	1,94 **2,20**	1,376 **2,20**	1,025 **2,20**	0,792
					$k_x =$	2,422	4,142	4,832 **4,67**	5,106 **4,67**	5,147 **4,67**	5,080
IV.	1,50	1,215	7,24	0,60	$y =$	1,50	1,80 **1,80**	2,10 **1,80**	2,40 **1,80**	2,70 **1,80**	3,00
					$s_x = \left(\frac{1{,}215}{y}\right)^2 \cdot 7{,}24 =$	4,74	3,31 **3,31**	2,44 **3,31**	1,86 **3,31**	1,47 **3,31**	1,19
					$k_x =$	2,215	3,345 **3,345**	3,915 **3,345**	4,195 **3,345**	4,285 **3,345**	4,265
V.	2,00	1,62	6,94	0,20	$y =$	2,00	2,30 **2,10**	2,60 **2,10**	2,90 **2,10**	3,20 **2,10**	3,50
					$s_x = \left(\frac{1{,}62}{y}\right)^2 \cdot 6{,}94 =$	4,55 4,15	3,45 **4,15**	2,70 **4,15**	2,175 **4,15**	2,045 **4,15**	1,495
					$k_x =$	2,015	2,815 **2,31**	3,265 **2,31**	3,490 **2,31**	3,320 **2,31**	3,570

Der besseren Übersicht wegen sind diese Ergebnisse in Abbildung 187 auch noch zeichnerisch aufgetragen.

Es bleibt in dem nachfolgenden Abschnitt noch festzustellen, welchen Einfluß in dem von der Einschnürung des Strahles abgesperrten Raum unter der Abschrägung die Saugwirkungen ausüben.

c) Der Auftrieb unter Berücksichtigung der Saugwirkung. Die Untersuchung sei nur für den Fall IV, nämlich für die um 1,50 m gehobene Schütztafel durchgeführt. Die Grundlagen der Rechnung bleiben genau die vorigen. Die Luftverdünnung in dem abgesperrten Raum betrage wieder

$$\text{at} - z = 10{,}3 - z\,,$$

und es ist also die ein Höhenmaß darstellende Unbekannte z zu bestimmen.

Dazu wenden wir den Satz von der Stützkraft an, der für einen Querschnitt oberhalb des Wehres ergibt:

$$W_0 = \frac{\overline{8{,}3}^2}{2} + 2 \cdot 8{,}3 \cdot s_0 = 37{,}018\,.$$

Für die Querschnitte unterhalb des Wehres muß der Druck auf den Wehrkörper — sowohl der hydrostatische wie der Stoßdruck — zu den Stützkräften hinzugerechnet werden. Die Ermittlung des Drucks auf die Schütztafel wurde schon in den Abschnitten über die Entlastung einer Schütztafel beim Ausfluß und über die Einschnürungszahl gezeigt. Es ist dem hier noch einiges über die praktische Durchführung der Rechnung beizufügen.

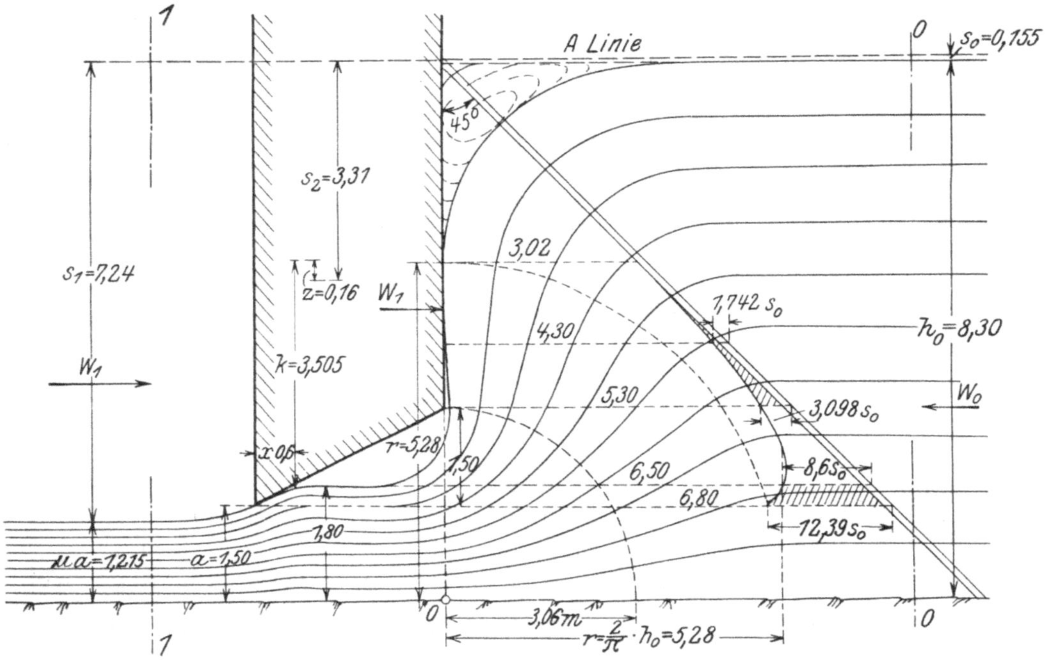

Abb. 188.

Eine Entlastung kommt erst für diejenigen Punkte der Tafel in Betracht, deren Höhe y über dem Boden kleiner ist als:

$$r = \frac{2}{\pi} \cdot h = \frac{2}{\pi} \cdot 8{,}3 = 5{,}28 \text{ m}\,.$$

In dieser Höhe liegt auch die Spitze des in Abbildung 188 durch Schraffur gekennzeichneten Entlastungsdreiecks.

Die Geschwindigkeitshöhe beträgt in allen Punkten der zu dem r-Kreise konzentrischen, d. h. um 0 beschriebenen Viertelkreise vom Halbmesser y:

$$s_y = \left(\frac{5{,}25}{y}\right)^2 \cdot s_0\,.$$

Ferner in allen lotrechten Schnitten durch die Einschnürung unter der Schütztafel:

$$s_2 = \left(\frac{8,3}{1,8}\right)^2 \cdot s_0 .$$

Ist dann in einem Punkt der Vorderwand der Schütztafel in der Höhe y über dem Boden der entlastete ruhende Druck $= d$ (Abb. 189), so beträgt der nicht entlastete Druck daselbst

$$d + 2\, s_y .$$

Dafür kann man für die Rechnung bequemer setzen:

$$t + s_0 + s_y ,$$

wenn unter t die Wassertiefe über dem betrachteten Punkt verstanden ist.

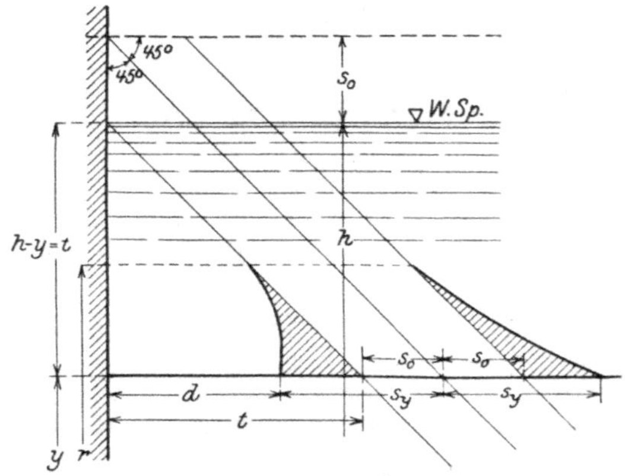

Abb. 189.

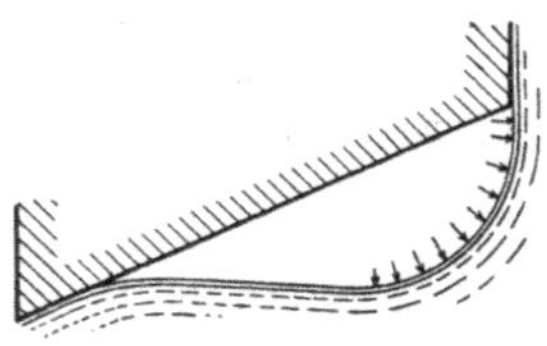

Abb. 190.

Der ausfließende Strahl wird in der Hohlkehle seiner Einschnürung (Abb. 190) von Zentrifugalkräften gestützt, so daß auf die Höhe der Einschnürung die Schütztafel keinen Wasserdruck aufzunehmen hat. Wohl aber entsteht in dem durch die Einschnürung von der äußeren Luft abgesperrten Raum (Abb. 191) der Unterdruck z, der auf die Länge l der Abschrägung eine Zugkraft lz ausübt, deren wagerechte Seitenkraft $(lz \sin \varphi)$ ist.

Man kann den Ausdruck wieder so deuten, als wirkte die Spannung z auf die Fläche $l \cdot \sin \varphi$, d. h. auf die lotrechte Projektion des l Meter langen Teils der Abschrägung. Da diese Projektion eine Höhe von 1,2 m hat, so ist die auf die Schütztafel auf 1 m Breite wirkende wagerechte Seitenkraft der Saugwirkung: $1,2\, z$.

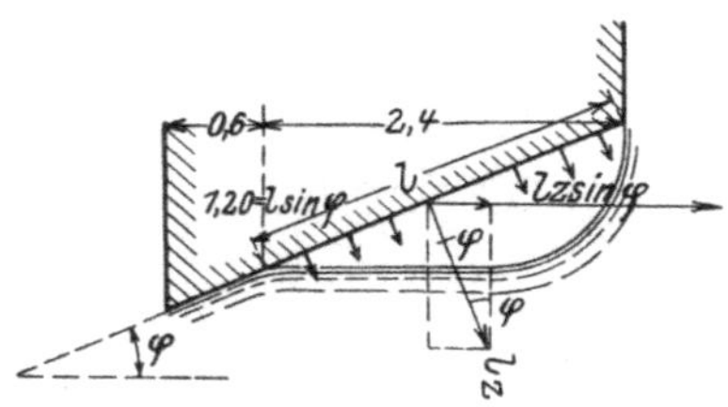

Abb. 191.

Der luftverdünnte Raum greift, wie das auf der Abb. 188 angedeutet ist, noch eine gewisse Strecke weit auf die Vorderfläche der Schütztafel über, was aber noch nicht in die Rechnung eingeführt werden konnte.

Vernachlässigt wurde ferner der ebenfalls in der Zeichnung angedeutete Umstand, daß sich vor dem Schütz die Energie des heranfließenden Wassers in einen Stau umsetzt, dessen Höhe ungefähr der Geschwindigkeitshöhe entspricht. Der Einfluß wird im vorliegenden Fall sehr gering sein.

Sonach ist nun die Stützkraft in $(1-1)$:

$$W_1 = 1,215\,(0,6075 + 2\, s_1) + \Delta = 0,739 + 46,65\, s_0 + \Delta ,$$

wobei Δ den Druck auf die Schütztafel bedeutet, der sich aus umstehender Tabelle ergibt:

$y =$	$t =$	$\Delta t =$	$s_y =$	$t + s_0 + s_y =$	$\Delta t \dfrac{t + t' + 2\,s_0 + s_y + s_y'}{2} = \Delta F =$
8,30	0		s_0	$0 + s_0 + s_0$	
		3,02			$3{,}02 \cdot \dfrac{3{,}02 + 4\,s_0}{2} = 4{,}5602 + 6{,}04\,s_0$
5,28	3,02		s_0	$3{,}02 + s_0 + s_0$	
		1,28			$1{,}28 \cdot \dfrac{7{,}32 + 4{,}742\,s_0}{2} = 4{,}6848 + 3{,}035\,s_0$
4,00	4,30		$1{,}742\,s_0$	$4{,}3 + s_0 + 1{,}742\,s_0$	
		1,00			$1{,}00 \cdot \dfrac{9{,}6 + 6{,}840\,s_0}{2} = 4{,}8 + 3{,}420\,s_0$
3,00	5,30		$3{,}098\,s_0$	$5{,}3 + s_0 + 3{,}098\,s_0$	
1,80	6,50		$8{,}6\,s_0$	$6{,}5 + s_0 + 8{,}6\,s_0$	
		0,30			$0{,}30 \cdot \dfrac{13{,}3 + 22{,}99\,s_0}{2} = 1{,}995 + 3{,}4485\,s_0$
1,50	6,80		$12{,}39\,s_0$	$6{,}8 + s_0 + 12{,}39\,s_0$	
					$\Delta = 16{,}0400 + 15{,}9435\,s_0$

daher: $W_1 = 16{,}779 + 62{,}59\,s_0 - 1{,}2\,z = W_0 = 37{,}018$ (s. S. 120).

Daher mit $s_0 = 0{,}155$

$$\underline{\underline{z = -0{,}87.}}$$

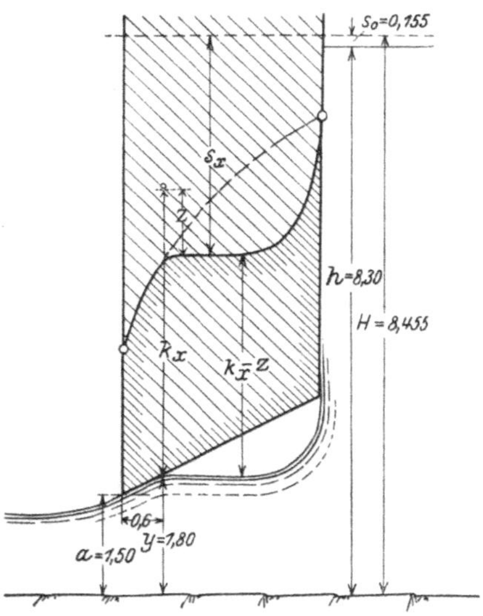

Abb. 192.

Den Auftrieb erhält man wieder aus der Gleichung (vgl. Abb. 192):

$$y + k_x - z + s_x = h + s_0,$$

oder mit Einsetzung der Zahlenwerte

$$1{,}80 + k_x - 0{,}87 + 3{,}31 = 8{,}30 + 0{,}155,$$

woraus

$$k_x = 4{,}21,$$

ein Wert, der um $z = 0{,}865$ größer ist als der im vorigen Abschnitt gefundene.

7. Der freie belüftete Überfall.

a) Form und Zusatzspannungen. Der Überfall ist ein Grenzfall des Ausflusses aus senkrechter Wand. Bazin hat die Umrißlinien des Überfallstrahles sehr genau gemessen. Er bezeichnete den Strahl sehr passend als „Decke“ (nappe), da meist seine Breite ein Vielfaches seiner Dicke beträgt und da er sich in der Tat wie eine Decke über die Wehrkante legt.

Bazin fand für den freien, d. h. den auf seiner Ober- und Unterfläche von der Luft frei umspülten Überfallstrahl:

1. bei gleichbleibender Lage von Überfallkante und A-Linie:

daß Höhenänderungen der Überfallwand nur ganz geringfügige Änderungen der Umrißlinien und also der Deckenstärke zur Folge haben, die meist praktisch vernachlässigt werden können;

2. bei unveränderter Höhe der Überfallwand aber sich ändernder Höhenlage der A-Linie über der Überfallkante:

daß die Maße der Decken-Umrißlinie sich im gleichen Verhältnis ändern, wie diejenigen der Arbeitshöhe über dem Überfallrücken, daß also m. a. W. die beiden

Decken einander geometrisch ähnlich sind und ihre Abmessungen sich zueinander verhalten wie ihre über den Wehrschneiden gemessenen Arbeitshöhen.

Die Form der Decke läßt sich auch rechnerisch bestimmen, sobald in allen Punkten ihrer Querschnitte sowohl die Geschwindigkeitshöhen s als auch die in den gekrümmten Wasserfäden als Schleuderkräfte auftretenden Zusatzspannungen Δz bekannt sind. Denn beide stehen durch Gl. (34)

$$\Delta z = \frac{2s}{\varrho} \cdot \Delta a$$

zu dem Krümmungshalbmesser ϱ in bestimmter Beziehung, dessen Kenntnis für die Formbestimmung notwendig ist.

Wir sahen bereits, daß eine genaue Durchführung dieser Rechnung bisher nicht gelungen ist, doch wollen wir wenigstens eine Annäherung versuchen.

Setzen wir also (Abb. 193) einen belüfteten oder freien Strahl voraus, dessen Oberflächenspannungen

$$k_a = k_i = 0$$

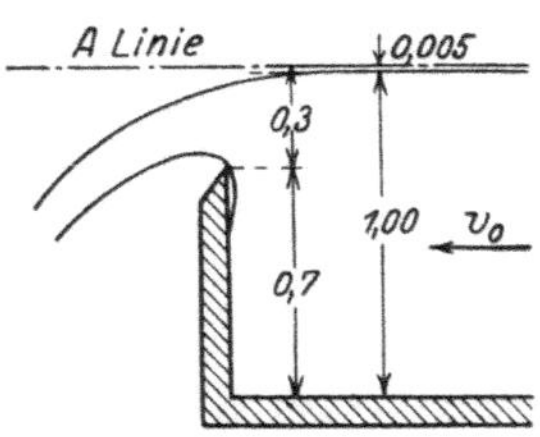

Abb. 193.

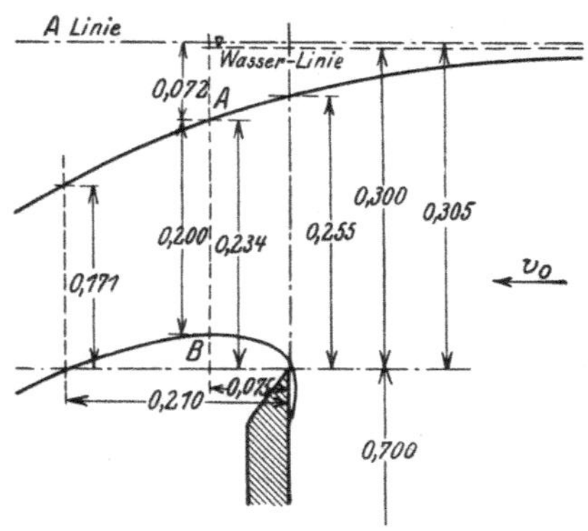

Abb. 194.

sind. Dann ergeben sich für die Oberflächenpunkte aus der 𝔄-Linie ohne weiteres die Geschwindigkeitshöhen s_a und s_i und aus ihnen die Geschwindigkeiten v_a und v_i.

Für einen 0,3 m hohen Überfall (Abb. 194), der über eine 0,70 m hohe Wand fallen möge, ist mit $\mu = 0{,}62$ die Wassermenge nach Gl. (98):

$$q = \tfrac{2}{3} \cdot 0{,}62 \cdot 0{,}3 \sqrt{2g \cdot 0{,}3} = 0{,}301 \text{ cbm/sec},$$

hieraus die Zuflußgeschwindigkeit:

$$v_0 = 0{,}301 \text{ m/sec}$$

$$s_0 = 0{,}005.$$

Die 𝔄-Linie liegt also 0,005 m über dem Wasserspiegel.

Die Form des Strahles ist nach den **Bazin**schen Messungen durch Multiplikation aller Maßzahlen mit 0,3 abgeleitet. Aus ihr ergibt sich für den Querschnitt $\overline{AB}$ am Orte der höchsten Erhebung des inneren Randfadens im Abstand 0,075 m von der Überfallkante:

$$s_a = 0{,}072 \quad \text{daher} \quad v_a = 1{,}19 \text{ m/sec},$$

$$s_i = 0{,}271 \quad \text{„} \quad v_i = 2{,}31 \quad \text{„}$$

Die Geschwindigkeit ist hiernach in der betrachteten Lotlinie im inneren Randfaden fast doppelt so groß wie im äußern. Dem Mittelwert $\frac{v_a + v_i}{2} = 1{,}75$ m gegenüber ist die Durchschnittsgeschwindigkeit

$$v_d = \frac{q}{h} = \frac{0{,}301}{0{,}20} = 1{,}50 \text{ m/sec}.$$

Wir tragen nun (Abb. 195) auf der Lotrechten AB die Querschnittshöhe $h = 0{,}200$ m auf, um von ihr aus in den verschiedenen Wassertiefen 0 bis 10 die Geschwindigkeiten abzusetzen und damit das Geschwindigkeitsdiagramm des Querschnittes zu erhalten. Von diesem Diagramm kennen wir mit Sicherheit nur die Eckpunkte a und b in den Wagerechten durch (0) und (10) als Endpunkte der Geschwindigkeiten v_0 und v_u der Randfäden. Außerdem ist uns die Durchschnittsgeschwindigkeit $v_d = 1{,}5$ m gegeben und wir wissen, daß das in der Figur dargestellte Rechteck $(h \cdot v_d)$ die den Querschnitt sekundlich durchströmende Wassermenge $q = 0{,}301$ cbm/sec darstellt, und daß das Geschwindigkeitsdiagramm, das wir suchen, ebenfalls mit der Grundlinie AB die Fläche q einschließen muß. Die Geschwindigkeitslinie $a \ldots b$ muß also so gestaltet sein, daß die Fläche $(\overline{ade})$, die sie einerseits von dem Rechteck $(h \cdot v_d)$ abschneidet, genau so groß ist, wie die Fläche $(\overline{bdf})$, die sie ihm andererseits zufügt. Dieser Bedingung genügt der Linienzug a—c—b, wenn c durch eine einfache Rechnung so bestimmt ist, daß die Dreiecke $\overline{ace}$ und $\overline{bcf}$ gleichen Flächen-

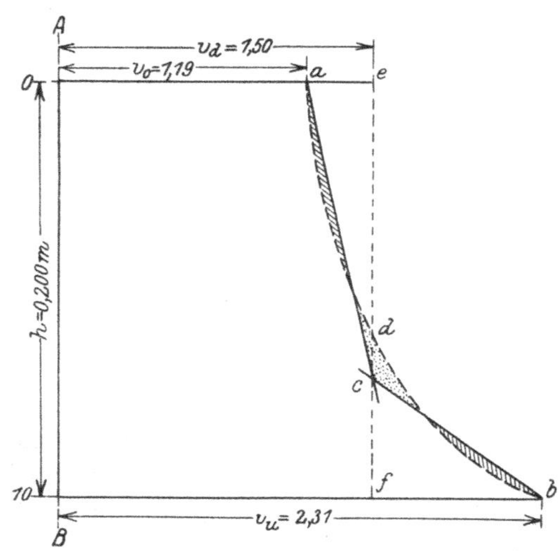

Abb. 195.

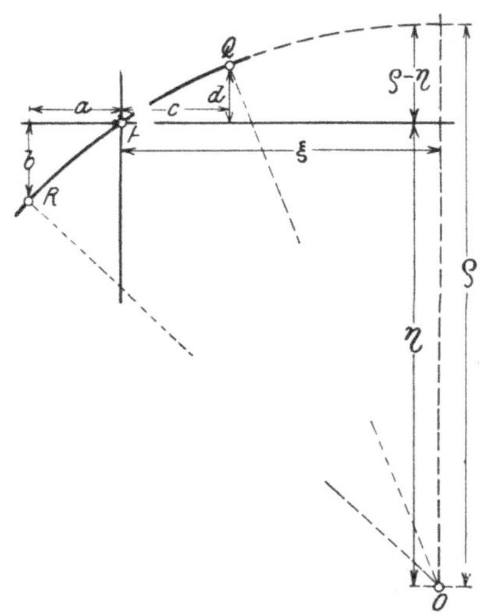

Abb. 196.

inhalt haben. Der Linienzug erleichtert daher die Auffindung der Geschwindigkeitslinie. So genügt z. B. die in die Abbildung eingezeichnete gekrümmte Linie a—d—b der Kontinuitätsbedingung, wenn die Summe der beiden schraffierten Flächen, die sie mit dem Linienzug a—c—b einschließt, dem Inhalt des punktierten Dreiecks mit der Spitze c gleich ist. Wir suchen aus den vielen derartigen möglichen Linien für unsere Zwecke eine solche heraus, die für die Randstrahlen Krümmungshalbmesser liefert, die mit denjenigen übereinstimmen, die sich aus den Bazinschen Messungen ergeben.

Ermitteln wir also zunächst den Krümmungshalbmesser eines Kurvenpunktes P (Abb. 196), durch den wir ein rechtwinkliges Koordinatensystem legen, auf das sich die Koordinaten zweier benachbarter Kurvenpunkte R und Q beziehen mögen, die ebenfalls gegeben sind. Dann berechnen sich die Koordinaten ξ und η des Mittelpunktes O des durch P, Q und R gelegten Krümmungskreises aus:

$$(\xi + a)^2 = (\varrho - \eta + b)\,[2\,\varrho - (\varrho - \eta + b)]\,,$$
$$= [\varrho - (\eta - b)]\,[\varrho + (\eta - b)]\,,$$

ebenso:

$$\underline{(\xi - c)^2 = [\varrho - (\eta + d)]\,[\varrho + (\eta + d)]}\,,$$

oder:

$$(\xi + a)^2 = \varrho^2 - (\eta - b)^2,$$
$$\underline{(\xi - c)^2 = \varrho^2 - (\eta + d)^2},$$

daraus mit $\xi^2 = \varrho^2 - \eta^2$:

$$2\,a\,\xi + a^2 = 2\,b\,\eta - b^2,$$
$$\underline{-2\,c\,\xi + c^2 = -2\,b\,\eta - d^2},$$

und auf bekannte Weise:

$$\left.\begin{aligned} \xi &= \frac{1}{2}\,\frac{d\,(a^2 + b^2) + b\,(c^2 + d^2)}{c\,b - a\,d} \\ \eta &= \frac{1}{2}\left\{\frac{c + a}{d + b}\,[2\,\xi + (a - c)] + (b - d)\right\} \end{aligned}\right\}, \qquad (110)$$

endlich, wenn $a = c$:

$$\left.\begin{aligned} \xi &= \frac{1}{2}\left(a + \frac{b\,d}{a}\right)\frac{b + d}{b - d} \\ \eta &= \frac{2\,a}{b + d}\cdot\xi + \frac{b - d}{2} \end{aligned}\right\}, \qquad (110\text{a})$$

$$\varrho = \sqrt{\xi^2 + \eta^2}. \qquad (110\text{b})$$

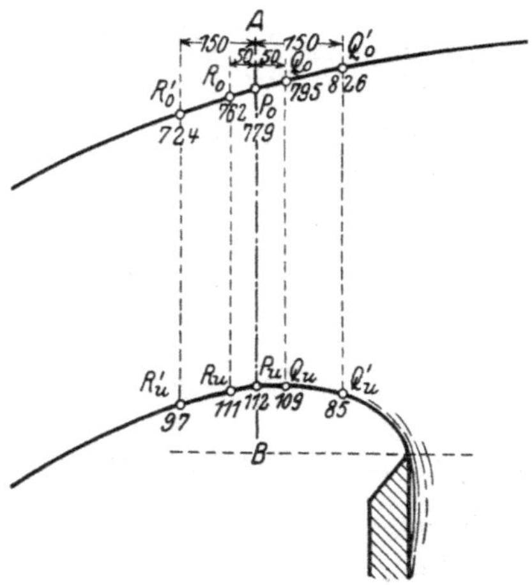

Abb. 197.

Wir berechnen die Krümmungen für die Bazinschen Maße, so daß wir unsere Ergebnisse noch mit 0,3 zu multiplizieren haben.

Für die Ermittlung der Krümmungen in den Punkten P der Randstrahlen des Querschnittes AB (Abb. 197) stellt uns Bazin außer den Koordinaten dieser Punkte die Koordinaten von Punkten R und Q zur Verfügung, die einen wagerechten Abstand von 50 mm von P haben und überdies von Punkten R' und Q' im wagerechten Abstand von 150 mm von P. Die Ordinaten sind den Punkten in der Skizze beigeschrieben. Wir wollen beide Punktpaare benutzen.

I. Oberer Randfaden.

a) Für R_0 und Q_0 ist:

$$a = c = 50 \text{ mm}, \qquad b = 17 \text{ mm}, \qquad d = 16 \text{ mm},$$

$$\xi = \frac{1}{2}\left(50 + \frac{272}{50}\right)\frac{33}{1} = 914{,}76 \text{ mm},$$

$$\eta = \frac{100}{33}\cdot 914{,}76 + 0{,}5 = 2772{,}5,$$

$$\varrho_0 = \sqrt{2772^2 + 915^2} = 2919{,}6 \text{ mm},$$

daher für unseren Fall:

$$\boldsymbol{\varrho = 876 \text{ mm}}.$$

b) Für R_0' und Q_0' ist:

$$a = c = 150 \text{ mm}, \qquad b = 55 \text{ mm}, \qquad d = 47 \text{ mm},$$

$$\xi = \frac{1}{2}\left(150 + \frac{2585}{150}\right)\frac{102}{8} = 1066{,}11,$$

$$\eta = \frac{300}{102}\cdot 1066{,}11 + 4 = 3135{,}6,$$

daher für unseren Fall:

$$\varrho_0 = 0{,}3\sqrt{1066^2 + 3135{,}6^2} = 0{,}3\cdot 3312 = \mathbf{993{,}6 \text{ mm}}.$$

II. Unterer Randfaden.

1. Für R_u und Q_u ist:

$$a = c = 50\ \text{mm}, \qquad b = +1\ \text{mm}, \qquad d = -3\ \text{mm},$$

$$\left.\begin{aligned} \xi &= \frac{1}{2}\left(50 - \frac{3}{50}\right)\frac{-2}{+4} = -12\ \text{mm} \\ \eta &= \frac{100}{(-2)}(-12) + \frac{4}{2} = 602\ \text{mm} \end{aligned}\right\} \varrho_u = 0{,}3\sqrt{144 + 362404} = 0{,}3 \cdot 602 = \mathbf{181\ mm}.$$

2. Für R_u' und Q_u':

$$a = c = 150\ \text{mm}, \qquad b = 15\ \text{mm}, \qquad d = -27\ \text{mm},$$

$$\left.\begin{aligned} \xi &= \frac{1}{2}\left(150 - \frac{405}{150}\right)\frac{(-12)}{42} = -21\ \text{mm} \\ \eta &= \frac{300}{(-12)}(-21) + \frac{42}{2} = 546\ \text{mm} \end{aligned}\right\} \varrho_u = 0{,}3\sqrt{546^2 + 21^2} = 0{,}3 \cdot 546 = \mathbf{164\ mm}.$$

Danach muß bei Benutzung des Krümmungshalbmessers $\varrho = 0{,}896$ die Gleichung bestehen:

$$\Delta z_0 = \frac{2s}{0{,}876}\Delta \cdot y = \frac{2s}{0{,}876} \cdot 0{,}02 = \frac{s}{22}.$$

Da nun mit $z_0 = 0$ an der Oberfläche für die oberste Lamelle $\Delta z_0 = z_1$ ist, so kann man auch schreiben:

$$z_1 = \frac{s_1}{22} = y - k,$$

$$k = y - \frac{s_1}{22} = 0{,}02 - \frac{s_1}{22} = Y - s_1,$$

$$s_1 = 0{,}0753\ \text{m} \quad \text{oder} \quad v_1 = 1{,}215\ \text{m/sec}.$$

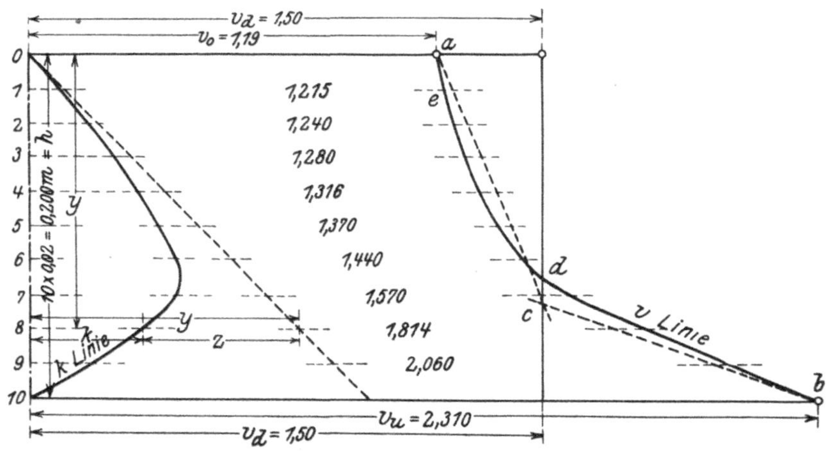

Abb. 198.

Daraus ergibt sich ein weiterer Punkt e der Geschwindigkeitslinie (Abb. 193) und man kann diese Linie $a\,e\,d\,b$ nunmehr so zeichnen, daß sie einerseits der aufgestellten Flächenbedingung genügt, andererseits mit der Krümmung des oberen Randfadens harmoniert. In der Tat ist die Fläche auf Grund der in die Skizze eingeschriebenen Zahlen:

$$q = \left(\frac{v_0 + v}{2} + \sum_{v_1}^{v_0}(v)\right) = \left(\frac{1{,}19 + 2{,}31}{2} + 13{,}305\right)0{,}02 = 0{,}301,$$

wie es sein muß. Auf die so gefundenen Geschwindigkeiten ist die nachfolgende Rechnung der inneren Kräfte k und z, sowie der Krümmungshalbmesser ϱ für die einzelnen Wassertiefen des Querschnittes aufgebaut. Wir finden folgendes:

	$v =$	$s =$	$Y =$	$Y - s = k =$	$y =$	$y - k = z =$	$\Delta z =$	$\frac{2s}{\Delta z} \cdot \Delta y = \varrho =$
0	1,19	0,0720	0,0720	0	0	0	0	0,876
1	1,215	0,0753	0,0920	0,0167	0,0200	0,0033	0,0033	0,887
2	1,240	0,0785	0,1120	0,0335	0,0400	0,0065	0,0032	1,013
3	1,280	0,0840	0,1320	0,0480	0,0600	0,0120	0,0055	0,611
4	1,316	0,0885	0,1520	0,0635	0,0800	0,0165	0,0045	0,786
5	1,370	0,0960	0,1720	0,0760	0,1000	0,0240	0,0075	0,512
6	1,440	0,1060	0,1920	0,0860	0,1200	0,0340	0,0100	0,424
7	1,570	0,1260	0,2120	0,0860	0,1400	0,0540	0,0200	0,252
8	1,814	0,1680	0,2320	0,0640	0,1600	0,0960	0,0420	0,160
9	2,060	0,2170	0,2520	0,0350	0,1800	0,1450	0,0490	0,177
10	2,310	0,2720	0,2720	0	0,2000	0,2000	0,0550	0,189
							$\Sigma(\Delta z) = 0{,}2000 = z_{10}$	

Somit ergibt sich also auch für den unteren Randfaden (10) ein Krümmungshalbmesser, der bis auf wenige Millimeter mit demjenigen übereinstimmt, den wir vorhin für diesen Faden aus den Bazinschen Messungen berechnet hatten.

Wenn der Verlauf der sich aus den Krümmungshalbmessern ergebenden Krümmungen namentlich in der oberen Hälfte des Querschnitts kein ganz stetiger ist, so ist das eine Folge der Annäherung, mit der wir uns bescheiden mußten. Aber trotzdem liefern die Ergebnisse auch in ihrer Unvollkommenheit ein Bild von dem Verlauf der Kräfte und von ihrem Zusammenhang mit der Gestalt der Wasserfäden und den Umrißlinien der Überfalldecke, und deshalb schien es nicht unberechtigt, die vorstehende Darlegung hier aufzunehmen.

Eine erschöpfende Behandlung der Überfalldecke verlangt noch das Studium der Änderungen, welche Kräfte und Geschwindigkeiten beim Übergang von einem Querschnitt zum andern erleiden. Darüber sind bisher nur Ansätze vorhanden, die sich zur Widergabe noch nicht eignen. Es eröffnet sich in dieser Richtung ein weites Arbeitsfeld!

b) Absturz in das Unterwasser. Beim Absturz der freien belüfteten Überfalldecke in das Unterwasser, dessen Tiefe h_2 betragen möge, werden ähnliche Erscheinungen auftreten, wie wir sie schon beim Grundablaß kennen lernten: Entweder wird das Unterwasser von dem Überfallstrahl verdrängt werden, der als reißender Strom von der Tiefe h_1 an seine Stelle tritt, um erst weiter stromabwärts durch einen Sprung in den ruhigen Strom von der Tiefe h_2 überzugehen (Abb' 199), oder aber die Wassertiefe h_2 des Unterwassers ist zu groß, als daß der h_1 m tiefe Überfallstrahl sie durch einen Sprung erreichen könnte. Dann entsteht hinter dem Wehr ein Schwall.

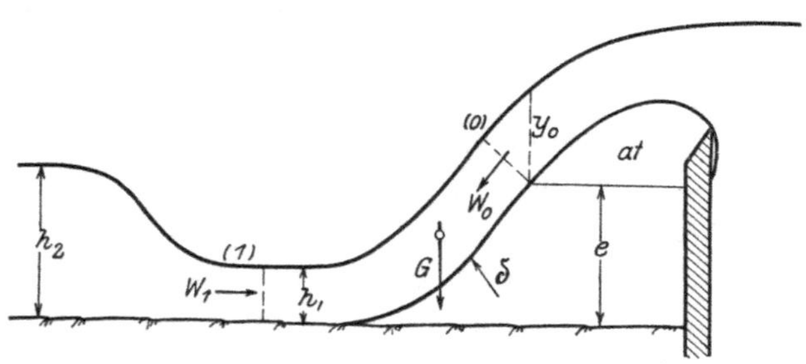

Abb. 199.

Beide Fälle wurden im Wasserbaulaboratorium künstlich hergestellt und im Anhang finden sich Mitteilungen darüber. Die Frage, in welcher Höhe e sich unter der Decke eines ungelüfteten Überfalles das Wasser einstellen wird, läßt sich mittels der Stützkräfte beantworten. Es muß Gleichgewicht vorhanden sein zwischen den Kräften (vgl. Abb. 200):

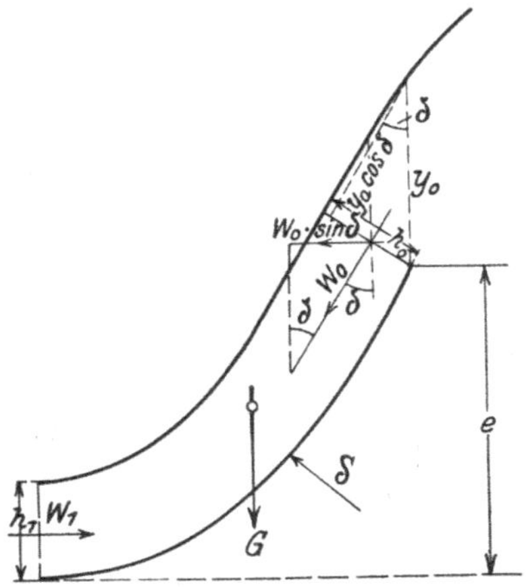

Abb. 200.

$$W_0,\quad W_1,\quad G \quad \text{und} \quad S.$$

Dabei ist:

$$W_0 = \frac{h_0\, y_0 \cos\delta}{2} + 2\, h_0\, s_0 + h_0\, z_0,$$

$$W_1 = \frac{h_1^2}{2} + 2\, h_1\, s_1 + h_1\, z_1.$$

Die Zusatzkräfte z_1 und z_2 wird man für eine Näherungsrechnung zunächst vernachlässigen können.

Wenn die wagerechten Seitenkräfte ins Gleichgewicht gesetzt werden sollen, so kommt dabei das Eigengewicht nicht in Betracht. Die Seitenkraft von S ist offenbar $\frac{e^2}{2}$, die von W_0 ist $W_0 \cdot \sin\delta$, so daß sich ergibt:

$$W_1 = W_0 \sin\delta + \frac{e^2}{2} = W_2 = \frac{h_2^2}{2} + 2\, h_2\, s_2$$

(unter h_2 die Tiefe eines ruhigen Stromes verstanden, in den der reißende Strom von der Tiefe h_1 durch einen Sprung übergeht); dann ist ferner:

$$\frac{e^2}{2} = \frac{h_2^2}{2} + 2\, h_2 \cdot s_2 - W_0 \sin\delta,$$

$$e^2 = h_2^2 + 4\, h_2\, s_2 - 2\, W_0 \sin\delta.$$

Es wird also $e = h_2$, d. h. gleich der Sprunghöhe des reißenden Strahles von der Wassertiefe h_1, wenn

$$\sin\delta = \frac{4\, h_2\, s_2}{2\, W_0}$$

oder auch:

$$\text{für } \sin\delta \gtreqless \frac{2\, h_2\, s_2}{W_0} \quad \text{wird} \quad e \lesseqgtr h_2.$$

8. Der angesaugte Überfall (Abb. 201).

Als Beispiel eines angesaugten Überfalls diene der in der Anlage unter Nr. 48 mitgeteilte Versuch, bei der die Überfallkrone kreisförmig nach einem Halbmesser von $r = 0{,}55$ m abgerundet war, und dessen Strahl das Unterwasser verdrängte. Wir betrachten den unter 45^0 geneigten Querschnitt $J \ldots A$, dessen innere Randspannung durch Messung als ein Unterdruck von $-0{,}60$ m Höhe festgestellt wurde. Der Wasserspiegel lag 0,425 m über der Wehrkrone und die Wassermenge wurde zu $q = 0{,}716$ cbm/sec gemessen. Daher betrug die Zuflußgeschwindigkeit

$$v_0 = \frac{0{,}716}{1{,}425} = 0{,}50 \text{ cbm/sec}$$

und

$$s_0 = 0{,}0127.$$

Sonach liegt die A-Linie 0,437 m über der Wehrkrone und darf wagerecht angenommen werden, da bei der beschleunigten Bewegung und auf die geringe Länge beachtenswerte Verluste durch Stoß oder Reibung nicht entstehen werden.

Aus der Überfallformel

$$q = \tfrac{2}{3}\,\mu \cdot h\sqrt{2g\,(h + s_0)}$$

berechnet sich die Ausflußzahl zu

$$\mu = 0{,}86\,.$$

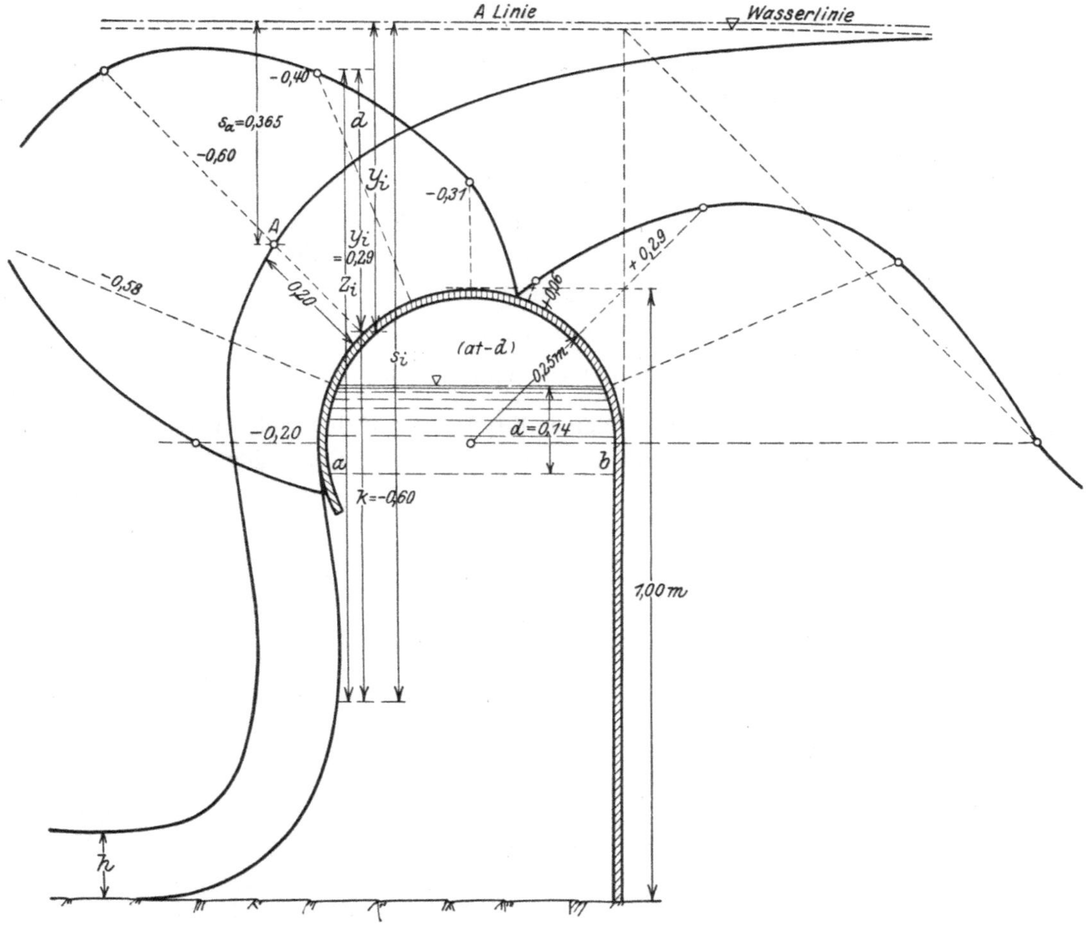

Abb. 201.

Die punktierte Linie a—b unter der Wehrkrone zeigt die im vorhergehenden Abschnitt mit e bezeichnete Höhe an, bis zu welcher der über den Überfall gestürzte reißende Strom h sich durch einen Sprung zu erheben vermag, also mit andern Worten, die Unterwassertiefe. Bei dem Versuch erhob sich aber infolge der unter der hohlen Wehrkrone entstandenen Luftverdünnung dieser Wasserspiegel noch weiter um d, ein Zeichen, daß der Luftdruck im Hohlraum nur noch (at — d) betrug. Sonach stand die Kronenwandung von innen (Abb. 201 a) unter dem Druck (at — d), und von außen — von der Wasserbelastung abgesehen — unter dem Druck (at). Der Unterschied betrug at — (at — d) = d und wurde, da die Wandung nicht in unmittelbarer Berührung mit der Luft stand, durch Vermittlung des Wassers auf dieselbe übertragen. Das Wasser wirkte also nicht nur mit dem seiner Tiefe y entsprechenden Gewicht, sondern mit der Last $(y + d)$ auf seine Unterlage.

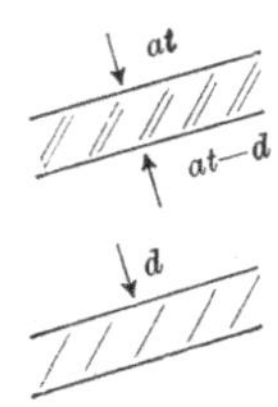

Abb. 201a.

Bei A ist die Spannung:

$$k_a = 0$$

und daher:

$$s_a = 0{,}365 \text{ m},$$

$$v_d = 2{,}68 \text{ m/sec}.$$

Aus $s_i = Y_i - k_i = 0{,}51 + 0{,}60 = 1{,}11$ m ergibt sich

$$v_i = 4{,}67 \text{ m/sec}.$$

Die Luftverdünnung wurde gemessen zu

$$d = -0{,}14 \text{ m},$$

daher ergibt sich die Zusatzspannung aus:

$$Z_i + (y + d) = k = -0{,}60$$

zu
$$Z_i = -0{,}60 - (0{,}29 + 0{,}14) = -1{,}03$$

und somit für den ganzen Querschnitt zu:

$$Z = +1{,}03.$$

Die durchschnittliche Geschwindigkeit (Abb. 202) ist $v_d = \dfrac{0{,}716}{0{,}20} = 3{,}58$ m, und es ist nun wieder, wie dies für den freien belüfteten Überfall gezeigt wurde, auf Grund von $v_0\, v_u\, v_d$ und der Leitlinie die Linie der v für den ganzen Querschnitt einerseits

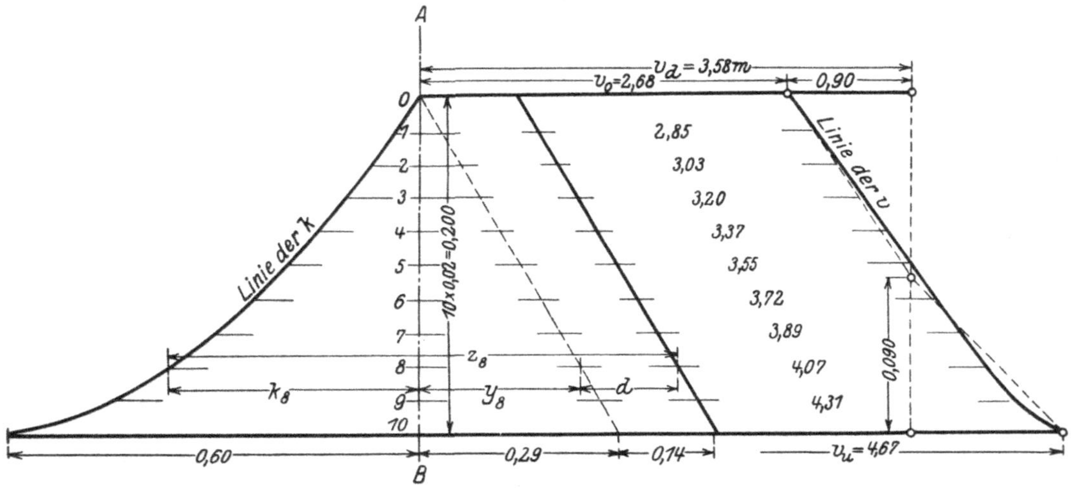

Abb. 202.

	$v =$	$s =$	$Y =$	$k =$	$y + d =$	$z =$	$\Delta z =$	$\varrho = \dfrac{2s}{\Delta z} \Delta y =$
0	2,68	0,367	0,367	0	0,140	−0,140		
1	2,85	0,415	0,381	−0,034	0,169	−0,203	−0,063	0,265
2	3,03	0,470	0,396	−0,074	0,198	−0,272	−0,069	0,273
3	3,20	0,522	0,410	−0,112	0,227	−0,339	−0,067	0,312
4	3,37	0,580	0,424	−0,156	0,256	−0,412	−0,073	0,320
5	3,55	0,641	0,438	−0,203	0,285	−0,488	−0,076	0,337
6	3,72	0,706	0,453	−0,253	0,314	−0,567	−0,079	0,360
7	3,89	0,771	0,467	−0,304	0,343	−0,647	−0,080	0,385
8	4,07	0,845	0,481	−0,364	0,372	−0,736	−0,091	0,371
9	4,31	0,950	0,496	−0,454	0,401	−0,855	−0,119	0,320
10	4,67	1,110	0,510	−0,600	0,430	−1,030	−0,175	0,253
							−0,892	
							−0,140	
							$= -1{,}032 = z_{10}$	

so gezeichnet worden, daß die Kontinuitätsbedingung erfüllt ist, andererseits so, daß diesmal die innere Randfaser der Überfalldecke nach dem Halbmesser $\varrho = 0{,}250$ m der Wehrkrone gekrümmt ist. In der Tat ist $\Sigma(v\,\Delta\,y) = 0{,}713$, also nahe genug gleich der Wassermenge $q = 0{,}716$ und daß auch bis auf wenige Millimeter die Krümmung des Strahles mit derjenigen der Überfallkrone übereinstimmt, zeigt die vorstehende Zusammenstellung.

Die Krümmung des oberen freien Randfadens läßt sich aus dem in der zeichnerischen Darstellung des Versuchs enthaltenen Beobachtungsmaterial nicht eindeutig bestimmen, weil dazu entweder die Messungen des Deckenumrisses nicht genau genug waren oder ihre Ergebnisse nicht genau genug aufgetragen wurden. In der Tat erhält man für den Krümmungshalbmesser in A, je nachdem man zwei nähere oder entferntere Hilfspunkte B des Umrisses heranzieht, nach Gl. 110a und b folgendes (Abb. 203):

$$a = 5 \text{ cm}, \qquad b = 8{,}3 \text{ cm}, \qquad d = 6 \text{ cm},$$

$$\xi = \frac{1}{2}\left(5 + \frac{49{,}8}{5}\right)\frac{14{,}3}{2{,}3}\,46{,}508,$$

$$\eta = \frac{10}{14{,}3}\cdot\xi + \frac{2{,}3}{2} = 33{,}67,$$

$$\varrho = \sqrt{\xi^2 + \eta^2} = \mathbf{57{,}4 \text{ cm}}.$$

$$a = 2{,}5 \text{ cm}, \qquad b = 3{,}4 \text{ cm}, \qquad d = 3{,}2 \text{ cm},$$

$$\xi = \frac{1}{2}\left(2{,}5 + \frac{3{,}4\cdot 3{,}2}{2{,}5}\right)\frac{6{,}6}{0{,}2} = 113{,}06,$$

$$\eta = \frac{5}{6{,}6}\,113{,}06 + \frac{0{,}2}{2} = 85{,}75,$$

$$\varrho = \sqrt{\xi^2 + \eta^2} = \mathbf{141{,}8 \text{ cm}}.$$

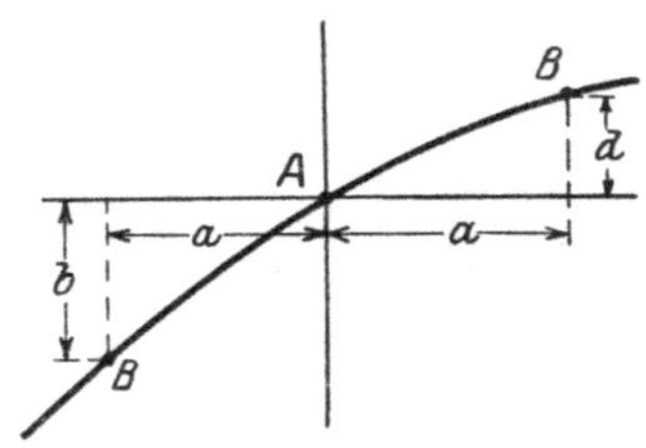

Abb. 203.

Ein solches Ergebnis ist zu unsicher, als daß es den weiteren Rechnungen zugrunde gelegt werden könnte.

Die ermittelten Werte von k und z sind noch in unser Geschwindigkeitsdiagramm eingetragen.

Die unteren Randspannungen k_i stellen zugleich die Kräfte dar, welche durch die Strömung auf die Überfallkrone ausgeübt werden. Man kann sie angenähert berechnen auch ohne für die einzelnen Querschnitte die vorstehend dargelegten ausführlichen Rechnungen durchzuführen, indem man die Durchschnittsgeschwindigkeiten $v_d = \frac{q}{a}$ der einzelnen Querschnitte, deren Höhe mit a gezeichnet ist, zugrunde legt. Mit $s_d = \frac{v_d^{\,2}}{2g}$ erhält man als Zusatzspannung der unteren Randfaser des Querschnittes:

$$Z_i = \frac{2\,s_d\cdot a}{r},$$

wobei noch unter r der Halbmesser der Wehrkrone verstanden wird. Daraus ergibt sich weiter:

$$k_i = (y + d) - Z_i.$$

Für den betrachteten Querschnitt ist:

$$s_d = \frac{\overline{3{,}58}^2}{2g} = 0{,}65, \qquad r = 0{,}25, \qquad a = 0{,}20, \qquad y = 0{,}29, \qquad d = 0{,}14,$$

daher:

$$Z_i = \frac{2 \cdot 0{,}65 \cdot 0{,}20}{0{,}25} = 1{,}04\,,$$

$$k_i = (0{,}29 + 0{,}14) - 1{,}04 = -0{,}61$$

statt (— 0,60) zufolge der Beobachtung im Laboratorium. Das ist eine zufriedenstellende Übereinstimmung!

Siebenter Abschnitt.

Wandernde Wellen.

Durch ein offenes Gerinne fließe auf die Breite 1 die Wassermenge q_0 von der Tiefe h_0 mit der mittleren Geschwindigkeit v_0 ab, also:

$$q_0 = h_0 \cdot v_0\,.$$

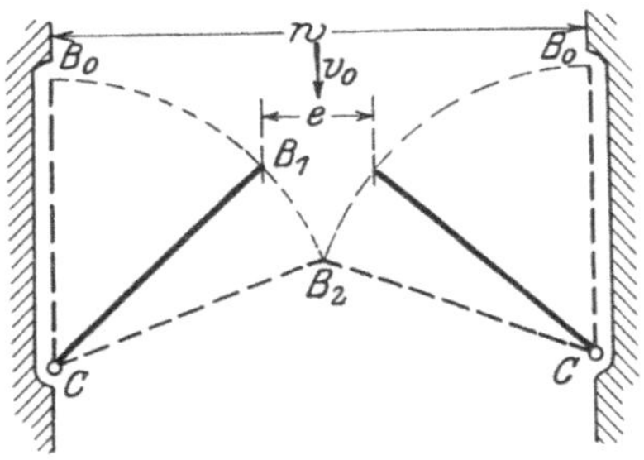

Abb. 204.

Durch plötzliches Einbringen eines Hindernisses werde der sekundliche Abfluß von q_0 auf q_1 herabgemindert. Wir wollen als solches Hindernis ein Torpaar einer Kammerschleuse annehmen, deren übrige Tore geöffnet sind. Etwaige Torschützen der bewegten Flügel denken wir uns einstweilen geschlossen. Die Weite des Spalts zwischen den halb geöffneten Torflügeln sei „e" (Abb. 204). Statt durch die Torflügel könnte das Hindernis auch durch einen beweglichen Wehrkörper oder durch irgendeine andere Vorrichtung gebildet werden.

1. Plötzlicher Torschluß.

a) Stauwellen. Es sei zunächst angenommen, daß beide Torflügel plötzlich aus der Anfangslage CB_0 in eine Lage CB_1 gebracht werden könnten, dann wird infolge der Einengung die Abflußmenge von Q_0 auf Q_1, die Zuflußgeschwindigkeit von v_0 auf v_1 und die Abflußgeschwindigkeit von v_0 auf v_I vermindert. Dabei entsteht (Abb. 205) ein Stau $\varDelta h_1$ stromaufwärts und eine Absenkung $\varDelta h_I$ stromabwärts[1]). Der Stau $\varDelta h_1$ wandert als Stauwelle mit der Geschwindigkeit u_1 stromaufwärts, die Senkung $\varDelta h_I$ als Senkungswelle mit der Geschwindigkeit u_1 stromabwärts.

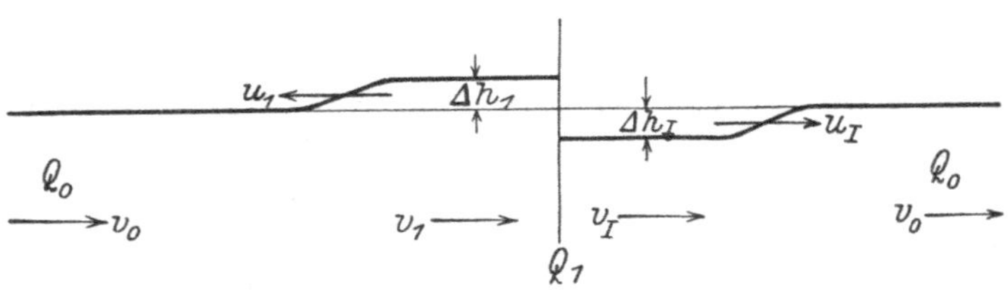

Abb. 205.

Stromaufwärts der Stauwelle und stromabwärts der Senkungswelle bleibt die ursprüngliche Wassermenge Q_0 mit der Geschwindigkeit v_0 unverändert, aber unter dem Stau wie unter der Senkung vermindert sich die durchfließende sekundliche Wassermenge der Öffnungsweite e der Tore gemäß auf Q_1, die Geschwindigkeit auf v_1 und v_I.

[1]) Die mit arabischer Kennziffer bezeichneten Größen gelten hier und in der Folge stromaufwärts, die mit römischer Kennziffer stromabwärts vom Tore.

Betrachten wir zunächst die aufwärts wandernde Welle im Oberwasser.

Zur Berechnung der Größen u_1 und Δh_1 ist es zweckmäßig, die wandernde Welle dadurch in eine stehende zu verwandeln, daß man allen Geschwindigkeiten die Geschwindigkeit $(-u_1)$ zusetzt (Abb. 206), die gleich der Geschwindigkeit u_1 aber entgegengesetzt gerichtet ist. Die Geschwindigkeit der Welle selbst wird dann gleich Null und die Skizze kann als die Darstellung eines Wassersprungs angesehen werden, durch den sich der Strom von der Tiefe h_0 in einen solchen von der um Δh_1 größeren Tiefe h_1 verwandelt.

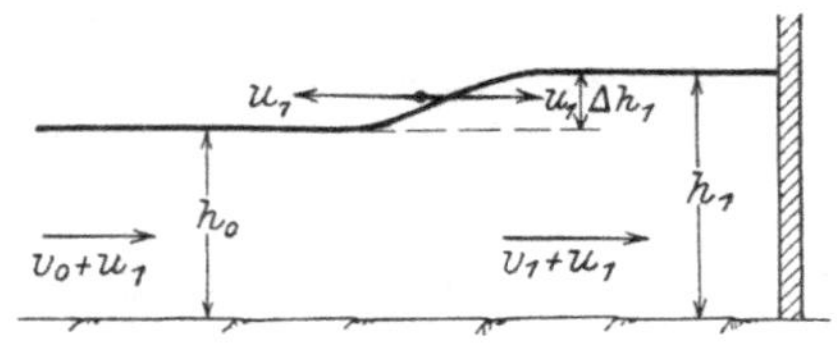

Abb. 206.

Wenn man annimmt, daß bei der geringen Sprunghöhe ein wesentlicher Energieverlust nicht stattfindet, so darf aus der q-Linie geschlossen werden, daß die beiden gleiche Wassermengen führende Strömungen von h_0 und h_1 m Tiefe der Grenzlage sehr nahe benachbart sind, daß also die Strömung von der Tiefe h_0 ein reißender Strom und die Strömung von der Tiefe h_1 ein ruhiger Strom ist.

Bei Vernachlässigung der jedenfalls nur geringen Energieverluste kann man bei Berechnung der Sprunghöhe von der Anwendung des Stützkraftsatzes absehen und sich mit der Anwendung des Satzes von der Erhaltung der Energie begnügen. Aus demselben folgt:

$$h_0 + \frac{(v_0 + u_1)^2}{2g} = h_1 + \frac{(v_1 + u_1)^2}{2g},$$

dazu verlangt die Erhaltung der Wassermenge, daß

$$h_0 (v_0 + u_1) = (h_0 + \Delta h_1) \cdot (v_1 + u_1)$$

oder:

$$\Delta h_1 = \frac{v_0 - v_1}{v_1 + u_1} \cdot h_0 \tag{111}$$

und unter Benutzung dieses Ausdrucks läßt sich die erste Gleichung auf die Form bringen:

$$(v_0 + u_1)^2 - (v_1 + u_1)^2 = 2g(h_1 - h_0) = 2g\,\Delta h_1,$$

$$(v_0 - v_1)(v_0 + v_1 + 2u_1) = 2g\,\frac{v_0 - v_1}{v_1 + u_1}\,h_0,$$

daher

$$2u_1^2 + u_1(v_0 + 3v_1) = 2g\,h_0 - (v_0 + v_1)\,v_1,$$

$$u_1 = -\frac{v_0 + 3v_1}{4} \pm \sqrt{g\,h_0 + \frac{(v_0 + 3v_1)^2}{16} - \frac{v_0 + v_1}{2} \cdot v_1}$$

$$= -\frac{v_0 + 3v_1}{4} \pm \sqrt{g\,h_0 + \left(\frac{v_0 - v_1}{4}\right)^2}. \tag{112}$$

Das zweite Glied unter der Wurzel $\left(\frac{v_0 - v_1}{4}\right)^2$ wird gegenüber $g\,h_0$ vernachlässigt werden können, so daß man genügend genau schreiben darf:

$$u_1 = -\frac{v_0 - 3v_1}{4} + \sqrt{g\,h_0}, \tag{112a}$$

dazu wie oben:

$$\Delta h_1 = \frac{v_0 - v_1}{v_1 + u_1} \cdot h_0.$$

Gelangt nun die Welle, nachdem sie das ganze Gerinne durchlaufen hat, in den offenen Flußschlauch, so wird sie hier auseinanderfließen und sogar in der Nähe der Schleusen- oder Kanalmündung lokal eine der ursprünglichen Geschwindigkeit v_0 entgegengesetzt gerichtete Geschwindigkeit v_2 hervorrufen, es geht also der vorher dargestellte Zustand in den in Abb. 207 angedeuteten über, wonach die Welle in ihrer Höhe $\Delta h_1 = h_1 - h_0$ mit der Geschwindigkeit u_2 gegen das Tor zurückwandert.

Zu den bekannten Werten h_0, h_1, Δh_1 und v_1 sind nunmehr noch die Werte u_2 und v_2 zu suchen. Wir denken uns dazu wie vorhin die wandernde Welle in eine stehende verwandelt und gelangen durch Bestimmung der relativen Geschwindigkeiten der übrigen Strömungen gegen die Welle zu dem nebenstehend dargestellten Wassersturz.

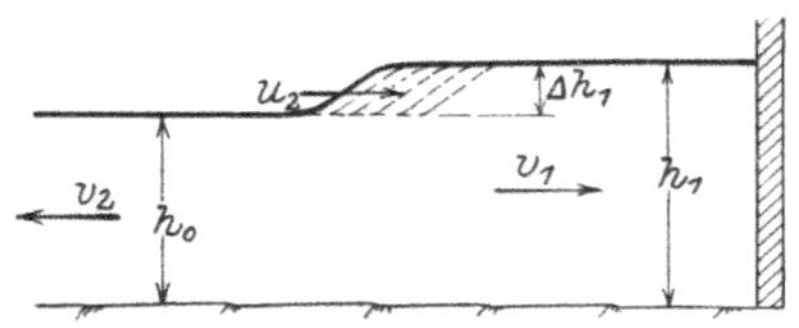

Abb. 207.

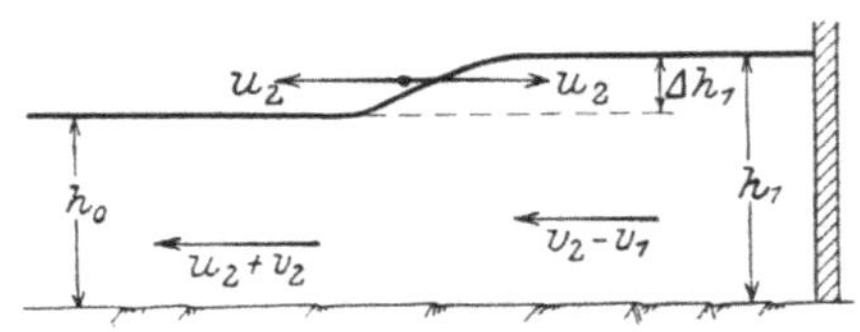

Abb. 208.

Die Grundgleichungen sind wieder:

$$h_0(v_2+v_2)=h_1(u_2-v_1),$$

$$h_0+\frac{(u_2+v_2)^2}{2g}=h_1+\frac{(u_2-v_1)^2}{2g}$$

und mit

$$u_2+v_2=\frac{h_1}{h_0}\cdot(u_2-v_1),$$

$$h_0+\frac{h_1^2}{h_0^2}\cdot\frac{(u_2-v_1)^2}{2g}=h_1+\frac{(v_2-v_1)^2}{2g},$$

$$(u_2-v_1)^2=\frac{2g(h_1-h_0)}{\frac{h_1^2}{h_0^2}-1}=\frac{2g\,h_0^2}{h_1+h_0},$$

$$u_2=v_1+\sqrt{\frac{2h_0}{h_1+h_0}}\sqrt{g\,h_0}. \qquad (113)$$

Für $h_1+h_0=2h_0+\Delta h_1$ wird:

$$\sqrt{\frac{2h_0}{h_1+h_0}}=\sqrt{\frac{1}{1+\frac{\Delta h_1}{2h_0}}},$$

und weil $\left(\frac{\Delta h_1}{2h_0}\right)^2$ klein ist gegen 1:

$$\sqrt{\frac{1}{1+\frac{\Delta h_1}{2h_0}}}=1-\frac{\Delta h_1}{4h_0},$$

somit angenähert, aber hinreichend genau:

$$u_2=v_1+\left(1-\frac{\Delta h_1}{4h_0}\right)\sqrt{g\,h_0}. \qquad (113\text{a})$$

Weiter aus:

$$h_0(u_2+v_2)=h_1(u_2-v_1)$$

und

$$h_0\,v_2=(h_1-h_0)\,u_2-h_1\,v_1=\varDelta h_1\,u_2-h_1\,v_1\,,$$

$$v_2=\frac{\varDelta h_1}{h_0}\,u_2-\frac{h_1}{h_0}\cdot v_1\,. \tag{113b}$$

Wenn daher

$$\varDelta h_1\,u_2<h_1\cdot v_1$$

oder

$$\varDelta h_1<\frac{v_1}{u_2}\cdot h_1\,,$$

so ist v_2 negativ, also gleich gerichtet mit v_1.

Beispiel für eine hin- und zurückwandernde Stauwelle oberhalb des Tores.

Gegeben: B (Weite des Gerinnes) $=10$ m

$$h_0=5{,}70\ \text{m}\,,$$

$$v_0=1{,}2\ \text{m}\,.$$

Statt für verschiedene Öffnungsweiten e zwischen den Torflügeln die Geschwindigkeit v_1 zu berechnen, wobei auch gegebenenfalls noch die geöffneten Torschütze hätten berücksichtigt werden müssen, sind nachfolgend die Geschwindigkeiten v_1 zunächst zwischen den Grenzen $v_1=v_0$ und $v_1=0$ angenommen und dafür auf Grund der entwickelten Formeln die übrigen Bestimmungselemente für die Welle berechnet worden:

	Geöffnetes Tor								Geschlossenes Tor
$v_1=$	1,2	1,0	0,8	0,7	0,6	0,5	0,4	0,2	0,0 m/sec
$u_1=-\frac{v_0+3\,v_1}{4}+\sqrt{g\,h_0}=$	6,28	6,43	6,58	6,66	6,73	6,80	6,88	7,03	7,18 m/sec
$\varDelta h_1=\frac{v_0-v_1}{u_1+v_1}\cdot h_0=$	0,0	0,153	0,309	0,388	0,466	0,546	0,626	0,789	0,950 m
$h_1=h_0+\varDelta h_1=$	5,70	5,85	6,01	6,09	6,17	6,25	6,33	6,49	6,65 m
$Q_1=B\,h_1\cdot v_1=$	68,4	58,53	48,07	42,62	37,00	31,23	25,30	12,98	0,0 cbm/sec
$u_2=v_1+\sqrt{g\,h_0}\left(1-\frac{\varDelta h_1}{4\,h_0}\right)=$	8,7	8,45	8,20	8,07	7,94	7,82	7,69	7,44	7,18 m/sec
$v_2=\frac{\varDelta h_1}{h_0}\,u_2-\frac{h_1}{h_0}\,v_1=$	− 1,2	− 0,8	− 0,38	− 0,20	0,0	+ 0,20	+ 0,39	+ 0,80	+ 1,20 m/sec

Die Zusammenstellung zeigt das starke Anwachsen der Wellenhöhe beim Schließen der Tore. Die schon bei geöffnetem Tor beträchtliche Geschwindigkeit u_1 der vom Tor auslaufenden Welle wächst noch, wenn das Tor geschlossen wird. Noch größer ist die Geschwindigkeit u_2 der rückkehrenden Welle. Sie hat ihren Größtwert bei geöffnetem Tor und nimmt beim Schließen auf den gleichen Wert ab, den u_1 bei geschlossenem Tor besitzt. Endlich strömt bei völlig geöffnetem Tor das Wasser des Gerinnes mit der Geschwindigkeit v_2 der Toröffnung zu, die Geschwindigkeit nimmt aber ab, sobald durch Beidrehen der Torflügel die Toröffnung verringert wird, bis bei einer mittleren Torstellung die Strömung umsetzt und die Richtung stromaufwärts auf den offenen Flußschlauch annimmt.

b) Senkungswellen. Stellen wir nun eine ähnliche Betrachtung an über die vom Tor ab im Unterwasser fortwandernde und dorthin zurückkehrende Senkungswelle.

Infolge der Verminderung der Wassermenge q_0 auf q_1 bildet sich hinter dem Tor eine Senkungswelle (Abb. 209), die in der Tiefe Δh_I mit der Geschwindigkeit u_I vom Tor wegwandert, wobei sich die Wassertiefe von h_0 auf h_I vermindert und die Geschwindigkeit von v_0 auf v_I vermehrt.

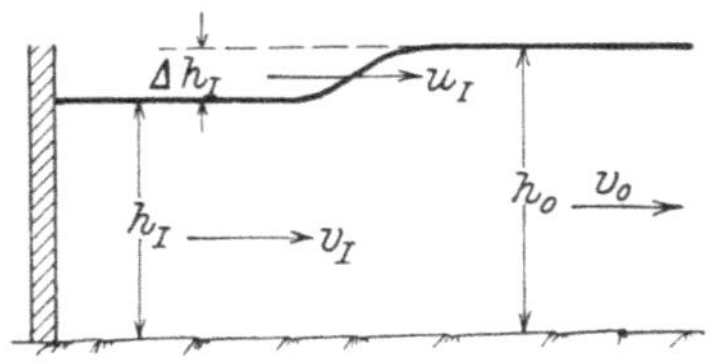

Abb. 209.

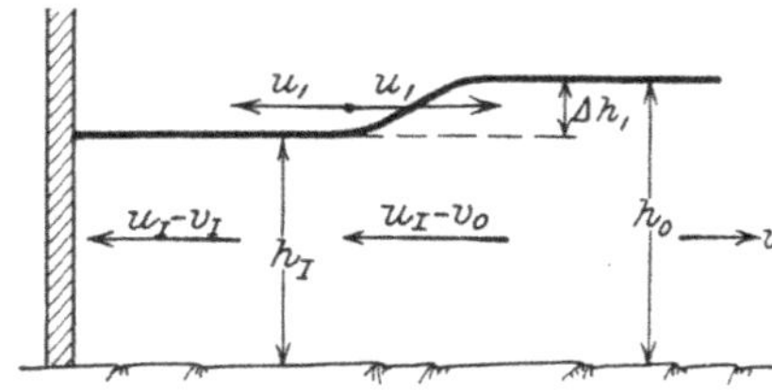

Abb. 210.

Relativ zu der wiederum als fest anzunehmenden Welle (Abb. 210) entspricht dies dem nebenstehend angedeuteten Wassersturz.

Man erhält wieder, wie vorhin:

$$h_0(u_I - v_0) = h_I(u_I - v_I) = (h_0 - \Delta h_I)(u_I - v_I),$$

woraus:

$$\Delta h_I = \frac{v_0 - v_I}{u_I - v_I} \cdot h_0 . \tag{114}$$

Ferner ist:

$$h_I + \frac{(u_I - v_I)^2}{2g} = h_0 + \frac{(u_I - v_0)^2}{2g},$$

$$(u_I - v_I)^2 - (u_I - v_0)^2 = 2g\,\Delta h_I,$$

$$(v_0 - v_I)(2u_I - v_I - v_0) = 2g \cdot \frac{v_0 - v_I}{u_I - v_I} \cdot h_0,$$

$$2u_I^2 - u_I(v_0 + 3v_I) = 2g h_0 - v_I(v_0 + v_I),$$

$$u_I = \frac{v_0 + 3v_I}{4} + \sqrt{g h_0 + \frac{(v_0 - v_I)^2}{16}} . \tag{114a}$$

oder genügend genau:

$$u_I = \frac{v_0 + 3v_I}{4} + \sqrt{g h_0} . \tag{114b}$$

Sobald die Welle ins freie Wasser übertritt, wird ähnlich wie im Oberwasser eine rückläufige Bewegung erzeugt und der Zustand geht in den nebenstehend dargestellten über. Man erhält (Abb. 211):

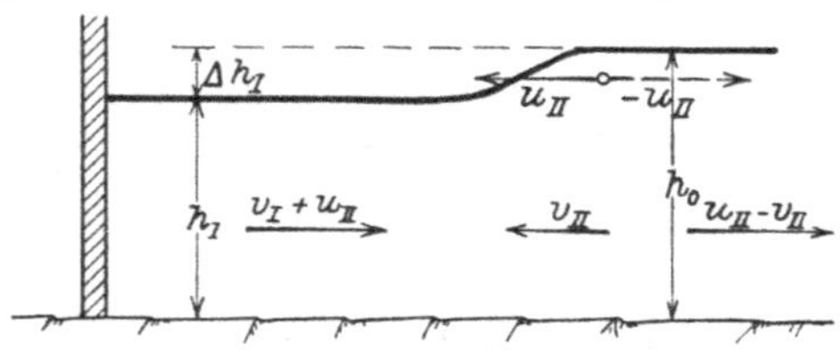

Abb. 211.

$$h_0(u_{II} - v_{II}) = h_I(u_{II} + v_I)$$

oder:

$$u_{II} - v_{II} = \frac{h_I}{h_0}(u_{II} + v_I),$$

ferner:

$$h_0 + \frac{(u_{II} - v_{II})^2}{2g} = h_I + \frac{(u_{II} + v_I)^2}{2g}$$

oder:

$$h_0 + \frac{h_I^2}{h_0^2} \cdot \frac{(u_{II} + v_I)^2}{2g} = h_I + \frac{(u_{II} + v_I)^2}{2g},$$

$$(u_{II} + v_I)^2 = \frac{2g(h_0 - h_I)}{1 - \frac{h_I^2}{h_0^2}} = \frac{2g h_0^2}{h_0 + h_I},$$

sowie:

$$\left.\begin{aligned} u_{II} &= -v_I + \sqrt{\frac{2h_0}{h_I+h_0}}\cdot\sqrt{g h_0} = -v_I + \sqrt{g h_0}\sqrt{\frac{2}{1+\frac{h_I}{h_0}}} \\ v_{II} &= \frac{\Delta h_I}{h_0} u_{II} - \frac{h_I}{h_0} v_I \end{aligned}\right\} . \tag{115}$$

Wenn

$$\Delta h_I u_{II} < h_I \cdot v_I ,$$

oder

$$\Delta h_I < \frac{v_I}{u_{II}} \cdot h_I ,$$

wird v_{II} negativ, d. h. gleichgerichtet mit v_I:

Als Beispiel werde die der vorhin berechneten Stauwelle oberhalb des Tores entsprechende Senkungswelle unterhalb des Tores ermittelt. Die Rechnungsgrundlagen bleiben also dieselben. Die Ergebnisse sind nachstehend zusammengestellt:

	Geöffnetes Tor								Geschlossenes Tor
$v_I =$	1,2	1,0	0,8	0,7	0,6	0,5	0,4	0,2	0,0 m/sec
$u_I = \frac{v_0 + 3v_I}{4} + \sqrt{g h_0} =$	8,68	8,53	8,38	8,30	8,23	8,16	8,08	7,93	7,78 m/sec
$\Delta h_I = \frac{v_0 - v_I}{u_I - v_I} \cdot h_0 =$	0,0	0,151	0,301	0,375	0,448	0,521	0,594	0,737	0,880 m
$h_I = h_0 - \Delta h_I$	5,70	5,55	5,40	5,33	5,25	5,18	5,11	4,96	4,82 m
$Q_I = B\, h_I \cdot v_I =$	68,4	55,5	43,2	37,28	31,5	25,9	20,42	9,92	0,0 cbm/sec
$u_{II} = -v_I + \sqrt{g h_0}\sqrt{\frac{2}{1+\frac{h_I}{h_I}}} =$	6,28	6,54	6,79	6,94	7,06	7,18	7,30	7,55	7,79 m/sec
$v_{II} = u_{II}\frac{\Delta h_I}{h_0} - v_I \frac{h_I}{h_0} =$	− 1,20	− 0,797	− 0,403	− 0,201	+ 0,007	+ 0,202	+ 0,401	+ 0,792	+ 1,20 m/sec

Auch die Senkungswelle vergrößert sich also stark, wenn das Tor geschlossen wird, doch nimmt — im Gegensatz zur Stauwelle — ihre Geschwindigkeit u_I bei Schluß des Tores ab. Bleibt das Tor geschlossen, so kehrt sie mit der gleichen Geschwindigkeit zurück, mit der sie angekommen war, doch verlangsamt sich die Geschwindigkeit u_{II} des Rücklaufs in dem Maße, in welchem das Tor geöffnet wird. Endlich strömt bei völlig geöffnetem Tor das Wasser des Gerinnes mit der Geschwindigkeit v_{II} dem Flußschlauch zu, die Geschwindigkeit nimmt aber ab in dem Maße, wie das Tor beigedreht wird, bis bei einer mittleren Torstellung die Strömung umsetzt und die Richtung auf das Tor annimmt.

In Abbildung 212 sind die in unseren Tabellen berechneten Werte für die Stauwellen und die Senkungswellen zeichnerisch aufgetragen und Abbildung 213 enthält das aus dem Stau Δh_1 und der Absenkung Δh_I zusammengesetzte Gesamtgefälle d, welches bei plötzlicher Absperrung am Tor entsteht und das wir für unsere späteren Untersuchungen gebrauchen werden.

Hiernach würde also, wenn es möglich wäre, die Tore plötzlich in eine Lage zu bringen, bei der die abfließende Wassermenge sich von $Q = 68{,}4$ auf $Q = 40{,}0$ cbm/sec vermindert, oberhalb der Tore eine Stauwelle von $\Delta h_1 = 0{,}425$ m Höhe entstehen, die mit der Geschwindigkeit $u_1 = 6{,}7$ m/sec stromaufwärts fortschreitet, wobei die Stromgeschwindigkeit von $v_0 = 1{,}2$ auf $v_0 = 0{,}65$ abnimmt; und unterhalb der Tore

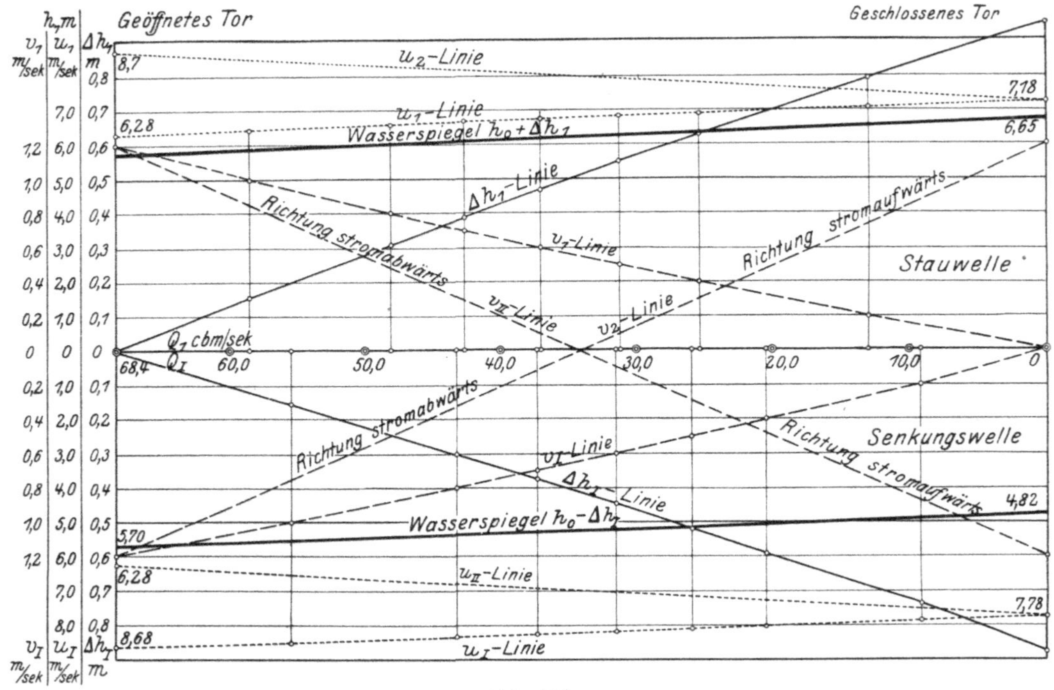

Abb. 112.

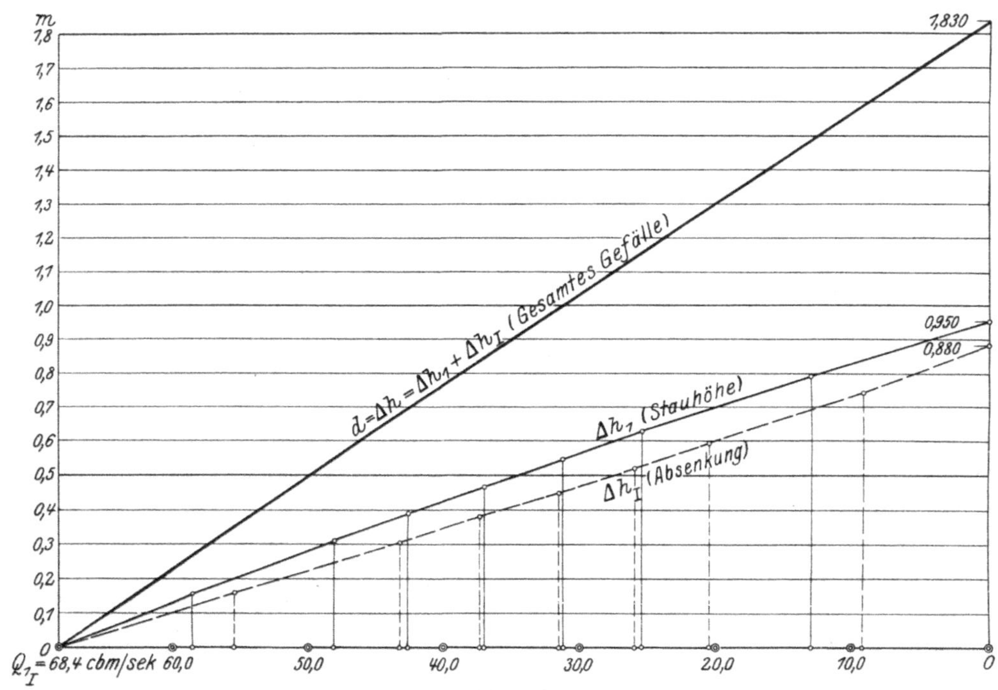

Abb. 113.

eine Senkungswelle von Δh_I von 0,34 m Tiefe, die mit der Geschwindigkeit $u_I = 8{,}3$ m/sec stromaufwärts wandert unter Verminderung der Stromgeschwindigkeit von $v_0 = 1{,}2$ m auf $v_I = 0{,}75$ m/sec.

Die bisher gewonnenen Ergebnisse werden durch den im Anhang besprochenen Versuch 25 bestätigt.

2. Einfluß der Torgeschwindigkeit.

Den bisherigen Erwägungen haben wir eine bestimmte Öffnungsweite e zwischen den Toren zugrunde gelegt und die Erscheinungen untersucht, die bei dieser bestimmten Öffnungsweite auftreten. Dafür können wir mit anderen Worten auch sagen, wir haben ermittelt, was geschehen muß, wenn die Tore plötzlich abgesperrt werden. Nun wollen wir weiter nachsehen, wie sich die gefundenen Ergebnisse ändern, wenn die Absperrung allmählich erfolgt.

Bei allmählicher Absperrung, wodurch die Anfangsgeschwindigkeit v_0 der Strömung nach der Zeit t auf

$$v_1 = v_0 - \Delta v$$

und nach der Zeit T auf

$$v_1 = 0$$

vermindert werde, entwickelt sich auch der Stau allmählich. Die Stauwelle AB (Abb. 214) kann entstanden gedacht werden als die Summierung einer Reihe aufeinander folgender kleiner Stauwellen, von denen jede eine andere Fortschrittsgeschwindigkeit hat.

Nach der Zeit t sei der Wasserspiegel (Abb. 215) um die Stauhöhe Δh auf die Höhe

$$h = h_0 + \Delta h$$

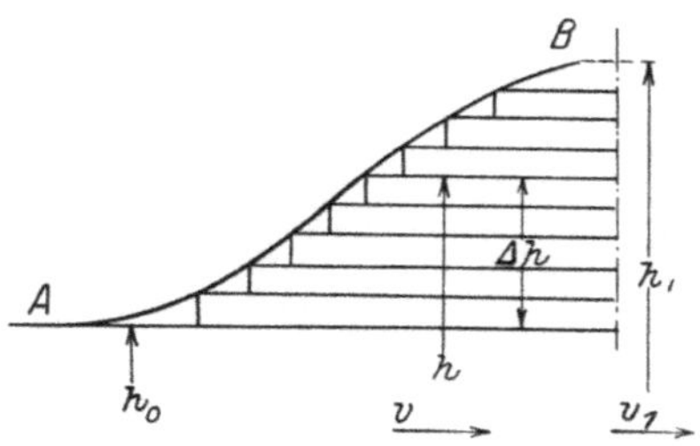

Abb. 214.

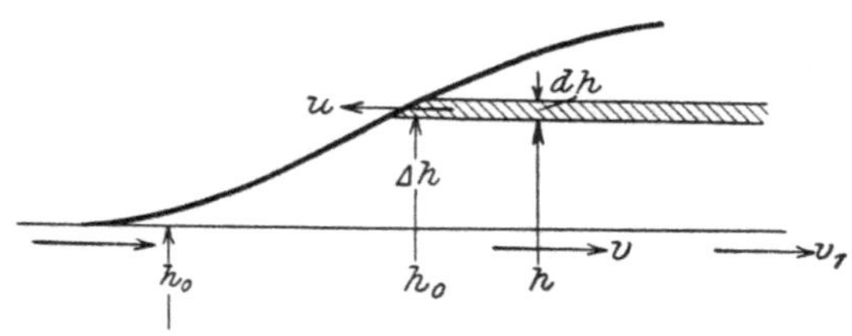

Abb. 215.

gestiegen, nachdem die Geschwindigkeit sich von v_0 auf v vermindert hat. Durch eine weitere Geschwindigkeitsverminderung auf $(v + dv)$, wobei dv negativ ist, entstehe eine weitere Stauerhöhung dh, und diese Teilwelle dh wandere mit der Geschwindigkeit u.

Wenden wir nun auf diesen Wasserspiegel unsere weiter oben abgeleiteten Formeln an, dann entspricht

der früheren Wassertiefe		h_0	nunmehr die Tiefe	h,
dem früheren		Δh_1	„	dh,
„	„	v_0	„	v,
„	„	v_1	„	$v + dv$,
„	„	u_1	„	u,

und statt:

$$u_1 = -\frac{v_0 + 3v_1}{4} + \sqrt{g h_0 + \left(\frac{v_0 - v_1}{4}\right)^2},$$

sowie:

$$\Delta h_1 = \frac{v_0 - v_1}{u_1 + v_1} \cdot h_0,$$

ist nunmehr zu setzen:

$$u = -\frac{v + 3(v + dv)}{4} + \sqrt{g h + \left(\frac{dv}{4}\right)^2},$$

$$dh = \frac{-dv}{u + v + dv} \cdot h$$

oder nach Wegfall der kleinen Größen zweiter Ordnung:

$$u = -v + \sqrt{g h} \qquad \text{oder} \qquad u + v = \sqrt{g h} \tag{116}$$

und

$$dh = -\frac{h}{u + v} \cdot dv = -\frac{h}{\sqrt{g h}} \cdot dv$$

oder:

$$\sqrt{\frac{g}{h}} \cdot dh = -dv.$$

Die der Verminderung der Geschwindigkeit von v_0 auf v_1 entsprechende Stauhöhe Δh_1 ergibt sich durch Integration zwischen den Grenzen h_0 und $h = h_0 + \Delta h_1$, sowie v_0 und v_1:

$$\sqrt{g} \int_{h_0}^{h_0 + \Delta h_1} \frac{dh}{\sqrt{h}} = \Big[2\sqrt{g h} \Big]_{h_0}^{h_0 + \Delta h_1} = -\Big[v \Big]_{v_0}^{v_1},$$

$$2\sqrt{g} \left\{ \sqrt{h_0 - \Delta h_1} - \sqrt{h_0} \right\} = v_0 - v_1,$$

woraus:

$$\sqrt{h_0 + \Delta h_1} = \frac{v_0 - v_1}{2\sqrt{g}} + \sqrt{h_0},$$

$$\Delta h_1 = \frac{(v_0 - v_1)^2}{4g} + (v_0 + v_1)\sqrt{\frac{h_0}{g}}. \tag{117}$$

Der Gesamtstau bis zum völligen Abschluß der Strömung bei $v_1 = 0$ ist:

$$\Delta h_1 = \frac{v_0^2}{4g} + v_0 \sqrt{\frac{h_0}{g}}. \tag{117a}$$

Der Einfluß des allmählichen Schließens auf die Höhe des Staues ergibt sich durch Vergleich des hier gefundenen Wertes mit dem in Gl. (111) ermittelten. Bezeichnet man letzteren mit w und ersteren mit $w + \Delta w$, so ist Δw der gesuchte Unterschied.

Es ist für $v_1 = 0$:

$$w = \frac{v_0}{u_1} \cdot h_0,$$

oder nach Gl. (112) mit

$$u_1 = -\frac{v_0}{4} + \sqrt{g h_0 + \frac{v_0^2}{16}},$$

$$w = \frac{v_0}{-\frac{v_0}{4} + \sqrt{g h_0 + \frac{v_0^2}{16}}} \cdot h_0 = v_0 \cdot h_0 \frac{\left(\frac{v_0}{4} + \sqrt{g h_0 + \frac{v_0^2}{16}}\right)}{g h_0},$$

$$w = \frac{v_0}{g}\left[\frac{v_0}{4} + \sqrt{g h_0 + \frac{v_0^2}{16}}\right] = \frac{v_0^2}{4g} + v_0 \sqrt{\frac{h_0}{g} + \frac{v_0^2}{16 g^2}},$$

nach (117a) aber war:

$$w + \Delta w = \frac{v_0^2}{4g} + v_0 \sqrt{\frac{h_0}{g}},$$

daher:

$$\Delta w = v_0 \sqrt{\frac{h_0}{g}} - v_0 \sqrt{\frac{h_0}{g} + \frac{v_0^2}{16 g^2}},$$

$$= v_0 \sqrt{\frac{h_0}{g}} \left\{1 - \sqrt{1 + \frac{v_0^2}{16 h_0 g}}\right\}.$$

Genügend genau ist:

$$\sqrt{1 + \frac{v_0^2}{16 h_0 g}} = 1 + \frac{v_0^2}{32 h_0 g},$$

somit:

$$\Delta w = -v_0 \sqrt{\frac{h_0}{g}} \cdot \frac{v_0^2}{32 g h_0} = -\frac{v_0^3}{32 v \sqrt{g h_0}}. \tag{118}$$

Danach besteht die Wirkung der allmählichen Absperrung sogar in einer Verminderung der Stauhöhe. Das Maß derselben ist aber sehr gering und beläuft sich beispielsweise für die Verhältnisse, die wir unserem Beispiel zugrunde legten, mit

$$v_0 = 1{,}2 \text{ m/sec}$$

und

$$h_0 = 5{,}7 \text{ m},$$

für vollen Abschluß zu

$$\Delta w = \frac{-1{,}2^3}{32 g \sqrt{5{,}7 g}} = \mathbf{0{,}7\ mm},$$

ein Unterschied, der bei einem Stau von 950 mm gar nicht in Betracht kommt.

Es zeigt sich also das nicht erwartete Ergebnis, daß, von anderen Einwirkungen, wie Flußgefälle und rücklaufenden Wellen abgesehen, die Höhe des Staues ganz unabhängig ist von der Schließungsdauer.

Für die Senkungswelle (Abb. 216) ergibt sich in gleicher Weise aus:

$$u_I = \frac{v_0 + 3 v_I}{4} + \sqrt{g h_0 + \frac{(v_0 - v_I)^2}{16}}$$

und

$$\Delta h_I = \frac{v_0 - v_I}{u_I - v_I} \cdot h_0,$$

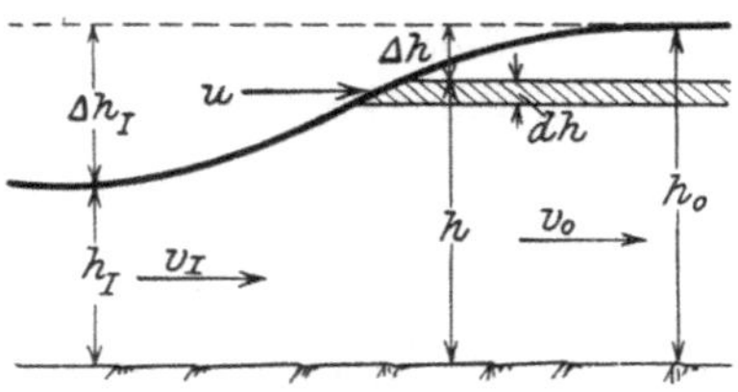

Abb. 216.

indem wir wieder setzen:

v für v_0,

$v + dv$ für v_I,

h „ h_0,

$-dh$ „ Δh_I,

$$u = + \frac{v + 3(v + dv)}{4} + \sqrt{g h + \frac{dv^2}{16}},$$

$$-dh = \frac{-dv}{u - v - dv} \cdot h,$$

oder nach Wegfall der kleinen Größen zweiter Ordnung:

$$u = v + \sqrt{g h}, \tag{119}$$

$$-dh = -\frac{h}{u - v} dv,$$

oder, da $u - v = \sqrt{g\,h}$:

$$dh = \frac{h}{\sqrt{g\,h}} \cdot dv \qquad \text{oder} \qquad \sqrt{\frac{g}{h}} \cdot dh = dv.$$

Daraus durch Integration:

$$\left[2\sqrt{g\,h}\right]_{h_0}^{h_0 - \Delta h_I} = \left[v\right]_{v_0}^{v_I},$$

$$2\sqrt{g}\left\{\sqrt{h_0 - \Delta h_I} - \sqrt{h_0}\right\} = v_I - v_0.$$

$$\sqrt{h_0 - \Delta h_I} = -\frac{v_0 - v_I}{2\sqrt{g}} + \sqrt{h_0},$$

$$\Delta h_I = -\frac{(v_0 - v_I)^2}{4\,g} + (v_0 - v_I)\sqrt{\frac{h_0}{g}}. \tag{120}$$

Der Gesamtstau bei allmählichem völligem Abschluß der Strömung ist daher für $v_I = 0$:

$$\Delta h_I = -\frac{v_0^2}{4\,g} + v_0\sqrt{\frac{h_0}{g}} = w + \Delta w. \tag{120a}$$

Bezeichnet man den entsprechenden Wert bei plötzlichem Abschluß wieder mit w, so erhält man aus der Gl. (114) gleichfalls für $v_I = 0$:

$$w = \frac{v_0}{u_I} \cdot h_0 \qquad \text{und mit} \qquad u_I = \frac{v_0}{4} + \sqrt{g\,h_0 + \frac{v_0^2}{16}},$$

$$w = \frac{v_0}{\frac{v_0}{4} + \sqrt{g\,h_0 + \frac{v_0^2}{16}}} \cdot h_0 = \frac{v_0\left[\sqrt{g\,h_0 + \frac{v_0^2}{16}} - \frac{v_0}{4}\right]}{g\,h_0 + \frac{v_0^2}{16} - \frac{v_0^2}{16}} \cdot h_0,$$

$$w = -\frac{v_0^2}{4\,g} + v_0\sqrt{\frac{h_0}{g} + \frac{v_0^2}{16\,g^2}},$$

daher wiederum

$$\Delta w = -\frac{v_0^3}{32\,g\sqrt{g\,h_0}}. \tag{121}$$

Die allgemeine Absperrung verringert also die Senkungswelle wie die Stauwelle, und das Maß der Verringerung ist ebenso gering wie dort, so daß es außer Betracht bleiben kann. Man darf also auch von der Senkungswelle sagen:

Das Maaß der Absenkung ist unabhängig von der Schließungsdauer der Tore.

3. Umgestaltung der Wellenform bei allmählicher Absperrung.

Wie im vorigen Abschnitt gezeigt wurde, ist bei allmählichem Abschluß des Tores die Geschwindigkeit der Stauwelle nach (116)

$$u = -v + \sqrt{g\,h},$$

daher insbsondere die Geschwindigkeit ihres Fußes bei Beginn der Absperrung:

$$u_0 = -v_0 + \sqrt{g\,h_0}. \tag{122}$$

Erst bei vollem Torschluß wird (Abb. 217) sich die Welle bis zu ihrer vollen Höhe Δh_1 entwickelt haben. In diesem Augenblick ist $v_1 = 0$; dann ist die Geschwindigkeit des Wellenkopfes:

$$u_1 = \sqrt{g\,h_1}. \tag{123}$$

Ist T die auf die völlige Absperrung verwendete Zeit, so ist am Ende dieser Zeit der Fuß der flachen Stauwelle um $u_0 T$ vorgewandert, die Welle hat also eine Länge $u_0 T$. Der Kopf hat sich bis dahin erst in voller Höhe gebildet.

Nach einer weiteren Zeit t ist der Fuß vorgeschritten um

$$u_0 t = (-v_0 + \sqrt{g h_0})\, t\,,$$

der Kopf aber um

$$u_1 t = t \cdot \sqrt{g h_1}.$$

Die Wellenlänge hat sich hiernach vermindert auf:

$$W = u_0 T + u_0 t - u_1 t = u_0 T - (u_1 - u_0)\, t$$
$$= (-v_0 + \sqrt{g h_0})\, T - (\sqrt{g h_1} - \sqrt{g h_0} + v_0)\, t\,.$$

Die Welle wird hiernach immer steiler und entwickelt sich für $W = 0$ zur Brandungswelle, also für

$$(-v_0 + \sqrt{g h_0})\, T = (\sqrt{g h_1} - \sqrt{g h_0} + v_0)\, t$$

nach der Zeit

$$t = \frac{-v_0 + \sqrt{g h_0}}{\sqrt{g h_1} - \sqrt{g h_0} + v_0} \cdot T$$

oder:

$$\left. t = \frac{u_0}{u_1 - u_0}\, T \right\}, \qquad (124)$$

d. h. um so langsamer, je langsamer die Absperrung vor sich gegangen ist.

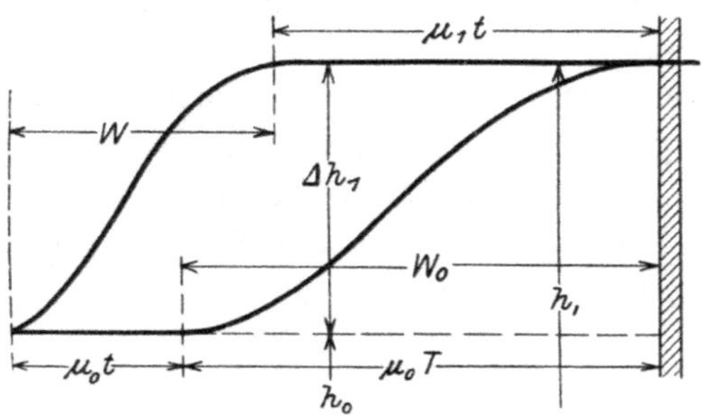

Abb. 217.

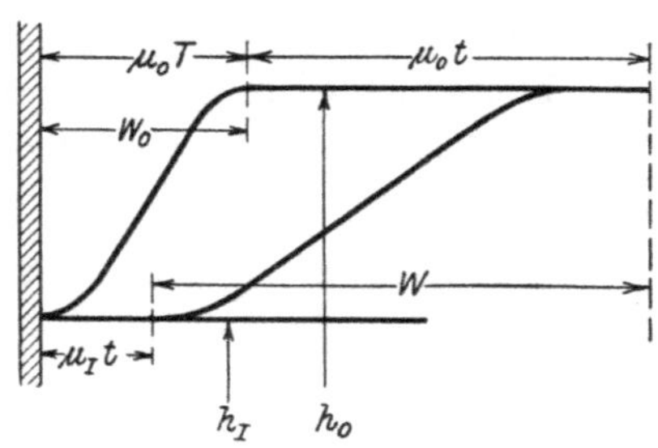

Abb. 218.

Für die **Senkungswelle** (Abb. 218) ist die Fortschrittsgeschwindigkeit des Kopfes nach Gl. (119):

$$u_9 = v_0 + \sqrt{g h_0}\,, \qquad (125)$$

und diejenige des Fußes:

$$u_I = \sqrt{g h_I}. \qquad (126)$$

Indem hier der Kopf rascher wandert als der Fuß, verflacht sich die Welle immer mehr. Die beim Entstehen vorhandene Länge

$$W_0 = u_0 T$$

vergrößert sich nach der Zeit t auf

$$W = u_0 T + u_0 t - u_I t = u_0 T + (u_0 - u_I)\, t\,.$$

Da $u_0 > u_I$ vergrößert sich die Wellenlänge mit dem Fortschreiten der Zeit T ins Endlose.

Bleibt man also bei dem mehrfach behandelten Beispiel, dem die gegebenen Größen $h_0 - 5{,}70$, $v_0 = 1{,}20$ und $B = 10$ m zugrunde liegen, so erhält man für dasselbe

a) im Oberwasser:

Die Geschwindigkeit des Wellenfußes: $u_0 = -1{,}20 + 7{,}48 = 6{,}28$ m/sec,

„ „ „ Wellenkopfes: $u_1 = \sqrt{9{,}81 \cdot 6{,}65} = 8{,}08$ m/sec.

Erfolgt daher der Torschluß in 2 Minuten $= 120$ Sekunden, so beginnt die Brandung nach $t = \frac{u_0}{u_1 - u_0} T = \frac{6{,}28}{1{,}80} \cdot 120 = 419$ Sekunden in einer Entfernung von $u_1 t = 8{,}08 \cdot 419 = 4385$ m vom Tor; erfolgt dagegen der Torschluß in 5 Minuten $= 300$ Sekunden, so beginnt die Brandung nach $t = \frac{6{,}28}{1{,}80} \cdot 300 = 1047$ Sekunden in einer Entfernung von $8{,}08 \cdot 1047 = 8460$ m vom Tor.

b) im Unterwasser:

ist die Geschwindigkeit des Wellenfußes: $u_I = \sqrt{g\,h_I} = \sqrt{9{,}81 \cdot 4{,}82} = 6{,}88$ m/sec,

„ „ „ „ Wellenkopfes: $u_0 = v_0 + \sqrt{g\,h_0} = 1{,}20 + 7{,}48 = 8{,}68$ m/sec.

Die Senkungswelle wird sich daher immer mehr verflachen.

4. Abhängigkeit der Wellen von der Weite *e* des Abflußspaltes.

Bei rasch bewegten Torflügeln entsteht zwischen Ober- und Unterwasser ein Gefälle:

$$d = \Delta h_1 + \Delta h_I$$

mit einer abfließenden Wassermenge $= Q$.

Die Größen d und Q haben wir ermittelt und sind der Zusammenstellung Abb. 213 zu entnehmen.

Es bleibt noch die Aufgabe, die zugehörige Öffnungsweite „e“ festzustellen.

In der Einengung e zwischen den Torflügeln (Abb. 219) wächst die Geschwindigkeit nach Abb. 220 auf V und es senkt sich der Wasserspiegel um das Maß a unter den Unterwasserspiegel ab.

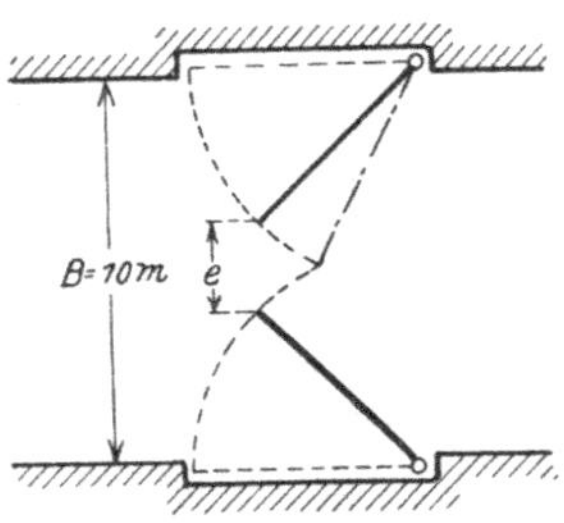

Abb. 219.

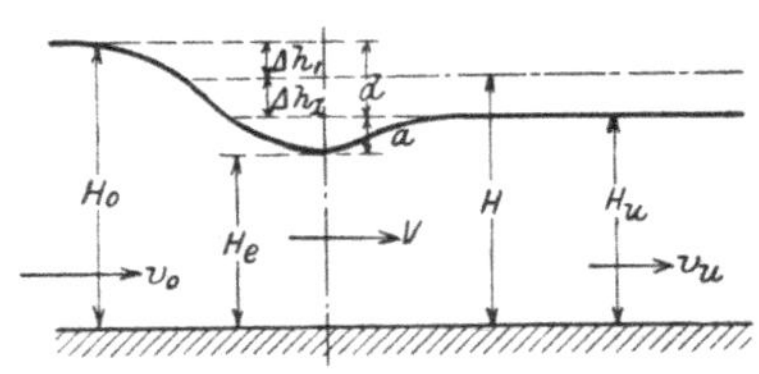

Abb. 220.

Die Wassertiefen H_0 oberhalb, H_e in der Einengung und H_u unterhalb derselben, unterscheiden sich nur um geringe Höhenunterschiede voneinander und da überdies das Gefälle d und die Senkung a gegenüber den Wassertiefen nur gering sind wollen wir für unsere Untersuchungen genau genug schreiben:

$$H_0 = H_u = H_e = H$$

und damit zugleich auch für die Geschwindigkeiten oberhalb und unterhalb der Einschnürung: $v_0 = v_u = v$.

Dann werden durch

$$s = \frac{v^2}{2g}$$

die Energielinien E_0 und E_u (Abb. 220) über dem Ober- und Unterwasser bestimmt. Der Abfall d zwischen beiden zeigt den an der Toröffnung entstehenden Energie verlust, der dem Gefälle d gleich ist, an. Der Energieverlust kann als Stoßverlust bei Verminderung der Geschwindigkeit von V auf v betrachtet werden, so daß man genau genug sagen darf:

$$d = \frac{(V-v)^2}{2g},$$

oder:

$$V = v + \sqrt{2gd}. \tag{127}$$

Zur Berechnung der im übrigen nicht weiter in Betracht kommenden Absenkung a erhält man durch Quadrierung von (126) und Teilung mit $2g$:

$$S = \frac{V^2}{2g} = \frac{v^2}{2g} + d + 2v\sqrt{\frac{d}{2g}} = s + d + 2\sqrt{ds},$$

$$a = S - (s + d) = 2\sqrt{ds}. \tag{128}$$

Schließlich ist die durch den Spalt e hindurchfließende Wassermenge:

$$Q = \mu h_0 \cdot eV.$$

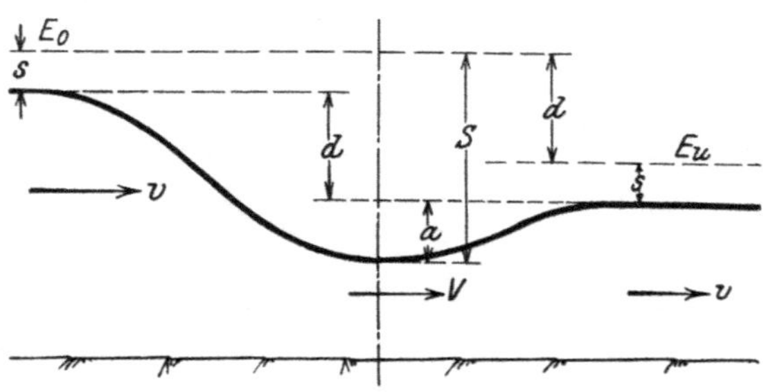

Abb. 221.

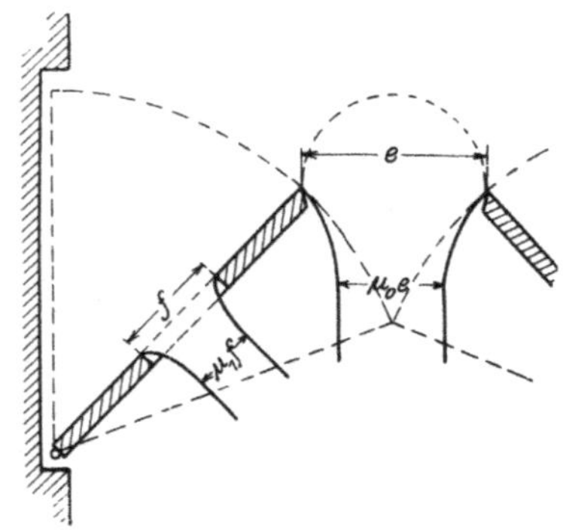

Abb. 222.

Es sind überdies die Durchflußmengen durch die Torschütze zu berücksichtigen (Abb. 222). Dabei sind die Ausflußzahlen μ_0 und μ_1 mit der Torstellung veränderlich in der Weise, daß bei geöffneten Toren

$$\mu_0 \doteq 1 \quad \text{und} \quad \mu_1 = 0$$

sein muß.

Werden dann die Tore so weit beigedreht, daß die Bogenlänge des über dem Spalt e beschriebenen Halbkreises der Schleusenweite $B = 10$ m gleich ist — was ungefähr einem Wert von $e = 6{,}4$ m entspricht —, so vermindert sich dabei μ_0 nach (Gl. 103a) auf:

$$\mu_0 = \frac{4}{11 - 7\frac{e}{B}} = (\text{für } B = 10\text{ m})\colon \frac{4}{11 - 0{,}7\,e}$$

bis für $e = 6{,}4$ m der Wert

$$\mu_0 = 0{,}61 \text{ m}$$

erreicht ist. Weitere Werte von μ sind noch für

$\frac{e}{B} = \frac{7}{11} =$	0,637	0,7	0,8	0,9	1,0,
$\mu =$	0,612	0,656	0,742	0,852	1,00.

Sie sind in Abb. 223 zeichnerisch aufgetragen.

Da nun $Q_1 = \mu \cdot h_0 e \cdot V$, so ist mit $\frac{Q}{h_0 V} = e\mu = z$: $e = \frac{z}{\mu}$, daher:

für $e < 6{,}4$ m

$$e = \frac{z}{0{,}612},$$

für $e > 6{,}4$ m

$$e = \frac{z}{\mu} = \frac{z}{4}\left(11 - 7\frac{e}{B}\right),$$

woraus durch Auslösung nach e:

$$e = \frac{11z}{4 + 7\frac{z}{B}}. \qquad (129)$$

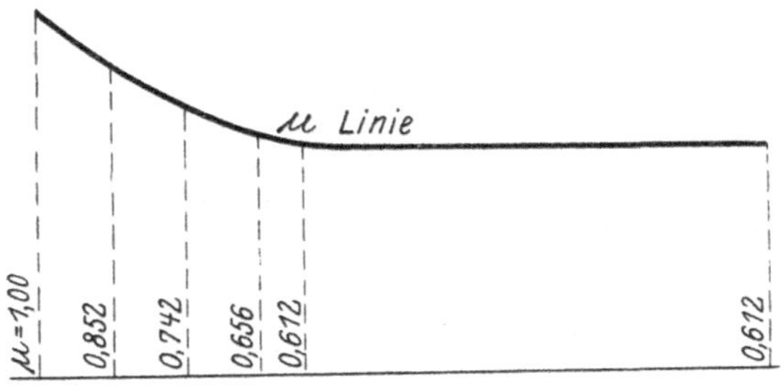

Abb. 223.

Hiernach errechnet sich die nachfolgende Zusammenstellung unter einstweiliger Nichtberücksichtigung der Torschütze:

Für $Q =$	68,4	65	60	50	40	20	0
$d = \Delta h_1 + \Delta h_I =$	0	0,098	0,235	0,505	0,77	1,30	1,83
$v = \frac{v_1 + v_I}{2} =$	1,2	1,14	1,05	0,87	0,70	0,355	0
$V = v + \sqrt{2gd} =$	1,2	2,53	3,20	4,02	4,59	5,405	6,0
$\mu_0 e = \frac{Q}{h_0 V} = z$	10	4,52	3,30	2,18	1,53	0,65	0
$e = \frac{z}{0{,}612} =$	—	(7,39)	**5,41**	**3,56**	**2,51**	**1,065**	**0**
$e = \frac{11z}{4 + 0{,}7z}$	**10**	**6,94**					

Endlich kommt noch für eine Schließungsdauer T in Frage, in welcher Zeit t die Torflügel eine bestimmte Zwischenstellung erreichen und welche Spaltweite e der letzteren entspricht.

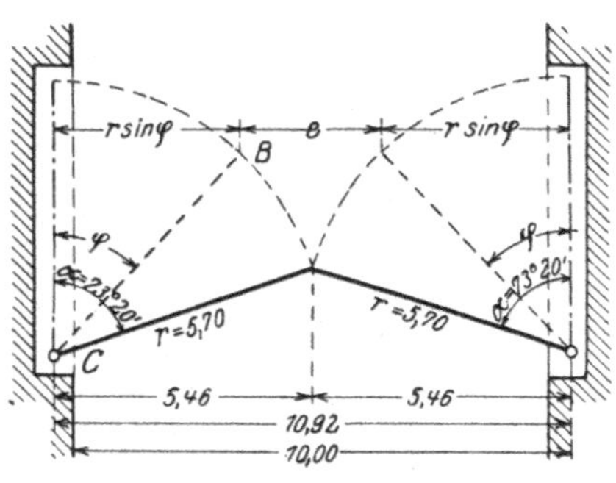

Abb. 224.

Für eine durch den Winkel φ gekennzeichnete Stellung beider Tore ist nach Abb. 224

$$e = 2\,(5{,}46 - r \sin\varphi),$$
$$= 10{,}92 - 11{,}4 \cdot \sin\varphi.$$

Teilt man die Schließungsdauer daher z. B. in zehn gleiche Abschnitte, so beschreiben die Torflügel in jedem derselben einen Winkel von $\frac{73^0\,20'}{10} = 7^0\,20'$, wonach sich die folgenden Werte von e errechnen:

Für $\frac{t}{T} =$	$\frac{1}{10}$	$\frac{2}{10}$	$\frac{3}{10}$	$\frac{4}{10}$	$\frac{5}{10}$	$\frac{6}{10}$	$\frac{7}{10}$	$\frac{8}{10}$	$\frac{9}{10}$	$\frac{10}{10}$
$e =$	9,47	8,04	6,65	5,33	4,11	3,00	1,90	1,18	0,50	0

Schließlich sind die sämtlichen bisher gefundenen Werte in Abb. 225 zusammengestellt. Die Tafel baut sich über einer Abszissenachse auf, aus welcher die Tor-

öffnungen e **im Maßstabe 1 m = 13,4 mm dargestellt sind. Senkrecht dazu sind als Ordinaten im gleichen Maßstab die Wellen- und Wassergeschwindigkeiten, die Wassertiefen und Wellenhöhen sowie im Maßstab 10 cbm = 13,4 mm die Wassermengen aufgetragen. Für jede Weite** e **des Torspalts lassen sich daher aus der Zeichnung die zugehörigen Geschwindigkeiten, Wellenhöhen, Wasserstände und Wassermengen abgreifen. Beispielsweise würde, wenn bei der Torstellung** $\frac{6}{10}$ **die**

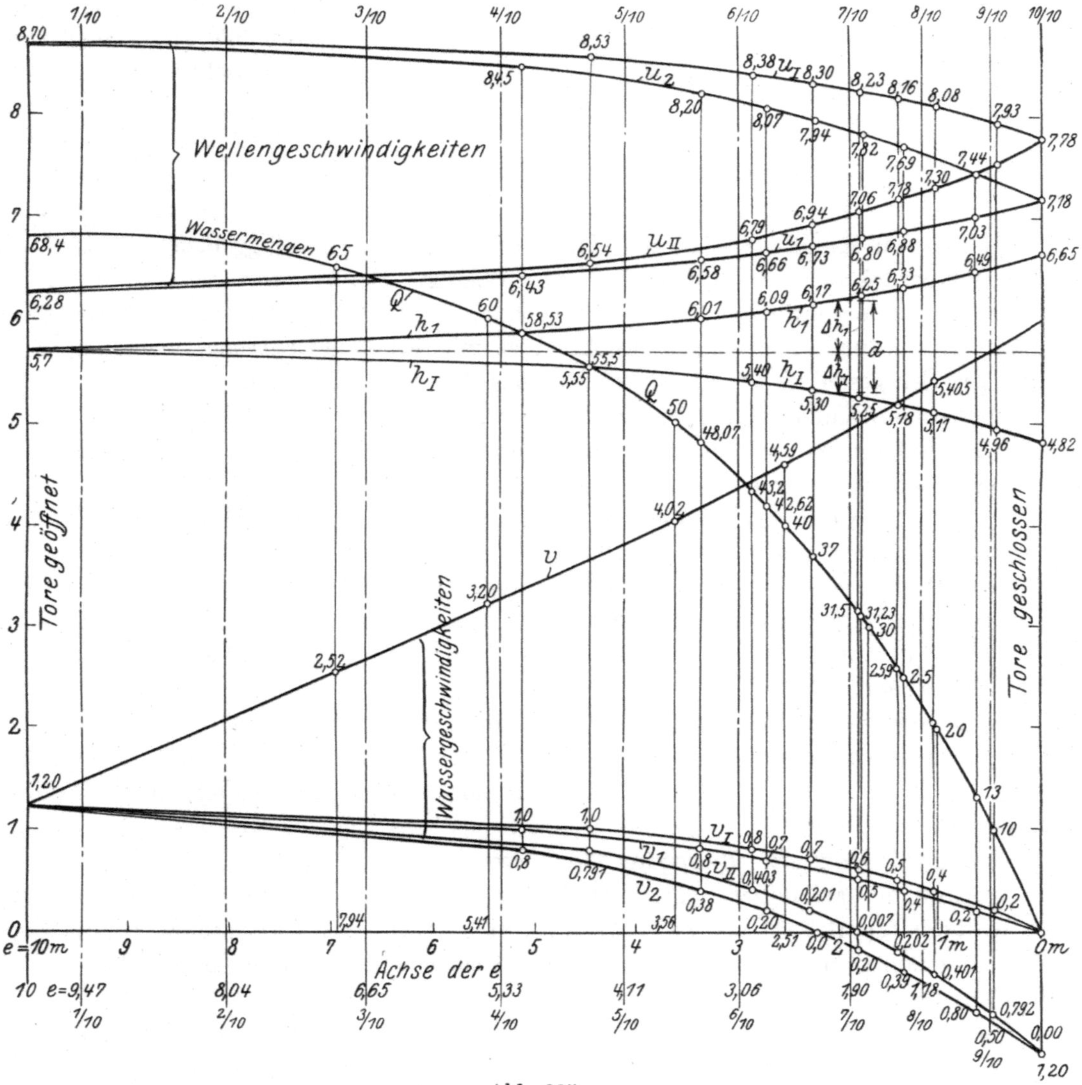

Abb. 225.

Durchflußweite auf 3 m eingeengt ist, die Zuflußmenge von $Q = 68{,}4$ **auf** $Q_1 = 44$ **cbm/sec, die Zuflußgeschwindigkeit von** $v_0 = 1{,}20$ **m/sec auf** $v_1 = 0{,}77$ **m/sec vermindert werden. Es würde ein Stau von** $\Delta h_1 = 0{,}365$ **m und eine Absenkung von** $\Delta h_I = 0{,}290$ **m, also ein Überdruck von 0,655 m entstehen und eine Fortschrittsgeschwindigkeit der Stauwelle** $u_1 = 6{,}6$ **m/sec, der Senkungswelle** $u_I = 8{,}4$ **m/sec erhalten werden, endlich würde der Torspalt mit einer Geschwindigkeit** $V = 4{,}35$ **m/sec durchströmt werden.**

Alle diese Werte entstehen aber nur dann, wenn die Tore **plötzlich** aus der einen Stellung in die andere gebracht werden. In Wirklichkeit finden indessen nur **allmähliche** Torbewegungen statt, und sie rufen nicht nur die wandernden Stau- und Senkungswellen hervor, sondern verursachen mit fortschreitender Einengung des Abflusses, wie Abb. 226 zeigt, auch Gefällsabschwächungen im Ober- wie im Unterwasser, wobei sich der Überdruck d gegen das Tor immer mehr vergrößert.

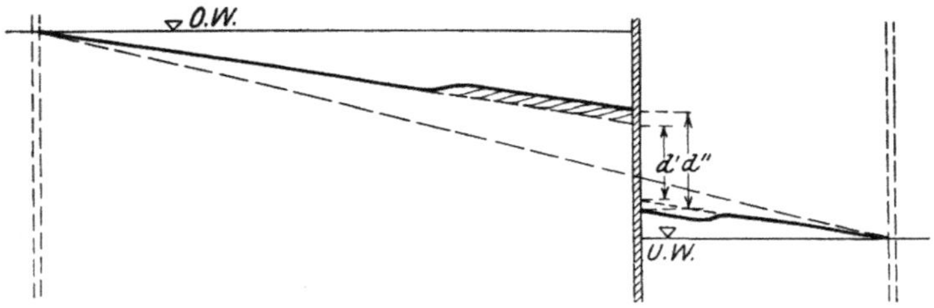

Abb. 226.

In **langen** Kanälen ist diese Gefällsabschwächung ausschlaggebend, der Einfluß der Wellenrückwanderung dagegen ohne Belang. Denn wenn Vor- und Rückwanderung eine sehr lange Zeit beanspruchen, so wird sich inzwischen das Anfangsgefälle des Kanalwasserspiegels erheblich vermindert, das Oberwasser gehoben, das Unterwasser gesenkt, der Überdruck auf das Tor vergrößert haben.

In **kurzen** Kanälen dagegen wird die Wirkung der rücklaufenden Wellen ihrer kurzen Laufzeit halber ausschlaggebend und die Abschwächung des Gefälles von geringer Bedeutung sein.

Die zurückwandernde Welle wirkt verzögernd auf die Geschwindigkeit des Stromes: im Oberwasser senkt sich, im Unterwasser hebt sich der Wasserspiegel um die Höhe dieser Welle. Dadurch werden der **Stau** und die **Absenkung** am Tor zum Teil oder ganz aufgehoben, welche durch weiteren Schluß der Tore während der Zeit entstanden wären, die die Welle brauchte von ihrer Entstehung bis zu ihrer Rückkehr ans Tor.

Je weniger Zeit die vom Tor ausgehenden Wellen bis zu ihrer Rückkehr an das Tor gebrauchen und je langsamer dabei das Tor geschlossen wird, um so mehr wird die Neubildung von Stau und Absenkung durch die rückkehrenden Wellen ausgeglichen werden.

Genügend langsame Bewegung der Tore wird einen vollen Ausgleich ermöglichen, und es darf daher neben der bisher behandelten **plötzlichen** Einengung als **erstem Grenzfall** als **zweiter Grenzfall** eine so **langsame** Bewegung der Tore angenommen werden, daß bei jeder Torlage ein Beharrungszustand des Abflusses entsteht.

Daß ein solcher zweiter Grenzfall mit stetigem Beharrungszustand möglich ist, ergibt sich aus der Überlegung, daß es möglich wäre, die Torflügel ruckweise um einen kleinen Winkel zu drehen und sie in der neuen Lage ruhen zu lassen, bis nach einiger Zeit das Wasser gleichmäßig zu- und abfließt.

Für den auf die Tore wirkenden Wasserüberdruck, wie er sich bei Bewegung der Tore durch das Zusammentreffen von Gefällsabschwächung und rückwandernden Wellen ergibt, erhält man im ersten Grenzfall (bei plötzlichem Schluß) den oberen Grenzwert, im zweiten Grenzfall (bei ganz langsamem Schluß) den unteren Grenzwert von d. Derjenige Wert, welcher der üblichen Öffnungszeit des Tores von etwa 2 bis 5 Minuten entspricht, wird zwischen beiden Grenzwerten liegen, und zwar um so näher dem unteren, je langsamer die Bewegung vor sich geht.

5. Bis zur Gefäll-Ausgleichung verlangsamte Bewegung.

Bei offenen Toren ist

die Abflußgeschwindigkeit: $v_0 = 1{,}20$ m/sec,
das Wasserspiegelgefälle: $J_0 = 1:3500$,
die Wassermenge: $Q_0 = 68{,}4$ cbm/sec.

Werden die Tore (Abb. 227) so weit geschlossen, daß ihre Durchflußweite auf e eingeengt ist, so vermindern sich diese Werte auf:

$$v_1,\ J_1 \text{ und } Q_1.$$

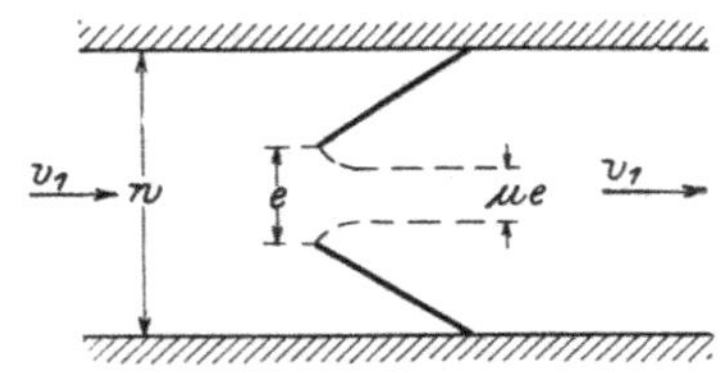

Abb. 227.

Wenn der Kanal nur die Länge und das Gefäll der Schleuse hat, können wir die Verschiedenheiten der Wassertiefen an den verschiedenen Stellen und selbst bei verschiedenen Torstellungen vernachlässigen und daher für den Beharrungszustand schreiben (vgl. Abb. 228):

$$Q_0 = w \cdot h \cdot v_0$$
$$Q_1 = w \cdot h \cdot v_1$$

sonach
$$Q_1 = \frac{v_1}{v_0} \cdot Q_0,$$

ferner ist:
$$v_0 = C\sqrt{R J_0}$$
$$v_1 = C\sqrt{R J_1}$$
$$J_1 = \left(\frac{v_1}{v_0}\right)^2 \cdot J_0 .$$

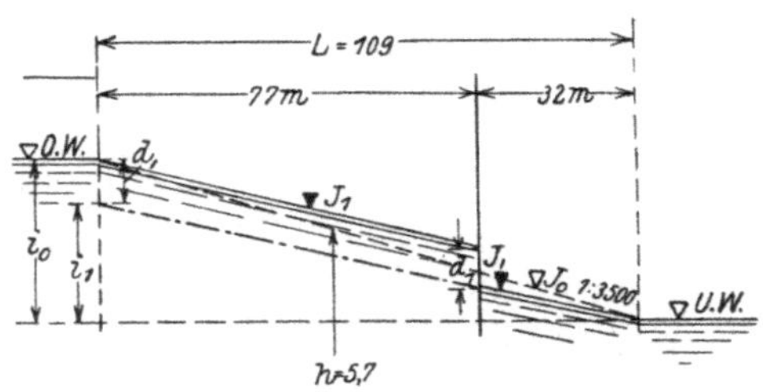

Abb. 228.

Von dem Gefäll zwischen Ober- und Unterwasserspiegel

$$i_0 = L J_0 = \frac{109}{3500} = 0{,}031 \text{ m}$$

kommen auf das Wasserspiegelgefälle während der Bewegung der Tore:

$$i_1 = L J_1 = \frac{i_0}{J_0} \cdot J_1 = \left(\frac{v_1}{v_0}\right)^2 \cdot i_0 ,$$

so daß an den Toren ein Überdruck verbleibt von

$$d_1 = i_0 - i_1 = i_0 \left[1 - \left(\frac{v_1}{v_0}\right)^2\right].$$

Dabei ist die Durchflußgeschwindigkeit nach Gl. (127):

$$V = v_1 + \sqrt{2 g d_1}.$$

Der Durchfluß wird von e auf (μe) eingeengt, und es findet sich schließlich aus $Q_1 = \mu e h V$:

$$\mu e = \frac{Q_1}{h V}.$$

Nachstehend sind für eine Reihe von Werten v_1 die zugehörigen Werte Q_1, d_1 und μe berechnet. Über den Öffnungsweiten e als Abszissen sind sie alsdann in Abbildung 229 als Ordinaten aufgetragen worden und der Übersicht halber wurden ihnen die entsprechenden Größen für plötzlichen Schluß nach den früheren Ermittlungen (S. 147) beigefügt. Man erkennt ohne weiteres den mäßigenden Einfluß des allmählichen Schlusses auf den Überdruck der Tore und damit auf die Wassermengen, welche den jeweiligen Toröffnungen entströmen.

$v_1 =$	1,2 (= v_0)	1,0	0,8	0,6	0,4	0,2	0
$\frac{v_1}{v_0} =$	1	0,833	0,666	0,500	0,333	0,166	0
$\left(\frac{v_1}{v_0}\right)^2 =$	1	0,694	0,444	0,250	0,111	0,028	0
$Q_1 = \frac{v_1}{v_0} - 68{,}4 =$	68,4	57,0	45,6	34,2	22,8	11,4	0
$i_1 = \left(\frac{v_1}{v_0}\right)^2 \cdot 0{,}031 =$	0,031	0,0215	0,0138	0,0077	0,0031	0,0006	0
$d_1 = \left[1 - \left(\frac{v_1}{v_0}\right)^2\right] 0{,}031 =$	0	0,0095	0,0172	0,0232	0,0275	0,0301	0,0310
$\sqrt{2\,g\,d_1} =$	0	0,432	0,581	0,675	0,735	0,768	0,78
$V = v_1 + \sqrt{2\,g\,d_1} =$	1,2	1,432	1,381	1,275	1,135	0,968	0,78
$\mu e = \frac{Q_1}{5{,}7\,V} = z =$	10	6,98	5,82	4,72	3,52	2,06	0
$e = \frac{z}{0{,}61} =$	—	—	—	**7,75**	**5,79**	**3,38**	**0**
bzw. nach Gl. (129): $e = \frac{11\,z}{4 + 0{,}7 \cdot z} =$	**10**	**8,64**	**8,0**	**7,1**	—	—	—

Damit haben wir zwei äußerste Grenzen bestimmt, innerhalb deren die Lösungen für ganz bestimmte gegebene und vorgeschriebene Torgeschwindigkeit liegen werden. Diese Lösungen selbst hier folgen zu lassen ist leider noch nicht möglich.

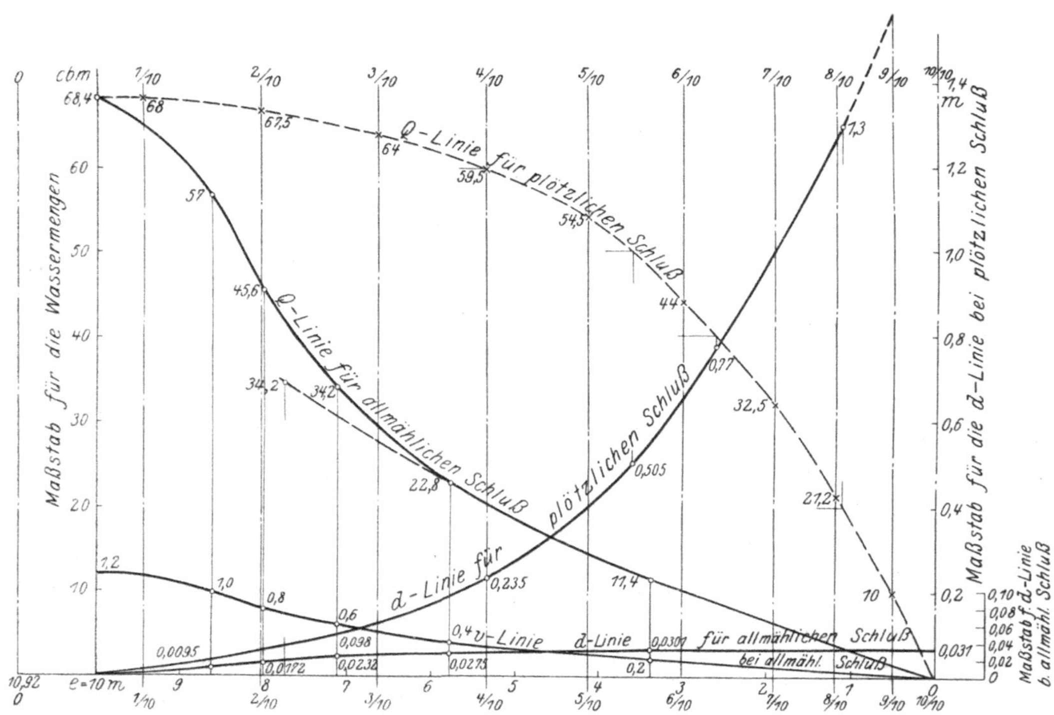

Abb. 229.

Anhang

Auswahl von Versuchen

die, unter Mitwirkung des ehemaligen Kochschen Assistenten Herrn Studienrat Hainz zusammengestellt, in den Jahren 1909 bis 1922 mit Unterbrechung während des Krieges auf Veranlassung sowie unter Leitung Kochs im Wasserbau-Laboratorium der Technischen Hochschule zu Darmstadt ausgeführt wurden.

Wenn man sich bemüht, die in diesen Blättern aufgestellten Lehrsätze durch Versuche im Laboratorium auf ihre Übereinstimmung mit der Natur nachzuprüfen, so erkennt man sehr bald, daß in den meisten Fällen selbst die scheinbar einfachsten Strömungsvorgänge mit den bisher bekannten Mitteln nur unvollkommen erklärt werden können.

Aber gerade aus dieser Unvollkommenheit lernen wir, wo die weiteren Forschungen einzusetzen haben, und deswegen ist eine vorurteilslose Betrachtung der Versuchsergebnisse von höchstem Wert für eine erfolgreiche Weiterarbeit.

Bevor wir in eine solche Betrachtung eintreten, wollen wir einen Blick in das Laboratorium selbst werfen, um wenigstens diejenigen Einrichtungen desselben, wenn auch nur flüchtig, kennen zu lernen, welche zur Ausführung der zu besprechenden Versuche dienten.

I. Beschreibung des Wasserbau-Laboratoriums der Technischen Hochschule zu Darmstadt.

Das Darmstädter Wasserbau-Laboratorium verdankt seine Entstehung und Gestaltung den Anregungen, Plänen und Ideen Kochs. Es ist in einem Flügel der umfangreichen Erweiterungsbauten der Hochschule untergebracht, die nach mehrjähriger Bauzeit im Sommer 1909 feierlich ihrer Bestimmung übergeben wurden.

Sein Zweck ist ein doppelter: es soll einerseits dem Unterricht dienen und den Studierenden in teils vorzuführenden, teils selbst anzustellenden Versuchen anschauliche Ergänzungen zu den Vorlesungen bieten; andererseits soll es ein Forschungsinstitut sein.

Die dazu getroffenen Einrichtungen sind einfach gehalten. Koch legte bei dem derzeitigen niedrigen Stand unserer Kenntnisse über das zu durchforschende Wissensgebiet auf allzu große Genauigkeit keinen Wert: „Warum sollen wir uns um die fünfte Dezimale abmühen, wenn die erste noch nicht einmal feststeht", pflegte er oft zu sagen.

An den eigentlichen Versuchsraum (Abb. 230) mit 580 qm Grundfläche schließen sich an der Hochbehälter und das Arbeitszimmer, ein Gelaß zur Aufbewahrung von Modellen und Geräten, eine Dunkelkammer, ein Sandlager und endlich ein Raum zum Sieben und Trocknen des Sandes. Im ganzen werden 1000 qm in Anspruch genommen.

Der Durchführung der Versuche dienen zwei Gerinne: das Flußgerinne und das sogenannte Tiefgerinne.

Unseren Zwecken dient ausschließlich das Tiefgerinne (Abb. 231): ein 30 m langer, 2,5 m weiter und 2,2 m tiefer freistehender Behälter in Eisenbeton, vertieft aufgestellt und durch Oberlicht hell beleuchtet.

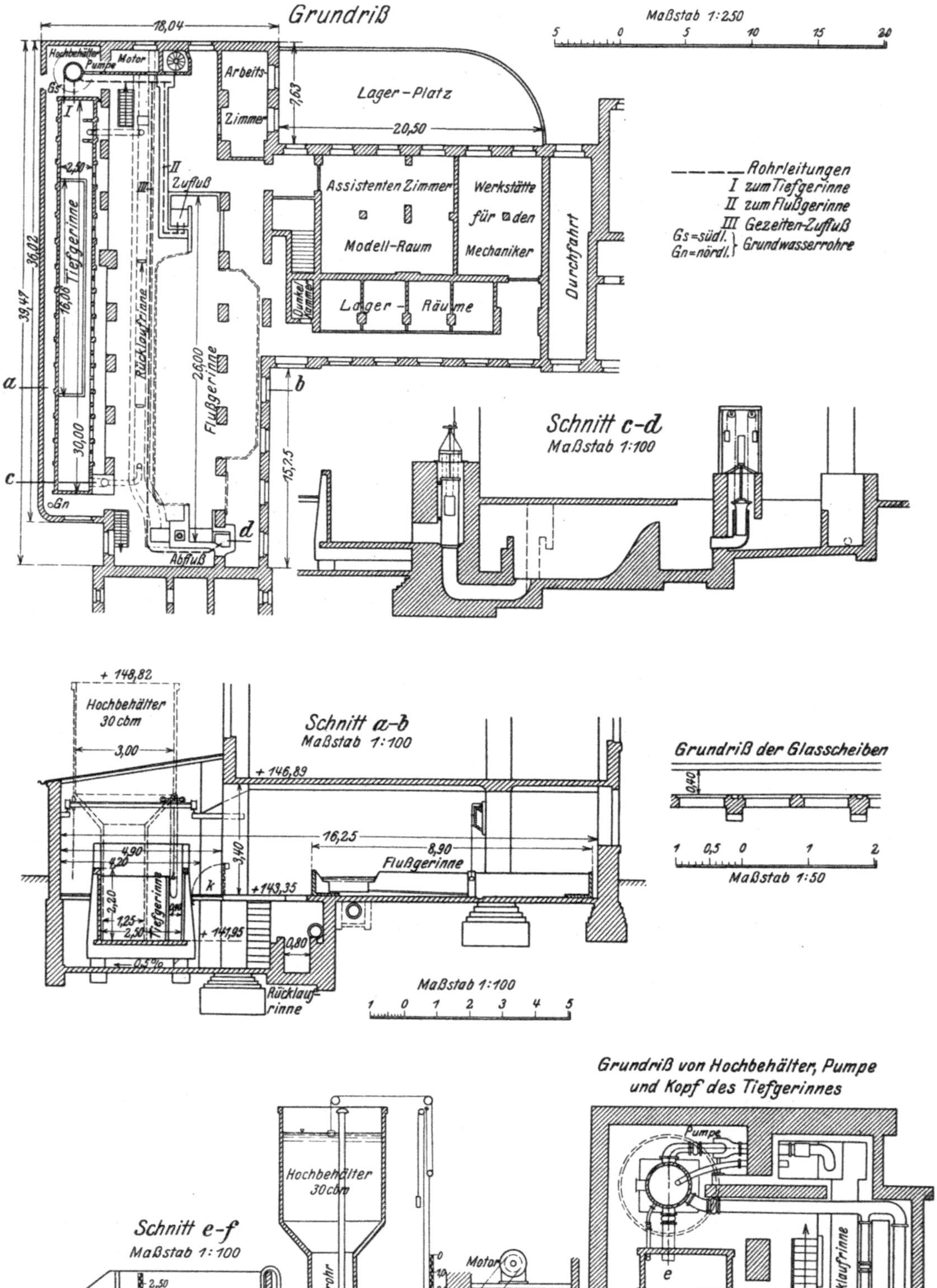

Abb. 230. Das Wasserbaulaboratorium in Darmstadt in Grundrissen und Schnitten.

Die innere Seitenwand kann durch Aufklappen des anstoßenden Geschoßbodens *k* (s. den Schnitt *a* bis *b*) auf die ganze Länge freigelegt werden. Für die Beobachtung der Vorgänge im Inneren sind in diese Wand 12 Fenster aus 32 mm starken Spiegelglas-Scheiben von 2,10 m Höhe und 0,7 m Nutzbreite eingebaut.

Abb. 231. Das Tiefgerinne.
Die Glasfenster und die nachträglich eingebaute eiserne Längswand befinden sich rechts.

Abb. 232. Bewegliche eiserne Querwand des Tiefgerinnes, in welche verschieden gestaltete Ausflußöffnungen (hier eine kreisrunde) eingeschaltet werden können. Vorderseite.

Falze dienen zum Einsetzen von Stauwänden mit Ausflußöffnungen oder Überfällen sowie von festen und beweglichen Stauvorrichtungen und Verschlüssen aller Art (Abb. 232 und 233).

Um mit der verfügbaren Wassermenge von 300 l/sec auch größere Wassertiefen erzielen zu können, stellte sich bald nach Inbetriebnahme das Bedürfnis heraus, die ursprüngliche Rinnenbreite von 2,50 m auf etwa 40 cm einzuschränken. Das geschah durch eine etwa 16 m lange Eisenwand, die sich der Glaswand gegenüber

Abb. 233. Rückseite der beweglichen Querwand des Tiefgerinnes.

Abb. 234. Das Flußgerinne.
Einbau eines in mehrfachen Windungen gekrümmten Flußlaufs mit Durchstich.

befindet, auch wurde vor der Glaswand auf die Betonsohle ein zweiter Boden aus Eisenblech aufgelegt, der die Anbringung der Nippel für die Messung des Bodendrucks erleichtert.

Die Sohle der Rinne liegt wagerecht. Ein Laufkran von 1 t Tragfähigkeit dient zum Ein- und Abbau der Modelle.

Das neben dem Tiefgerinne vorhandene Flußgerinne (Abb. 234) sei der Vollständigkeit halber erwähnt, obwohl es für unsere elementaren Versuche nicht in Betracht kommt. Es dient zum Studium größerer Stromabschnitte, die mit ihren Krümmungen, Durchstichen und Flußspaltungen, mit Einmündungen von Nebenflüssen, Flußverlegungen usw. in dem Sandbett der Rinne naturgetreu dargestellt werden können.

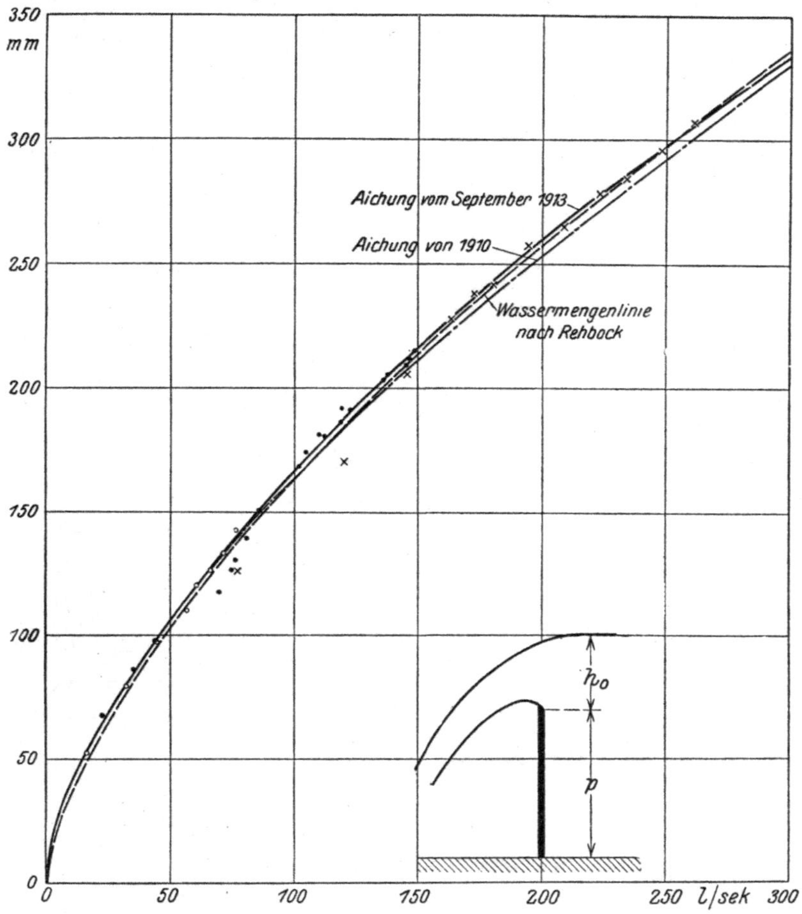

Abb. 235.

Mittels eines Zylinderschützes *z* (Schnitt *c* bis *d*), das sich vermöge maschinellen Antriebs ständig hebt und senkt und dadurch den Wasserspiegel am Ausfluß periodisch steigen und fallen macht, werden Ebbe- und Flutströme erzeugt, deren Tiden und Flutwechsel der Beobachter durch Reglung der Bewegungen des Zylinderschützes nach Bedarf einstellen kann.

Das nötige Betriebswasser wird dem städtischen Netz entnommen und bis zur Menge von 30 cbm in einem Hochbehälter aufgespeichert, von dem aus es durch drei Rohrstränge den Verbrauchsstellen zugeführt wird. Der eine derselben führt nach dem Tiefgerinne, ein zweiter nach dem Einlauf des Flußgerinnes und der dritte nach dessen Austritt, um dort die Gezeitenströme zu speisen. Die Rückleitung erfolgt durch die Rücklaufrinne, die in einem Pumpensumpf endigt.

Aus ihm hebt eine Kreiselpumpe, die durch einen 50pferdigen Elektromotor angetrieben wird, das Wasser wieder in den Hochbehälter, damit es von da aus seinen Umlauf aufs neue beginnen kann.

In der Rücklaufrinne gestattet ein scharfkantiger vollkommener Überfall die Feststellung der sekundlichen Wassermengen. Zu seiner Eichung wurde ein in den oberen Teil des Tiefgerinnes eingebauter Grundablaß herangezogen, der aus einer 2 m hohen Dammbalkenwand besteht, unter der, je nachdem größere, mittlere oder kleinere Wassermengen durchzulassen sind, Ausströmungsöffnungen von 18, 10 oder 5 cm Höhe hergestellt werden können.

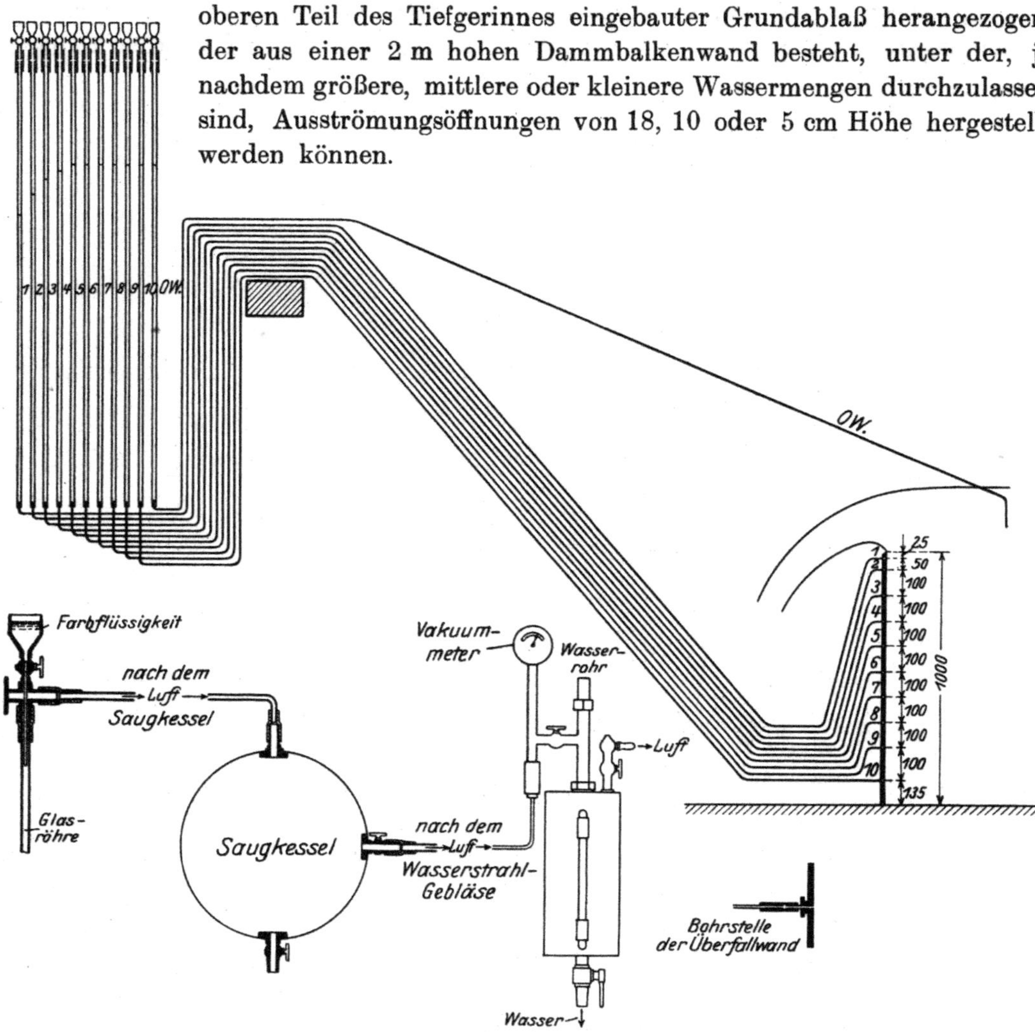

Abb. 236. Messung des hydraulischen Drucks. Gesamtanordnung.

Nach jedem Dezimeter, um den bei geöffnetem Grundablaß dessen Oberwasser gesunken war, wurde die Zeit bestimmt und gleichzeitig die Wasserhöhe des Überfalls gemessen. Aus der Zeitbestimmung ließ sich bei den einfachen Formen des Gerinnes die sekundliche Wassermenge ermitteln. Wiederholte derartige Messungen ergaben schließlich die in Abb. 235 aufgetragene Wassermengenlinie, die sich in guter Übereinstimmung befindet mit einer von Rehbock aufgestellten Formel. Im ganzen können mittels der vorhandenen Pumpe bis zu 300 l/sec in Umlauf versetzt werden.

Die Wassertiefen werden an Pegeln abgelesen, die auf die Innenseite jeder Glasscheibe aufgemalt und zum Teil noch durch ein Koordinatennetz verbunden sind, eine Anordnung, welche die Benutzung photographischer Aufnahmen sehr erleichtert.

Soweit bei den Versuchen im Tiefgerinne Wassergeschwindigkeiten unmittelbar zu messen sind, geschieht dies mittels hydrometischer Flügel.

Druckmessungen (Abb. 236) erfolgen mittels Piezometerröhren aus Glas, die durch Bleiröhrchen von 2,5 mm Lichtweite (Abb. 237) mit der Beobachtungsstelle verbunden werden. Hier wird ein durchbohrter Messingnippel in die zu untersuchende, dem Druck ausgesetzte Wand so eingeschraubt, daß das vorbeiströmende Wasser an ihm keinen Widerstand findet. Die Verbindung mit dem Bleirohr stellt eine Gummimuffe her. Um bequemer ablesen (Abb. 238) zu können, saugt man meist die Wassersäulchen hoch. In einem Saugkessel, mit welchem die Piezometerröhren in Verbindung stehen, wird dazu die Luft durch eine Wasserstrahlpumpe so weit verdünnt, als es zum Heben des Wasserspiegels erforderlich ist.

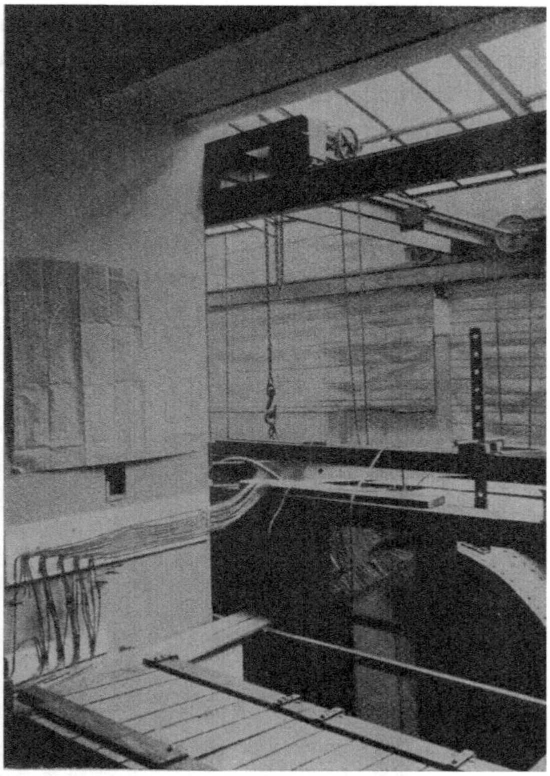

Abb. 237. Messung des hydraulischen Drucks. Die Bleiröhrchen.

Abb. 238. Messung des hydraulischen Drucks. Die Ablesungstafel.

Besondere Trichter, durch Hähne absperrbar, ermöglichen die Färbung des Wassers in den Röhrchen zur Erleichterung des Ablesens sowohl wie der Aufnahme von Lichtbildern (Abbildung 239).

Reißende Ströme werden in der Regel durch einen Grundablaß im oberen Teil des Gerinnes erzeugt. Im unteren Teil können mittels eines Zylinderschützes die Unterwasserstände geregelt werden.

Aus den beobachteten Wassermengen Q in der 0,385 m breiten Rinne oder der Menge q für die Breite 1 m und den abgelesenen Wassertiefen y kann die Geschwindigkeit v m/sec und daraus die Geschwindigkeitshöhe s m gerechnet werden. Wo keine Zusatzspannungen z vorhanden sind, ist daher $y+s$ die Arbeitshöhe, die Höhe der $\mathfrak{A}$-Linie, deren Kenntnis die Zeichnung der q-Linie für die Wassertiefe y gestattet.

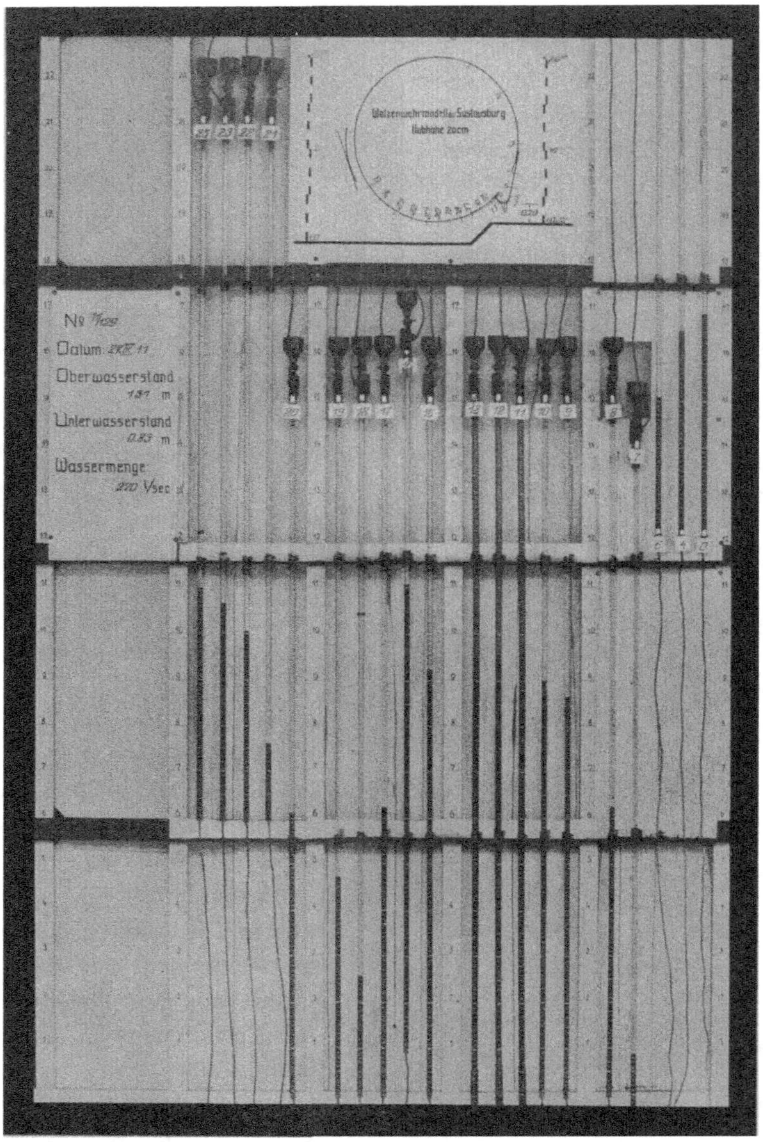

Abb. 239. Messung des hydraulischen Drucks. Die Ablesungsröhrchen mit den Farbtrichtern.

Die Stützkraft beträgt für die Breite 1 m des strömenden Wassers:

$$w = y\left(\frac{y}{2} + 2\,s\right)$$

und daher für die b m breite Versuchsrinne:

$$W = b\,w$$

II. Die Widerstände in der nicht durch Einbauten verengten Versuchsrinne.

(Versuche Nr. 1 und 2.)

Da der Boden der Rinne unverstellbar wagerecht liegt, können in ihr keine Gleichströme hergestellt werden. Auch in der durch keinerlei Einbauten verengten Rinne rufen daher die durchfließenden Strömungen ziemlich erhebliche Widerstände hervor, über die man sich zweckmäßig vor Ausführung weiterer Versuche Rechenschaft gibt um sie bei ihrer Beurteilung zu berücksichtigen.

$Q = 0{,}288$ cbm/sec $\qquad q = \frac{0{,}288}{0{,}385} = 0{,}748$ cbm/sec $\qquad v < \sqrt{g\,y}$

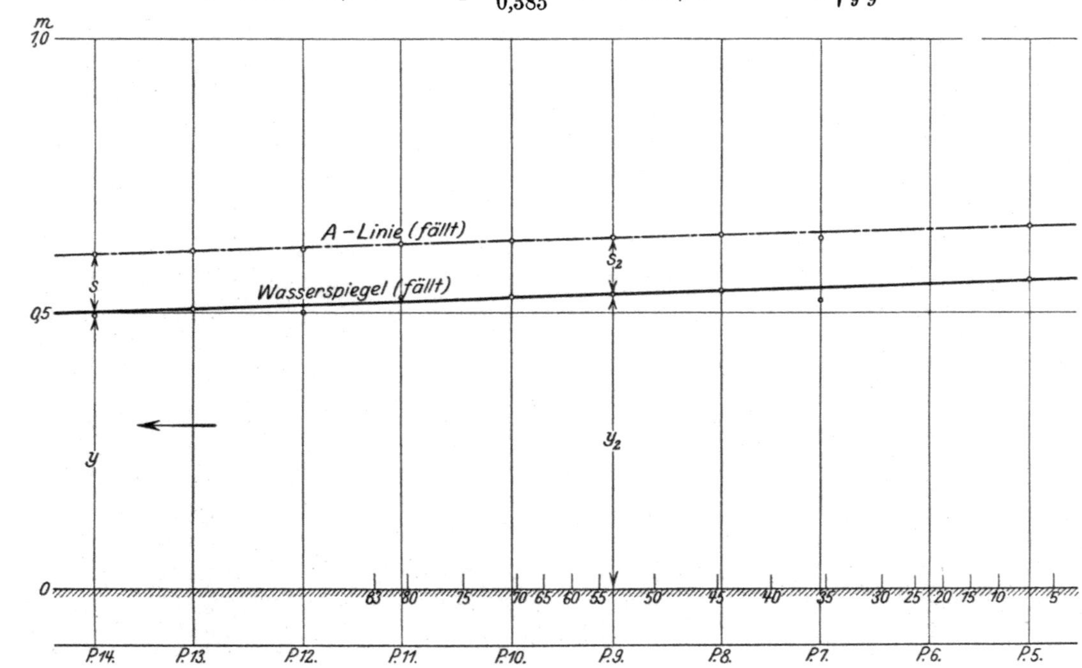

$y_4 = 0{,}48$	$y_3 = 0{,}51$	$y_2 = 0{,}54$	$y_1 = 0{,}57$ m
$v_4 = 1{,}56$	$v_3 = 1{,}47$	$v_2 = 1{,}386$	$v_1 = 1{,}31$ m
$s_4 = 0{,}124$	$s_3 = 0{,}11$	$s_2 = 0{,}098$	$s_1 = 0{,}087$ m
$y_4 + s_4 = 0{,}604$	$y_3 + s_3 = 0{,}620$	$y_2 + s_2 = 0{,}638$	$y_1 + s_1 = 0{,}657$ m

$W_2 = 0{,}48(0{,}24 + 0{,}48) = \mathbf{0{,}324}$ Höhen : Längen = 5 : 1. $W_1 = 0{,}57(0{,}285 + 0{,}174) = 0{,}262$

Abb. 240.

Wir wollen daher einen ruhenden (Abb. 240) und dann einen reißenden Strom (Abb. 241) durch die Rinne schicken. Während die Wassertiefe des ersteren von seinem Ausgangspunkt ab stetig abnimmt, nimmt sie bei letzterem stetig zu. Der reißende Strom steigt also an, allerdings nur bis zur Höhe $\mathfrak{h} = \sqrt[3]{\frac{q^2}{g}}$ seines Grenzzustandes; aber weil er ansteigt, kann für ihn die bekannte Grundgleichung für die gleichförmige Bewegung des Wassers in der Form:

$$v = c\sqrt{R\,J}$$

nicht angewendet werden. Denn für den ansteigenden Strom würde das Gefälle J negativ, die Wurzel also imaginär werden. Daher ersetzen wir zweckmäßig in der Formel das Strömungsgefälle J durch das Gefälle ε ihrer Arbeitslinie, das niemals — auch für eine steigende Strömung nicht — negativ werden **kann**. Nachfolgende Überlegung zeigt, daß das zulässig ist.

$Q = 0{,}292$ cbm/sec $\qquad q = \frac{0{,}292}{0{,}388} = 0{,}759$ cbm/sec $\qquad v > \sqrt{gy}$

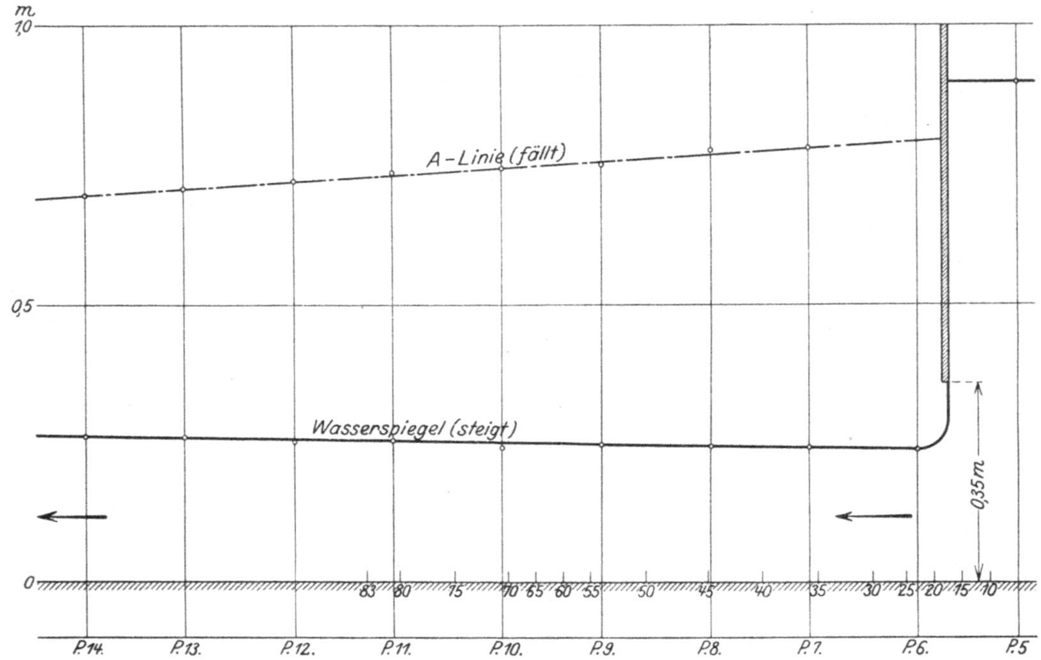

$y_4 = 0{,}26$	$y_3 = 0{,}25$	$y_2 = 0{,}24$	$y_1 = 0{,}230$
$v_4 = 2{,}92$	$v_3 = 3{,}04$	$v_2 = 3{,}16$	$v_1 = 3{,}3$
$s_4 = 0{,}435$	$s_3 = 0{,}471$	$s_2 = 0{,}509$	$s_1 = 0{,}555$
$y_4 + s_4 = 0{,}695$	$y_3 + s_3 = 0{,}721$	$y_2 + s_2 = 0{,}749$	$y_1 + s_1 = 0{,}785$

$W_2 = 0{,}26\,(0{,}13 + 0{,}87) = 0{,}260$ Höhen : Längen = 5 : 1. $W_1 = 0{,}23\,(0{,}115 + 1{,}110) = 0{,}282$

Abb. 241.

Wenn w den Widerstand (den 𝔄-Verlust) und h das (hier negative) Gefälle zwischen zwei aufeinander folgenden Profilen (1) und (2) (Abb. 242) einer reißenden Strömung bedeutet, so ist:

$$w = s_1 - s_2 - h\,.$$

Ferner steht w im direkten Verhältnis zur mittleren Geschwindigkeitshöhe s des Strömungsabschnitts und zur Fläche $p\,l$ seines benetzten Umfangs, sowie im umgekehrten Verhältnis zur mittleren Querschnittsfläche F, und endlich ist es noch abhängig von einer Rauhigkeitszahl ζ. Das heißt also:

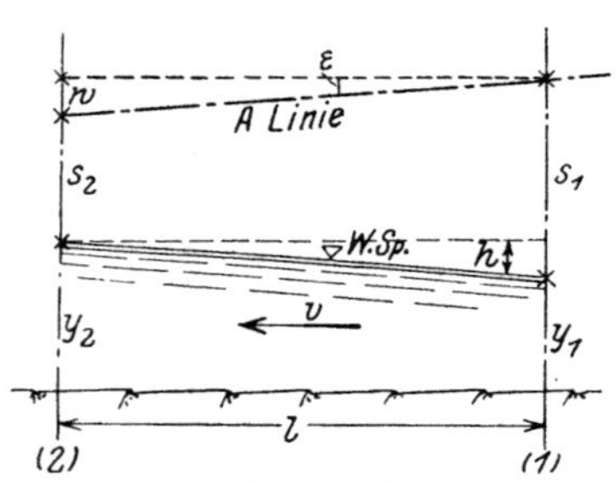

Abb. 242.

$$w = \frac{v^2}{2g} \cdot \frac{p\,l}{F} \cdot \zeta$$

oder

$$\frac{w}{l} = \varepsilon = \frac{v^2}{2g} \cdot \frac{p}{F} \cdot \zeta$$

und mit $\frac{2g}{\zeta} = c^2$:

$$\boldsymbol{v = c\sqrt{R \cdot \varepsilon}}.$$

Aus unseren beiden Versuchen ergibt sich:
für den **ruhigen** Strom:

$$\varepsilon = \frac{0{,}657 - 0{,}604}{8{,}400} = 0{,}00631 \text{ oder ungefähr } 1:160,$$

und man erhält für den Querschnitt (1):

$$R_1 = \frac{0{,}57 \cdot 0{,}385}{0{,}385 + 2 \cdot 0{,}57} = 0{,}144, \quad v_1 = 1{,}31 = c\sqrt{0{,}144 \cdot 0{,}00631},$$

$$c = \frac{1{,}31}{\sqrt{0{,}000908\,64}} = 43,$$

für den Querschnitt (2):

$$R_2 = \frac{0{,}48 \cdot 0{,}385}{0{,}385 + 2 \cdot 0{,}48} = 0{,}139, \quad v_2 = 1{,}56 = c\sqrt{0{,}139 \cdot 0{,}00631},$$

$$c = \frac{1{,}56}{\sqrt{0{,}000877}} = 53;$$

im Mittel: $c = 48$

für den **reißenden** Strom ist:

$$\varepsilon = \frac{0{,}785 - 0{,}695}{7{,}600} = 0{,}01184 \text{ oder ungefähr } 1:82,$$

$$R_1 = \frac{0{,}23 \cdot 0{,}385}{0{,}385 + 0{,}46} = 0{,}105,$$

$$v_1 = 3{,}30 = c\sqrt{0{,}105 \cdot 0{,}01184}, \quad c = 93{,}6;$$

$$R_2 = \frac{0{,}26 \cdot 0{,}385}{0{,}385 + 0{,}520} = 0{,}110,$$

$$v_2 = 2{,}92 = c\sqrt{0{,}110 \cdot 0{,}01184}, \quad c = 80{,}9;$$

im Mittel: $\boldsymbol{c = 87}$.

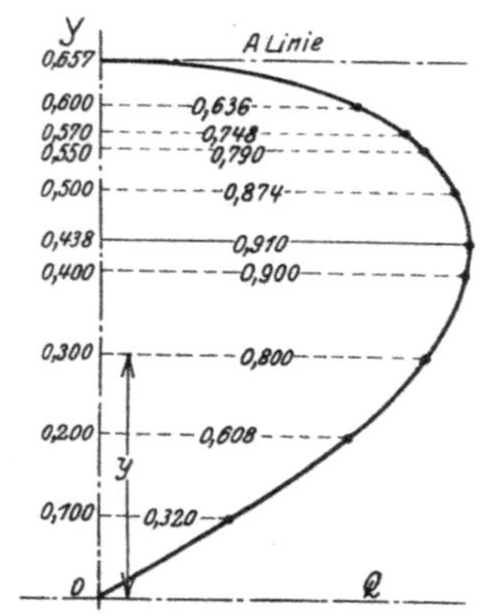

Abb. 243.

Da es von Interesse ist, zu wissen, wie sich das Reibungsgefälle ε mit der Wassertiefe ändert, sei für die gleiche Arbeitshöhe $\mathfrak{A} = 0{,}657$ m, welche beim Versuch (1) im Querschnitt (1) vorhanden war, ε für verschiedene Wassermengen q berechnet, wobei sich die entsprechenden Wasserstände aus der q-Linie in Abb. 243 ergaben:

$y =$	0,1	0,2	0,3	0,4	0,5	0,57	0,6
$q =$	0,330	0,608	0,800	0,900	0,874	0,748	0,636
$v = \frac{q}{y} =$	3,30	3,04	2,67	2,25	1,75	1,31	1,06
$s =$	0,557	0,46	0,364	0,259	0,156	0,087	0,057
$R =$	0,065	0,098	0,117	0,130	0,139	0,144	0,146
$\varepsilon = \frac{s}{R}\zeta =$	0,0221	0,0122	0,008	0,00503	0,0097	0,0052	0,0035

reißender Strom:

$$\zeta = \frac{2g}{c^2} = 0{,}00259$$

ruhiger Strom:

$$\zeta = \frac{2g}{c^2} = 0{,}00851$$

III. Übergänge zwischen verschiedenartigen Strömungen.

1. Der Wassersprung.

(Versuche 3 und 4.)

Da der Wassersprung einen Übergang vom reißenden zum ruhigen Strom darstellt, wurde am Einlauf der Rinne mittels eines Grundablasses ein reißender Strom hergestellt. Andererseits wurde der Abfluß nach der Rücklaufrinne mittels des Zylinderschützes derart eingeengt, daß das Unterwasser sich heben mußte, und der reißende Strom den erhöhten Spiegel nur durch einen Sprung erreichen konnte.

Beobachtet wurden die Wassermengen Q sowie die Wassertiefen y oberhalb und und unterhalb des Sprunges. Aus der Tiefe y_0 des reißenden Stromes — deren genaue Feststellung bei den großen Geschwindigkeiten schwierig ist — wurden nach Gl. (85):

$$y_1 = \frac{y_0}{2}\left\{-1+\sqrt{1+16\frac{y_0}{s_0}}\right\}$$

für eine Anzahl im Laboratorium hergestellter Wassersprünge nachstehend die Werte y_1 berechnet und mit den beobachteten Werten y_1 verglichen. Zwischen beiden ergibt sich eine gute Übereinstimmung:

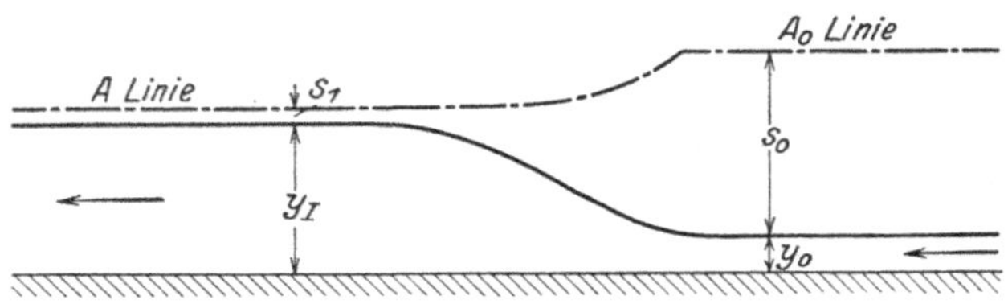

	Beobachtet			Rechnerisch ermittelt			Sprunghöhe berechn.	Sprunghöhe beobachtet	Für das beobachtete y_1 errechnet sich				Datum und Versuch-Nr.
	$b = 0{,}385$ Q	$b = 1$ m q	y_0	v_0	s_0	$A_0 = y_0 + s_0$	y_1	y_1	v_1	s_1	$A_0 = y_1 + s_1$	ΔA $A_0 - A_1$	
	cbm/sec	cbm/sec	m	m/sec	m	m	m	m	m/sec	m	m	m	
1	0,280	0,727	0,145	0,502	1,284	1,429	0,780	0,750	0,97	0,048	0,798	0,631	26. XI. 13, Nr. 5
2	0,278	0,722	0,300	2,41	0,296	0,596	0,478	0,480	1,505	0,115	0,595	0,001	2. XII. 13, Nr. 2
3	0,236	0,613	0,230	2,75	0,385	0,615	0,490	0,505	1,213	0,0746	0,580	0,035	29. I. 13
4	0,210	0,545	0,190	2,87	0,420	0,610	0,478	0,476	1,145	0,0668	0,543	0,067	6. XII. 13,
	$b = 0{,}4$ m												
5	0,123	0,3075	0,075	4,09	0,853	0,928	0,470	0,466	0,660	0,022	0,488	0,440	26. XI. 19, Nr. 4
6	0,123	0,3075	0,094	3,26	0,542	0,636	0,407	0,410	0,750	0,029	0,439	0,197	26. XI. 19, Nr. 5
7	0,0625	0,156	0,065	2,40	0,294	0,359	0,245	0,245	0,637	0,021	0,266	0,093	26. XI. 19, Nr. 3
8	0,0625	0,156	0,100	1,56	0,127	0,224	0,176	0,180	0,866	0,038	0,218	0,006	27. XI. 19, Nr. 2

Zwei der beobachteten Sprünge sind in den Abbildungen dargestellt (Abb. 244 und 245). Bei Versuch 4 wurde noch der Wasserdruck auf die Sohle gemessen. An der Sprungstelle selbst lassen sich infolge der Zerdrückung der Wasserfäden die Wassertiefen nicht feststellen (vgl. auch die Lichtbilder Abb. 246 u. 247).

Die ersten Versuche über den Wassersprung wurden im Darmstädter Laboratorium bereits im Mai 1909 ausgeführt.

$Q = 0{,}280$ cbm/sec $\qquad q = \frac{0{,}280}{0{,}385} = 0{,}727$ cbm/sec

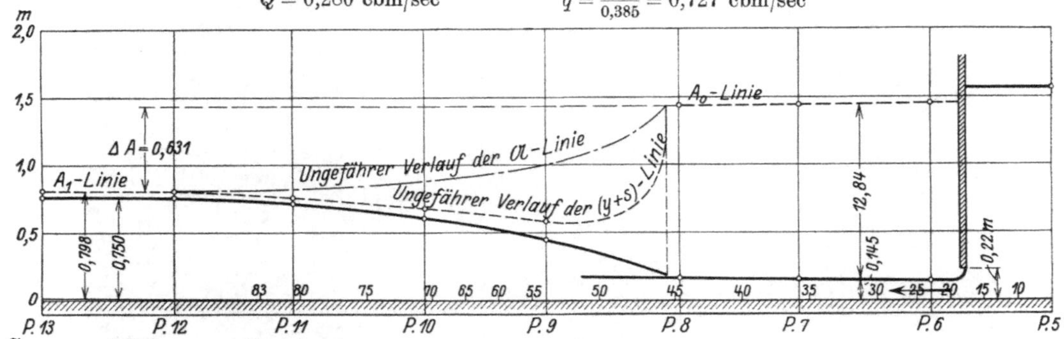

Gem.: $y_1 = 0{,}750$
$v_1 = 0{,}970$
$s_1 = 0{,}048$
$A_1 = 0{,}798$

Berechnet:

$$y_1 = \frac{y_0}{2}\left[-1 + \sqrt{1 + 16\frac{s_0}{y_0}}\right]$$

$y_1 = 0{,}780$ m

Gemessen: $y_0 = 0{,}145$ m
$v_0 = 5{,}020$ m/sec
$s_0 = 1{,}284$ m
$A_0 = 1{,}429$ m

Abb. 244.

$Q = 0{,}210$ cbm/sec $\qquad q = \frac{0{,}210}{0{,}385} = 0{,}545$ cbm/sec

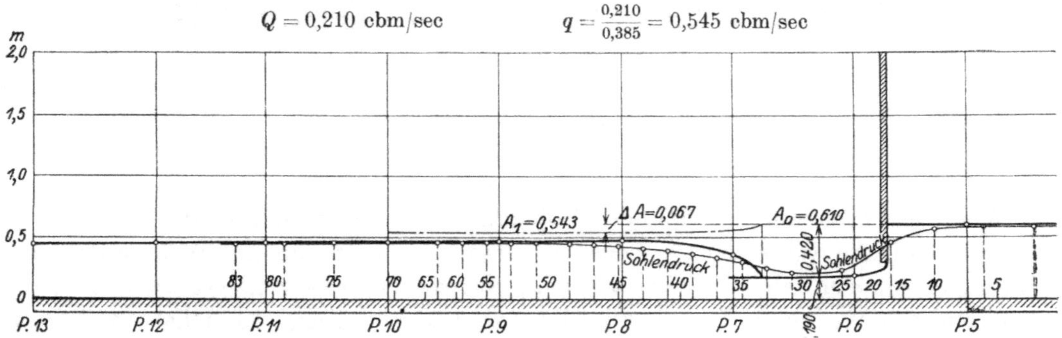

Gemessen: $y_1 = 0{,}476$
$v_1 = 1{,}145$
$s_1 = 0{,}067$
$A_1 = 0{,}543$

Berechnet:

$$y_1 = \frac{y_0}{2}\left(-1 + \sqrt{1 + 16\frac{s_0}{y_0}}\right)$$

$= 0{,}478$ m

$y_0 = 0{,}190$ m
$v_9 = 2{,}870$ m/sec
$s_0 = 0{,}420$ m
$A_0 = 0{,}610$ m

Abb. 245.

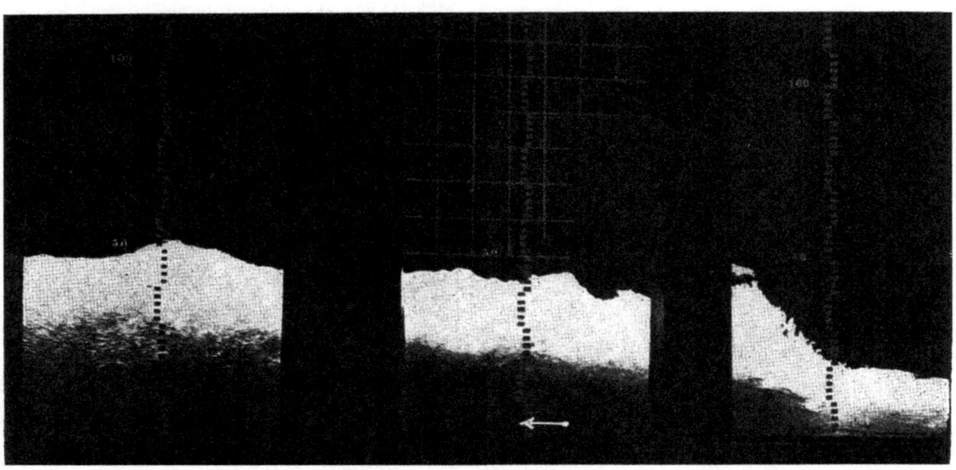

Abb. 246. Wassersprung.

Abb. 247. Wassersprung.

2. Wasserschwall.

(Versuche 5 und 6.)

Wenn ein Wassersprung infolge Erhöhung des Unterwassers oder Verringerung der sekundlichen Wassermenge nach Oberstrom verläuft und am Wehr ankommt, bildet sich ein Schwall, d. h. das aus dem Grundablaß mit großer Geschwindigkeit ausströmende Wasser wird von einer Wasserwalze überdeckt. Man hat am Schütz keinen freien Abfluß mehr und die Srömungsrichtung muß in der Walze wechseln.

Versuch 5 (Abb. 248) zeigt den Schwall unterhalb eines Schützes mit scharfer, und Versuch 6 (Abb. 249) den Schwall unterhalb

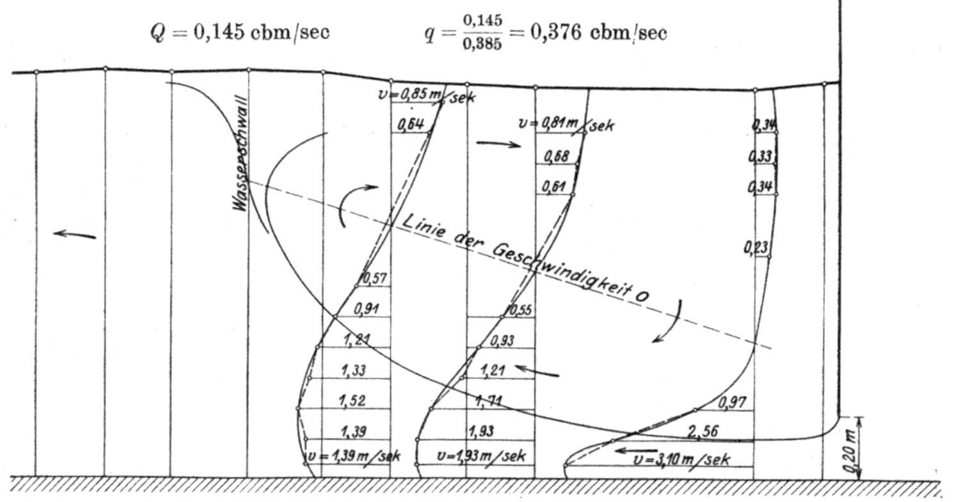

Abb. 248.

eines Schützes mit abgerundeter Unterkante bei 0,25 m Halbmesser. Dabei wurden die verschiedenen Geschwindigkeiten mittels eines kleinen hydrometrischen Flügels gemessen. Die Ergebnisse sind auf den Blättern zeichnerisch dargestellt. Sie gestatten eine Linie der Geschwindigkeit O einzuzeichnen, oberhalb deren die Rückströmung stattfindet. Beiden Versuchen zufolge steigt diese Nullinie vom Wehr aus nach dem Unterwasser hin an, und der Schwall wird sich also bis nahe an ihren Schnittpunkt mit ihrem Unterwasserspiegel erstrecken.

Bei dem Überfall wird umgekehrt die Nullinie vom Wehr aus fallen und der Schwall sich bis nahe an den Schnittpunkt mit der Sohle erstrecken.

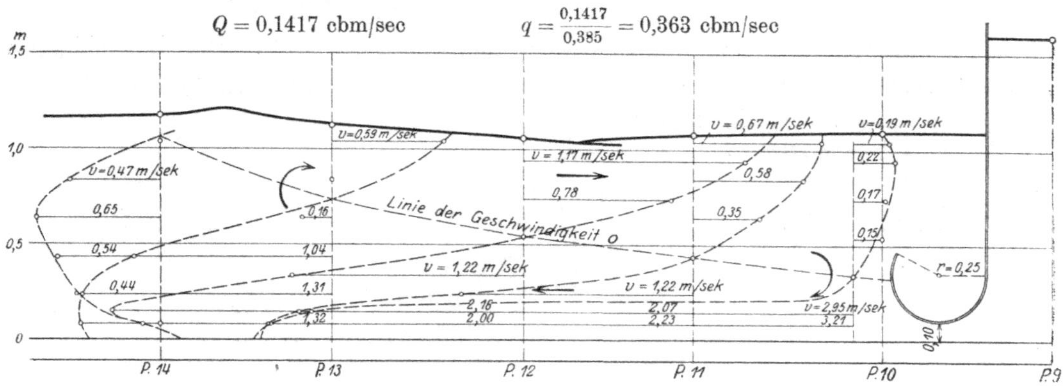

Maßstab: Längen 1 : 40, Wassertiefen 1 : 40, Geschwindigkeiten 0,01 m = 0,40 m/sec.

Abb. 249.

IV. Einengungen der Rinne.

1. Grundschwellen.

a) Grundschwelle mit senkrechten Stirnflächen nach oben und unten.

(4 Versuche 7—10, dazu die Abbildungen 250—254.)

Der Wasserdruck gegen die Stirnflächen wurde mittels Piezometerröhrchen unmittelbar gemessen. Er besteht auf der unteren Seite lediglich aus dem hydrostatischen Druck, auf der oberen Seite überdies aus dem Stoßdruck der die Fläche treffenden Strömung. Die unmittelbare Messung enthob die Beobachter der Schwierigkeit, die genaue Tiefe des sehr bewegten Wassers und die Geschwindigkeitshöhen zu bestimmen.

Bei jedem Versuch wurden drei Querschnitte näher betrachtet:

ein Querschnitt (0) oberhalb der Schwelle,
" " (1) durch die Mitte der Schwelle,
" " (2) unterhalb der Schwelle.

Zwischen den Stützkräften W_1, W_2 und W_3 in diesen drei Querschnitten und den Stützkräften H_o und H_u gegen die obere und untere Stirnfläche der Schwelle bestehen die Beziehungen:

$$W_0 = W_1 + H_o,$$
$$W_2 = W_1 + H_u.$$

Die Beobachtungen sind daraufhin zu prüfen, ob und inwieweit sie diesen Bedingungen genügen.

Außer dem Druck auf die Stirnflächen wurde auch der Druck auf den Boden der Schwelle gemessen und in den Zeichnungen durch gestrichelte Linien angedeutet. Die Senkungen, welche diese Drucklinien gegen das obere Ende des Schwellenbodens aufweisen, deuten auf die Einschnürungen hin, welche die Strömungen bei ihrem Aufstieg auf die Schwellen erleiden.

Im einzelnen sei zu den Versuchen bemerkt:

Versuch 7. Ruhiger Strom (Abb. 250). Es ist einerseits:

$$W_1 = W_2 - H_u = 0{,}0735 - 0{,}0327 = 0{,}0408\,,$$

andererseits:

$$W_1 = W_0 - H_0 = 0{,}0786 - 0{,}0385 = 0{,}0401\,,$$

weshalb im Mittel angenommen werden mag: $W_1 = 0{,}04045$. Da der lebhaften Wellenbewegung halber die Wassertiefe y über der Schwelle nicht genau gemessen werden konnte, werde sie gerechnet:

Es ist für 1 m Breite:

$$\frac{W_1}{0{,}385} = y_1\left(\frac{y_1}{2} + 2s\right) = y_1\left(\frac{y_1}{2} + \frac{v_1^2}{g}\right) = \left(\text{mit } v = \frac{q}{y}\right) = y_1\left(\frac{y_1}{2} + \frac{q^2}{g \cdot y^2}\right),$$

$$\frac{0{,}04045}{0{,}385} = \frac{y_1^2}{2} + \frac{\overline{0{,}398}^2}{9{,}808\,y_1}\,,$$

$$0{,}105065 = \frac{y_1^2}{2} + \frac{0{,}01615}{y_1}$$

und durch Multiplikation mit $2y$, auf beiden Seiten:

$$y_1^3 - 0{,}21013\,y_1 + 0{,}0323 = 0\,.$$

Wenn man darin einsetzt:

$$y = 0{,}328 + \delta\,,$$
$$y^3 = 0{,}03529 + 0{,}3227\,\delta\,,$$

so erhält man

$$\delta = +\,0{,}012 \text{ und daher } \boldsymbol{y_1} = 0{,}328 + 0{,}012 = \mathbf{0{,}340}.$$

Weiter ergibt sich:

$$v_1 = \frac{0{,}398}{0{,}340} = 1{,}171\,,\ s_1 = 0{,}07\,,\ \mathfrak{A}_1 = 0{,}610\,,\ W_1 = 0{,}0404\,,\ \mathfrak{h} = \tfrac{2}{3}(0{,}610 - 0{,}200) = 0{,}273$$

und $\mathfrak{q}_1 = 0{,}273\sqrt{g\,0{,}273} = 0{,}446$. Das ist die Grenzwassermenge der q-Linie, derzufolge in der Höhe von 0,340 m über dem Schwellenboden die Wassermenge 0,398 cbm/sec beträgt. Die Höhe $y_1 = 0{,}340$ liegt ungefähr in der Mitte zwischen Wellenberg und Wellental, so daß die Rechnung in befriedigender Weise mit dem Versuchsergebnis übereinstimmt.

Mit Bezug auf das zu den Versuchen (1) und (2) Gesagte ist

$$R = \frac{y \cdot b}{b + 2y} = \frac{0{,}595 \cdot 0{,}385}{0{,}385 + 1{,}190} = 0{,}146\,,\ c = 48\,,\ \zeta = \frac{2\,q}{48^2} = 0{,}0085\,,\ \varepsilon = \frac{s}{R} \cdot \zeta = 0{,}00134\,.$$

Danach müßte sich auf die Länge der Versuchsstrecke von 3,85 m die $\mathfrak{A}$-Linie um $3{,}85\,\varepsilon = 5$ mm senken, während sie sich in Wirklichkeit um 23 mm gesenkt hat. Es kommen davon also 18 mm auf Rechnung der eingebauten Grundschwelle, d. h. der von ihr verursachten Störungen der regelrechten Wasserbewegung.

Versuch 8. Ruhiger Strom (Abb. 251 u. 252).

Wasserspiegel und Arbeitshöhe waren vor Einbau der Grundschwelle vermutlich auf der ganzen Strecke zwischen den Querschnitten (0) und (2) gleich, nämlich $y_0 = y_2 = 0{,}616$ und $\mathfrak{A}_0 = \mathfrak{A}_2 = 0{,}657$.

$Q = 0{,}153$ cbm/sec $\qquad q = \frac{0{,}153}{0{,}385} = 0{,}398$ cbm/sec

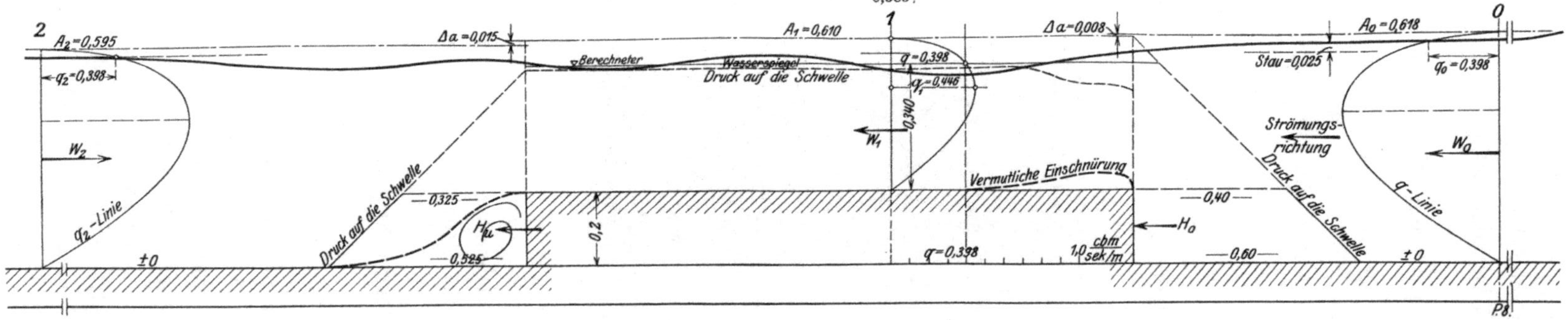

Gemess.: $y_2=0{,}570$
daraus: $v_2=0{,}698$
(durch Rechnung) $s_2=0{,}025$
$A_2=0{,}595$
$\mathfrak{W}_2=0{,}191$
$W_2=0{,}0735$

Stoßverlust:
$$\varDelta A=\frac{(1{,}225-0{,}698)^2}{2g}=0{,}014$$

H_u gemessen
$H_u=0{,}0327$
$W_1+H_u=W_2$
$0{,}0404+0{,}0327=0{,}0731$
statt $0{,}0735$

Abb. 250.

$y_1=0{,}370$
$v_1=1{,}171$
$s_1=0{,}070$
$A_1=0{,}610$
$\mathfrak{W}_1=0{,}1054$
$W_1=0{,}0404$

H_0 gemessen
$H_0=0{,}0385$
$W_1+H_0=W_0$
$0{,}0404+0{,}0385=0{,}0789$
statt $0{,}0786$

gemessen: $y_0=0{,}595$ m
daraus: $v_0=0{,}670$ m/sec
$s_0=0{,}023$ m
$A_0=0{,}618$ m
$\mathfrak{W}_0=0{,}204$ t
$W_0=0{,}786$ t

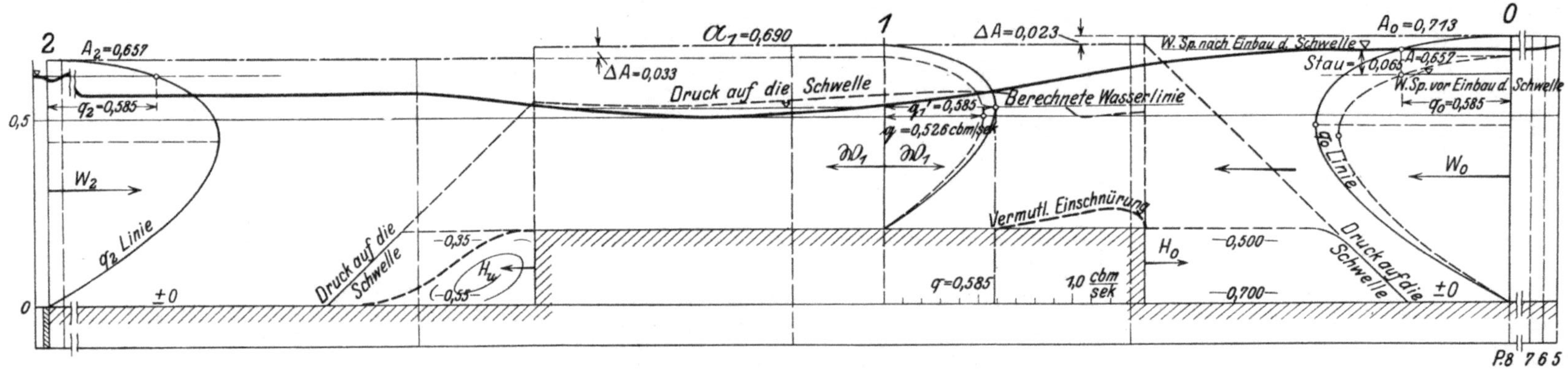

$y_2=0{,}610$
$v_2=0{,}960$
$s_2=0{,}047$
$A_2=0{,}657$
$\mathfrak{W}_2=0{,}243$
$W_2=0{,}094$

Stoßverlust:
$$\varDelta A=\frac{(1{,}79-0{,}96)^2}{2g}=\frac{0{,}83^2}{2g}=0{,}035$$
gemessen: 0,033

H_u gemessen
$H_u=0{,}0346$
$W_2=H_u+W_1$
$0{,}096=0{,}0346+0{,}0616$

Grenzlage: $\mathfrak{y}_1=\sqrt[3]{\frac{q^2}{g}}=0{,}327$
$\mathfrak{v}_1=1{,}79$
$\mathfrak{s}_1=0{,}163$
$\mathfrak{A}_1=0{,}690$
$\mathfrak{W}_1=0{,}160$
$W_1=0{,}0616$

H_0 gemessen
$H_0=0{,}046$
$W_1+H_0=W_0$
$0{,}062+0{,}046=0{,}108$

Wassermenge $Q=0{,}225$ cbm/sec
$$q=\frac{0{,}225}{0{,}385}=0{,}585 \text{ cbm/sec·m}$$

$y_0=0{,}675$ m
$v_0=0{,}866$ m
$s_0=0{,}038$ m
$A_0=0{,}713$ m
$\mathfrak{W}_0=0{,}280$
$W_0=0{,}108$ t

— - — $\mathfrak{A}$-Linie (Arbeitsvermögen)
— — — Hydraulischer Druck
▿ Beobachtete Wasserlinie
|——→ Stützkraft

Abb. 251.

Aus der gestrichelten q_1-Linie in (1) erkennt man indessen, daß eine Strömung von dem Arbeitsvermögen 0,657 nur 0,526 cbm/sec über die Schwelle zu befördern vermag, während 0,585 cbm/sec befördert werden müssen. Über der Schwelle berechnet sich die Wassertiefe als Grenztiefe zu $\mathfrak{h}_1 = \sqrt[3]{\frac{0{,}585^2}{g}} = 0{,}3268$ und die Arbeitshöhe zu $\mathfrak{A}_1 = \frac{3}{2}\mathfrak{h}_1 + 0{,}20 = 0{,}690$. Das Arbeitsvermögen in (0) muß mindestens gleich, wenn nicht größer sein. Aus der Beobachtung $y_0 = 0{,}675$ findet man in der Tat $\mathfrak{A}_0 = 0{,}713$. Dieser Erhöhung der Arbeitslinie entspricht ein Stau des Wasserspiegels um 0,065 m.

Dir Arbeitsverluste bestimmen sich wie folgt:

Es ist

$$R = \frac{0{,}675 \cdot 0{,}385}{0{,}385 + 2 \cdot 0{,}675} = 0{,}150; \quad \varepsilon = \frac{0{,}038}{0{,}150}\, 0{,}0085 = 0{,}00215\,.$$

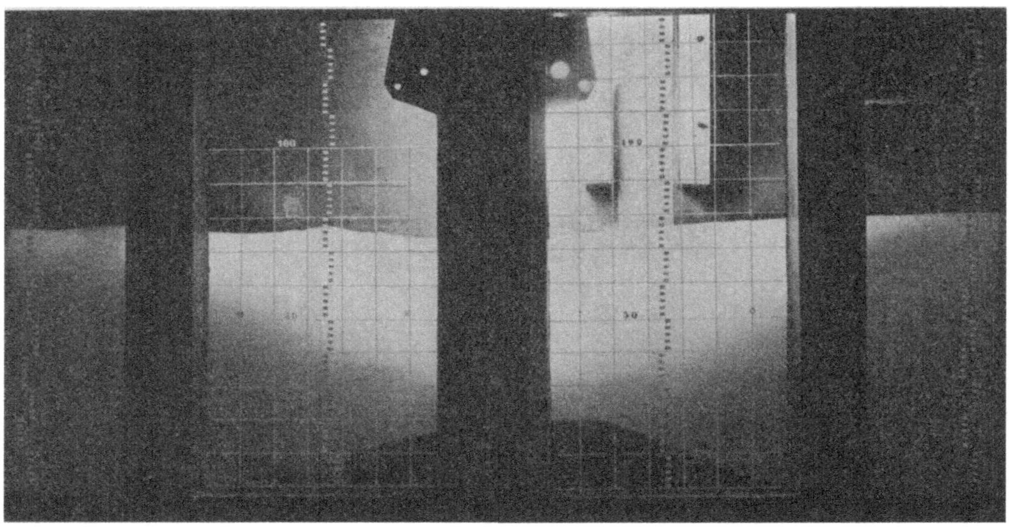

Abb. 252. Grundschwelle im ruhigen Strom.

Die $\mathfrak{A}$-Linie würde sich also in der nicht eingeengten Versuchsrinne mit 3,85 m um 0,008 m senken, während sie sich infolge des Einbaues der Grundschwelle um 56 mm gesenkt hat.

Mit den Beobachtungen stehen die den Zeichnungen beigeschriebenen Stützkraftgleichungen in voller Übereinstimmung.

Versuch 9. Reißender Strom (Abb. 253).

Das $\mathfrak{A}_0$ wird vor dem Einbau der Schwelle nicht viel größer gewesen sein als $\mathfrak{A}_2$, nämlich etwa 0,800 m. Aber die dem nur 0,17 m tiefen reißenden Strom von 4,68 m/sec Geschwindigkeit entgegengestellte 0,20 m hohe Schwelle fordert zu ihrer Überwindung eine gewaltige Kraftanstrengung, die sich in einem erheblichen Stau äußert. Für ihn bildet die Sprunghöhe des Stromes, deren Berechnung der Zeichnung beigeschrieben ist, die obere Grenze. Es steht dafür eine Arbeitshöhe $\mathfrak{A}_0 = 1{,}286$ m zur Verfügung, die sich aus der beobachteten Wassertiefe von 0,17 m errechnet. Über der Schwelle ist die Grenztiefe: $\mathfrak{h}_1 = \sqrt[3]{\frac{0{,}795^2}{g}} = 0{,}4008$ und daher

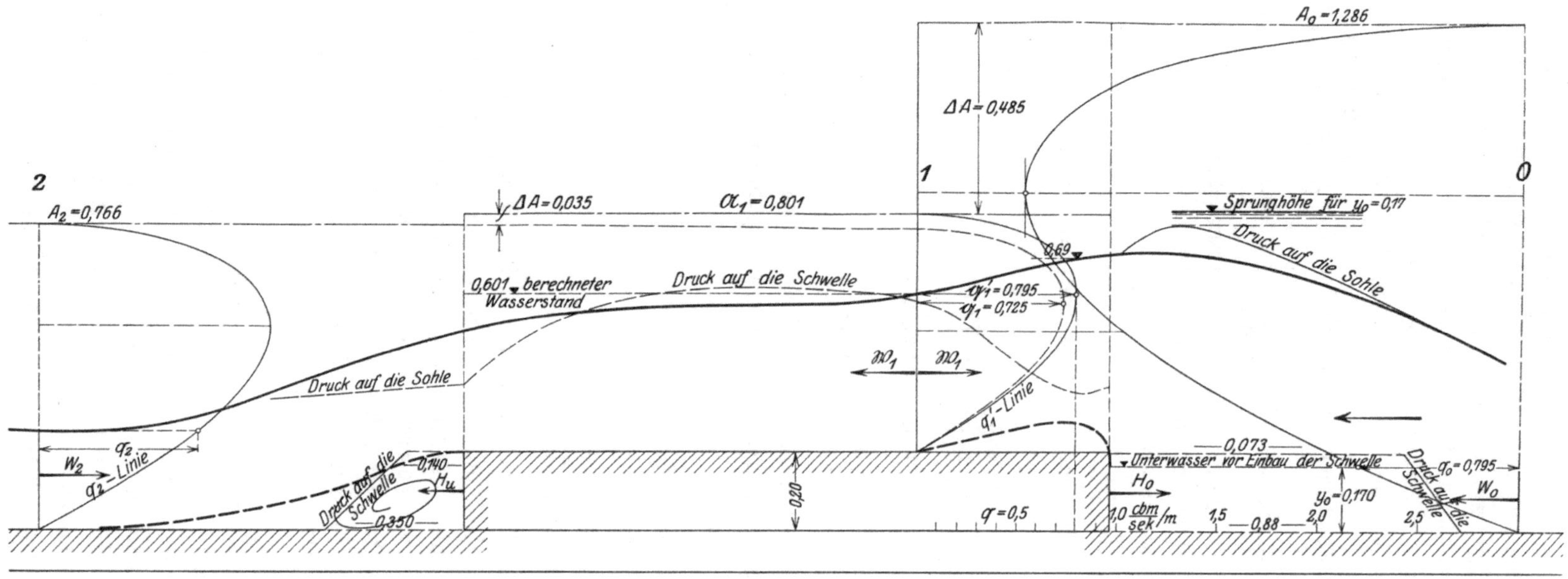

$y_2=0,250$ m	H_u gemessen	Grenzlage: $\mathfrak{y}_1=0,401$	H_0 gemessen	Sprunghöhe für $y_0=0,170$	$y_0=0,170$
$v_2=3,18$ m/sec		$\mathfrak{v}_1=1,981$			$v_0=4,68$
$s_2=0,516$ m		$\mathfrak{s}_1=0,200$		$=\frac{0,17}{2}\left\{-1+\sqrt{1+16\,\frac{1,116}{0,17}}\right\}$	$s_0=1,116$
$A_2=0,766$ m	$H_u=0,019$ t	$\mathfrak{A}_1=0,601$	$H_0=0,062$ t	$=0,81$	$A_0=1,286$
$w_2=0,289$ t	$W_2=H_u+W_1$	$\mathfrak{W}_1=0,240$	$\mathfrak{W}_1+H_0=W_0$		$\mathfrak{W}_0=0,394$
$W_2=0,111$ t	$0,111=0,019+0,092$	$W_1=0,0925$	$0,092+0,062=0,154$		$W_0=0,151$

Wassermenge $Q=0,306$ cbm/sec
$b=0,385$ m
$q=\frac{0,306}{0,385}=0,795$ cbm/sec-m

▽ Wasserspiegel — · — $\mathfrak{A}$-Linie
|——→ Stützkraft — — — Hydraulischer Druck

Abb. 253.

die Arbeitshöhe; $\mathfrak{A}_1 = 0{,}2 + \frac{3}{2}\, 0{,}4008 = 0{,}801$. Der Arbeitsverlust zwischen den Querschnitten (0) und (1) entspricht sonach der verhältnismäßig sehr großen Höhe von 0,485 m. Die Stützkraftgleichungen werden auch hier in völlig befriedigendem Maße erfüllt. Bei diesem Versuch wurde auch der Druck auf die Sohle vor und hinter der Schwelle gemessen und in die Zeichnung eingetragen.

Bei diesem und dem folgenden Versuch kann die mittlere Wassertiefe im Profil (9) zu $\frac{0{,}170 + 0{,}177}{2} = 0{,}173$ angenommen werden, daher $R = \frac{0{,}173 \cdot 0{,}385}{0{,}385 + 2 \cdot 0{,}173} = 0{,}091$, ferner $\zeta = \frac{2g}{87^2} = 0{,}00259$, daher $\varepsilon = \frac{1{,}116 + 0{,}037}{2 \cdot 0{,}091} \cdot \zeta = 0{,}0165$. In der nicht eingeengten Versuchsrinne würde daher mit 3,7 m Versuchslänge ein Verlust an Arbeitshöhe von $3{,}7 \cdot 0{,}0165 = 0{,}061$ m entstehen, während infolge der Einengung ein Verlust von 0,520 m entstanden ist.

Versuch 10. Reißender Strom (Abb. 254).

Aus $y_0 = 0{,}670$ und $s_0 = 0{,}037$ erhält man als Tiefe des die gleiche Wassermenge führenden reißenden Stromes:

$$y_0' = \frac{0{,}037}{2}\left(1 + \sqrt{1 + 4\,\frac{0{,}670}{0{,}037}}\right) = 0{,}177 \text{ m}.$$

Derselbe würde imstande sein, einen Sprung von höchstens

$$\frac{0{,}177}{2}\left(-1 + \sqrt{1 + 16\,\frac{0{,}530}{0{,}177}}\right) = 0{,}530 \text{ m}$$

auszuführen. Der Wasserstand $y_0 = 0{,}670$ m kann daher keineswegs durch einen Sprung, sondern lediglich durch Anstauung des Oberwassers entstanden sein.

Die Grenztiefe über der Schwelle beträgt:

$$\mathfrak{h}_1 = \sqrt[3]{\frac{q^2}{g}} = \sqrt[3]{\frac{0{,}574^2}{9{,}808}} = 0{,}323;$$

ihr würde eine Höhe der Arbeitslinie über der Sohle

$$\mathfrak{A}_1 = 0{,}20 + \tfrac{3}{2}\,\mathfrak{h}_1 = 0{,}684$$

entsprechen. Sie ist in der Tat die Höhe der wirklichen Arbeitslinie, weil durch den Grenzstrom die zu verrichtende Arbeit mit dem geringsten Aufwand verrichtet wird. Alle anderen möglichen Arbeitslinien würden höher liegen und einen größeren Aufwand erfordern. Der also berechnete Wasserstand liegt im übrigen in befriedigender Weise in mittlerer Höhe der über der Schwelle beobachteten Wasserstände.

Der Verlust an Arbeitshöhe beträgt im ganzen 0,111 m, wovon, wie bereits beim vorigen Versuch klargelegt wurde, 0,061 m auf den Verlust in der glatten Rinne kommen.

Bei einem Vergleich dieses Versuchs mit dem vorhergehenden muß auffallen, daß zwei reißende Ströme von nahezu gleicher Wassertiefe (0,177 gegen 0,170 m) das in einer Grundschwelle bestehende Hindernis in so ganz verschiedener Weise überwinden: der eine durch einen Wassersprung, der andere durch einen Stau. Die Ursache davon kann nur in der Verschiedenheit der mitgeführten Wassermengen und der dadurch bedingten Verschiedenheit des Arbeitsvermögens liegen. In der Tat ist beim Versuch (5) $\mathfrak{A}_0 = 1{,}286$, dagegen beim Versuch (6): $\mathfrak{A}_0 = 0{,}707$. Im ersten Fall reicht die Energie zu einem Sprung von der nötigen Höhe aus; im zweiten Fall würde der Strahl nach Gl. (85) einen Sprung auf die Höhe von

$$\frac{0{,}177}{2}\left(-1+\sqrt{1+16\,\frac{0{,}530}{0{,}177}}\right)=$$

0,530 m ausführen können.

Diese Höhe genügt zur Erreichung des Grenzwasserstandes von 0,499 m Höhe über der mittleren Schwelle, aber nicht zur Erreichung des beobachteten 0,62 m hohen Wasserstandes über deren Kopfende. Denn beim Aufstieg auf die sich ihr mit senkrechter Stirnwand jäh entgegenstellende Schwelle erleidet die Strömung eine Einschnürung wie beim Ausfluß aus der Öffnung einer Gefäßwand, und diese Einschnürung verursacht eine Hebung des Wasserspiegels, die über der Schwellenkante zu 0,42, über dem Rinnenboden also zu 0,62 m festgestellt wurde, und auf diese Höhe vermag der bei unserem Versuch zur Verfügung stehende Strom nicht zu springen, weshalb ihm die Überschreitung der Schwelle nur durch Vermittlung einer Anstauung möglich ist.

Beim Versuch (9) verursachte die Einschnürung eine Hebung des Wasserspiegels auf 0,690 m, und diese Höhe konnte dort durch einen Sprung erreicht werden, weil die Höhe, auf die der Strom springen konnte, dort 0,81 m betrug.

b) Grundschwelle mit unter 1:8 geneigtem Vorboden stromaufwärts und senkrechter Stirnfläche stromabwärts.

(4 Versuche 11—14).

Der Druck H_0 gegen den geneigten Vorboden (Abb. 255) setzt sich ganz wie eine Stützkraft aus dem hydrostatischen Wasserdruck

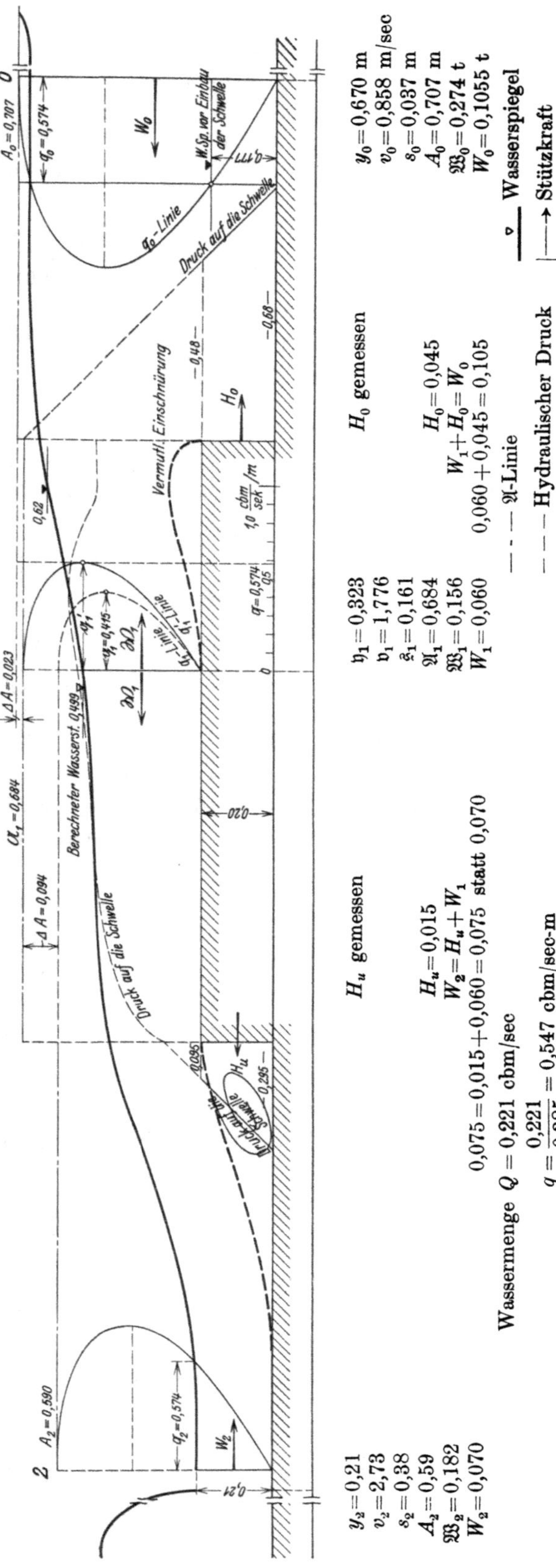

Abb. 254.

und dem Stoßdruck zusammen. In einer Entfernung x von der Oberkante der Abschrägung ist die Auflast der letzteren auf die Länge Δx und die Breite „1“:

$$\Delta P = y\,\Delta x,$$

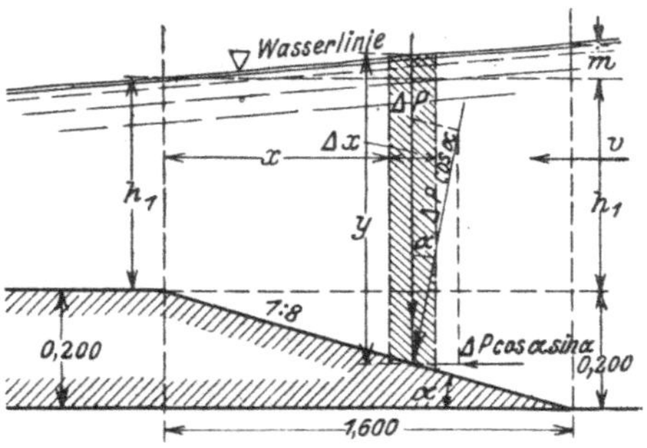

Abb. 255.

oder der senkrecht zum Abfallboden gerichtete Druck:

$$\Delta P \cdot \cos\alpha = y\,\Delta x \cdot \cos\alpha.$$

Hiervon ist für uns nur die wagerechte Seitenkraft von Belang, nämlich:

$$\Delta P \cos\alpha \sin\alpha = \Delta P \cdot \frac{\sin 2\alpha}{2} = y\,\Delta x \cdot \frac{\sin 2\alpha}{2},$$

darin ist:

$$y = h_1 + \frac{x}{8} + \frac{m}{1{,}6}x = h_1 + \frac{0{,}2 + m}{1{,}6}x,$$

daher der gesamte hydrostatische Druck auf die geneigte Fläche:

$$\frac{\sin 2\alpha}{2}\int\limits_0^{1,6}\left(h_1 + \frac{0{,}2+m}{1{,}6}x\right)dx = 0{,}123\int\limits_0^{1,6}\left(h_1 + \frac{0{,}2+m}{1{,}6}x\right)dx$$

$$= 0{,}123\left(h_1 \cdot 1{,}6 + \frac{0{,}2+m}{1{,}6}\cdot\frac{\overline{1{,}6}^2}{2}\right) = 0{,}123 \cdot 1{,}6\left(h_1 + \frac{0{,}2+m}{2}\right) = 0{,}1968\left(h_1 + \frac{0{,}2+m}{2}\right).$$

Die geneigte Fläche des Vorbodens (Abb. 256) wird von einer 0,2 m hohen Schicht wagerecht strömenden Wassers getroffen, deren Geschwindigkeit der Geschwindigkeitshöhe s entspricht. Ihre Stoßkraft gegen eine zu ihr senkrecht gerichtete Fläche würde daher sein

$$2 \cdot 0{,}2 \cdot s,$$

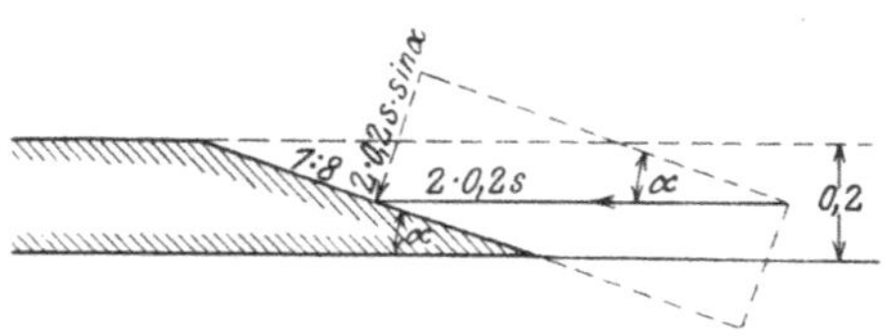

Abb. 256.

gegen die unter dem Winkel α zur Wagerechten geneigte Fläche kommt hiervon aber nur ein kleiner Teil zur Geltung, nämlich der Teil

$$2 \cdot 0{,}2\,s \cdot \sin\alpha = 0{,}4\,s \cdot 0{,}124 = \sim 0{,}05 \cdot s,$$

während der Rest, nämlich $2 \cdot 0{,}2\,s \cdot \cos\alpha$ mit der Fläche gleichlaufend ist, also keine Wirkung auf sie ausübt.

Sonach ist die gesuchte Kraft H_0 auf 1 m Wasserbreite:

$$\frac{H_0}{0{,}385} = 0{,}123\int\limits_0^{1,6}\left(h_1 + \frac{0{,}2+m}{1{,}6}\right)x\,dx + 0{,}05\,s = 0{,}1968\left(h_1 + \frac{0{,}2+m}{2}\right) + 0{,}05\,s,$$

wobei für s zweckmäßig das Mittel der beiden Werte am oberen und unteren Ende des Vorbodens einzusetzen ist. Auf die Breite der Versuchsrinne wirkt der Druck

$$H_0 = \left[0{,}1968 \cdot h_1 + \frac{0{,}2+m}{2} + 0{,}05\,s\right]0{,}385.$$

Die Rinnenwiderstände sind bei diesen Versuchen ebenso groß anzusetzen, wie sie schon im vorigen Abschnitt gefunden wurden, nämlich $\varepsilon = 1 - 2$ mm für den ruhigen und $\varepsilon =$ etwa 16 mm für den reißenden Strom. Im einzelnen ist folgendes zu bemerken:

Versuch 11. Ruhiger Strom (Abb. 257, Taf. I).

Es ist an der oberen Kante der Abschrägung: $s = 0{,}716 - 0{,}650 = 0{,}066$
Und an der unteren Kante: $s = 0{,}732 - 0{,}695 = 0{,}028$

Daher im Mittel: $s = \frac{0{,}066 + 0{,}028}{2} = 0{,}047$,

somit:

$$\frac{H_0}{0{,}385} = 0{,}1968\left(h_1 + \frac{0{,}2 + m}{2}\right) + 0{,}05\,s = 0{,}1968\left(0{,}450 + \frac{0{,}295}{2}\right) + 0{,}05 \cdot 0{,}047$$
$$= 0{,}1175 + 0{,}0024 = 0{,}1199,$$

daher

$$H_0 = 0{,}12 \cdot 0{,}385 = 0{,}046,$$

und da sich aus der beobachteten Höhe $y_0 = 0{,}695$ und der gegebenen Wassermenge $q = 0{,}517$ cbm/sec ergibt: $W_0 = 0{,}108$, so ist

$$W_0 - H_0 = 0{,}108 - 0{,}046 = 0{,}062,$$

und wir wollen sehen, ob in der Tat dieser Wert gleich W_1 ist.

Es läßt sich der für die Bestimmung von W_1 nötige Wasserstand y_1 über der Schwelle durch Ablesung nicht genau bestimmen, weil das Wasser daselbst, wie auf dem Blatt zu ersehen, zwischen den Höhen 0,635 und 0,650 schwankt; daher wollen wir umgekehrt den Wasserstand y_1 so rechnen, daß er der Stützkraftbedingung genügt, um dann festzustellen, ob dieser gerechnete Wasserstand in der Zone der beobachteten Wasserstände liegt.

Es muß also die Bedingung erfüllt sein:

$$y_1\left(\frac{y_1}{2} + 2\,s_1\right) = \frac{0{,}062}{0{,}385} = 0{,}161,$$

und, wenn man darin wieder einsetzt:

$$2\,s_1 = \frac{v_1^2}{g} = \frac{q^2}{g\,y^2},$$

so ist:

$$\frac{y_1^2}{2} + \frac{q^2}{g\,y_1} = 0{,}161 \qquad \text{oder} \qquad y^3 + 2 \cdot 0{,}02725 = 0{,}322\,y$$

oder

$$y^3 - 0{,}322\,y + 0{,}0545 = 0.$$

Setzt man darin vorübergehend

$$y = 0{,}45 + \delta,$$
$$y^3 = 0{,}091125 + 0{,}6075\,\delta,$$

so wandelt sich die Gleichung in:

$$+ 0{,}00066 + 0{,}2825\,\delta = 0,$$
$$\delta = -0{,}0023,$$

daher $y_1 = 0{,}448$, $v_1 = 0{,}154$, $s_1 = 0{,}068$, $\mathfrak{A}_1 = 0{,}716$ und $W_1 = 0{,}448\,(0{,}224 + 2 \cdot 0{,}068) \cdot 0{,}385 = 0{,}161 \cdot 0{,}385 = 0{,}062$, wie es sein muß. Die q_1-Linie bestimmt sich aus:

$$\mathfrak{h}_1 = \tfrac{2}{3}\,0{,}516 = 0{,}344, \qquad \mathfrak{q}_g = 0{,}344\sqrt{g \cdot 0{,}344} = 0{,}635,$$

woraus die q-Linie für den Querschnitt (1) gezeichnet werden kann.

Unterhalb der Schwelle erhebt sich der Wasserspiegel erst vom Querschnitt 19 ab auf die Höhe 0,68 und die für diese Höhe berechnete Stützkraft $W_2 = 0{,}104$

genügt der Bedingung $W_2 = H_n + W_1$. Das würde für die zwischen der Schwelle und dem Punkt (19) liegenden Querschnitte nicht in so vollkommenem Maße der Fall sein.

Versuch 12. Ruhiger Strom (Abb. 258 u. Taf. I Abb. 259).

$$\frac{H_0}{0{,}385} = 0{,}1968\left(0{,}380 + \frac{0{,}2 + 0{,}06}{2}\right)$$

$$+ 0{,}05 \cdot \frac{0{,}08 + 0{,}044}{2} = 0{,}100368 + 0{,}0310 = 0{,}10347$$

$$H_0 = 0{,}10347 \cdot 0{,}385 = 0{,}040\,.$$

Da sich aus der Beobachtung $y_0 = 0{,}650$ die Stützkraft in (0) zu

$$W_0 = 0{,}098$$

errechnet, muß $W_1 = W_0 - H_0 = 0{,}098 - 0{,}040 = 0{,}058$ sein. Daher:

$$\frac{y_1^2}{2} + 2\,y_1 \cdot s_1 = \frac{0{,}058}{0{,}385} = 0{,}15065$$

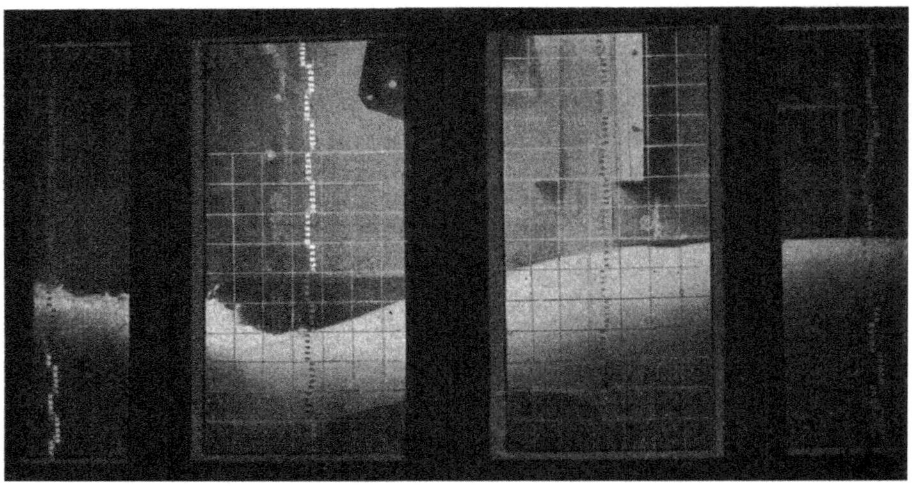

Abb. 258. Grundschwelle im ruhigen Strom.
Wassersturz aus dem ruhigen in den reißenden Strom und Wassersprung.

und da

$$2\,s_1 = \frac{v_1^2}{g} = \frac{q^2}{g \cdot y_1^2} = \frac{\overline{0{,}531}^2}{9{,}808 \cdot y_1^2} = 0{,}02875 \cdot \frac{1}{y_1^2}$$

$$\frac{y_1^2}{2} + \frac{0{,}02875}{y_1} = 0{,}15065$$

$$y_1^3 - 0{,}3013\,y_1 + 0{,}0575 = 0\,.$$

Die Gleichung liefert keinen Wert von y_1, der den Wassertiefen, wie sie sich tatsächlich bei dem Versuch über der Schwelle einstellten, nahe kommt, was sich vielleicht nur durch Ungenauigkeiten bei der Beobachtung erklären läßt.

Wenn man die unwahrscheinliche Annahme macht, daß zwischen (0) und (1) beim Erklettern der Schwelle ein Arbeitsverlust nicht entsteht, daß also über der 0,2 m hohen Schwelle noch die Arbeitshöhe von 0,484 m vorhanden sei, so würde man für diese Höhe aus der gestrichelten q-Linie eine Wasserlinie erhalten, die etwa 6 bis 7 cm über der beobachteten liegt.

Dagegen findet man aus:

$$\mathfrak{h} = \sqrt[3]{\frac{q^2}{g}} = \sqrt[3]{\frac{0{,}531^2}{9{,}808}} = 0{,}306\,,$$

daß der Grenzwasserstand sehr gut mit den beobachteten Wasserständen übereinstimmt. Allerdings genügt, wie nach dem Vorherigen vorauszusehen, die für $y = 0{,}306$ berechnete Stützkraft der für sie bestehenden Bedingung nur unvollkommen, denn sie beträgt 0,054 t statt 0,058 t und ist also um 4 kg zu klein.

Unterhalb der Schwelle beobachten wir wie beim vorigen Versuch zunächst eine, wenn auch hier nur geringe Einsenkung des Wasserspiegels, der alsbald wieder ein Ansteigen folgt. Etwa bei den Profilen 21 und 22 scheint die Beruhigung eingetreten zu sein. Hier ergibt sich aus den beobachteten Wassertiefen eine Arbeitshöhe $\mathfrak{A}_2 = 0{,}618$, während man in der Einsenkung im Profil 17,5:

$$y + s = 0{,}539$$

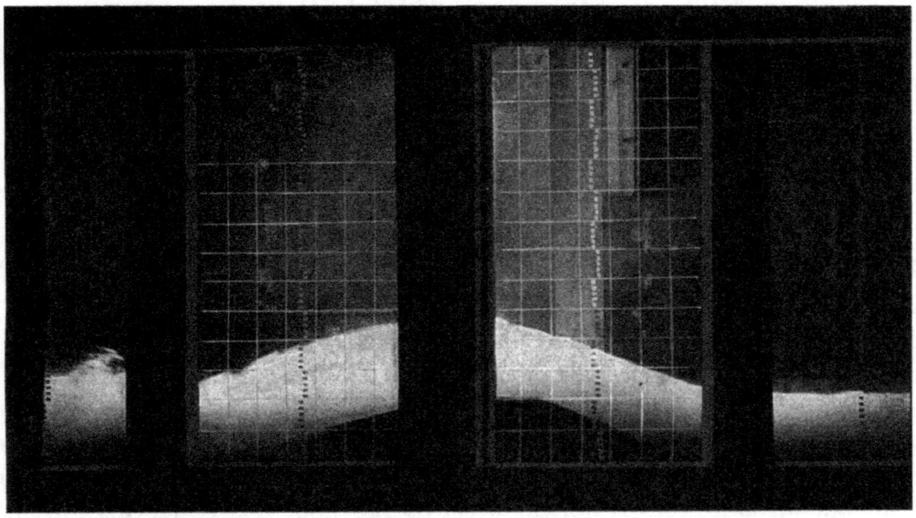

Abb. 261. Grundschwelle im reißenden Strom.

erhält. Das kann nicht die Arbeitshöhe an dieser Stelle sein, denn dann müßte das Arbeitsvermögen bei dem weiteren Verlauf der Strömung wachsen, was unmöglich ist. Wir beschränken uns darauf, die Vermutung auszusprechen, daß der Höhenunterschied $0{,}618 - 0{,}539 = 0{,}079$ m eine innere Arbeit von Zusatzkräften darstellt, die bei dem Übergang von einer Strömungsart in die andere aufgezehrt wird, daß also über der Einsenkung der Strömung unterhalb der Schwelle die Arbeitslinie durch eine Linie dargestellt wird, die zwischen den Höhen 0,659 und 0,618 ständig fällt.

Versuch 13. Reißender Strom (Abb. 260 Taf. II u. Abb. 261).

$$\frac{H_0}{0{,}385} = 0{,}1968\left(h_1 + \frac{0{,}2 + m}{2}\right) + 0{,}5\,s = 0{,}1968\left(0{,}155 + \frac{0{,}2 - 0{,}180}{2}\right) + 0{,}05\,\frac{0{,}518 + 0{,}723}{2}\,,$$

daraus

$$H_0 = 0{,}0595 \cdot 0{,}385 = 0{,}023 \text{ t}.$$

Über der Schwelle ergibt sich für den beobachteten mittleren Wasserstand von $y = 0{,}185$ die Stützkraft W_1 zu 0,077 t, so daß

$$W_1 + H_0 = 0{,}077 + 0{,}023 = 0{,}100\ \text{t}.$$

Dem gegenüber berechnet sich W_0 beim Ausfluß des reißenden Stromes aus dem Grundablaß zu 0,107 t, etwa 4,5 m weiter bei Profil 13 zu 0,094 t und noch 0,5 m weiter bei Profil 13 zu 0,090 t, so daß also der von uns gefundene Wert mitten zwischen diesen Werten liegt. Die Verschiedenheit aber der Stützkräfte in den sich so nahe aufeinander folgenden Profilen läßt darauf schließen, daß auch hier kräfteverzehrende Vorgänge stattfinden, über die wir einstweilen noch nichts Näheres wissen.

Unterhalb der Schwelle haben wir wieder den tiefen Absturz. Aus den gemessenen Wassertiefen konnte die $(y + s)$-Linie berechnet und eingezeichnet werden, und man erkennt wieder, wie beim vorigen Versuch, daß sie nicht die Arbeitslinie sein kann.

Versuch 14. Reißender Strom (Abb. 262 Taf. II).

$$\frac{H_0}{0{,}385} = 0{,}1968\left(h_1 + \frac{0{,}2 + m}{2}\right) + 0{,}05\, s$$

$$= 0{,}1968\left(0{,}295 + \frac{0{,}255}{2}\right) + 0{,}05 \cdot 0{,}0525 = 0{,}085773.$$

$$H_0 = 0{,}385 \cdot 0{,}086 = 0{,}033$$

$$W_1 + H_0 = 0{,}036 + 0{,}033 = 0{,}069,\ \text{d. i. genau gleich } W_0.$$

W_0 ergibt sich aus der beobachteten Wassertiefe $y_0 = 0{,}550$ und der Wassermenge q.

Der 0,550 m tiefe ruhige Strom des Versuchs ist aus einem reißenden Strom hervorgegangen, der in einer Strahldicke von 0,125 m. und mit einer sekundlichen Wasserführung von 0,390 cbm aus einem Grundablaß abfloß, genau so wie der Strahl des vorigen Versuchs, der bei gleicher Dicke 0,575 cbm Wasser i. d. Sekunde führte. Während aber der letztere Strahl reißend blieb und, indem er sich von 0,125 m auf 0,185 m verstärkte, in dieser Stärke über das Hindernis hinüberschoß, mußte sich beim vorliegenden Versuch der reißende Strom erst durch Anstauung in einen ruhigen und aus diesem in einen Grenzstrom verwandeln, um das Hindernis zu überwinden. Also ein ähnlich verschiedenes Verhalten wie wir es zwischen den Versuchen 9 und 10 festgestellt haben!

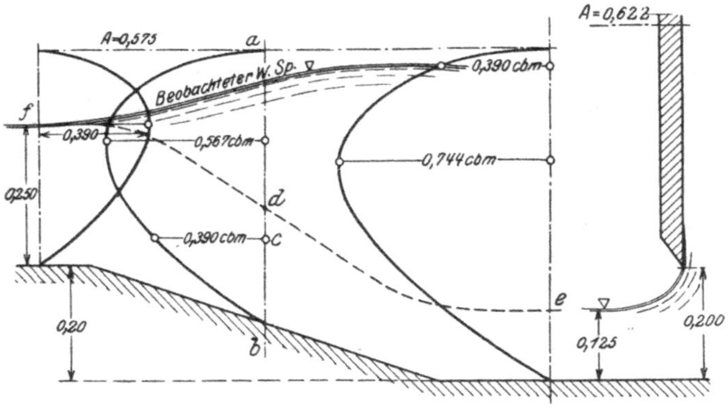

Abb. 263.

Auch gibt den Anlaß dazu wieder die Verschiedenheit der sekundlich mitgeführten Wassermengen und die dadurch bedingte Verschiedenheit des Arbeitsvermögens. In der Tat war beim Versuch 13 die Arbeitshöhe des aus dem Grundablaß austretenden Strahls 1,205 m, beim vorliegenden Versuch 10 aber nur 0,622 m.

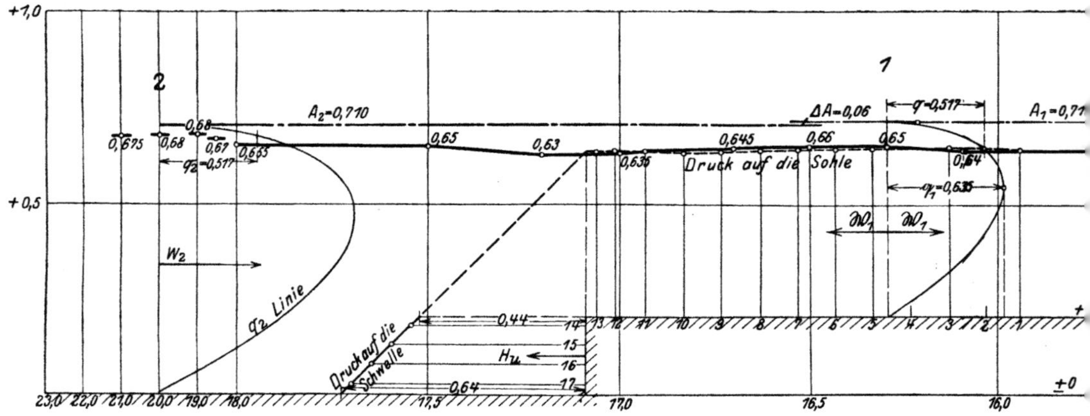

$y_2 = 0,680$
$v_2 = 0,761$
$s_2 = 0,0295$
$A_2 = 0,710$
$\mathfrak{W}_2 = 0,271$
$W_2 \;\; 0,104$

Stoßverlust

$$\Delta A = \frac{(1,15 - 0,76)^2}{2\,g} = 0,008$$

gemessen 0,007

H_u gemesen

$H_u = 0,042$
$W_2 = H_u + W_1$
$0,104 = 0,042 + 0,062$

$y_1 = 0,448$
$v_1 = 1,154$
$s_1 = 0,068$
$A_1 = 0,716$
$\mathfrak{W}_1 = 0,161$
$W_1 = 0,062$

$Q = 199$ l/sec

$$q = \frac{0,199}{0,385} = 0,517 \text{ cbm/sec-m}$$

Abb. 257. Stau durc

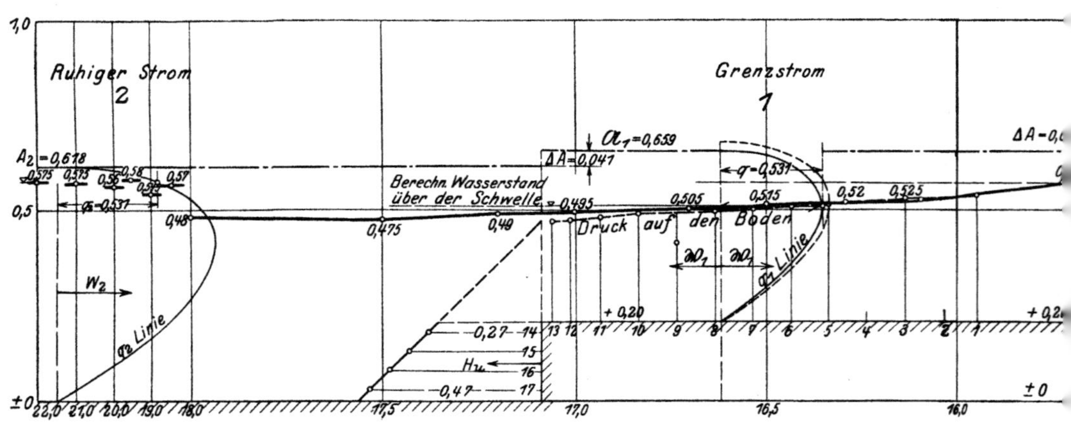

$y_2 = 0,575$
$v_2 = 0,923$
$s_2 = 0,043$
$A_2 = 0,618$
$\mathfrak{W}_2 = 0,215$
$W_2 = 0,081$

Stoßverlust

$$\Delta A = \frac{(1,730 - 0,923)^2}{2\,g} = 0,033$$

gemessen 0,042

$y = 0,475$
$v = 1,118$
$s = 0,064$
$y + s = 0,539$

gemessen

$H_u = 0,074 \cdot 0,385 = 0,028$

$W_2 = H_u + W_1$
$0,082 = 0,028 + 0,054$

$\mathfrak{y}_1 = \sqrt[3]{\frac{q^2}{g}} = 0,306$
$\mathfrak{v}_1 = 1,735$
$\mathfrak{s}_1 = 0,153$
$\mathfrak{A}_1 = 0,659$
$\mathfrak{W}_1 = 0,140$
$W_1 = 0,054$

$Q = 204$ l/sec

$$q = \frac{0,204}{0,385} = 0,531 \text{ cbm/sec-m}$$

Abb. 259 Stau durc

Tafel I.

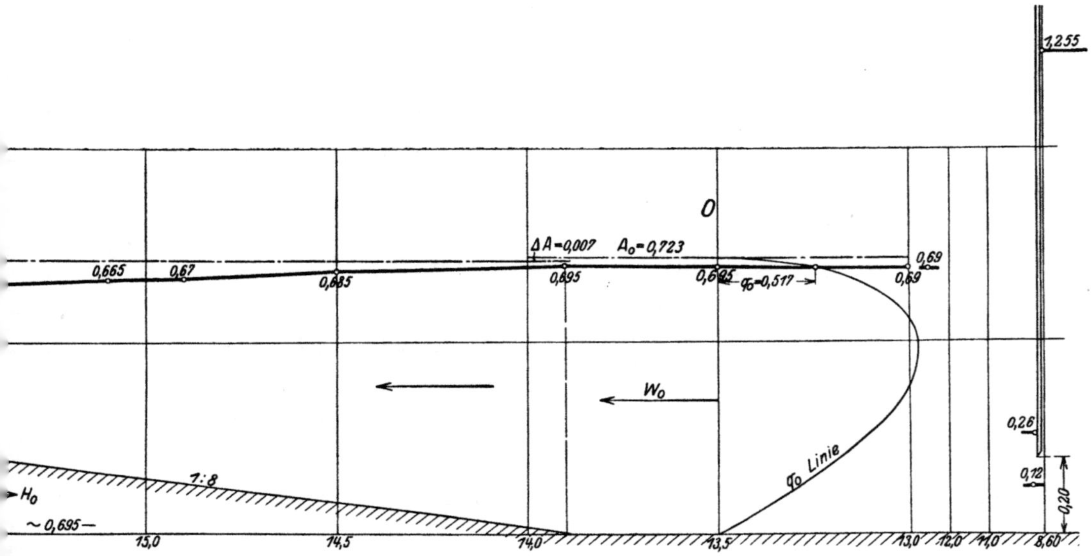

0,045 (s. Text)

$_1 + H_0 = W_0$

$+ 0,045 = 0,107$

$y_0 = 0,695$
$v_0 = 0,744$
$s_0 = 0,028$
$A_0 = 0,723$
$\mathfrak{W}_0 = 0,230$
$W_0 = 0,108$

e im ruhigen Strom.

— · — 𝔄-Linie
▽ Wasserspiegel

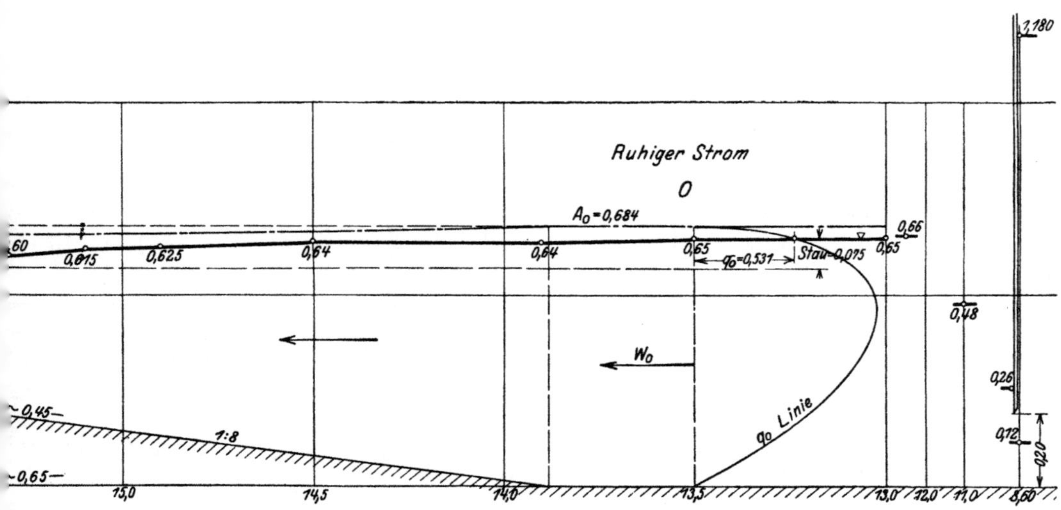

$H_0 = 0,040$
lt. Erläuterungen

$W_1 + H_0 = W_0$
$0,054 + 0,040 = 0,094$
statt 0,098

$y_0 = 0,650$
$v_0 = 0,816$
$s_0 = 0,034$
$A_0 = 0,684$
$\mathfrak{W}_0 = 0,255$
$W_0 = 0,098$

e im ruhigen Strom.

— - — 𝔄-Linie
▽ Wasserspiegel

Verlag von Julius Springer, Berlin.

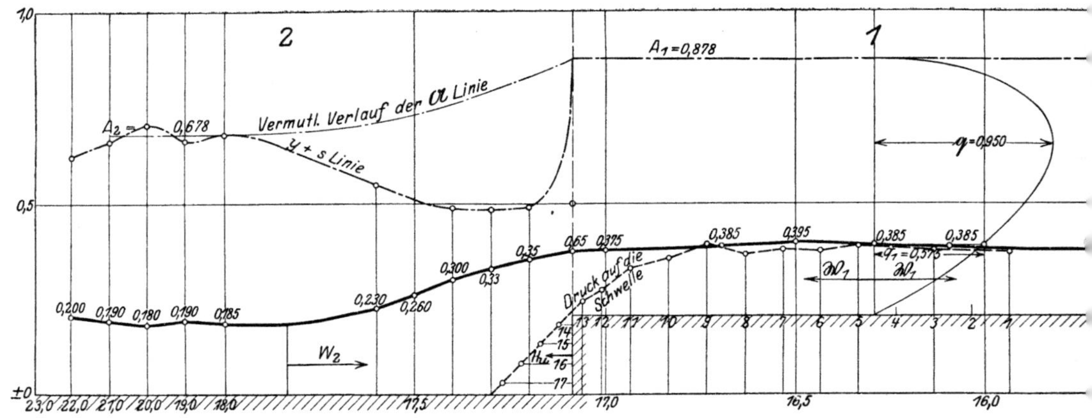

$y_2 = 0{,}185$
$v_2 = 3{,}11$
$s_2 = 0{,}493$
$A_2 = 0{,}678$
$\mathfrak{W}_2 = 0{,}200$
$W_2 = 0{,}077$

$y_2 = 0{,}16$
$v_2 = 3{,}60$
$s_2 = 0{,}661$
$A_2 = 0{,}821$
$\mathfrak{W}_2 = 0{,}224$
$W_2 = 0{,}086$

H_u gemessen
$H_u = 0{,}009$

$W_2 = H_u + W_1$
$0{,}086 = 0{,}009 + 0{,}077$

$y_1 = 0{,}185$
$v_1 = 3{,}11$
$s_1 = 0{,}493$
$A_1 = 0{,}678$
$\mathfrak{W}_1 = 0{,}200$
$W_1 = 0{,}077$ t

$Q = 221$ l/sec

$$q = \frac{0{,}221}{0{,}385} = 0{,}575 \text{ cbm/sec-m}$$

Abb. 260. Stau durc

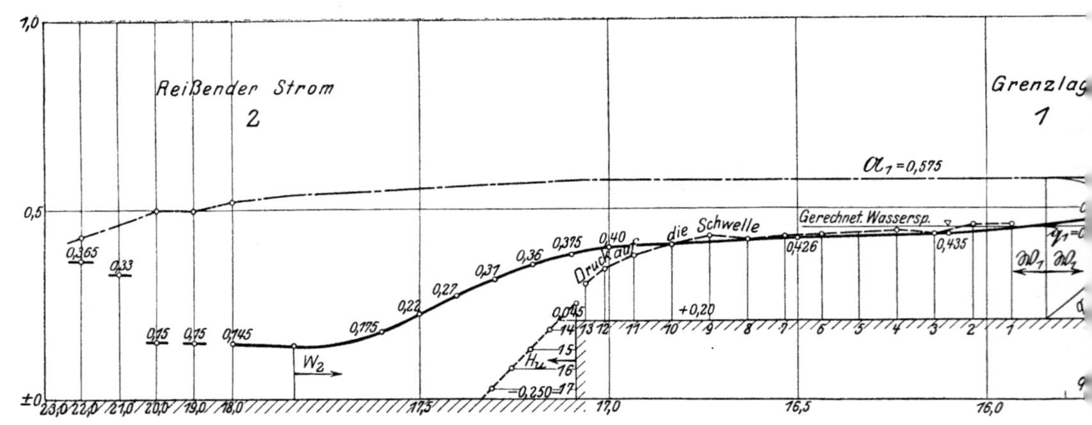

$y_2 = 0{,}140$
$v_2 = 2{,}790$
$s_2 = 0{,}397$
$A_2 = 0{,}537$
$\mathfrak{W}_2 = 0{,}121$
$W_2 = 0{,}047$

$$H_u = \frac{0{,}0295}{0{,}0113} \cdot 0{,}385$$

$W_2 = H_u + W_1$
$0{,}047 = 0{,}011 + 0{,}036$

$\mathfrak{y}_1 = \sqrt[3]{\frac{q^2}{g}} = 0{,}2$
$\mathfrak{v}_1 = 1{,}565$
$\mathfrak{s}_1 = 0{,}125$
$\mathfrak{A}_1 = 0{,}575$
$\mathfrak{W}_1 = 0{,}094$
$W_1 = 0{,}036$

$Q = 150$ l/sec

$$q = \frac{0{,}150}{0{,}385} = 0{,}390 \text{ cbm/sec-m}$$

Abb. 262. Stau durc

Tafel II.

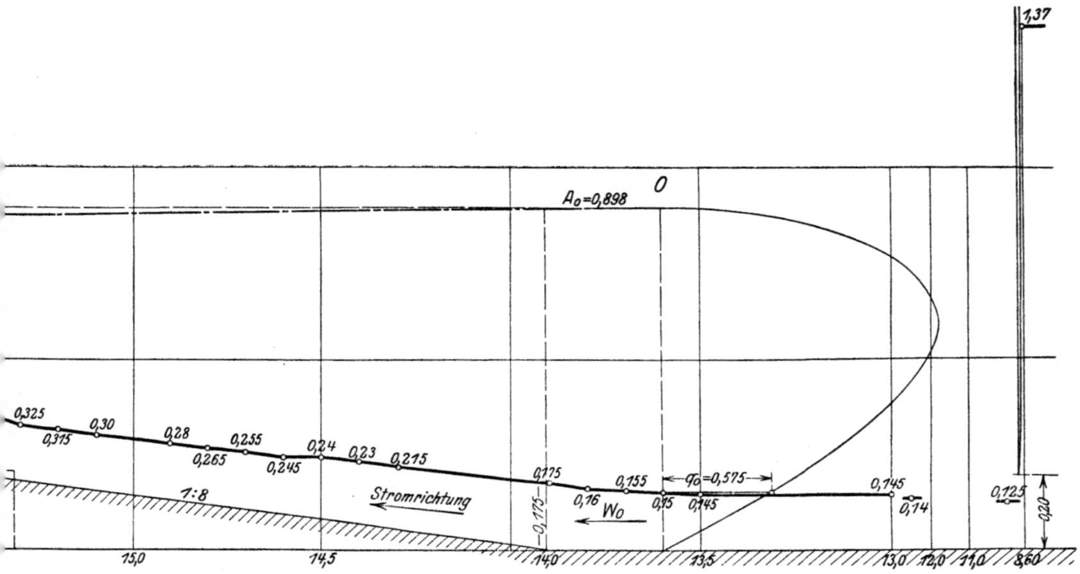

H_0 s. Erläuterungen

$W_1+H_0-W_0$

$0{,}077+0{,}0288=0{,}0998$

$y_0=0{,}150$	$y_0=0{,}145$	$y_0=0{,}125$
$v_0=3{,}833$	$v_0=3{,}97$	$v_0=4{,}6$
$s_0=0{,}748$	$s_0=0{,}803$	$s_0=1{,}08$
$A_0=0{,}898$	$A_0=0{,}948$	$A_0=1{,}205$
$\mathfrak{W}_0=0{,}235$	$\mathfrak{W}_0=0{,}243$	$\mathfrak{W}_0=0{,}2778$
$W_0=0{,}090$	$W_0=0{,}094$	$W_0=0{,}107$

— - — 𝔄-Linie

▿ Wasserspiegel

e im reißenden Strom.

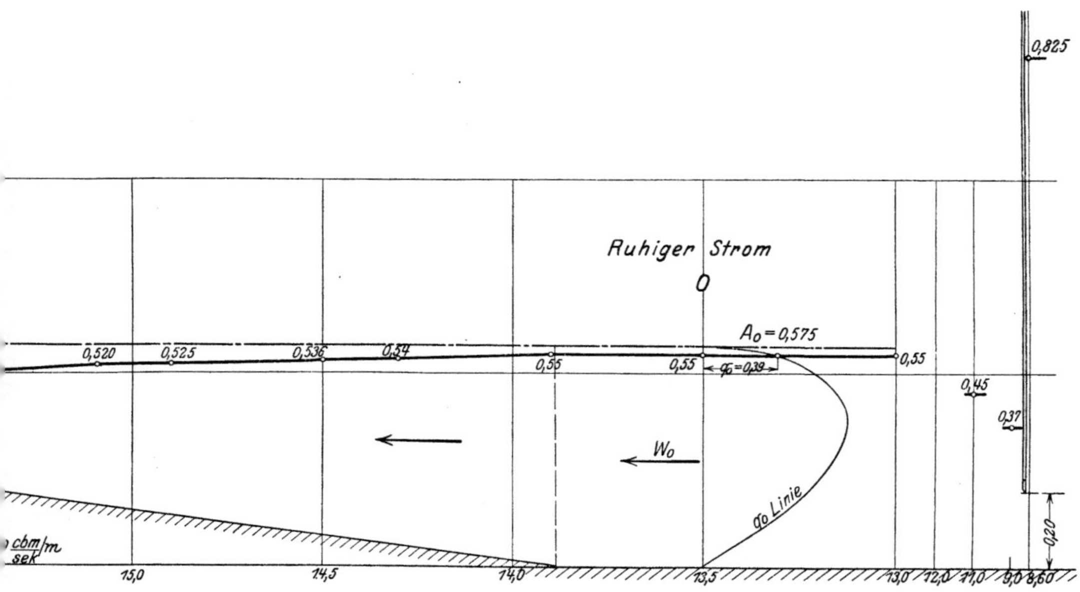

Lt. Berechnung ist
$H_0=0{,}0327$,
daher
W_1+H_0
$0{,}036+0{,}0327=0{,}069$,
d. i. genau $=W_0$

$y_0=0{,}550$
$v_0=0{,}703$
$s_0=0{,}025$
$A_0=0{,}575$
$w_0=0{,}1785$
$W_0=0{,}069$

— - — 𝔄-Linie

▿ Wasserspiegel

le im reißenden Strom.

Verlag von Julius Springer, Berlin.

Letztere verminderte sich zwischen Grundablaß und Schwelle auf 0,575 m und reichte in dieser Höhe gerade aus, um die sekundliche Wassermenge von 0,390 cbm als Grenzstrom von 0,250 m Tiefe über die Schwelle zu befördern. Daß aber ein unmittelbarer Übergang des reißenden Stromes von 0,125 m Wassertiefe in den Grenzstrom von 0,250 m Wassertiefe nicht möglich war, zeigt in Übereinstimmung mit dem Versuch Abb. 263. Der reißende Strom hätte auf dem geneigten Schwellen. vorboden etwa nach der gestrichelten Linie edf anwachsen müssen, aber die für den beliebigen Querschnitt ab eingezeichnete q-Linie zeigt, daß bis zu diesem Querschnitt die Strömung die Tiefe $b - c = 0{,}145$ m, nicht aber die Tiefe $b - d = 0{,}208$ m würde erreichen können und daß somit ein unmittelbarer Übergang des reißenden Stroms in den Grenzstrom in diesem Fall nicht stattfinden konnte.

2. Die Wirkung von Pfeilereinbauten auf die Strömungen.

(Versuche 15 bis 21.)

Die benutzten Pfeilermodelle hatten halbkreisförmig abgerundete Vorköpfe, weshalb zunächst der hydrostatische Wasserdruck und die Stoßkraft des Wassers gegen sie in der Richtung der Pfeiler-Längsachse ermittelt werden soll.

Der hydrostatische Druck pflanzt sich nach allen Richtungen gleichmäßig fort und wirkt daher in einer zum Pfeilerkopf radial stehenden Lotebene in der gleichen Stärke, wie in einer Lotebene, die der Strömung gleich gerichtet ist. Auf ein Flächenelement des Pfeilerkopfes von der Breite $r\,d\varphi$ und einer Höhe gleich der Wassertiefe y beträgt nach Abb. 264 der radial gerichtete Druck

$$\Delta P' = r\,\Delta\varphi \cdot \frac{y^2}{2}.$$

Wir brauchen davon die den Stützkräften gleichgerichtete Seitenkraft parallel zur Strom- und Pfeilerrichtung:

$$\Delta P' \cdot \cos\varphi = \frac{y^2}{2} \cdot r \cdot \cos\varphi\,\Delta\varphi.$$

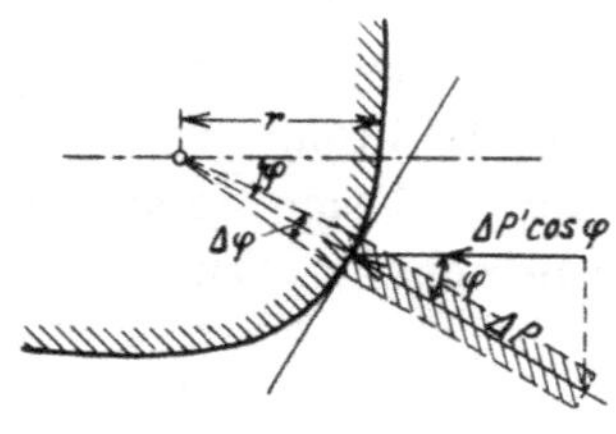

Abb. 264.

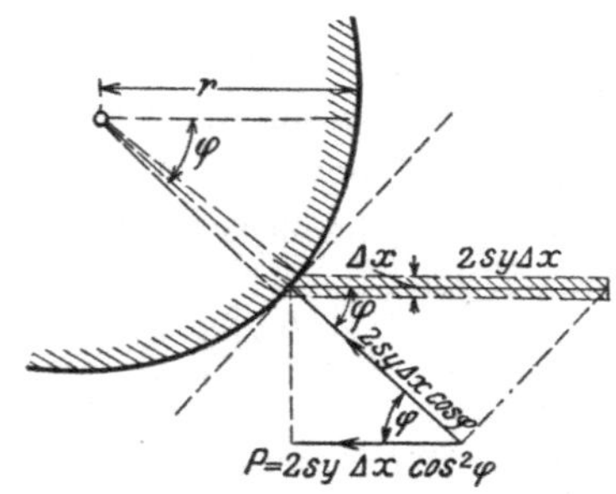

Abb. 265.

Sie ist für den halben Pfeilerkopf:

$$P' = \sum_0^{\frac{\pi}{2}} \Delta P' \cdot \cos\varphi = r \cdot \frac{y^2}{2} \int_0^{\frac{\pi}{2}} \cos\varphi\,d\varphi = r \cdot \frac{y^2}{2}\left[\sin\varphi\right]_0^{\frac{\pi}{2}} = r\,\frac{y^2}{2},$$

d. h. die Abrundung des Pfeilers hat auf den hydrostatischen Druck keinen Einfluß, er ist ebenso groß, wie er auch für einen rechteckigen Pfeilerkopf sein würde.

Der Stoßdruck wirkt in der Richtung der Strömung und hat für die Wassertiefe y und für einen durch zwei um Δx voneinander entfernte zur Strömung parallele Ebenen aus der Pfeileroberfläche herausgeschnittenen Flächenstreifen die Stärke (Abb. 265):

$$2s \cdot \Delta x \cdot y = 2s\,y \cdot r\,d\varphi \cdot \cos\varphi.$$

Davon kommt auf den Pfeiler nur die radial wirkende Seitenkraft zur Geltung:

$$2s\,\Delta x \cdot y \cdot \cos\varphi = 2s\,y \cdot r\,d\varphi \cdot \cos^2\varphi$$

und von dieser brauchen wir den den Stützkräften gleichgerichteten Teil:

$$2\,s\cdot\Delta\,x\cdot y\cdot\cos^2\varphi = 2\,s\,y\cdot r\,d\varphi\cdot\cos^3\varphi = 2\,s\,y\,r\cdot\left(\frac{\cos 3\,\varphi}{4}+\frac{3}{4}\cos\varphi\right)dy\,.$$

Sonach ergibt sich für den halben Pfeilerkopf:

$$P'' = \frac{2\,s\cdot y\cdot r}{4}\left\{\int\limits_0^{\frac{\pi}{2}}\frac{\cos 3\,\varphi\,d\,3\,\varphi}{3}+3\int\limits_0^{\frac{\pi}{2}}\cos d\,\varphi\right\} = \frac{2\,s\cdot y\cdot r}{4}\left(\frac{\sin 3\,\varphi}{3}+3\sin\varphi\right)_0^{\frac{\pi}{2}} =$$

$$P'' = \frac{2\,s\cdot y\cdot r}{4}\left(-\frac{1}{3}+3\right) = 2\,s\cdot y\cdot r\cdot\frac{2}{3} = (\text{da } r = 0{,}05) = 0{,}0666\,y\,s\,.$$

Der Gesamtdruck auf den halben Pfeilerkopf ist daher:

$$\boldsymbol{P'+P'' = r\,y\left(\frac{y}{2}+\frac{4}{3}\,s\right).}$$

Versuch 15. Ruhiger Strom (Abb. 266).

Aus praktischen Gründen war es seinerzeit bei diesem Versuch nötig, im Modell den Zwischenraum zwischen Pfeiler und Ufer durch eine Verbindungsmauer abzudämmen, so daß es sich in Wahrheit um die Wirkung eines vorspringenden Uferwiderlagers handelt, was bei einem Vergleich mit den nachfolgenden Versuchen im Auge zu behalten ist.

Wegen der heftigen Wasserbewegungen an den beiden Köpfen des Uferpfeilers ebenso wie auch weiterhin an den beiden Köpfen der Strompfeiler ist daselbst die Bestimmung der für die Berechnung der Kräfte H_0 und H_u erforderlichen Wassertiefen y und Geschwindigkeitshöhen s schwierig. Es blieb daher nichts übrig, als die Mittelwerte der durch Beobachtung oder Rechnung bestimmten Größen y und s der beiden nächstbenachbarten Profile der Rechnung zugrunde zu legen.

Im vorliegenden Fall sind die in Frage kommenden Werte für die Profile (0) und (2) beobachtet und für (1) berechnet. Wir setzen daher für die Berechnung von H_0:

$$y = \frac{0{,}795+0{,}820}{2} = 0{,}808\,,\qquad s = \frac{0{,}0305+0{,}0085}{2} = 0{,}0195\,.$$

Den Werten entspricht eine Arbeitshöhe von $0{,}808+0{,}0195 = 0{,}827$, die also ebenfalls zwischen den Arbeitshöhen 0,826 und 0,829 der Nachbarprofile liegt. Man erhält dann für den abgerundeten Teil:

$$H_0' = r\,y\left(\frac{y}{2}+\frac{4}{3}\,s\right) = 0{,}05\cdot 0{,}808\,(0{,}404+0{,}026) = 0{,}0173$$

und für den ebenen Teil:

$$H_0'' = 0{,}125\cdot y\left(\frac{y}{2}+2\,s\right) = 0{,}125\cdot 0{,}808\,(0{,}404+0{,}039) = 0{,}0448\,,$$

zusammen also:

$$H_0'+H_0'' = H_0 = 0{,}0173+0{,}0448 = \mathbf{0{,}0621}.$$

Daher wird

$$W_1+H_0 = 0{,}0765+0{,}0621 = 0{,}1386$$

statt 0,136, dem Wert von W_0. Die immerhin nicht große Abweichung von 3,6 kg ist bei der Unsicherheit der für die Rechnung zur Verfügung stehenden Größen erklärlich.

Für den unteren Pfeilerkopf kommt der Stoßdruck wiederum nicht in Frage, und es ist:

$$y = \frac{0,0800 + 0,795}{2} = 0,798\,,$$

daher:

$$H_u = 0,0175 \cdot \frac{\overline{0,798}^2}{2} = 0,056\,,$$

$$H_u + W_1 = 0,056 + 0,0765 = 0,1325\,,$$

während $W_2 = 0,128$ ist. Also auch hier wieder eine Abweichung von 4,5 kg.

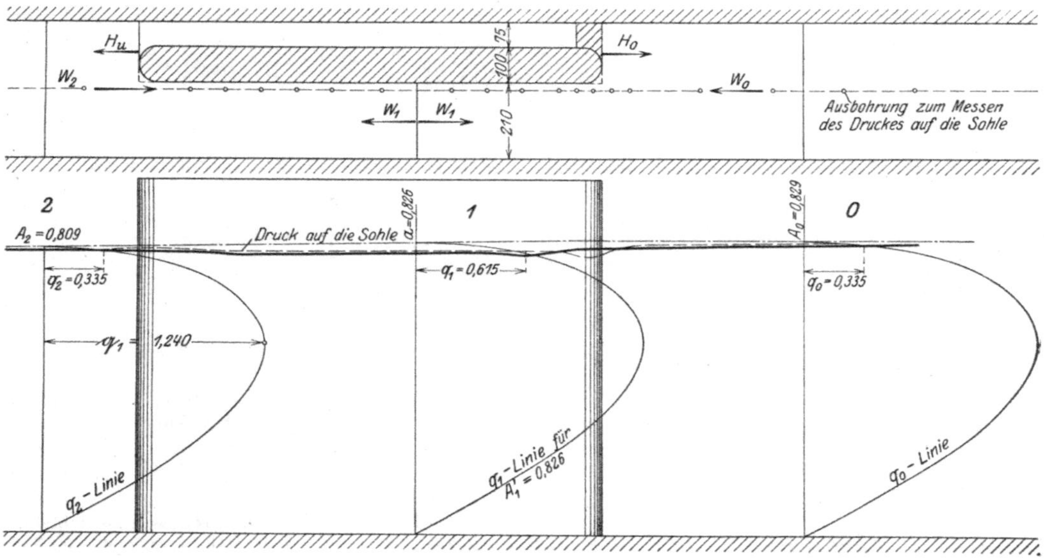

$q_2=0,335$			$q_1=\frac{0,129}{0,210}=0,615$	$H_0=0,062$ s. Erläuterungen	$q_0=\frac{0,129}{0,385}=0,335$
$b_2=0,385$	$H_u=0,056$ s. Erläuterungen	Stoßverlust:	$b_1=0,210$		$b_0=0,385$
$y_2=0,800$		$=\frac{(0,774-0,419)^2}{2g}$	$y_1=0,795$		$y_0=0,820$
$v_2=0,419$			$v_1=0,774$	$W_1+H_0=W_0$	$v_0=0,409$
$s_2=0,009$		$=0,00643$	$s_1=0,0305$		$s_0=0,0085$
$A_2=0,809$	H_u+W_1		$A_1=0,826$	$0,0765+0,062$	$A_0=0,829$
$\mathfrak{W}_2=0,334$	$0,056+0,0765=0,1325$		$\mathfrak{W}_1=0,364$	$=0,138$	$\mathfrak{W}_0=0,350$
$W_2=0,1285$	statt $0,128=W_2$		$W_1=0,0765$	statt 0,135	$W_0=0,135$

Dat. d. Vers. 25. 2. 1913 — - — $\mathfrak{A}$-Linie — — — Hydraulischer Druck

$Q=0,129$ cbm/sec i. d. 0,385 breiten Rinne ▽ Wasserlinie |——→ Stützkraft

$q_1 < q$ $0,615 < 1,240$

Abb. 266. Stau durch Brückenpfeiler im ruhigen Strom (vorspringendes Brückenwiderlager).

Versuch 16. Ruhiger Strom (Abb. 267 u. 268).

Oberer Kopf:

$$y = \frac{0,341 + 0,244}{2} \cdot 0,2925\,, \qquad s = \frac{0,034 + 0,122}{2} = 0,078\,, \qquad y + s = 0,3705\,,$$

$$H_0 = 2\,r \cdot y \cdot \left(\frac{y}{2} + \frac{4}{3}\,s\right) = 0,1 \cdot 0,293\,(0,146 + 0,104) = 0,0073\,.$$

Unterer Kopf:

$$y = \frac{0,302 + 0,244}{2} = 0,273\,, \qquad H_u = 0,1 \cdot \frac{\overline{0,273}^2}{2} = 0,0037\,.$$

Die Stützkräfte zeigen nach der der Zeichnung beigeschriebenen Rechnung am oberen Pfeilerkopf nur eine Abweichung von 1,1 kg und am unteren nur eine solche von 1,3 kg.

Am Pfeiler findet eine starke Senkung statt, weil nur ein Grenzstrom imstande ist, die mitgeführte sekundliche Wassermenge durch das verengte Profil zu befördern, ein Ergebnis, zu dem man in Übereinstimmung mit dem Versuch auch durch eine unter Benutzung der q-Linien angestellte rein theoretische Überlegung gelangt sein würde.

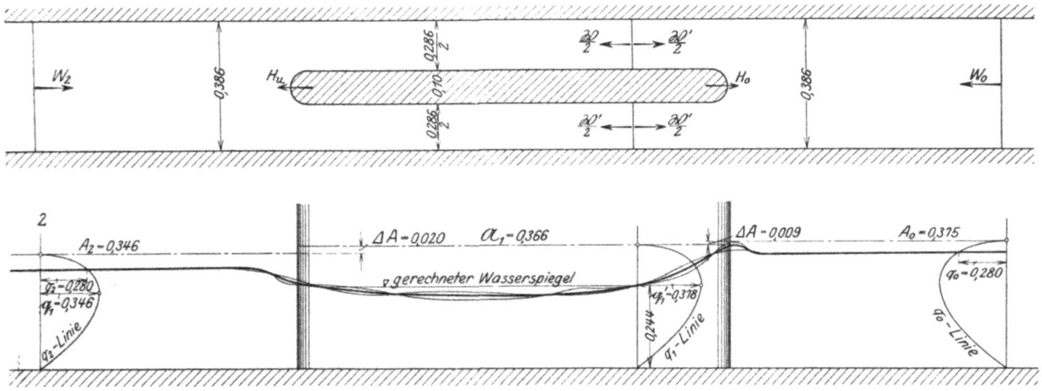

$b_2=0{,}386$		$\mathfrak{b}_1=0{,}286$		$b_0=0{,}386$
$q_2=0{,}280$		$\mathfrak{q}_1=\frac{0{,}280\cdot 0{,}385}{0{,}286}=0{,}378$	laut Erläuterungen:	$q_0=\frac{0{,}108}{0{,}386}=0{,}280$*
$y_2=0{,}302$	H_u s. Erläuterungen	$\mathfrak{y}_1=0{,}244$	$H_0=0{,}007$	$y_0=0{,}341$
$v_2=0{,}927$		$\mathfrak{v}_1=1{,}546$		$v_0=0{,}822$
$s_2=0{,}044$		$\mathfrak{s}_1=0{,}122$	$W_1+H_0=W_0$	$s_0=0{,}034$
$A_2=0{,}346$	$H_u+W_1=W_2$	$\mathfrak{A}_1=0{,}366$	$0{,}0256+0{,}007$	$A_0=0{,}375$
$\mathfrak{W}_2=0{,}0722$	$0{,}0037+0{,}0256=0{,}0293$	$\mathfrak{W}_1=0{,}0893$	$=0{,}0326$	$\mathfrak{W}_0=0{,}0815$
$W_2=0{,}028$	statt 0,028	$W_1=0{,}0256$	statt 0,0315	$W_0=0{,}0315$

Dat. d. Vers. 15. 1. 1912 — - — A-Linie * auf 1 m Breite

$Q=0{,}108$ cbm/sec $q_0=\frac{0{,}108}{0{,}386}=0{,}280$ cbm/sec auf 1 m Rinnenbreite ▽ Wasserspiegel |——→ Stützkraft

Abb. 267. Stau durch Brückenpfeiler im ruhigen Strom.

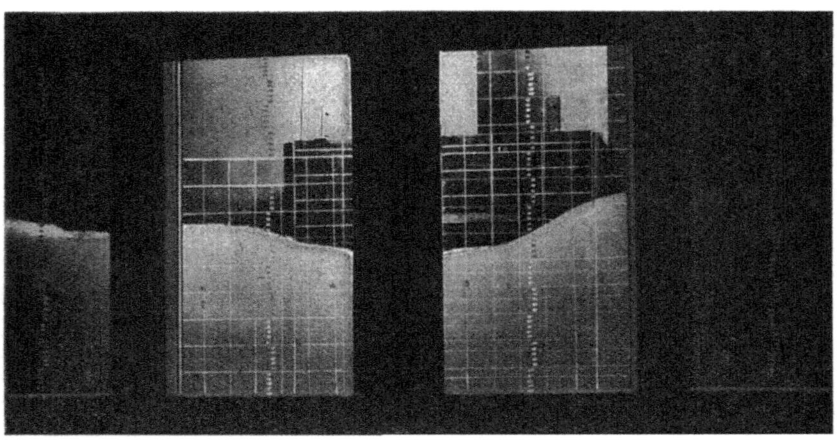

Abb. 268. Brückenpfeiler im ruhigen Strom.

Versuch 17. Reißender Strom (Abb. 269 u. 270).

Benutzt man auch hier wieder die Profile, in welchen eine Beruhigung des Wassers eingetreten ist, um das Mittel von y und s zu bestimmen, so erhält man:

$$y = \frac{0,111 + 0,190}{2} = 0,1505, \quad s = \frac{0,569 + 0,353}{2} = 0,461, \quad y + s = 0,612;$$

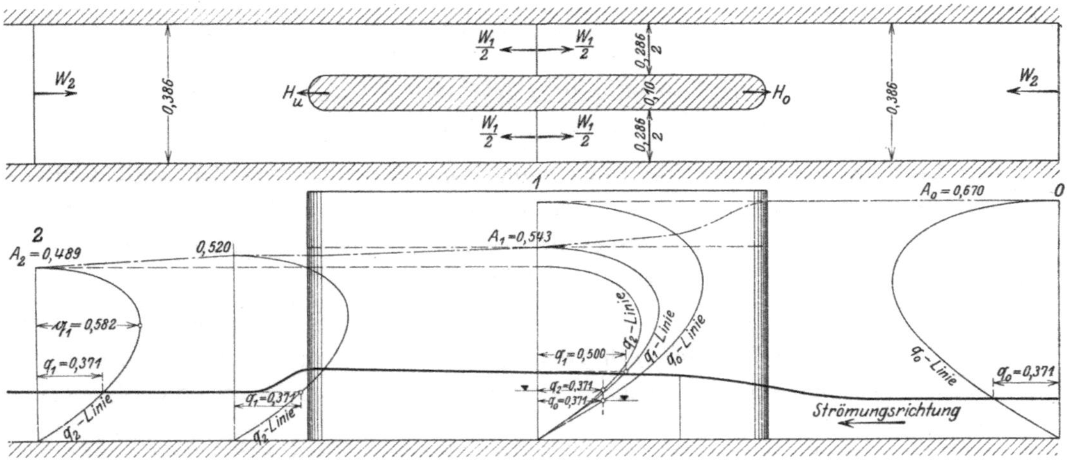

$b_2=0,386$	0,135	H_u	$b_1=0,286$	$b_1=0,286$	$b_1=0,286$		$b_0=0,386$
$q_2=0,371$	2,75	s. Erläuterungen	$q_1=0,500$	$q_1=0,500$	$q_1=0,500$	H_0	$q_0=0,371$
$y_2=0,142$	0,385		$y_1=0,200$	$y_1=0,190$	$y_1=0,179$	s. Erläuterungen	$y_0=0,111$
$v_2=0,261$	0,520		$v_1=2,50$	$v_1=2,63$	$v_1=2,79$		$v_0=3,34$
$s_2=0,347$	$0,113\cdot 0,386$		$s_1=0.318$	$s_1=0,353$	$s_1=0,397$	$W_1+H_0=W_0$	$s_0=0,569$
$y_2+s_2=0,489$	0,0436		$y_1+s_1=0,518$	$y_1+s_1=0,543$	$y_1+s_1=0,576$	$0,0435+0,007$	$y_0+s_0=0,670$
$W_2=0,1085$	$W_2=H_u+W_1$		$W_1=0,1472$	$W_1=0,152$	$W_1=0,158$	$=0,0505$	$W_0=0,1325$
$\times 0,386$	$0,0445=0,001$		$\times 0,286$	$\times 0,286$	$\times 0,386$	$0,045+0,007$	$\times 0,386$
$=0,042$	$+0,0435$		$=0,042$	$=0,0435$	$=0,0453$	$=0,052$	$=0,051$
	$0,043=0,001$						
	$+0,042$						

Dat. d. Vers.
15. 1. 1912
$Q=0,143$ cbm/sec

$q_1 < q_1$
$0,500 < 0,582$

--- A-Linie
▽ Wasserspiegel
|——→ Stützkraft

Abb. 269. Stau durch einen Brückenpfeiler im reißenden Strom.

Abb. 270. Brückenpfeiler in einem reißenden Strom.

$$H_0 = 0{,}1 \cdot 0{,}151\,(0{,}0755 + 0{,}615) = 0{,}104\,,$$

$$W_1 + H_0 = 0{,}0435 + 0{,}0104 = 0{,}0539$$

statt $W_0 = 0{,}051$, also eine Abweichung von 2,9 kg; ferner unterhalb:

$$y = \frac{0{,}142 + 0{,}190}{2} = 0{,}166\,,$$

$$H_u = 2\,r \cdot \frac{y}{2} = r \cdot y^2 = 0{,}05 \cdot \overline{0{,}166^2} = 0{,}00137\,,$$

$$W_1 + H_u = 0{,}0435 + 0{,}00137 = 0{,}0448$$

gegen $W_1 = 0{,}042$, d. h. eine Abweichung von 2,8 kg.

Der Versuch hat Ähnlichkeit mit dem Versuch 13: In beiden Fällen überwindet ein reißender Strom das Hindernis — im einen Fall eine Grundschwelle, im anderen die durch einen Strompfeiler verursachte Einengung — ohne die Vermittlung einer Anstauung, während der folgende

Versuch 18 (Abb. 271 u. 272) wieder einen Fall darstellt, in welchem wie beim Versuch 14 der reißende Strom erheblich gestaut werden mußte, um die Einengung zu überwinden. Es seien zunächst auch wieder für diesen Strom die Stützkräfte bestimmt:

$$y_0 = \frac{0{,}616 + 0{,}417}{2} = 0{,}516\,, \qquad s_0 = \frac{0{,}053 + 0{,}209}{2} = 0{,}131\,,$$

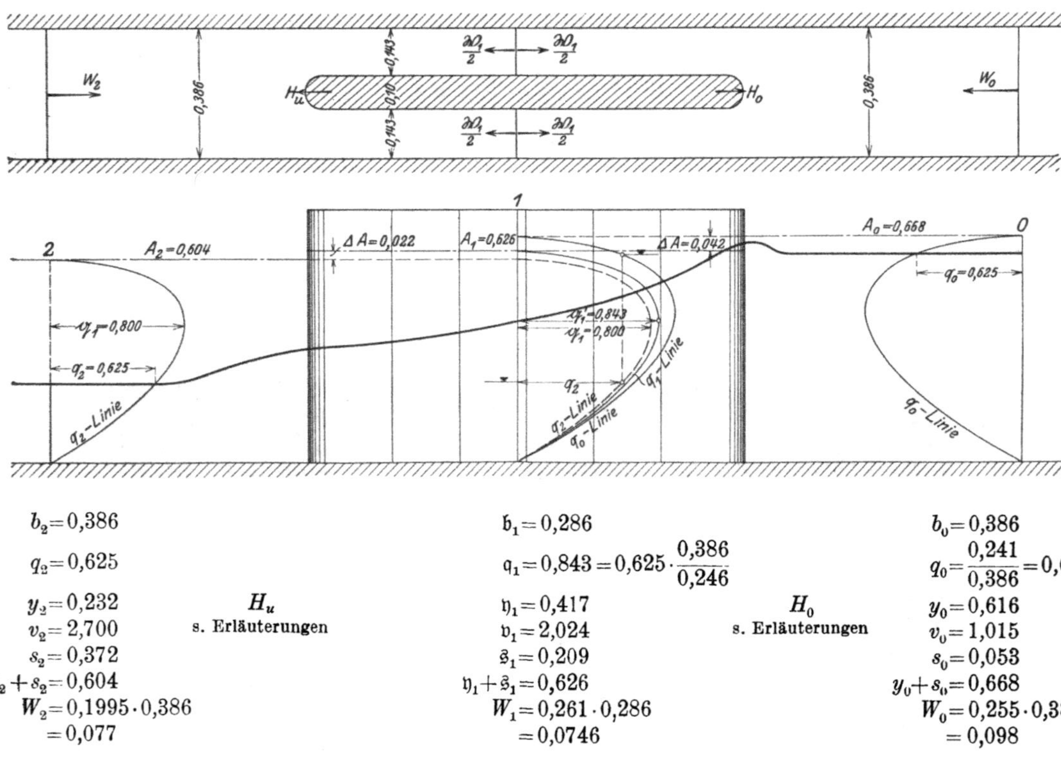

$b_2 = 0{,}386$		$\mathfrak{b}_1 = 0{,}286$		$b_0 = 0{,}386$
$q_2 = 0{,}625$		$\mathfrak{q}_1 = 0{,}843 = 0{,}625 \cdot \dfrac{0{,}386}{0{,}246}$		$q_0 = \dfrac{0{,}241}{0{,}386} = 0{,}625$
$y_2 = 0{,}232$	H_u s. Erläuterungen	$\mathfrak{y}_1 = 0{,}417$	H_0 s. Erläuterungen	$y_0 = 0{,}616$
$v_2 = 2{,}700$		$\mathfrak{v}_1 = 2{,}024$		$v_0 = 1{,}015$
$s_2 = 0{,}372$		$\mathfrak{s}_1 = 0{,}209$		$s_0 = 0{,}053$
$y_2 + s_2 = 0{,}604$		$\mathfrak{y}_1 + \mathfrak{s}_1 = 0{,}626$		$y_0 + s_0 = 0{,}668$
$W_2 = 0{,}1995 \cdot 0{,}386$ $= 0{,}077$		$W_1 = 0{,}261 \cdot 0{,}286$ $= 0{,}0746$		$W_0 = 0{,}255 \cdot 0{,}386$ $= 0{,}098$

Dat. d. Vers. 16. 1. 1912
$Q = 0{,}241$ cbm/sec

$q_1 > \mathfrak{q}_1$
$0{,}843 > 0{,}800$

— - — A-Linie
—▿— Wasserspiegel
|——→ Stützkraft

Abb. 271. Stau durch Brückenpfeiler im reißenden Strom.

$$H_0 = 0{,}1 \cdot 0{,}516\,(0{,}258 + 0{,}175) = 0{,}0223\,,$$
$$W_1 + H_0 = 0{,}0746 + 0{,}0223 = 0{,}0969$$

gegen 0,098, daher eine Abweichung von 1,1 kg.

$$y_u = \frac{0{,}417 + 0{,}232}{2} = 0{,}316\,,$$

$$H_u = 0{,}05 \cdot \overline{0{,}316}^2 = 0{,}005\,,$$
$$W_1 + H_u = 0{,}0746 + 0{,}005 = 0{,}0796$$

statt 0,0770, daher eine Abweichung von 2,6 kg.

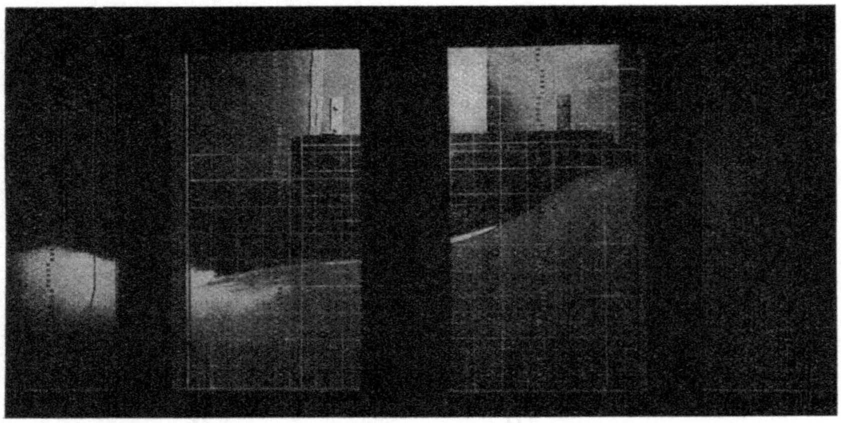

Abb. 272. Brückenpfeiler im reißenden Strom mit Anstauung oberhalb und Wassersturz unterhalb.

Bei den Versuchen 17 und 18 ist oberhalb des Pfeilerkopfes annähernd die gleiche Arbeitshöhe vorhanden (0,670 bzw. 0,668 m), aber die Wassermenge beträgt bei Versuch 17: 0,371 cbm/sec, und bei Versuch 18: 0,625 cbm/sec und erhöht sich in der Verengung zwischen den Pfeilern auf 0,500 cbm/sec bzw. 0,843 cbm/sec auf 1 m Breite. Vermochte also die Strömung (17) mit dem Arbeitsvermögen von 0,670 m Höhe 0,371 cbm/sec ohne Vermittlung eines Staues durch die Verengung hindurchzuschaffen, so ist aus dem Versuch 18 zu schließen, daß es der dort vorhandenen Strömung gleichen Arbeitsvermögens erst mit Hilfe einer Anstauung möglich war, die größere Wassermenge von 0,625 cbm/sec durch den gleichen Engpaß hindurchzubefördern.

Während sonach bei den Versuchen 13 und 14 der Strahl von der größeren Wasserführung das Hindernis ohne Anstauung überwand, fand bei den Versuchen 17 und 18 das Umgekehrte statt. Dieses verschiedene Verhalten mag dadurch zu erklären sein, daß beim Versuch 13 die größere Wassermenge unter der Wirkung einer entsprechend größeren Arbeitshöhe stand, während beim Versuch 18 die Arbeitshöhe ebenso groß war wie beim Versuch 17, obschon es sich bei letzterem um eine wesentlich geringere Wassermenge handelte.

Drei weitere Versuche 19, 20 und 21 (Abb. 273, 274 und 275) mögen lediglich deshalb erwähnt werden, weil in Verbindung mit ihnen eingehende Messungen des Bodendrucks stattfanden, die im Zusammenhang mit dem Verlauf der Wasserlinien auf den Tafeln dargestellt sind. Es ist daraus ersichtlich, daß unbekümmert darum,

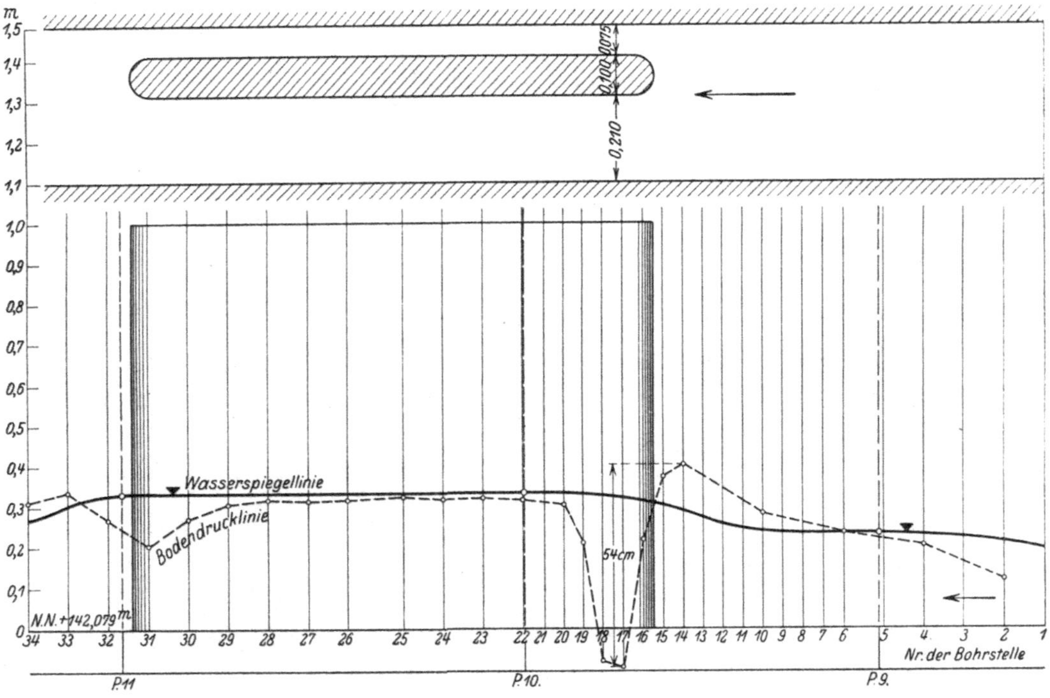

Abb. 273. **Stau durch Brückenpfeiler im reißenden Strom**

$Q = 221$ l/sec, $\quad q = \frac{Q}{3{,}85} = 57{,}5$ l/sec-dm, $\quad q_1 = \frac{Q}{2{,}85}$ 77,5 l/sec-dm.

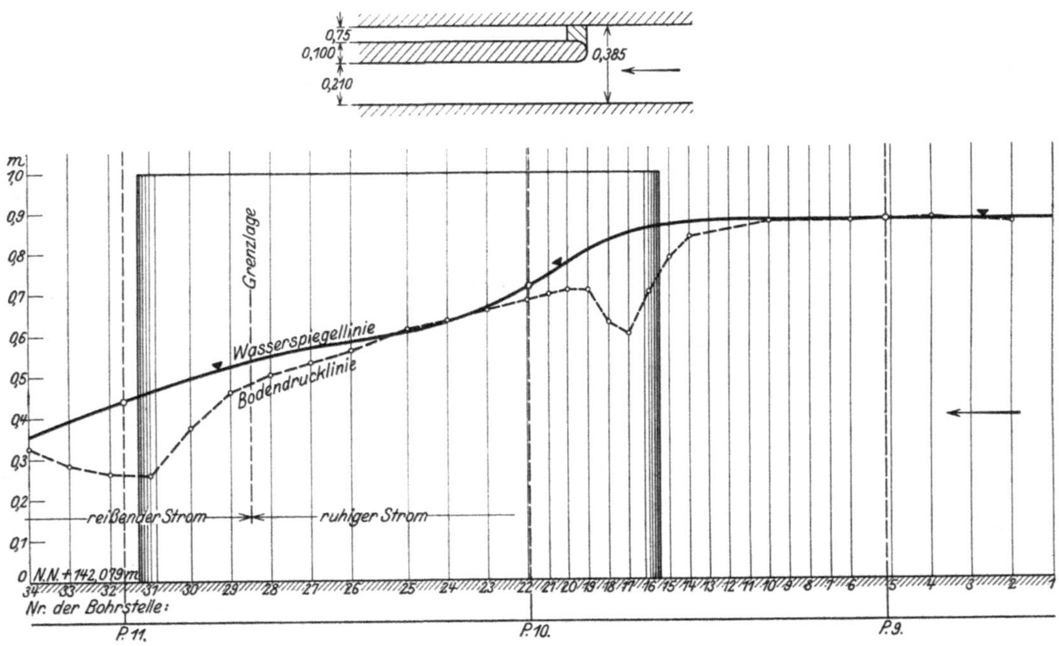

Abb. 274.

$Q = 266$ l/sec-dm, $\quad q = 69{,}1$ l/sec-dm, $\quad q_1 = \frac{Q}{2{,}1} = 121$ l/sec-dm.

ob die Strömung eine reißende oder eine ruhige ist, am oberen Pfeilerkopf stets eine tiefe Senkung des Bodendrucks entsteht. Der unter geringerem Druck stehende Boden wird von der Strömung weggerissen und es bildet sich ein Kolk. Eine ähnliche Erscheinung, wenn auch in kleinerem Maßstab, tritt am unteren Pfeilerkopf ein.

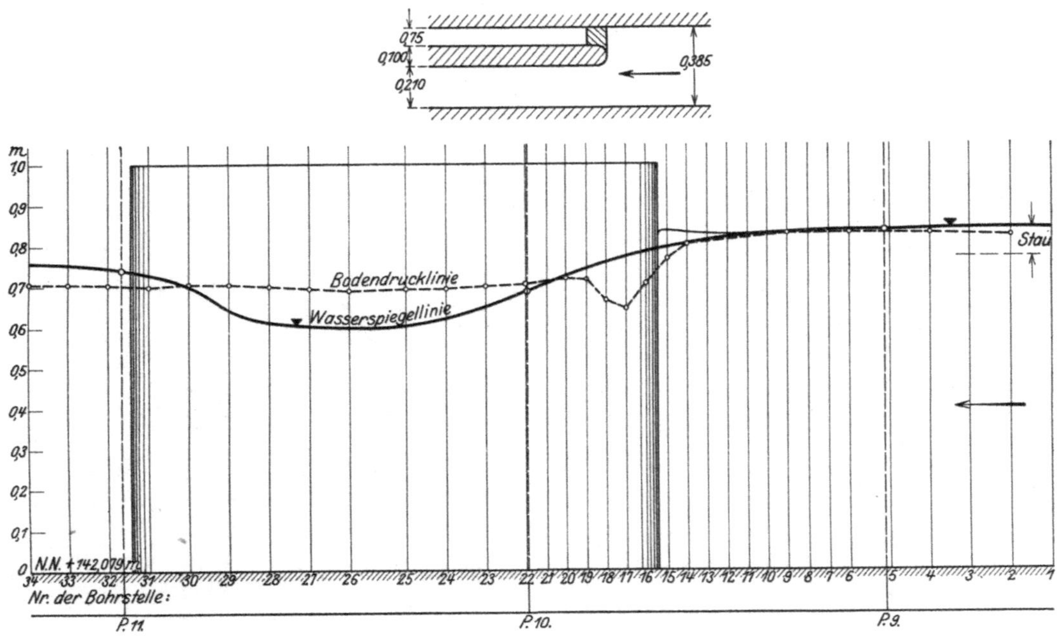

Abb. 275. Stau durch Brückenpfeiler im ruhigen Strom

$Q = 221$ l/sec, $q = 56{,}4$ l/sec-dm, $q_1 = 106$ l/sec-dm.

3. Stau durch Eintauchen einer Schütztafel.

a) In einen ruhigen Strom.

(Versuche 22 und 23.)

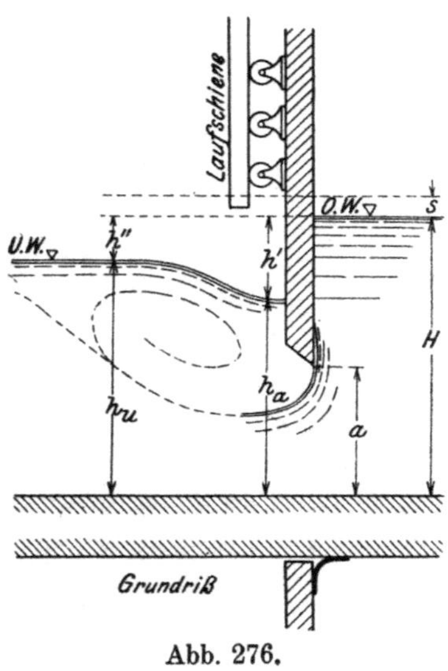

Abb. 276.

Um die sich bei verschiedenen Schützstellungen einstellenden Wasserstände beobachten zu können, war die Schütztafel (Abb. 276) auf Rollen auf- und abwärts beweglich eingerichtet. Die Rollen befanden sich an der oberen Hälfte der Tafel, und dementsprechend lagern ihre vor die Rinnenwandungen hervortretenden Laufschienen so hoch, daß sie nicht in das Wasser eintauchten. Die Tafeln wurden dabei auf irgendeine aus den Zeichnungen nicht mehr erkennbare Weise gegen Kanten um die untersten Rollen gesichert. Im Bereich des strömenden Wassers waren die Wandungen der Versuchsrinne vollkommen glatt und es wurden die Dichtungen zwischen der Tafel und den Wandungen durch Gummistreifen hergestellt.

Die Versuche wurden mittels einer an ihrer Unterkante scharfen und mittels einer an ihrer Unterkante nach einem Halbmesser von 25 cm abgerundeten Tafel ausgeführt. Die letztere ergab einen wesentlich stärkeren Ausfluß.

α) Scharfe Kante der Schütztafel (Versuch 22, Abb. 277).

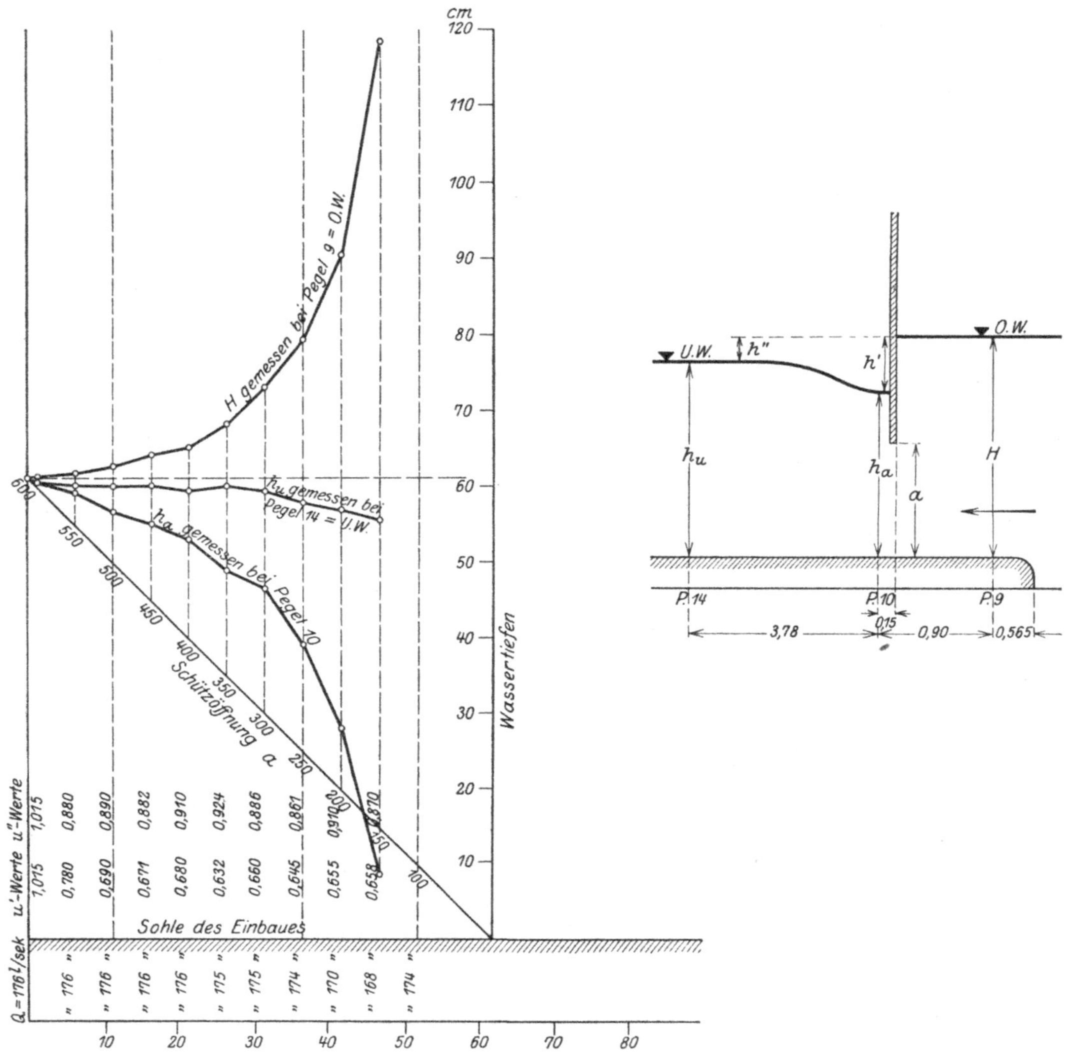

Abb. 277.

$a =$	$H =$	h_u	h_a	$h'' = H - h_u$	$h' = H - h_u$	$Q =$	$q =$	$v_0 = \frac{q}{H}$	$s_0 = \frac{v_0^2}{2g}$	$h'' = s$	$h' + s$	$\mu'' =$	$\mu' =$
0,100	—	—	—	—	—	0,170	0,442	—	—	—	—	—	—
0,150	1,186	0,554	0,085	0,632	1,101	0,177	0,460	0,387	0,00768	0,640	1,109	0,870	0,658
0,200	0,905	0,568	0,280	0,337	0,625	0,178	0,462	0,510	0,0133	0,335	0,638	0,910	0,655
0,250	0,794	0,578	0,391	0,216	0,403	0,178	0,462	0,580	0,0172	0,233	0,420	0,861	0,645
0,300	0,730	0,593	0,464	0,137	0,266	0,180	0,468	0,640	0,0210	0,158	0,287	0,886	0,660
0,350	0,681	0,600	0,488	0,081	0,193	0,178	0,462	0,678	0,0235	0,104	0,216	0,924	0,632
0,400	0,651	0,594	0,529	0,057	0,122	0,177	0,460	0,705	0,0254	0,082	0,147	0,910	0,680
0,450	0,643	0,600	0,549	0,043	0,094	0,177	0,465	0,722	0,0266	0,070	0,121	0,882	0,671
0,500	0,625	0,600	0,565	0,025	0,060	0,173	0,450	0,722	0,0266	0,052	0,087	0,890	0,690
0,550	0,616	0,600	0,590	0,016	0,026	0,171	0,445	0,722	0,0266	0 ,043	0,053	0,880	0,780
0,600	0,609	0,609	0,609	0	0	0,173	0,450	0,740	0,0280	0,028	0,028	1,015	1,015

β) Ausgerundete Schützkante (Versuch 23, Abb. 278).

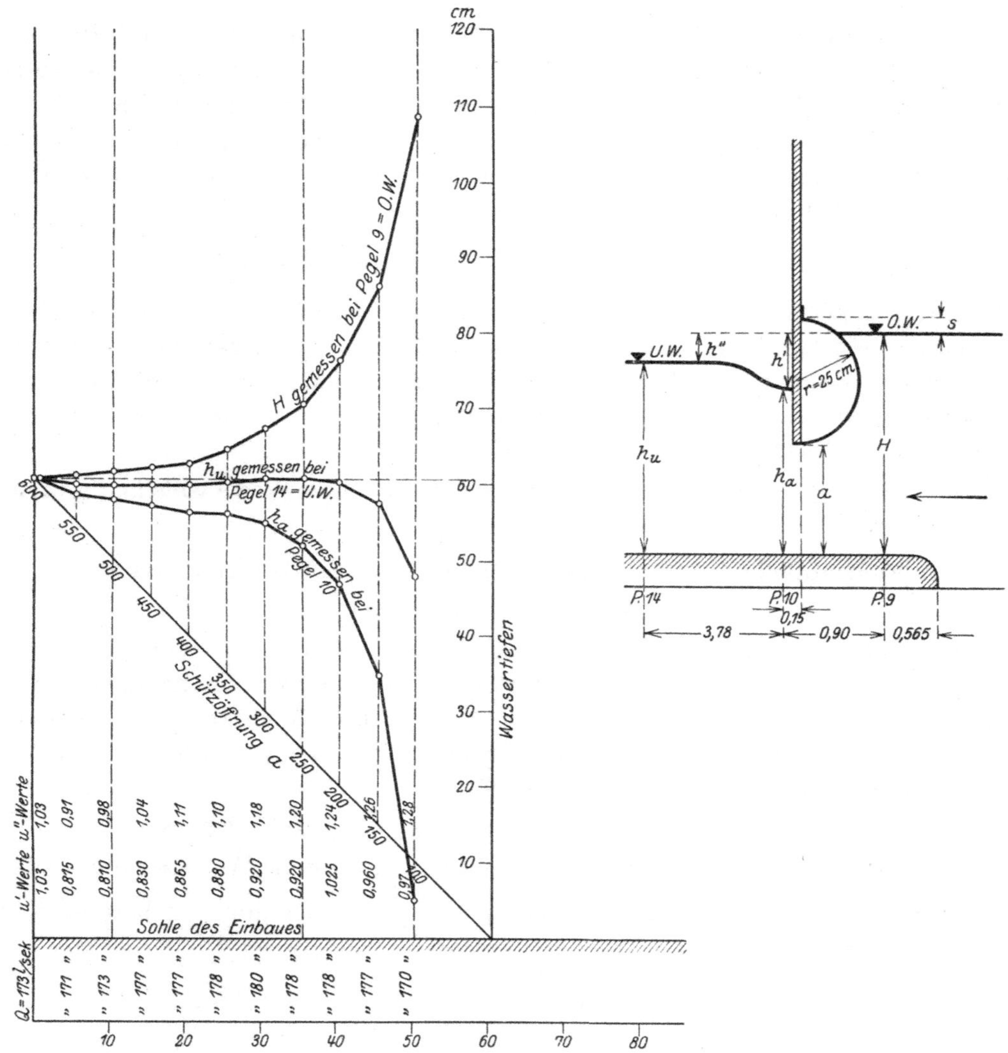

Abb. 278.

a	H	h_u	h_a	h''	h'	Q	q	v_0	s_0	$h''+s$	$h'+s$	μ''	μ'
0,100	1,093	0,487	0,051	0,606	1,042	0,170	0,442	0,402	0,0083	0,6143	1,0503	1,275	0,970
0,150	0,869	0,538	0,358	0,286	0,511	0,177	0,460	0,530	0,0144	0,3004	0,5254	1,260	0,960
0,200	0,770	0,611	0,477	0,159	0,239	0,178	0,462	0,600	0,0184	0,1774	0,2574	1,240	1,025
0,250	0,716	0,615	0,527	0,101	0,189	0,178	0,462	0,645	0,0212	0,1222	0,2102	1,195	0,920
0,300	0,680	0,615	0,557	0,065	0,123	0,180	0,468	0,689	0,0242	0,0892	0,1472	1,180	0,920
0,350	0,659	0,611	0,569	0,048	0,090	0,178	0,462	0,702	0,0252	0,0732	0,1152	1,100	0,880
0,400	0,635	0,607	0,571	0,028	0,064	0,177	0,460	0,723	0,0267	0,0547	0,0907	1,110	0,865
0,450	0,629	0,607	0,579	0,022	0,050	0,177	0,460	0,732	0,0274	0,0494	0,0774	1,040	0,830
0,500	0,624	0,607	0,587	0,017	0,037	0,173	0,450	0,720	0,0264	0,0434	0,0634	0,975	0,810
0,550	0,619	0,605	0,595	0,014	0,024	0,171	0,442	0,713	0,0255	0,0395	0,0495	0,910	0,815
0,600	0,615	0,615	0,615	0	0	0,173	0,450	0,731	0,0270	0,0270	0,0270	1,030	1,030

Die auf die Breite von 1 m aus der Schützöffnung a ausfließende Wassermenge ist:

$$q = \mu a \sqrt{2g(h+s)}.$$

Dabei entsteht die Frage, welches Gefälle h zwischen Ober- und Unterwasser eingesetzt werden soll: ob das Gefälle h' über der Einsenkung des Unterwassers am Schütz oder das Gefälle h'' weiter unterhalb, wo das Unterwasser bei einer bestimmten Höhe zur Ruhe gekommen ist? Für beide Fälle ergeben sich bei einer bestimmten Höhenstellung a der Schütztafel und für eine bestimmte Abflußmenge q die Ausfluszahlen:

$$\mu' = \frac{q}{a \cdot \sqrt{2g(h'+s)}} \quad \text{und} \quad \mu'' \frac{q}{a \cdot \sqrt{2g(h''+s)}}.$$

Sie sind für verschiedene Schützstellungen a aus den jeweilig durch Messungen bestimmten Werten h' und h'' berechnet worden. Die Wassermengen q wurden bei jeder Schützstellung neu beobachtet, weil es sich zeigte, daß sie kleinen Schwankungen unterworfen waren, die zur Folge hatten, daß auch die Werte μ' und μ'' nicht nach ganz regelmäßigen Linien verlaufen.

Vorstehend (S. 186 u. 187) sind die Berechnungen dieser Werte vollständig wiedergegeben.

b) Eintauchen einer Schütztafel in einen reißenden Strom.

(Versuch 24, Abb. 279.)

Der reißende Strom, in welche Schütz II eingetaucht wurde, wurde beim Versuch mittels eines Grundablasses unter Schütz I erzeugt. Vor letzterem wurde der Wasserspiegel auf der Höhe $y_0 = +0{,}99$ m beobachtet, und aus der gemessenen Geschwindigkeit ergab sich die in die Zeichnung eingetragene Geschwindigkeitshöhe $s_0 = 0{,}015$ m. Daraus finden wir rückwärts:

$$v_0 = \sqrt{2gs_0} = 0{,}542 \text{ m/sec}, \qquad q = v_0 \cdot y_0 = 0{,}536 \text{ cbm/sec}.$$

Der dem Grundablaß entströmende Strahl hat eine gemessene Wassertiefe $y_1 = 0{,}15$, so daß sich für die Ausflußzahl der Wert $\mu = \frac{0{,}15}{0{,}25} = 0{,}6$ ergibt. Es berechnet sich für ihn ferner:

$$v_1 = \frac{0{,}536}{0{,}15} = 3{,}573 \text{ m/sec},$$

$$s_1 = \frac{v_1^2}{2g} = 0{,}65 \text{ m},$$

$$H_1 = 0{,}15 + 0{,}65 = 0{,}80 \text{ m}.$$

Doch sind das nur Mittelwerte, die bei der ständig zunehmenden Tiefe des reißenden Stromes ständig abnehmen.

Wichtig ist es ferner zu wissen, welche Sprunghöhe der Strahl befähigt ist zu erreichen. Sie rechnet sich nach Gl. (85) zu

$$h_2 = \frac{h_1}{2}\left(-1 + \sqrt{1 + 16\frac{s_1}{h_1}}\right) = 0{,}075\left(-1 + \sqrt{1 + 16 \cdot \frac{0{,}65}{0{,}15}}\right) = 0{,}55 \text{ m}.$$

Die Strömung stößt sehr bald nach Verlassen des Grundablasses gegen die 0,10 m hohe Stirnwand einer Grundschwelle, doch besitzt sie genügendes Arbeitsvermögen, um die Schwelle ohne Stau zu überschreiten. Wenn man an Stelle der über der Sohlenschwelle auf Grund von Beobachtungen gezeichneten s-Linie eine mittlere s-Linie und für sie die q-Linie über der Schwelle zeichnet, so erhält man aus ihr einen mittleren Wasserspiegel für den Übergang über die Schwelle, der genau genug mit dem beobachteten Wasserspiegel übereinstimmt. Letzterer liegt erheblich unter dem Grenzspiegel.

In die auf diese Weise erzeugte Strömung wurde nun die Schütztafel II hinabgelassen und zwar nur so weit, daß ihre Unterkante höchstens einige Millimeter tief in das Wasser eintauchte; das genügte, um anscheinend sehr rasch das ganze Versuchsbild zu ändern.

Vor allem wurde der Abfluß unter dem Schütz II erschwert. Vor demselben bildete sich daher ein Stau, der bald auch den Abfluß unter I beeinträchtigte. Daher auch vor I eine Erhöhung des Wasserspiegels, und in dem Maße wie die Anstauungen vor beiden Schütztafeln wuchsen, begann sich in dem reißenden Strom unterhalb von Schütz II eine Einschnürung auszubilden.

$Q = 0{,}221$ cbm/sec, $q = 0{,}574$ cbm/sec.

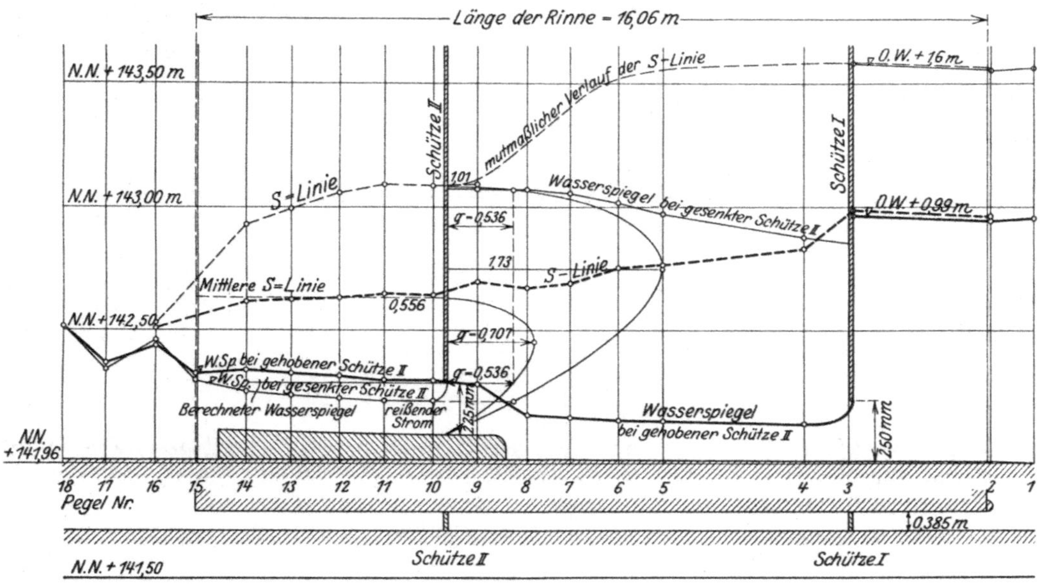

Abb. 279.

—▿— Wasserspiegel bei gehobener Schütze II, --▿-- Wasserspiegel bei gesenkter Schütze II.

In der Zeichnung ist der Beharrungszustand angedeutet, wie er sich nach einiger Zeit einstellte. Die q-Linien erklären die Höhen der Wasserspiegel unterhalb des Schützes II vor dessen Senkung. Zwischen I und II haben wir wie bei den Versuchen 19 und 20 einen Wasserschwall und die Einsenkung hinter der Schütztafel. Einerseits der Schwall und andererseits die sich der Strömung jäh entgegenstellende Grundschwelle sind die Ursache für den starken Abfall der Arbeitslinie vor dem Schütz II.

4. Stauerscheinungen bei plötzlichem Abschluß der Rinne.

(Versuch 25.)

Zur Prüfung der in dem Abschnitt VII entwickelten Gesetze wurden am 18. und 19. April 1912 Stauversuche ausgeführt.

In der durch eine Längswand auf 38,5 cm eingeengten Versuchsrinne wurde ein Strom von $h = 0{,}45$ m Wassertiefe mit einer Geschwindigkeit von $v_0 = 0{,}86$ m/sec hergestellt.

Durch eine um die wagerechte Achse o drehbare Wand (Abb. 280) konnte der Abschluß plötzlich unterbrochen werden, während gleichzeitig der Wasserzufluß abgesperrt wurde. Der abgeschnittene Teil der Rinne hatte eine Länge von 11,3 m. An den in der Vorderwand befindlichen Glasscheiben wurde die Höhe Δh_1 der Stauwelle gemessen und ferner wurde die Zeit t_0 beobachtet, zu der die Stauwelle am Ende E des 11,3 m langen Abschnitts angelangt und die Zeit t_1, zu der sie von E nach A zurückgekehrt war.

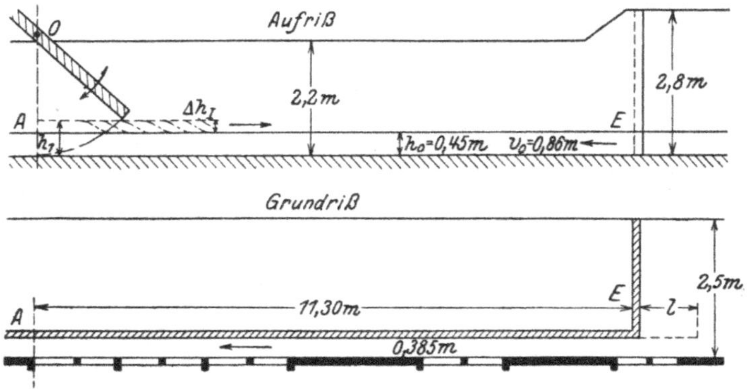

Abb. 280.

Aus 5 Versuchen am 18. April 1912 ergab sich:

	t_0 Sekunden	Δh_1 in cm	t_1 Sekunden
Versuch I	6,0	20	
„ II	6,2	20	12,8
„ III	6,2	20	13,2
„ IV	5,6	20	12,6
„ V	5,6	20	12,6
	29,6	100	51,8
Im Mittel	5,92	20	12,9

Dauer des Rücklaufes: $t_1 - t_0 = 6{,}98$ sec, somit mittlere Fortschrittsgeschwindigkeit der Stauwelle:

$$u_1 = \frac{11{,}3}{5{,}92} = 1{,}91 \text{ m/sec},$$

der zurückwandernden Welle:

$$u_2 = \frac{11{,}3}{6{,}98} = 1{,}62 \text{ m/sec}.$$

Die Berechnung liefert nach Gl. (112) mit $v_1 = 0$:

$$u_1 = -\frac{v_0}{4} + \sqrt{g h_0 + \frac{v_0^2}{16}},$$

$$= -\frac{0{,}86}{4} + \sqrt{0{,}45\, g + \frac{\overline{0{,}86}^2}{16}} = 1{,}897,$$

also in sehr guter Übereinstimmung mit dem beobachteten Wert $u_1 = 1{,}910$ m/sec.

Ferner nach Gl. (111):

$$\Delta h_1 = \frac{v_0}{u_1} \cdot h_0 = 0{,}204,$$

also ebenfalls volle Übereinstimmung mit dem beobachteten Wert.

Weiter nach Gl. (113):

$$u_2 = v_1 + \sqrt{\frac{2\, h_0}{h_1 + h_0}} \cdot \sqrt{g\, h_0},$$

mit
$$v_1 = 0\,,$$
$$h_1 = h_0 + \varDelta h_1 = 0{,}45 + 0{,}20 = 0{,}65\,,$$
$$u_2 = \sqrt{\frac{0{,}90}{1{,}10}} \cdot \sqrt{0{,}45\,g} = 1{,}900\,.$$

Hiernach hätte die Zeit für den Rücklauf $\frac{11{,}3}{1{,}9} = 5{,}95$ Sekunden betragen sollen, während sie in Wirklichkeit, wie wir sahen, 6,98 Sekunden betrug. Der Unterschied von 1,03 Sekunden erklärt sich dadurch, daß die Welle nicht schon genau im Endpunkt E der Rinne umgekehrt, sondern noch ein kurzes Stück „l“ in den Kopf der Rinne eingedrungen ist. Wenn sie dabei eine mittlere Geschwindigkeit $\frac{u_1 + u_2}{2} = \frac{1{,}91 + 1{,}90}{2} = 1{,}905$ m/sec angenommen hat, so berechnet sich l aus:

$$2\,l = 1{,}03 \cdot 1{,}905 = 1{,}962 \text{ m}$$

zu $\quad l = 0{,}98$ m.

Um dieses Maß ist sie also in das Vorbecken eingedrungen, ehe ihr Rücklauf begann.

Zwei weitere Versuche am 19. April 1912 hatten ein gleichartiges Ergebnis, so daß darin eine Bestätigung der Formeln (111) bis (113) erblickt werden kann.

In unmittelbarem Anschluß an die vorstehend beschriebenen Versuche wurden am 14. April 1912 noch weitere Messungen vorgenommen, um die durch den plötzlichen Torschluß in der Rinne hervorgerufenen Wellenbewegungen zu studieren.

In Zeitabschnitten von je 2 Sekunden wurden gleichzeitig an drei Stellen der Rinne die Wasserstände beobachtet (s. Abb. 281):

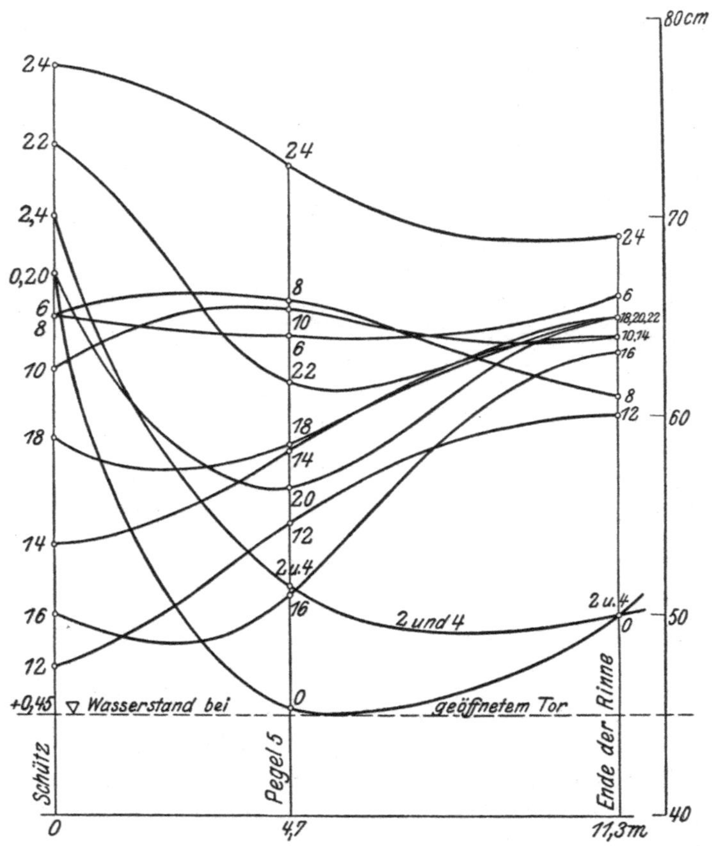

Abb. 281.

am Schütz,

bei Pegel 5 in einer Entfernung von 4,7 m vom Schütz,

am Ende der Rinne in einer Entfernung von 11,3 m vom Schütz.

Die Beobachtungen sind in die Versuchszeichnung eingetragen. Eine andere Darstellung enthält Abb. 282. Es sind hier die drei an den drei Stellen **gleichzeitig** gemachten Beobachtungen je durch eine gekrümmte Linie verbunden. Jede dieser Linien gibt in stark verzerrtem Maßstab in etwa den Wasserstand wieder, wie er sich in einem bestimmten Augenblick einstellt. Um die Wasserstände genauer zu erhalten, hätte man sie an mehr als drei Stellen beobachten müssen.

Wir wissen, daß die Stauwelle etwa 13 Sekunden nachdem sie das Tor verlassen hat, wieder dorthin zurückkehren muß. In der Tat zeigt unsere Figur, daß schon nach 12 Sekunden der Stau am Tor fast völlig verschwunden ist. In den nächsten 4 Sekunden finden geringe Wasserschwankungen am Tor statt, worauf in weiteren 8 Sekunden eine Welle vom Tor ausgeht, die sich zu einer Höhe von 77,5 cm über der Rinnensohle erhebt.

Bei Pegel 5 macht sich der Einfluß der zurückkehrenden Welle schon etwa nach 8 Sekunden bemerkbar, denn schon dann beginnt hier — erst langsam, dann rascher — das Wasser zu fallen, bis es nach 16 Sekunden seinen tiefsten Stand erreicht hat und dann wieder stark zu steigen beginnt.

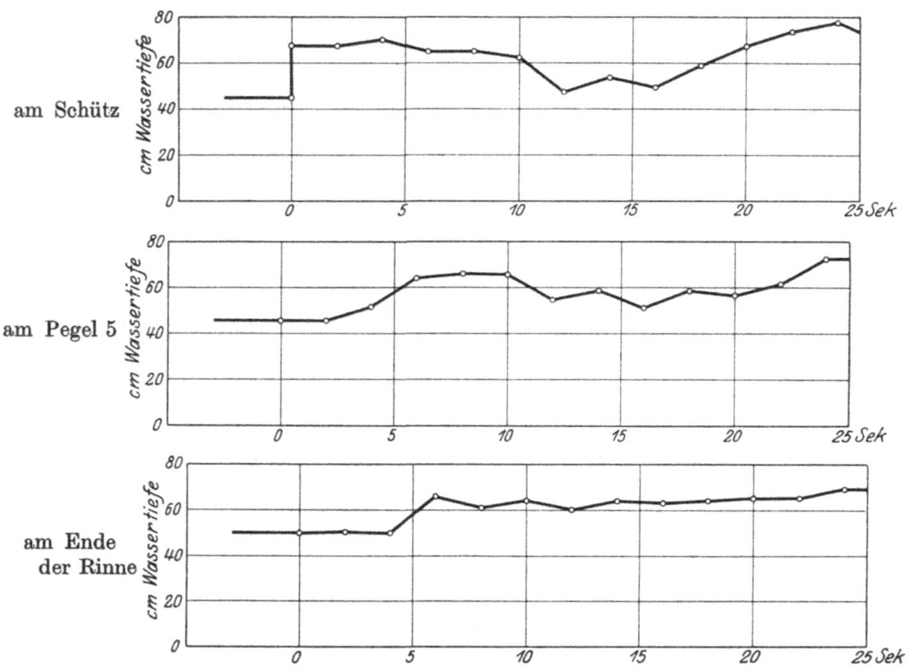

Abb. 282.

Am Ende der Rinne ist nach 6 Sekunden die Ankunft der ersten vom Tor ausgelaufenen Welle erkennbar. Nach 12 Sekunden, wenn die Welle das Tor wieder nahezu erreicht hat, scheint ein Tiefstand eingetreten zu sein. Den Aufnahmen zufolge schwankt am Ende der Rinne der Wasserstand in ziemlicher Höhe zwischen engen Grenzen.

Die bei diesem Versuch beobachteten Wasserbewegungen sind die Folgen eines plötzlichen Torschlusses, und da nach erfolgtem Schluß der Anlaß zu weiteren Wellenbildungen fehlt, so werden die Bewegungen nach anfänglicher Steigerung bald abflachen, indem sie durch Reibung verzehrt werden.

Anders, wenn der Torschluß allmählich erfolgt, d. h. die Torflügel langsam beigedreht werden, wozu unter gewöhnlichen Verhältnissen etwa 2 bis 5 Minuten erforderlich sind. Mit der Verringerung des Torspalts verringert sich dann die abfließende Wassermenge ständig, und solange die Flügel sich bewegen, ist ständiger

Anreiz zu neuer Wellenbildung, d. h. zur Verstärkung der schon vorhandenen Wellen gegeben. An jeder Stelle des von den Wellen durchströmten Kanals wird in jedem Augenblick der Wasserstand durch algebraische Summierung zahlreicher Einzeleinflüsse zu bestimmen sein.

Es mag weiteren Forschungen vorbehalten sein, diese Verhältnisse völlig klarzustellen.

V. Ausfluß.

A. Der Überfall.

1. Überfall über eine scharfe Kante.

(Versuche 26—34.)

a) Vollkommener Überfall (Versuche 26—30).

Versuch 26. Freier belüfteter Überfall (Abb. 283 u. 284).

Die Überfalldecke verdrängt das Unterwasser und geht über in einen reißenden Strom, der sich sehr bald durch einen Sprung in einen ruhigen verwandelt. Bis nahe zum Spiegel des ruhigen Wassers erhebt sich das Wasser unter der Decke.

Diesem letzteren Wasserstand entspricht der Sohlendruck unmittelbar hinter der Stauwand. Derselbe wächst örtlich erheblich dort, wo der Überfallstrahl den Boden trifft.

Die Höhe des Wassers unter der Decke (in den theoretischen Untersuchungen Abschn. VI 7 mit „e" bezeichnet) ist auch maßgebend für den nach den bekannten Regeln der Hydrostatik zu berechnenden Druck auf die Unterwasserseite der Überfallwand. Wie es um den Druck auf die andere Seite dieser Wand steht, wird sich bei einem anderen Versuch ergeben.

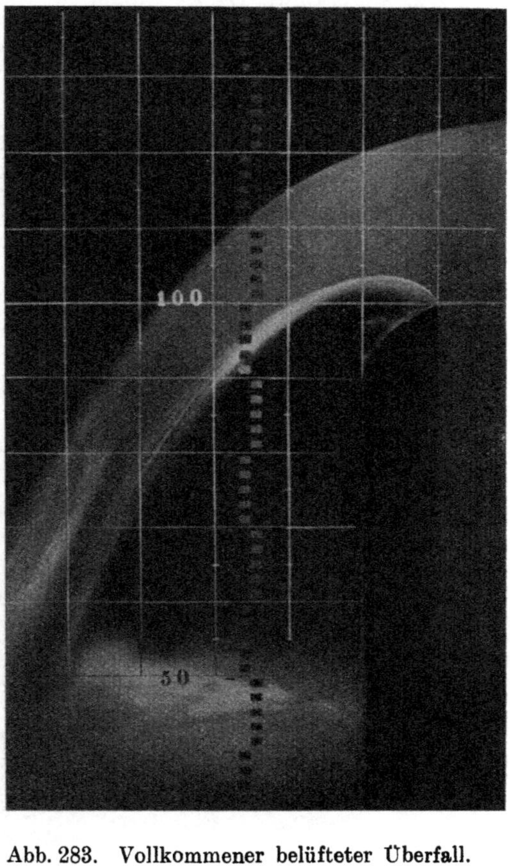

Abb. 283. Vollkommener belüfteter Überfall.

Der Druck auf die Seitenwandungen wächst — wie das auch aus dem Querschnitt (47—51, Abb. 284) hervorgeht, der nur 10 cm vor der Überfallwand genommen wurde — im Verhältnis zur Tiefe, wirkt also bei der geringen Wassergeschwindigkeit, die in dem gegenüber der Überfallhöhe tiefen Zuflußbecken herrscht, als hydrostatischer Druck. Anders im Querschnitt (53—57) der Überfallwand selbst. Hier findet nach den Messungen eine erhebliche Entlastung statt als Folge der erheblichen Geschwindigkeiten, die bis hierher die Wasserteilchen angenommen haben.

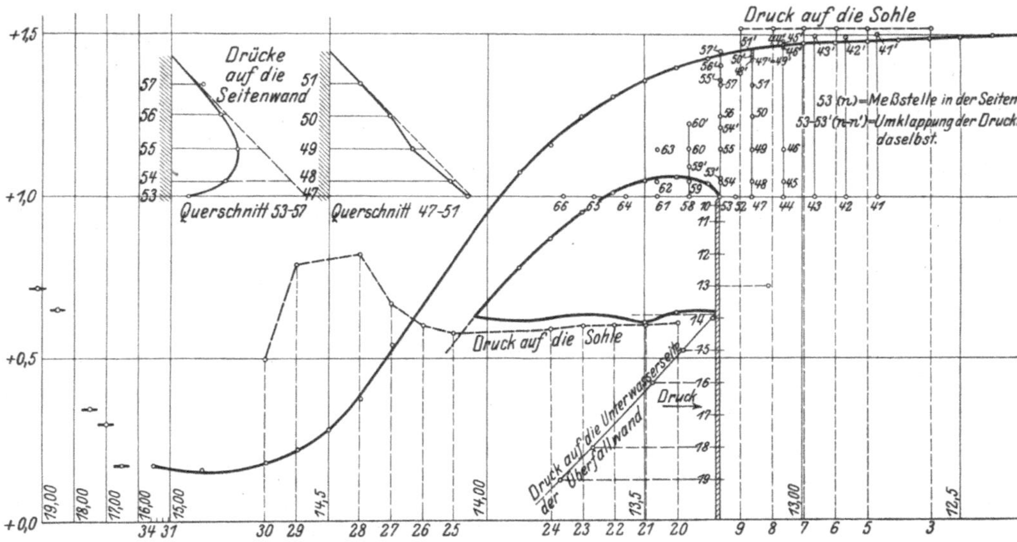

Abb. 284.

Versuch 27. Angesaugter Strahl (Abb. 285 u. 286).

Die angesaugte Decke taucht in das Unterwasser ein, so daß sich ein Schwall bildet. Die mittlere Höhe der zwischen Überfallwand und Decke gemessenen Sohlendrücke kann wieder als zusammenfallend angesehen werden mit der Spitze des Dreiecks, welches den Druck gegen die Unterwasserseite der Überfallwand darstellt. Wie hoch über dieser mittleren Höhe sich der Wasserspiegel unter der Decke erhebt, hängt von der Luftverdünnung in diesem Raume ab. Entspricht sie einer Wassersäule von d m Höhe (Abb. 287), so muß sich der Wasserspiegel um d m über die mittlere Höhe des Unterwassers bzw. der Sohlendrücke erheben. Denn ein Punkt A in der Tiefe y unter dem Unterwasserspiegel steht im Unterwasser selbst unter dem Druck (at $+\, y$) und ein Punkt B unter der Decke unter dem gleichgroßen Druck (at$-d+d+y=$(at$+y$).

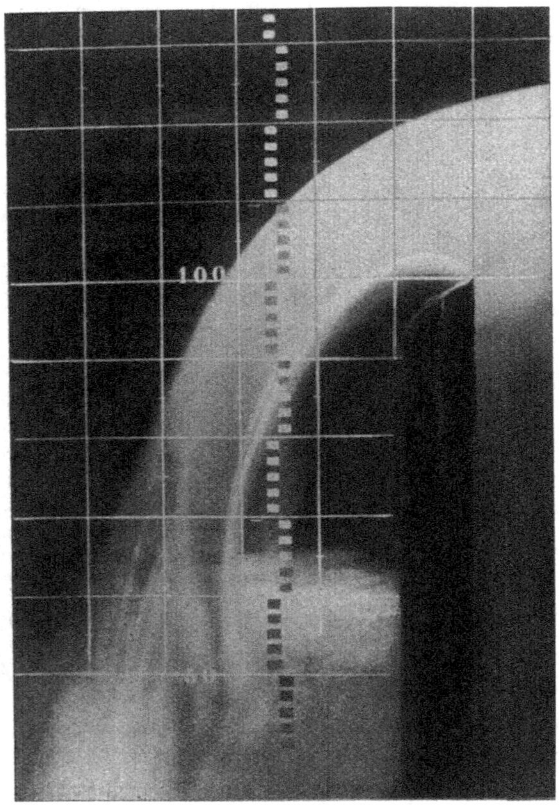

Abb. 285. Vollkommener Überfall. (Unbelüfteter angesaugter Strahl.)

Eine erhebliche Vermehrung des Sohlendruckes tritt wieder an der Stelle ein, an welcher der Überfallstrahl die Sohle trifft. — Von Interesse ist, daß bei diesem Versuch unmittelbar über der Überfallschneide ein nicht unerheblicher negativer Druck auf die Seitenwände beobachtet wurde, der aber bei der großen hier herrschenden Geschwindigkeit erklärlich ist.

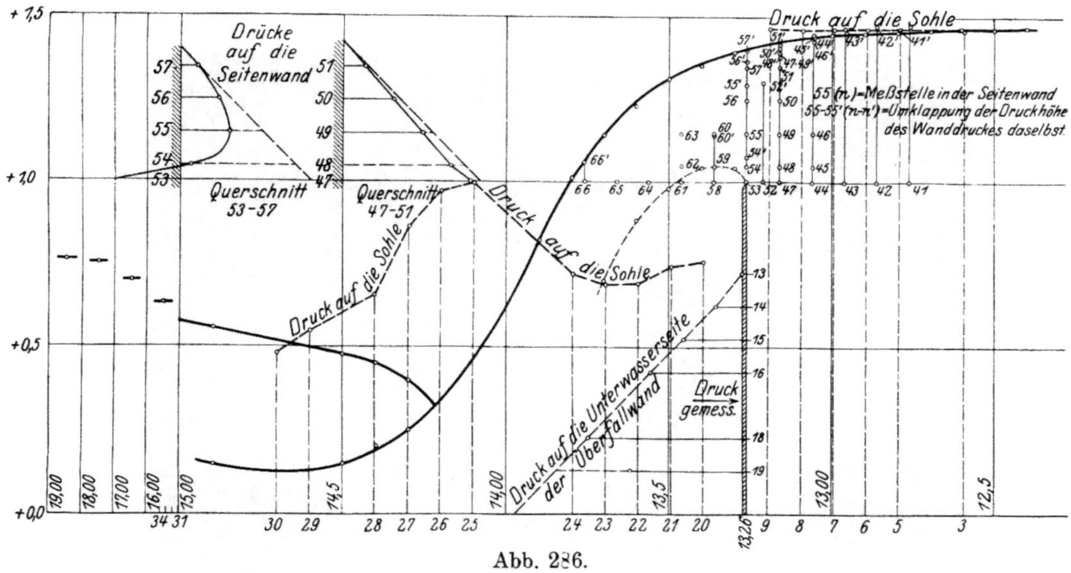

Abb. 286.

Versuch 28. Angesaugter Strahl (Abb. 288).

Die Luftverdünnung unter der Überfalldecke wurde unmittelbar gemessen und entsprach nach der Zeichnung einer Höhe von 14 cm. Damit steht der Wasserstand von etwa 18 cm über dem Unterwasser nicht ganz im Einklang; die Abweichung ist vielleicht durch Wellenbewegungen, welche die Messungen erschwerten, zu erklären.

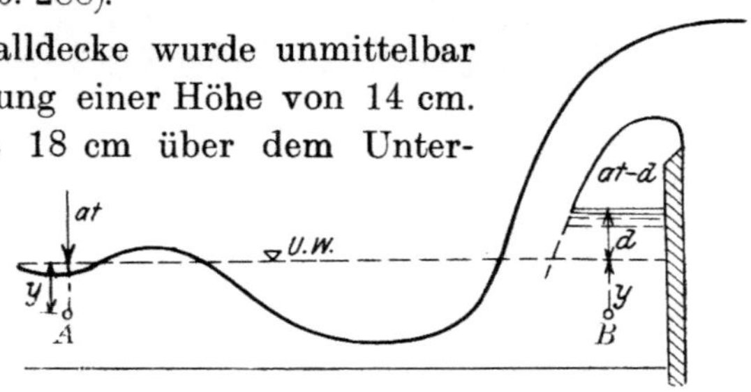

Abb. 287.

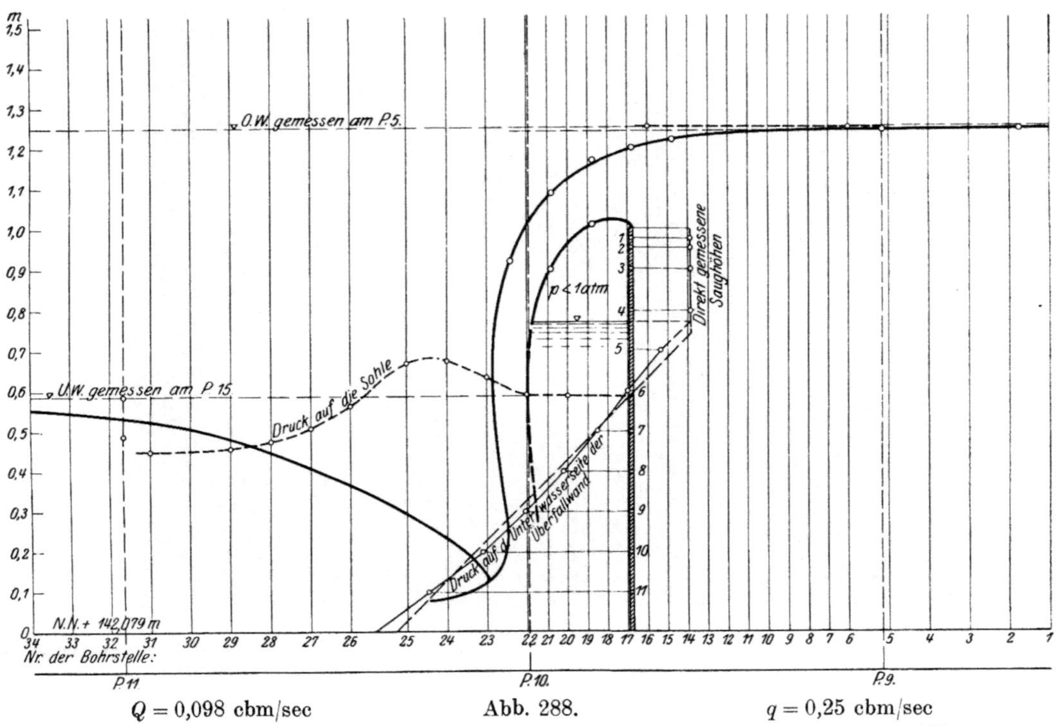

$Q = 0,098$ cbm/sec Abb. 288. $q = 0,25$ cbm/sec

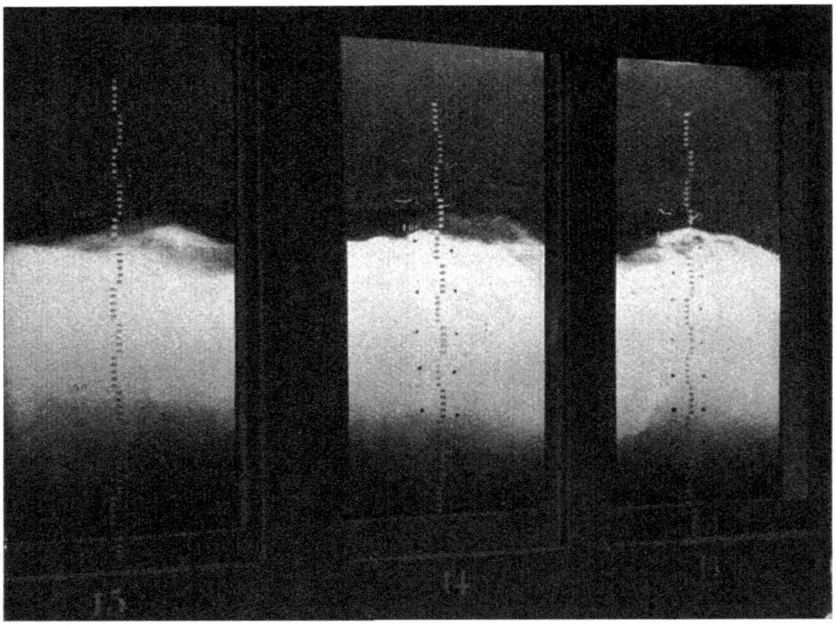

Abb. 289. Vollkommener Überfall: angesaugter

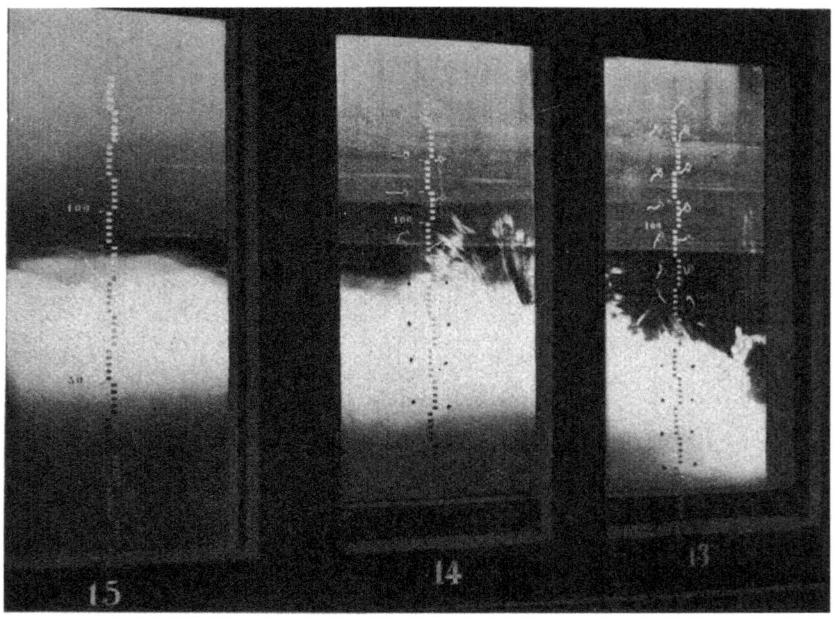

Abb. 290. Vollkommener Überfall: angesaugter Strah

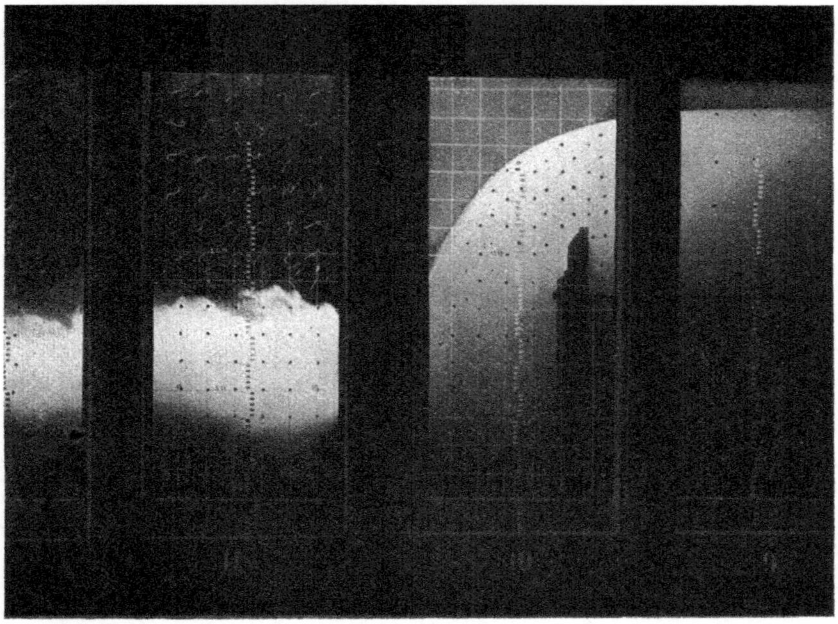

trahl mit wassergefülltem Kopf.

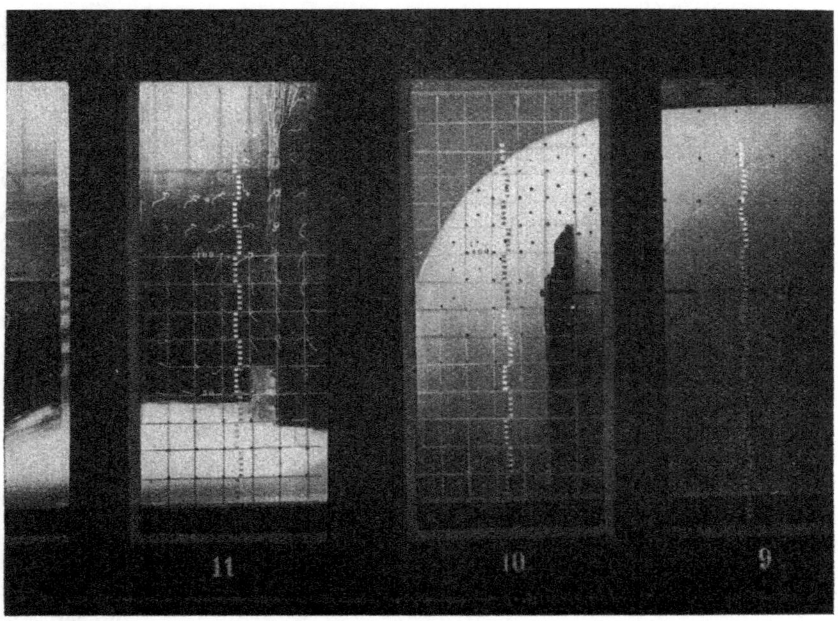

ıit wassergefülltem Kopf, freiem Fuß und Wassersprung.

Versuch 29 (Abb. 291). Das Unterwasser liegt dicht unter der Überfallkante, so daß es sich hier um einen Grenzfall handelt.

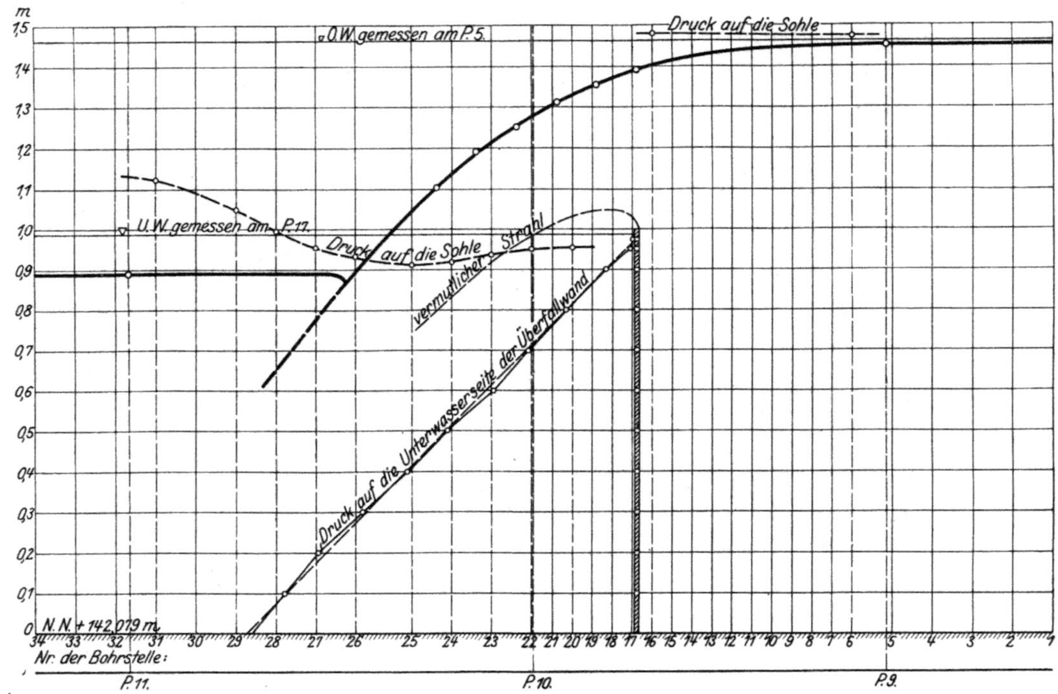

$Q = 0{,}274$ cbm/sec $q = 0{,}641$ cbm/sec

Abb. 291.

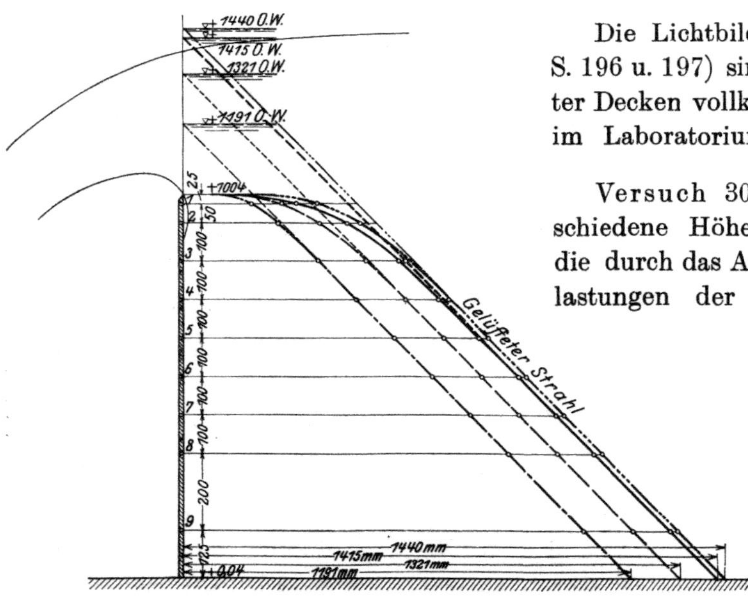

Abb. 292.

Die Lichtbilder Abb. 289 u. 290 (siehe S. 196 u. 197) sind Aufnahmen angesaugter Decken vollkommener Überfälle, die im Laboratorium hergestellt wurden.

Versuch 30 (Abb. 292). Für verschiedene Höhen des Oberwassers sind die durch das Ausströmen bewirkten Entlastungen der Überfallwand gegenüber dem hydrostatischen Druck durch Beobachtung festgestellt.

Zu weit geringeren Entlastungen gelangt man durch Rechnung nach Abschnitt VI 4: Vielleicht, daß noch die oberstromseitig am oberen Rand der Überfallwand durch die Strömung verursachten Saugwirkungen berücksichtigt werden müssen, wozu wir aber einstweilen nicht imstande sind.

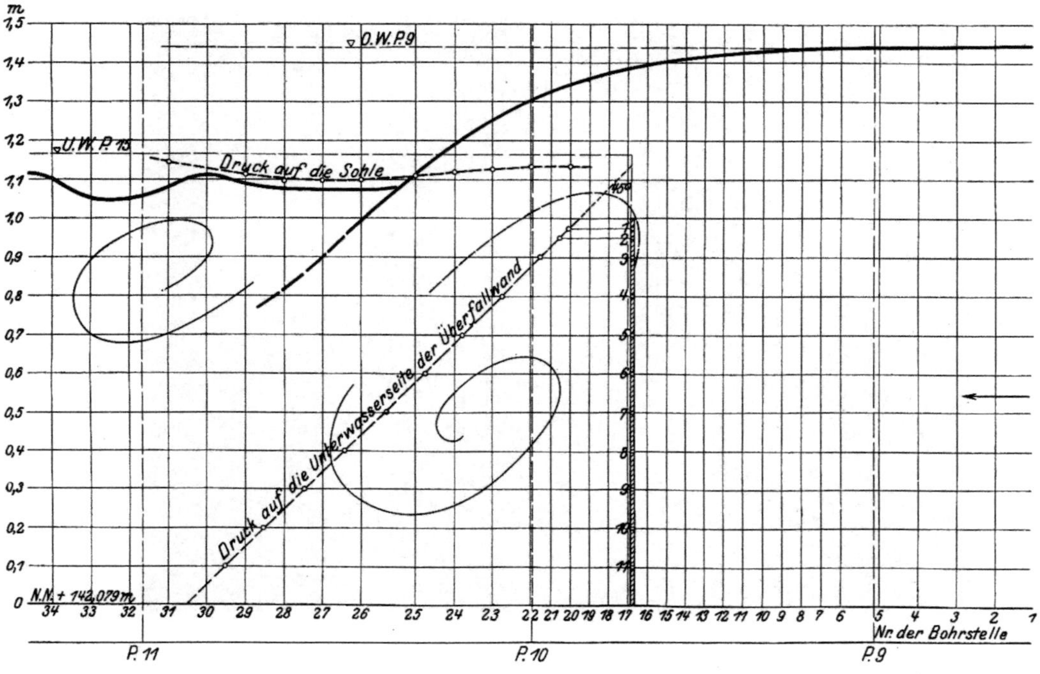

$Q = 0{,}217$ cbm/sec $q = 0{,}550$ cbm/sec

Abb. 293.

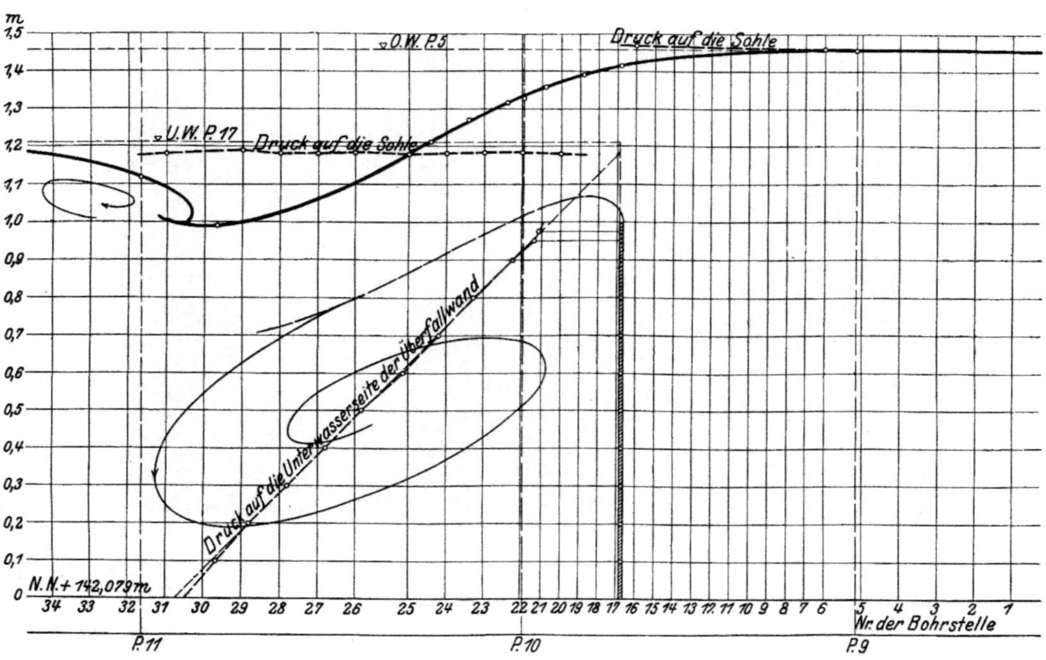

$Q = 0{,}221$ cbm/sec $q = 0{,}560$ cbm/sec

Abb. 294.

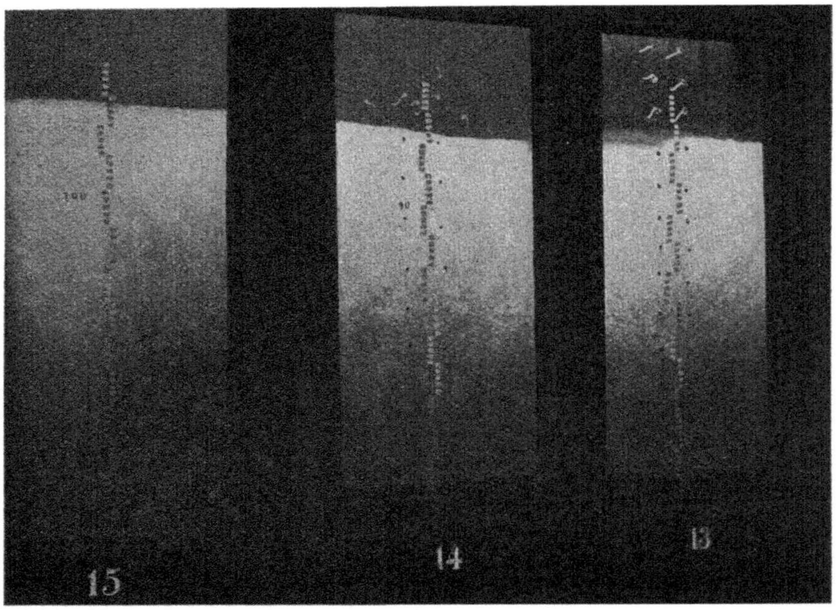

Abb. 295. Unvoll-

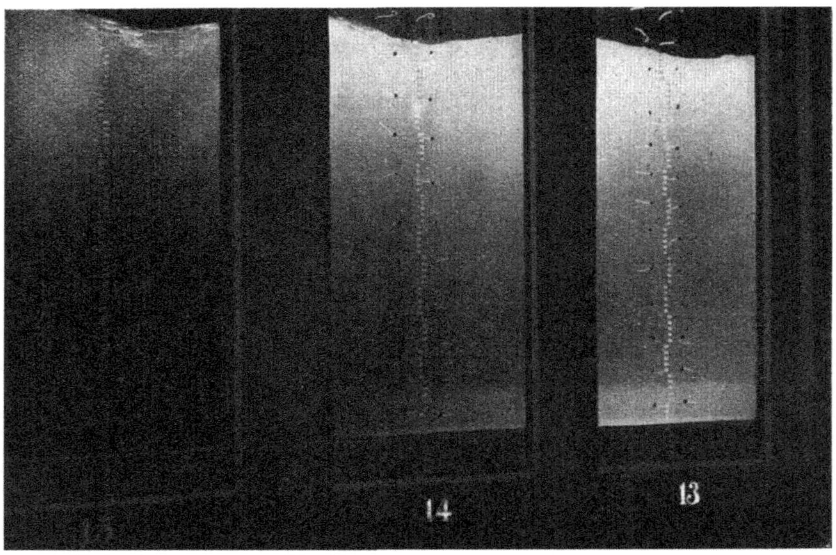

Abb. 296. Unvoll-

b) Unvollkommener Überfall. (Versuche 31—34, Abb. 293—298.)

Die vier Versuche zeigen, daß, je höher das Unterwasser sich über die Überfallkante erhebt, um so weniger tief der Überfallstrahl in dasselbe eindringt, bis

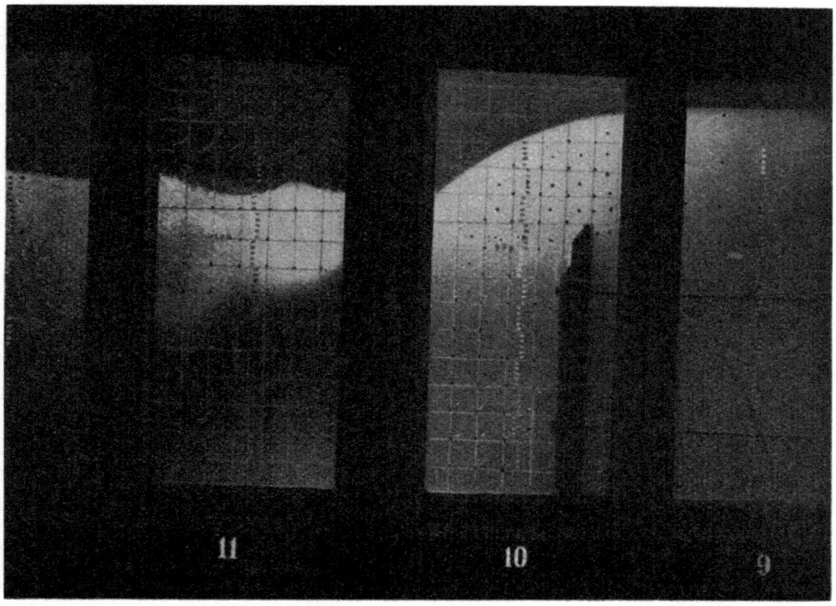

kommener Überfall.

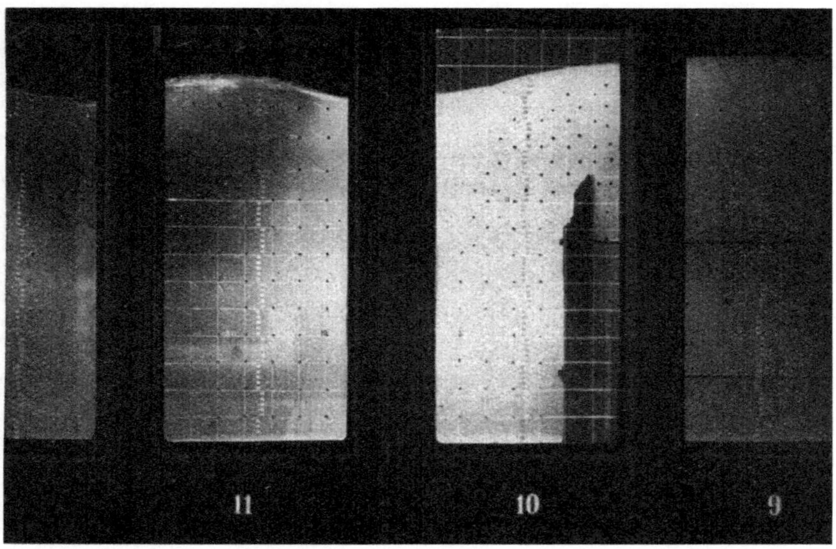

kommener Überfall.

er zuletzt bei sehr hohem Unterwasser auf der Oberfläche desselben abzufließen scheint, so daß von einem „Fall" hier nicht mehr die Rede sein kann. Auch verläuft der Sohlendruck nunmehr völlig gleichmäßig.

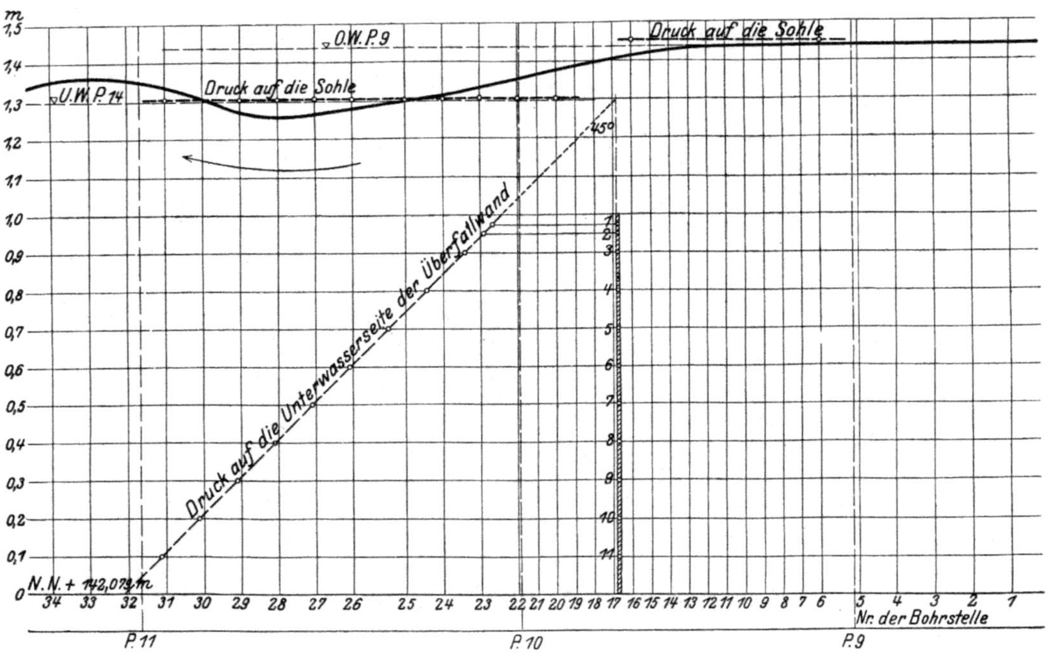

$Q = 0{,}157$ cbm/sec $\quad q = 0{,}398$ cbm/sec

Abb. 297.

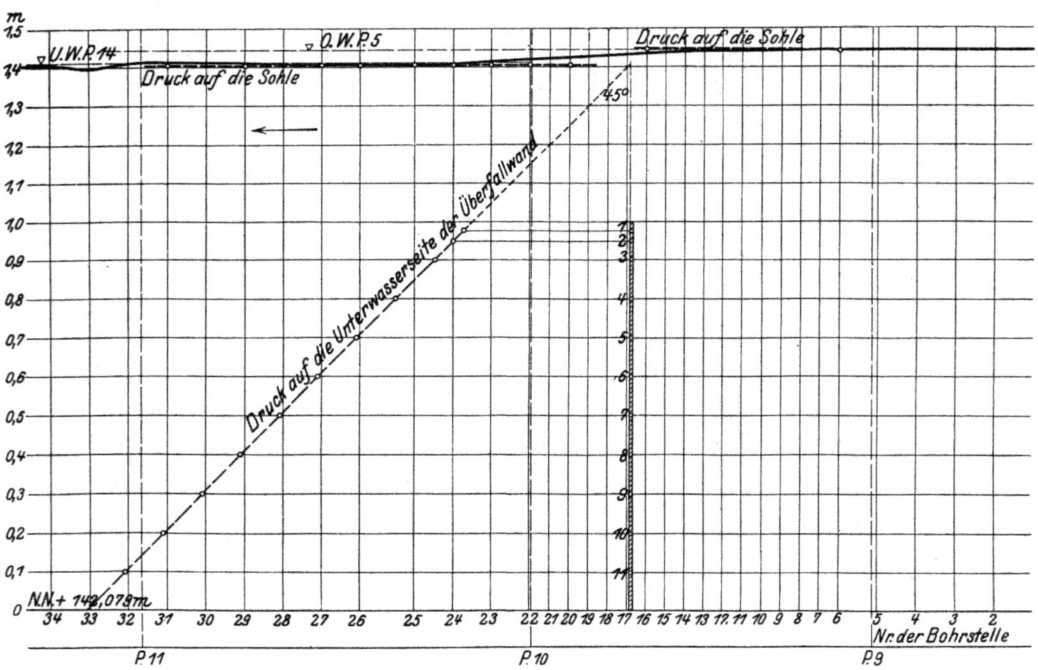

$Q = 0{,}073$ cbm/sec $\quad q = 0{,}185$ cbm/sec

Abb. 298.

2. Überfall über eine senkrechte Wand mit wagerechter Krone.

(Versuche 35—43, Abb. 299—302 u. 304).

a) Ansatz nach Unterstrom.

(Versuche 35 und 39.)

Bemerkenswert sind bei diesen Versuchen die auf der wagerechten Wehrkrone beobachteten Erscheinungen: Die Einschnürung des die Krone überströmenden Strahls und der den Druck auf die Krone anzeigenden Linie. Man erkennt auch sogleich den Zusammenhang zwischen beiden, denn der Einschnürung des Strahles entspricht jedesmal eine Senkung der Drucklinie. Die Senkung ist beim vollkommenen Überfall größer als beim unvollkommenen: eine Folge der größeren Geschwindigkeiten. Auch nach dem unterwasserseitigen Ende des Ansatzes senken sich die Drucklinien und auch hier wieder aus dem gleichen Grunde beim vollkommenen Überfall in stärkerem Maße als beim unvollkommenen. Die nachfolgende Versuchsreihe gibt darüber noch weitere Aufschlüsse.

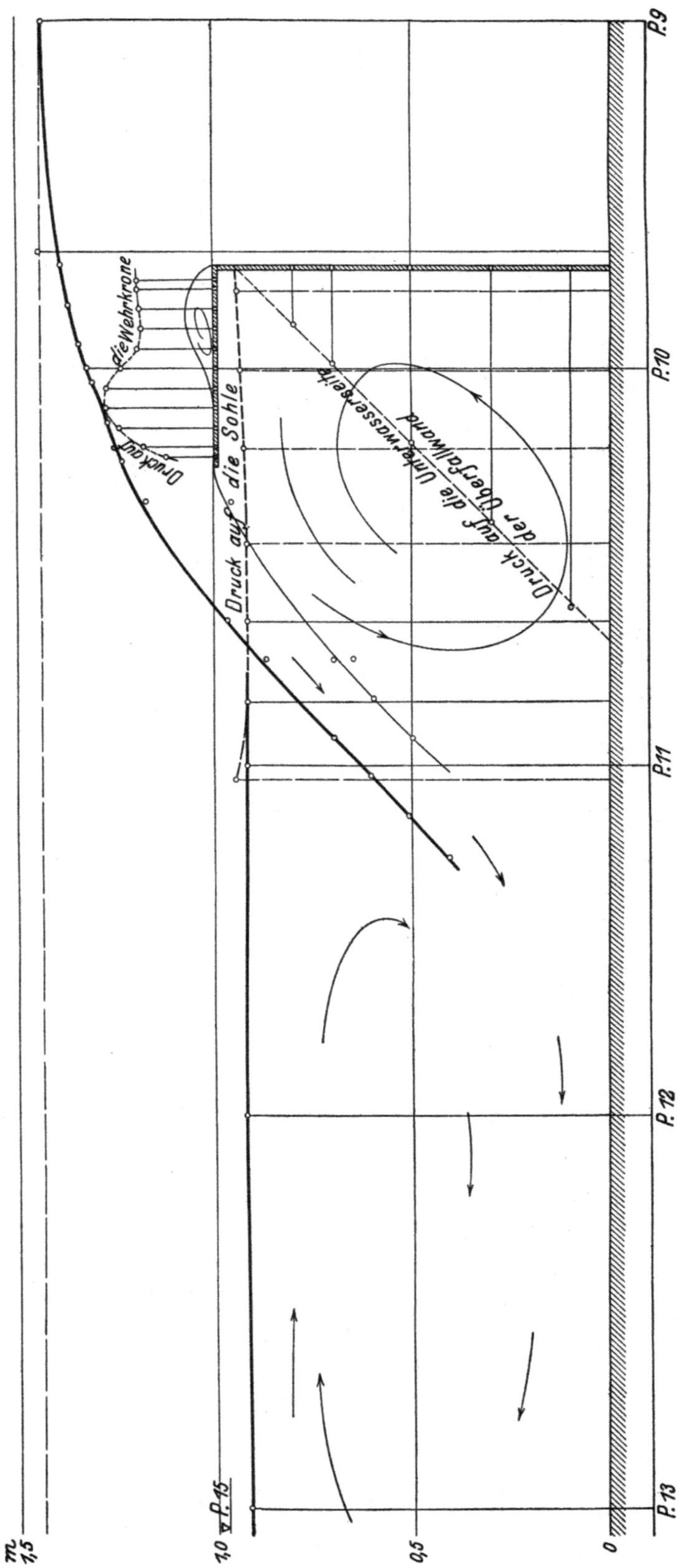

$q = 0{,}784$ cbm/sec

Abb. 299.

$Q = 0{,}306$ cbm/sec

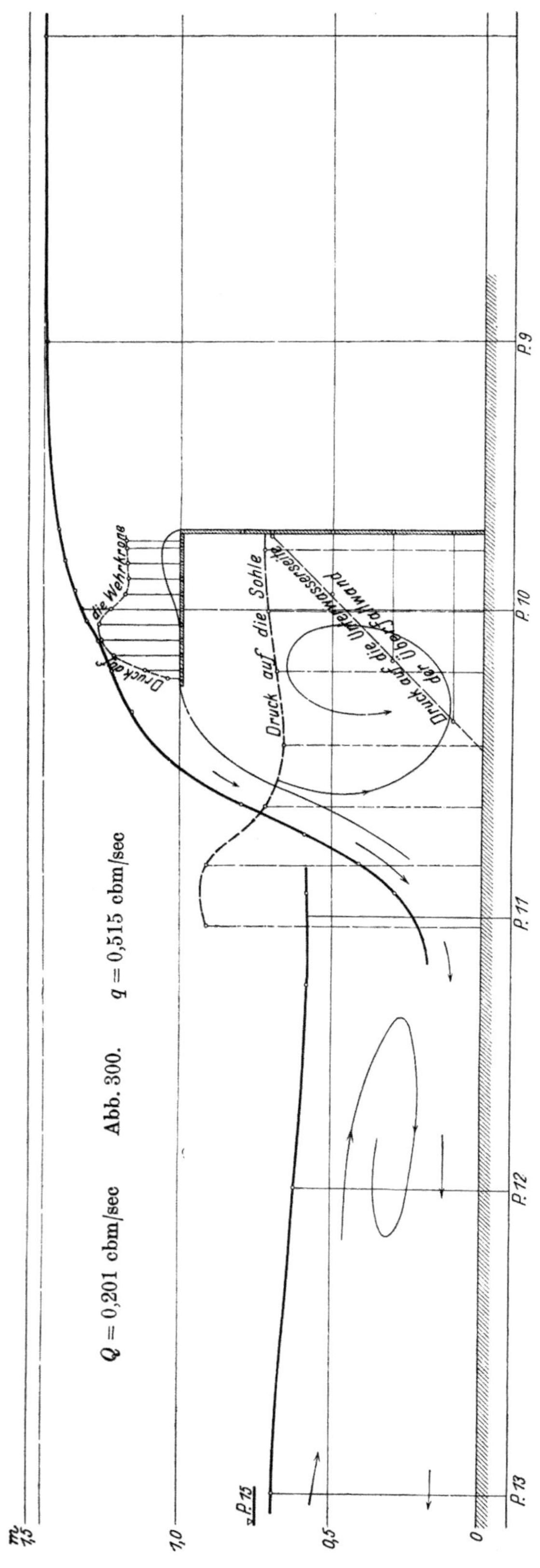

Q = 0,201 cbm/sec Abb. 300. q = 0,515 cbm/sec

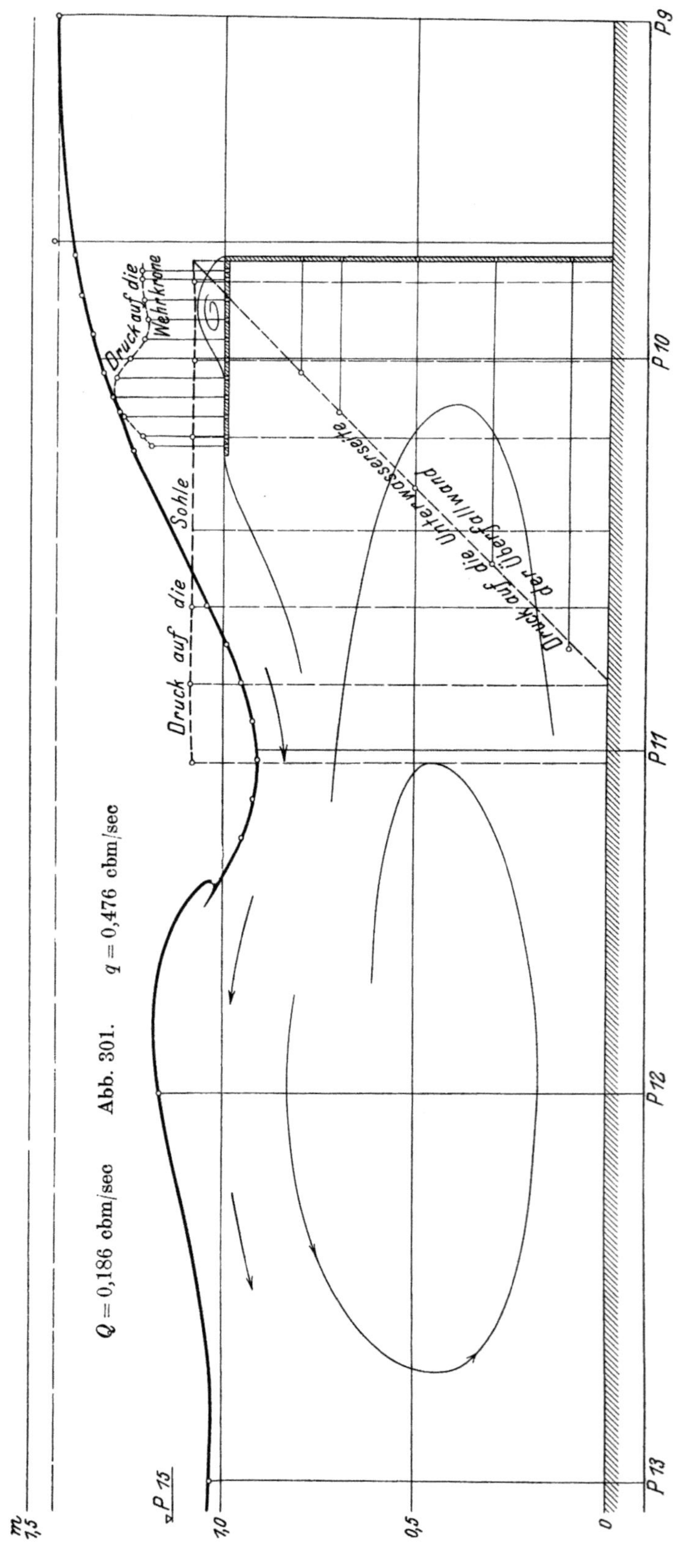

Q = 0,186 cbm/sec Abb. 301. q = 0,476 cbm/sec

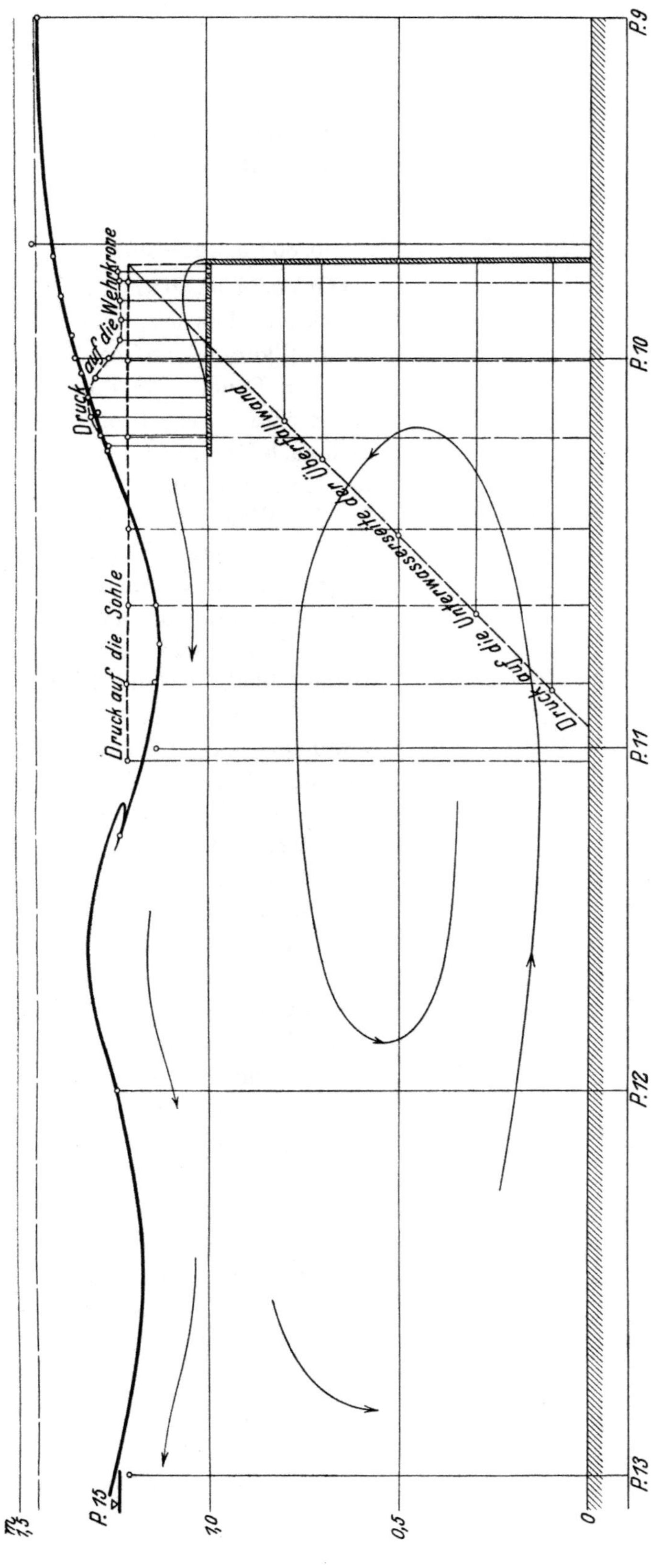

Abb. 302.

$Q = 0{,}187$ cbm/sec $q = 0{,}479$ cbm/sec

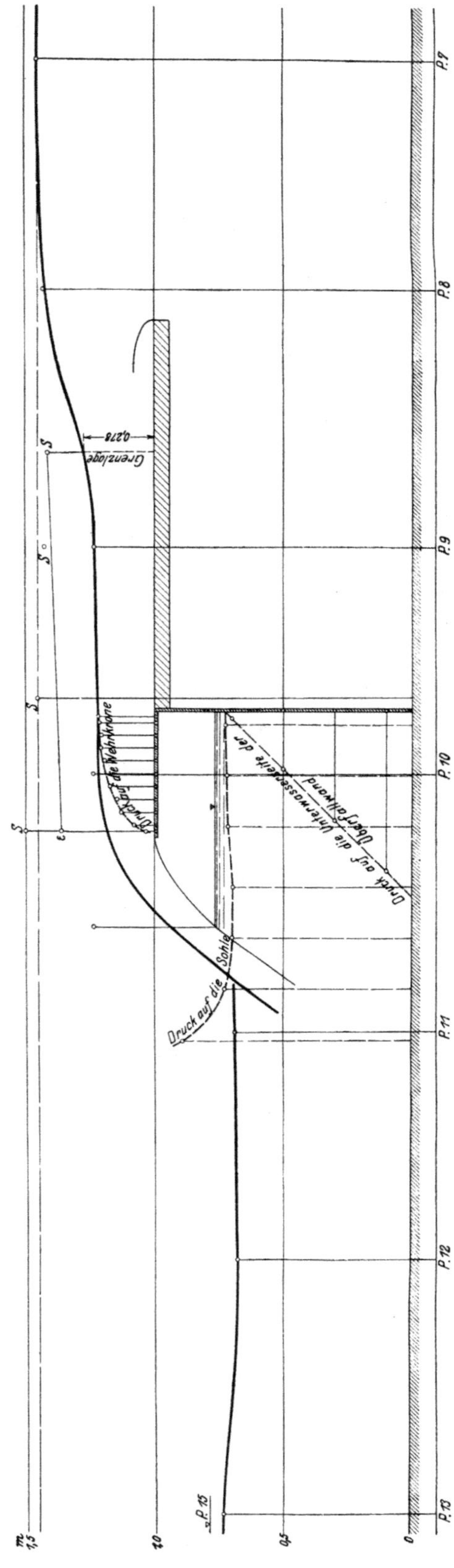

Abb. 303.

$Q = 0{,}179$ cbm/sec $q = 0{,}458$ cbm/sec

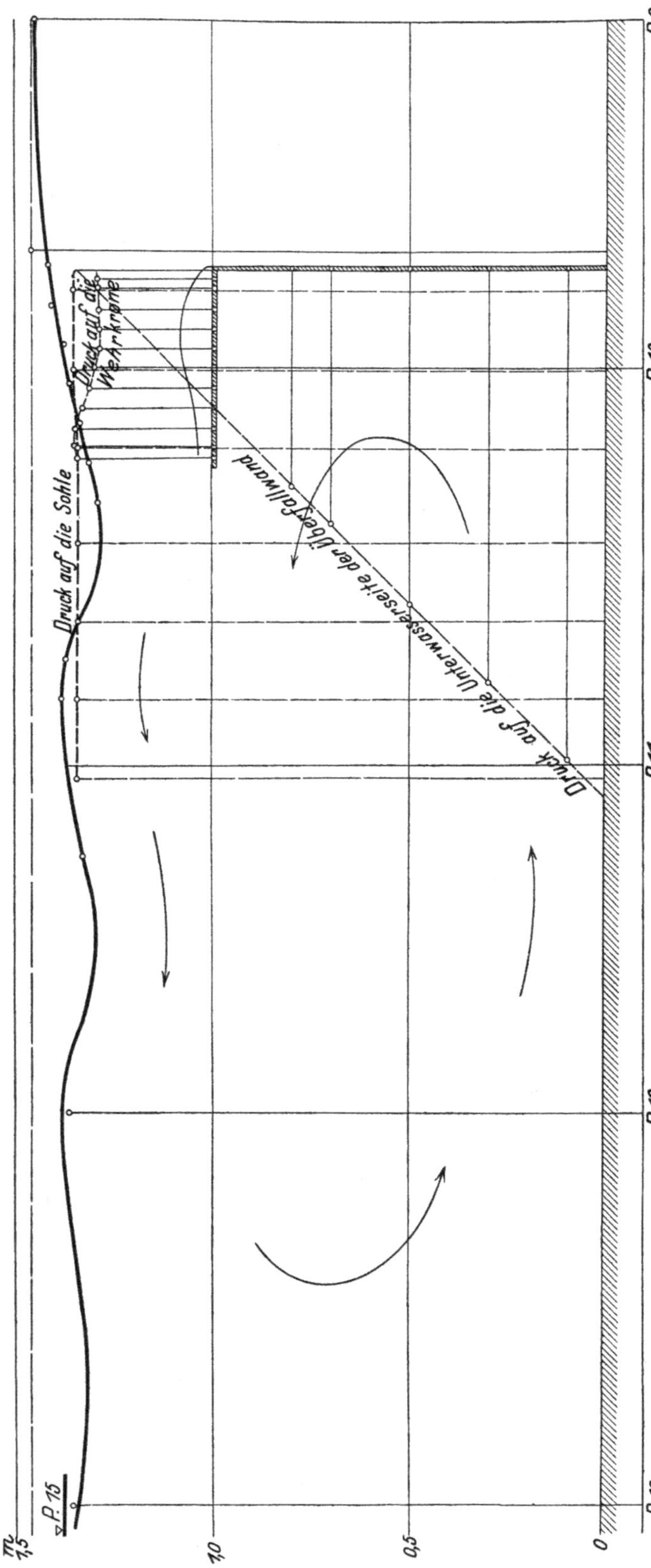

$q = 0{,}436$ cbm/sec Abb. 304. $Q = 0{,}170$ cbm/sec

b) Ansätze nach Unter- und Oberstrom.

(Bl. 40—43, Abb. 303 u. 305—307.)

Die Versuche 40 und 41 bestätigen deutlich, daß beim vollkommenen Überfall der Druck auf die wagerechte Wehrkrone auch nach Unterstrom bis auf Null abnimmt. Ob das lediglich eine Folge der sich beim Absturz vergrößernden Geschwindigkeit ist, oder ob noch andere Ursachen hier mitwirken, bleibt festzustellen. Bei dem unvollkommenen Überfall (Abbildungen 306 und 307), wo das hohe Unterwasser eine starke Vergrößerung der Abflußgeschwindigkeit nicht aufkommen läßt, findet eine wesentlich geringere Druckverminderung an dem oberen Rand des Ansatzes statt. Die Verminderung scheint um so geringer zu sein, je höher das Unterwasser ist.

In den Zeichnungen ist noch über dem Ansatz die Grenzlage angegeben, bei der der ruhige Strom in einen reißenden über geht.

3. Vollkommener Überfall über eine senkrechte Wand mit nach Unterstrom geneigtem Ansatz.

Trotz sehr verschiedener Wassermengen, nämlich:

0,190 cbm/sec beim Versuch 44 (Abb. 308),

0,372 cbm/sec beim Versuch 45 (Abb. 309),

0,784 cbm/sec beim Versuch 46 (Abb. 310)

weichen unter der Überfalldecke die Sohlenpressungen nur ganz wenig voneinander ab und daher auch die Drücke auf die Unterwasserseite der Überfallwand. Die eigentlichen Unterwasserstände wird man erst in einiger Entfernung vom Wehr, etwa bei P 15 ablesen dürfen. Wenn hier beim Versuch 44 der Wasserstand ein höherer ist als trotz doppelter Wassermenge bei Versuch 45, so liegt das wohl an der Abdrosselung des Abflusses, der notwendig gewesen sein wird zur Erzeugung des Schwalls.

Der uns hier vor allem interessierende Wasserdruck auf den geneigten Ansatz zeigt die gleichen Erscheinungen, die wir schon beim wagerechten Ansatz kennen lernten. Die durch die große Wassermenge beim Versuch 46 bedingte starke Strömung erzeugt an der Spitze des Ansatzes eine Minderung des Druckes unter Null, also eine Saugwirkung. Wir sind heute noch nicht imstande, diese für den Wehrbau so außerordentlich wichtigen Kräfte rechnerisch zu ermitteln.

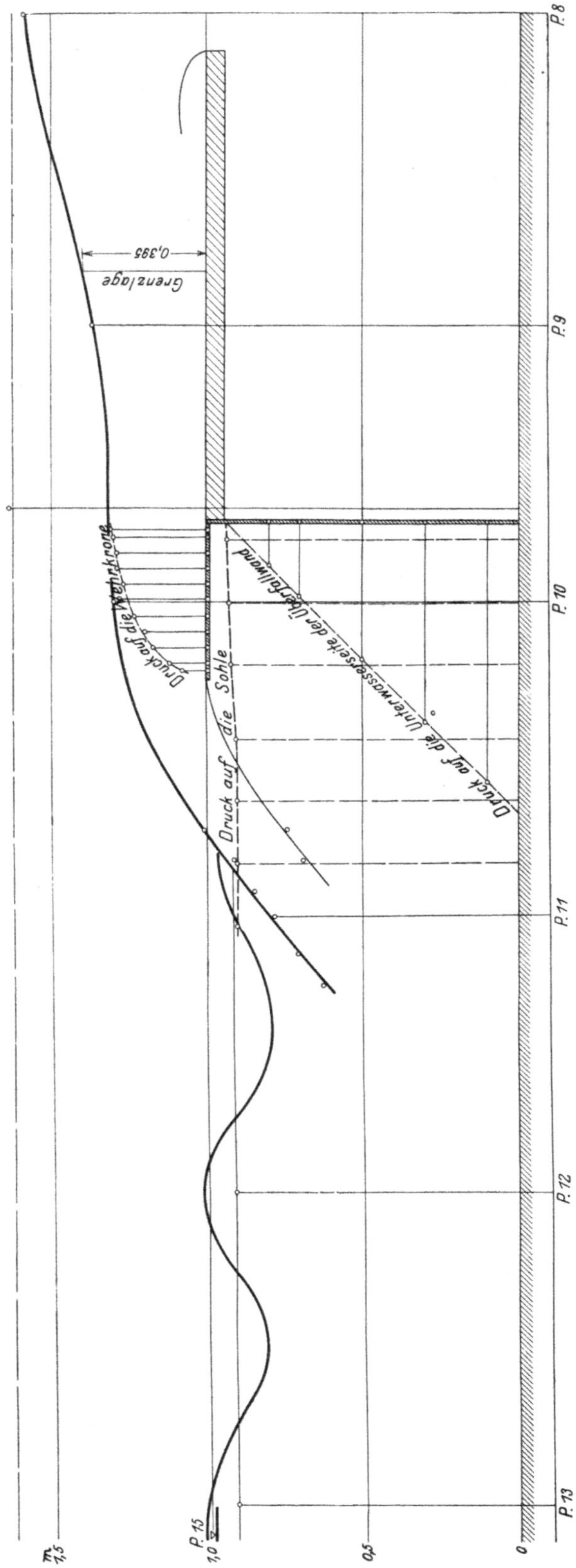

$q = 0{,}776$ cbm/sec

Abb. 305.

$Q = 0{,}303$ cbm/sec

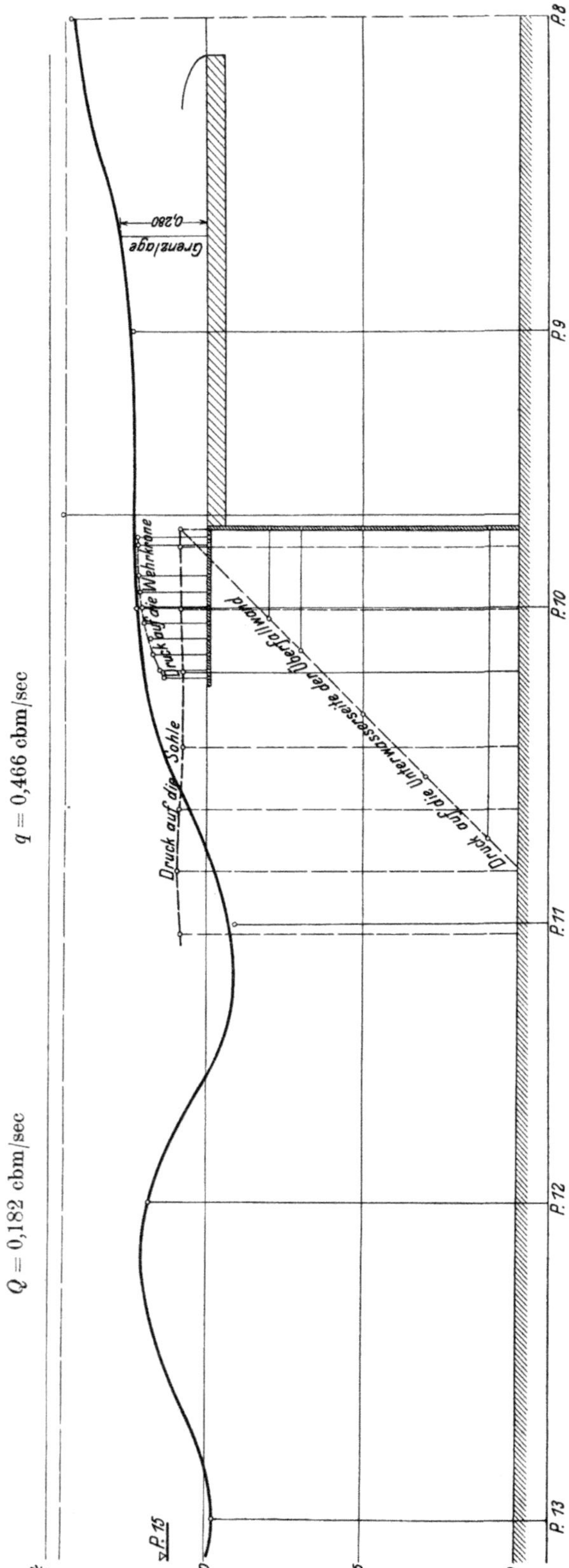

Abb 306.

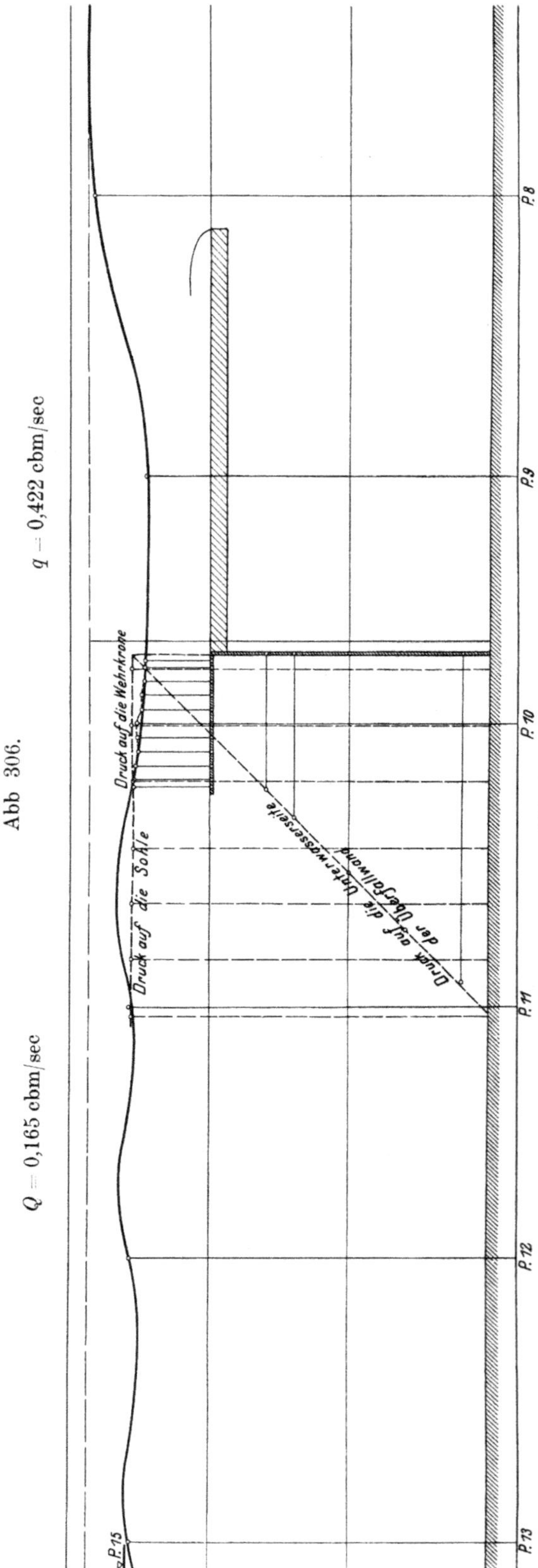

Abb. 307.

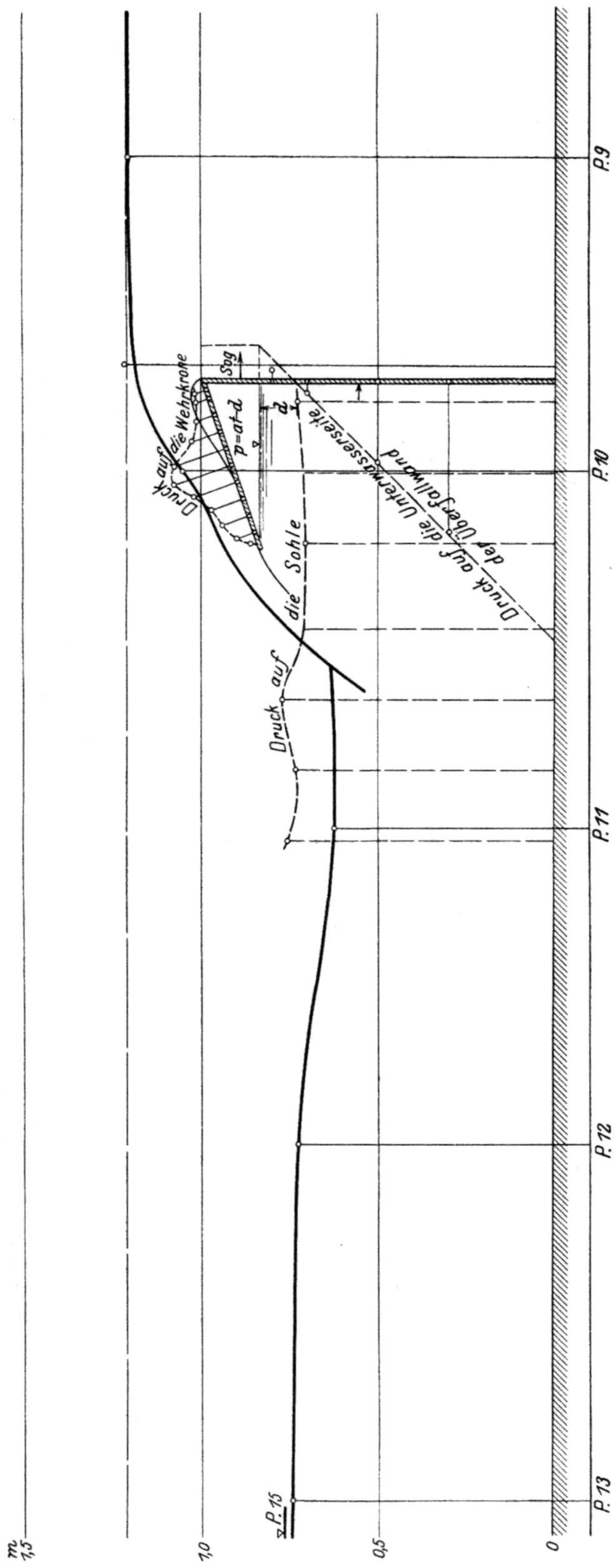

$q = 0{,}190$ cbm/sec

Abb. 308

$Q = 0{,}074$ cbm/sec

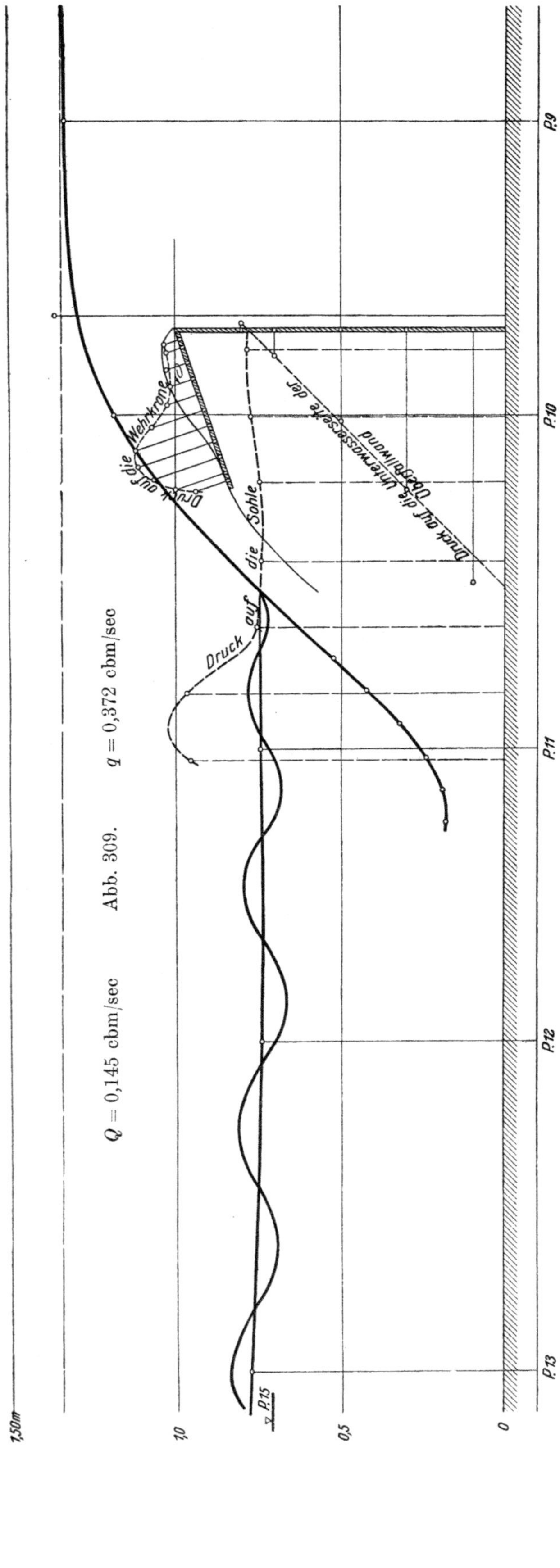

Abb. 309. $Q = 0{,}145$ cbm/sec $q = 0{,}372$ cbm/sec

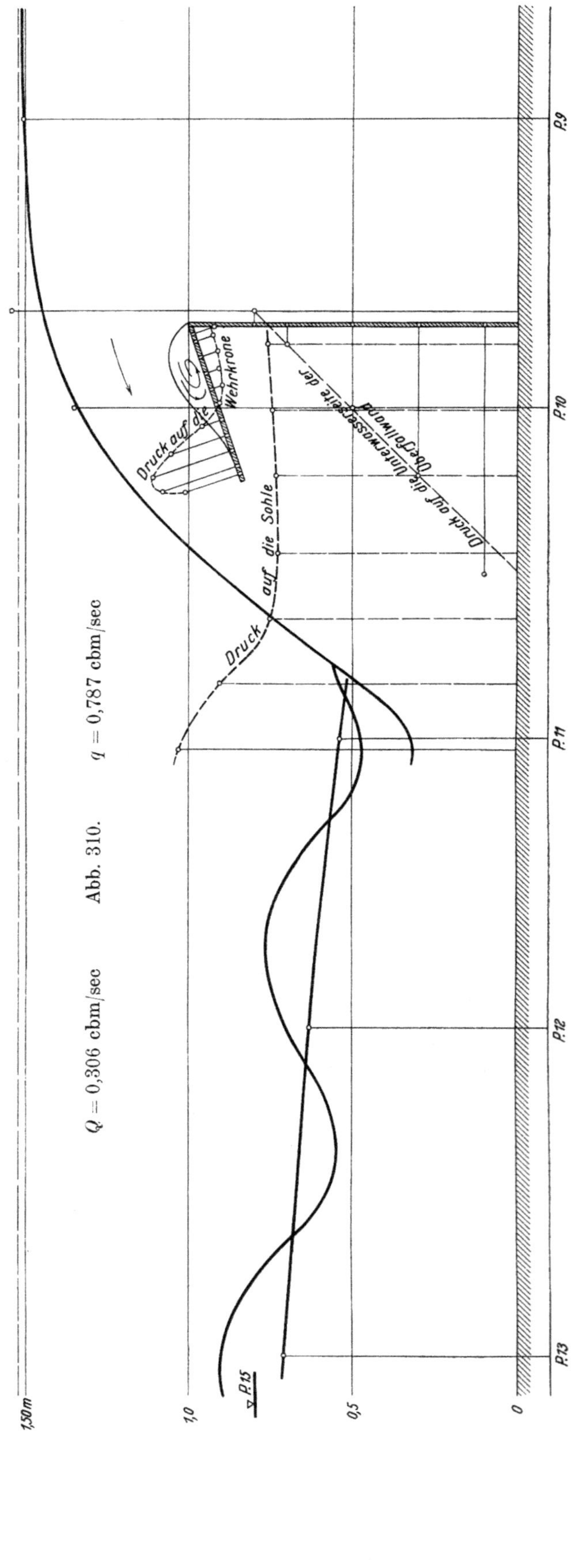

Abb. 310. $Q = 0{,}306$ cbm/sec $q = 0{,}787$ cbm/sec

4. Überfall über eine senkrechte Wand mit abgerundeter Krone.

(Versuche 47—52, Abb. 311—316.)

Bei diesen Versuchen ist ebenfalls der durch Messungen festgestellte hydraulische Druck auf die Überfallkrone von besonderem Interesse, dessen rechnerische Ermittlung am Schluß des Abschn. VI 8 gezeigt wurde.

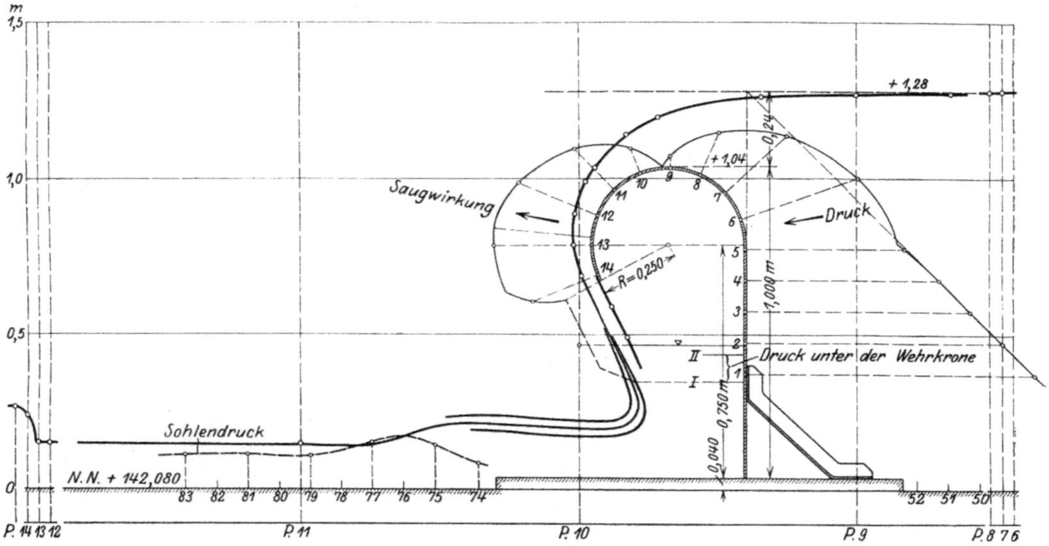

$Q = 0{,}103$ cbm/sec $q = 0{,}265$ cbm/sec

Abb. 311.

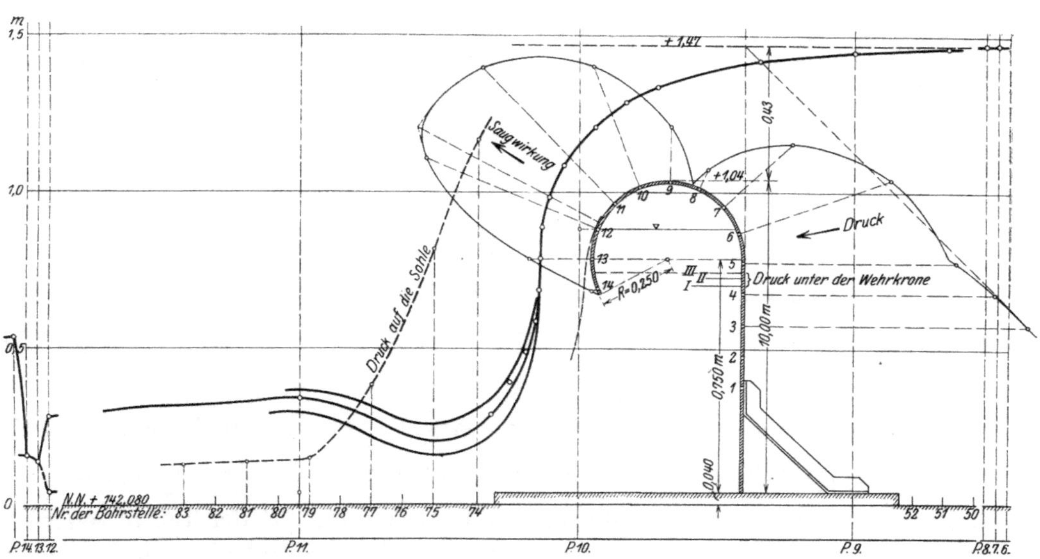

$Q = 0{,}281$ cbm/sec $q = \frac{0{,}281}{0{,}385}$ 0,716 cbm/sec

Abb. 312.

Wie aus den Abbildungen hervorgeht, erzeugt der vollkommene Überfall auf der nach dem Unterwasser gerichteten Seite der Wehrkrone erhebliche negative Randspannungen k, d. h. Saugwirkungen. Da diese sich nach der Formel

$$k = y - Z$$

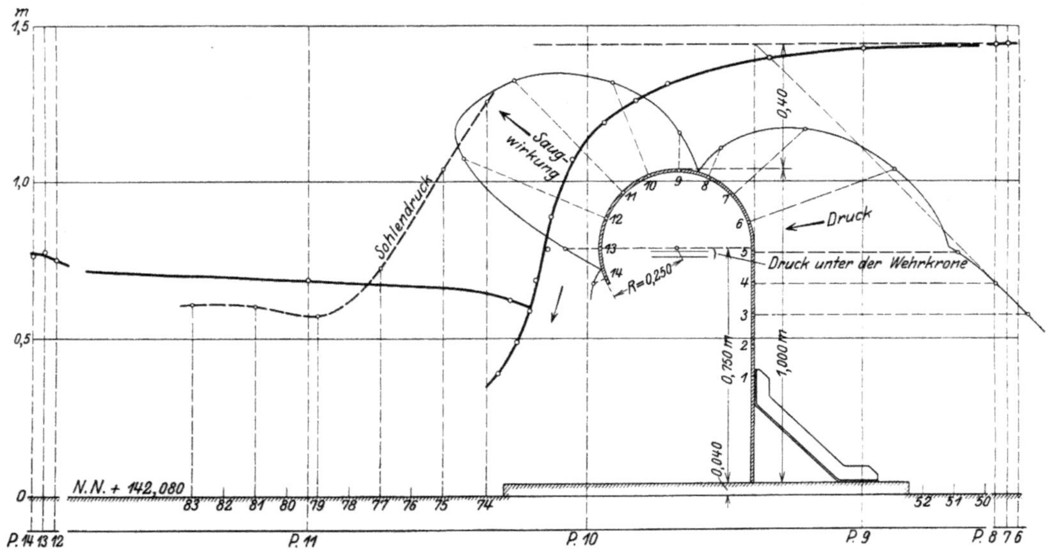

$Q = 0{,}252$ cbm/sec Abb. 313. $q = 0{,}642$ cbm/sec

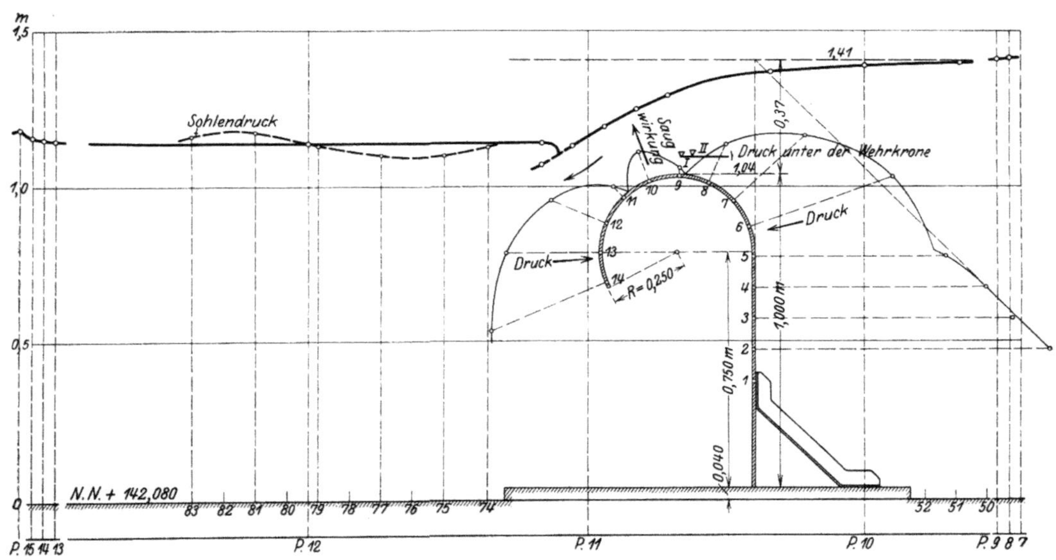

$Q = 0{,}205$ cbm/sec Abb. 314. $q = 0{,}524$ cbm/sec

bestimmen, so werden sie um so größer, je stärker k negativ, d. h. je größer Z wird. $Z = \frac{2\,s\,a}{\varrho}$ (vgl. S. 131) wächst aber mit dem Quadrat der Geschwindigkeit und wird daher rasch abnehmen bei steigendem Unterwasser. In der Tat zeigen die Versuche eine stetige Abnahme der Saugwirkungen in dem Maße, in welchem der vollkommene Überfall in einen unvollkommenen übergeht, bis sie schließlich gänzlich aufhören.

Eine weitere Erscheinung, die unsere Aufmerksamkeit verdient, bietet der in Abb. 312 dargestellte Versuch 48, bei dem sich unter der Überfallkrone infolge der daselbst entstandenen Luftverdünnung der Wasserspiegel noch um 14 cm über den Unterwasserspiegel erhob, ein Fall, der ebenfalls bereits am Schluß des Abschnitts VI 8 behandelt wurde.

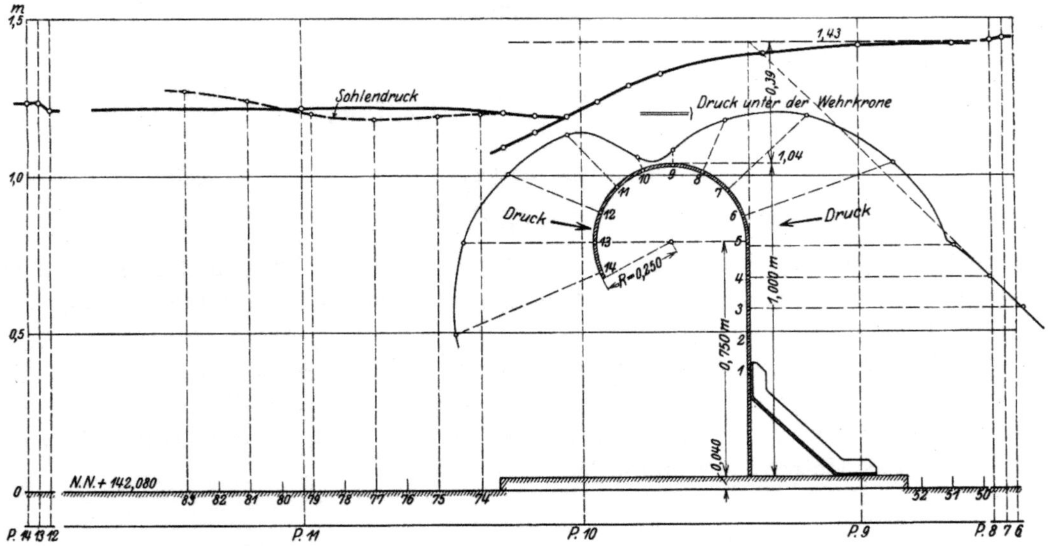

$Q = 0{,}218$ cbm/sec $q = 0{,}558$ cbm/sec.

Abb. 315.

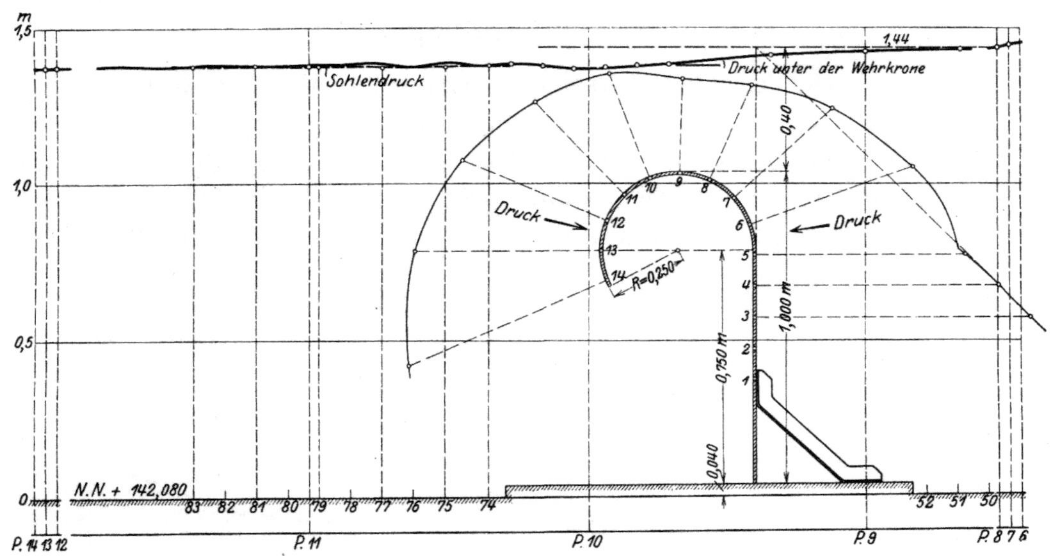

$Q = 0{,}159$ cbm/sec $q = 0{,}406$ cbm/sec

Abb. 316.

Ein ähnlicher Vorgang konnte beim Versuch 47 (Abb. 311) nicht eintreten, weil hier das Unterwasser den Hohlraum unter der Wehrkrone nicht absperrte, doch war er beim Versuch 49 (Abb. 313) zu erwarten. Dort ist z. B. im Punkt 11 eine Saugspannung von — 0,50 m Höhe beobachtet worden. Um zu untersuchen, welche

Luftverdünnung dabei unter der Wehrkrone geherrscht haben muß, entnehmen wir der Zeichnung die Maße:

$$a = 0{,}10\ \mathrm{m}, \qquad y = 0{,}27\ \mathrm{m},$$

so daß sich mit $q = 0{,}642$ cbm/sec ergibt:

$$v_d = \frac{0{,}642}{0{,}19} = 3{,}39\ \mathrm{m/sec}, \qquad s_d = 0{,}59$$

und erhalten:

$$Z = \frac{2\,s_a}{r} = \frac{2 \cdot 0{,}59 \cdot 0{,}19}{0{,}25} = 0{,}897\ \mathrm{m},$$

$$k = (y + d) - Z = (0{,}27 + d) - 0{,}897 = -0{,}50$$

$$\boldsymbol{d = 0{,}127}.$$

Es muß also in dem Raum eine Luftverdünnung von 127 mm bestanden, und es muß sich der Wasserspiegel in demselben um 127 mm über den Unterwasserspiegel erhoben haben.

Auch bei dieser Versuchsreihe beobachten wir wieder das starke Anwachsen des Sohlendrucks da, wo der Strahl des vollkommenen Überfalls die Sohle trifft und zwar auch dann, wenn — wie beim Versuch 49 (Abb. 313) — die Decke schwalmbildend in das Unterwasser eintaucht.

B. Ausfluß aus einer senkrechten Wand.

1. Ausfluß durch eine Öffnung am Fuß einer lotrechten Wand mit scharfer Öffnungskante.

a) Form des Ausflußstrahles (Versuch 53, Abb. 317—319).

Der Versuch erläutert und ergänzt die Ausführungen am Schluß des Abschnitts VI 2. Für vier verschiedene Oberwasserstände wurden die am Fuße der Stauwand bei einer und derselben Öffnungshöhe a ausfließenden Strahlen gemessen und die entsprechend verschiedenartig bezeichneten Meßpunkte in die Versuchszeichnung eingetragen. Sie liegen an jeder Beobachtungsstelle

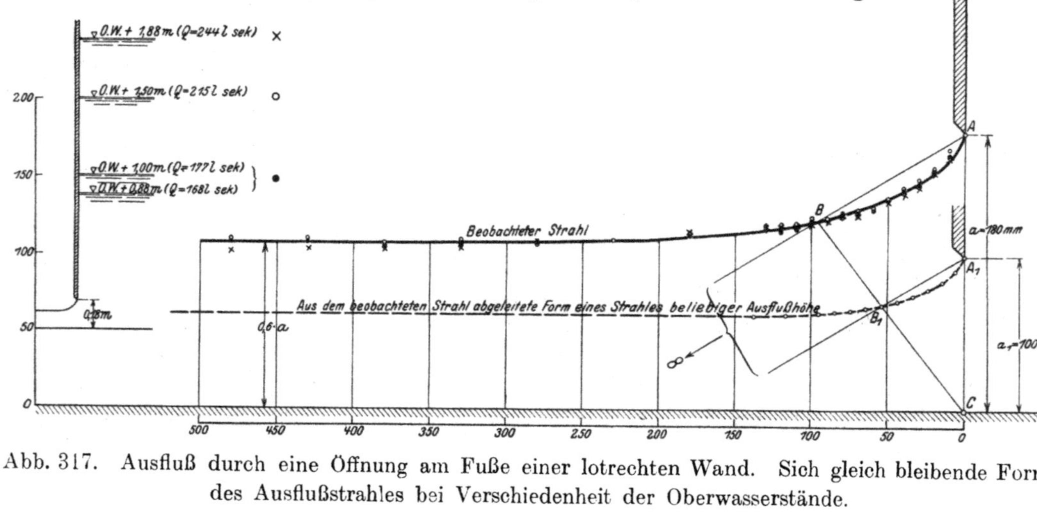

Abb. 317. Ausfluß durch eine Öffnung am Fuße einer lotrechten Wand. Sich gleich bleibende Form des Ausflußstrahles bei Verschiedenheit der Oberwasserstände.

immer sehr nahe beieinander, aber meist in verschiedener Reihenfolge: manchmal liegen die Punkte, welche den höchsten und niedrigsten Wasserständen entsprechen, zwischen den beiden anderen, also in einer mittleren Höhe, bald scheint der höhere Wasserstand eine schärfere Einschnürung zur Folge zu haben, bald eine schwächere. Offenbar bedeuten diese Unregelmäßigkeiten nichts anderes als Ungenauigkeiten der sehr unsicheren Messungen und man darf folgern, daß die Form des freien Ausflußstrahles bei sich gleichbleibender Höhe der Ausflußöffnung *a* unabhängig ist von der Höhe des Oberwassers.

Art. 318. Ausfluß am Fuß einer lotrechten Wand (Grundablaß).

An der eingangs erwähnten Stelle wurde bereits darauf hingewiesen, daß veränderten Höhen der Ausflußöffnung Ausflußstrahlen entsprechen, die einander geometrisch ähnlich sind, und es wurde gezeigt, wie aus der gegebenen Form eines Strahles die Form für eine andere Ausflußhöhe abgeleitet werden kann. In Abbildung 317 ist aus dem für die Öffnungshöhe von 180 mm gemessenen Strahl die Form des Strahles für eine Öffnungshöhe von 100 mm bestimmt worden.

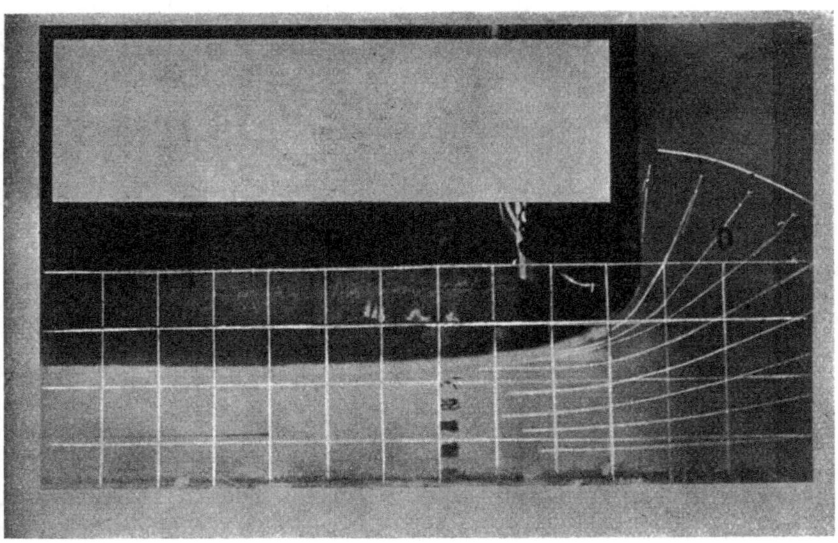

Abb. 319. Ausfluß unter einer Schutztafel (Grundablaß) die Stromfäden durch Wollfäden bezeichnet.

b) Wasserdruck gegen die Stauwand. (Versuch 54, Abb. 320.)

Der hydrostatische Druck des Oberwassers gegen die lotrechte Abschlußwand wird durch die unter 45° gegen den Horizont geneigte Linie dargestellt, welche durch den Schnittpunkt des Oberwassers mit der Wand hindurch geht. Dieser Druck erfährt eine Entlastung, sobald das Oberwasser sich in Bewegung setzt.

Die Geschwindigkeit des heranströmenden Oberwassers ist:

$$v_0 = \frac{q}{h_0} = \frac{0{,}291}{1{,}500} = 0{,}194 \text{ m/sec}, \quad \text{daher} \quad s_0 = 0{,}00192 \text{ m}.$$

Bis zu dem vor die Mündung gelegten Viertelkreis vom Halbmesser $r = 0{,}18$ m und der Länge $\frac{r\pi}{2} = 0{,}2827$ m hat die Geschwindigkeitshöhe zugenommen auf

$$s_{18} = \left(\frac{1{,}50}{0{,}2827}\right)^2 \cdot s_0 = 0{,}054 \text{ m}.$$

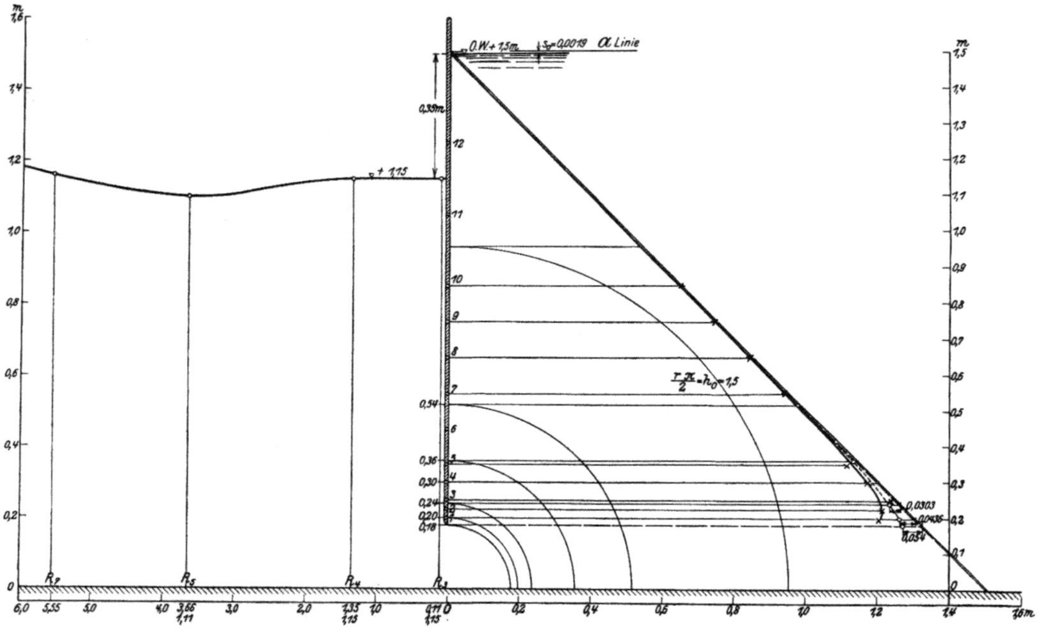

Abb. 320. Wasserdruck gegen eine senkrechte Wand bei Ausfluß in Unterwasser.
Oberwasser $+1{,}50$ m, $Q = 112$ l/sec, $q = \frac{0{,}112}{0{,}385} = 0{,}291$ cbm/sec-m.

Daraus ergeben sich für weitere Viertelkreise um den gleichen Mittelpunkt die Geschwindigkeitshöhen wie folgt:

für $r_x =$ 20 | 24 | 36

ist: $s_x = \left(\frac{0{,}18}{0{,}20}\right)^2 s_0 = 0{,}0436$ | $\left(\frac{0{,}18}{0{,}24}\right)^2 s_0 = 0{,}0303$ | $\left(\frac{0{,}18}{0{,}36}\right)^2 s_0 = 0{,}0135$

54 cm

$\left(\frac{0{,}18}{0{,}54}\right)^2 s_0 = 0{,}00486$.

Um diese Strecken in die Zeichnung einzutragen, ziehen wir durch den Schnittpunkt der 𝔄-Linie mit der Innenfläche der Stauwand eine Parallele zu der 45°-Linie, dann schneiden die beiden Linien aus jeder wagerechten einen Abschnitt

$= s_0$ heraus. Die neue Linie ist gewissermaßen eine umgeklappte Arbeitslinie, und wir haben von ihr aus in die Richtung auf die Stauwand die berechneten Größen s_x abzutragen, welche an die Stelle der s_0 treten. Die Entlastung der Stauwand beträgt dann in der Höhe x: $(s_x - s_0)$.

Die punktierte Linie stellt die berechnete Entlastung dar, die sich mit der beobachteten nicht deckt. Aber die beobachtete Linie ist nur das Mittel aus ziemlich weit zerstreut liegenden Beobachtungspunkten, die auf Schwierigkeiten und Unsicherheiten der Beobachtungen schließen lassen. Weitere Versuche sind auch hier zu einer völligen Klarstellung erforderlich.

c) Wasserdruck gegen die Sohle. (Versuche 55—57, Abb. 321.)

Versuch 55. In der Darstellung der Ergebnisse des Versuches fällt auf, daß unterhalb der Stauwand auf eine Strecke von etwa $^3/_4$ m der Bodendruck sogar

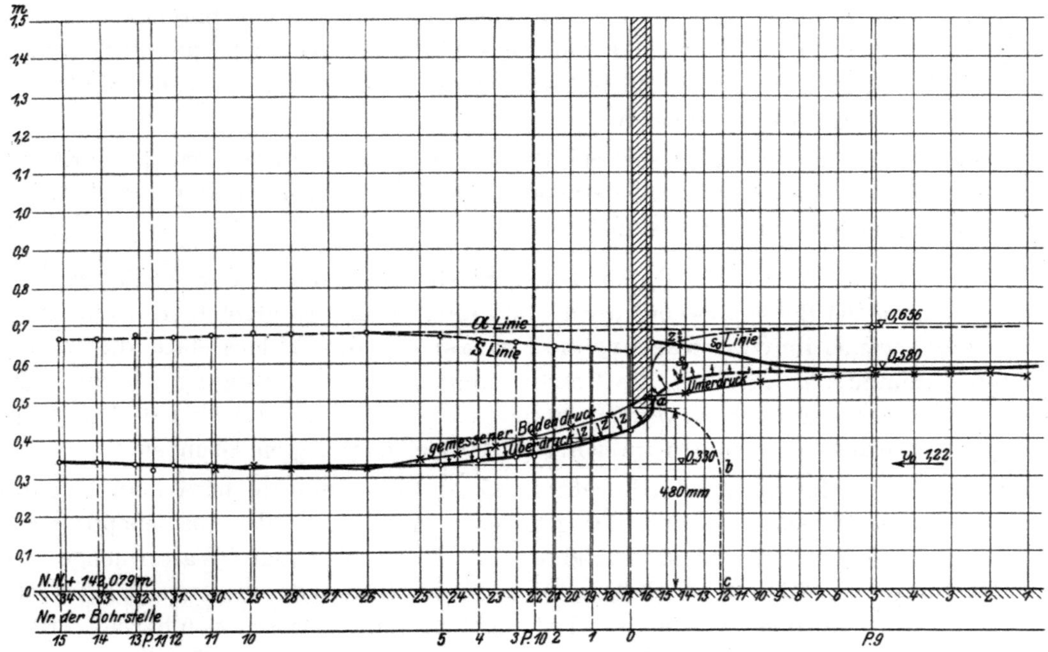

Abb. 321. Freier Ausfluß durch eine Öffnung am Fuße einer lotrechten Wand.

$$Q = 325 \text{ l/sec}, \qquad q = \frac{0{,}325}{0{,}385} = 0{,}899 \text{ cbm/sec-m}.$$

größer ist als die Wasserauflast, zumal das Wasser in starker Bewegung ist und die Bewegung an sich entlastend wirkt. Die Erscheinung läßt sich dadurch erklären, daß die gekrümmte Einschnürungsfläche des ausfließenden Strahls durch zentrifugale Kräfte z im Gleichgewicht gehalten wird, die in der Abbildung angedeutet sind. Sie rufen innere Spannungen im Strahl und Reaktionen des Bodens hervor und vermehren den Druck auf denselben.

In dem Maße, in welchem von der Ausflußstelle an die Dicke a des Strahls abnimmt, bis seine größte Einschnürung μa erreicht ist, nimmt seine Geschwindigkeit und damit seine Geschwindigkeitshöhe s zu. Die s-Linie fällt daher unterhalb der Ausflußwand eine Strecke weit nicht mit der Arbeitslinie zusammen. Der

Unterschied zwischen beiden Linien wird an jeder Stelle die Größe der zentrifugalen Innenkräfte angeben.

Entsprechend Ähnliches geht oberhalb der Stauwand vor. Die Oberfläche des abfließenden Wassers mag hier etwa die durch die gestrichelte Linie angedeutete Gestaltung haben. Sie ist konvex und wird daher im Gleichgewicht gehalten durch nach oben gerichtete Kräfte, die auf das Wasser und auf den Boden nicht, wie vorhin, belastend, sondern entlastend wirken. Unterhalb dieser Linie fließt bis zu der nach Abschnitt VI 2 c gezeichneten punktierten Linie $a - b - c$ das Wasser mit der sich gleichbleibenden Geschwindigkeit v_0 ab. Oberhalb der Linie findet kein Abfluß statt, aber infolge des Anpralls der fortwährend ankommenden, wenn auch geringen Wassermengen, gegen die feste Wand bildet sich hier eine kleine wandernde Welle, die periodisch wächst und wieder abflaut.

Bei der sich gleichbleibenden Geschwindigkeit v_0 des abfließenden Wassers ist natürlich die s-Linie oder vielmehr s_0-Linie der Wasserlinie parallel und fällt also auch oberhalb der Stauwand auf eine kurze Strecke nicht mit der $\mathfrak{A}$-Linie zusammen. Der Unterschied dürfte wieder die Größen der an jeder Stelle auftretenden Zusatzkräfte z angeben.

Wir verzichten auf die numerische Berechnung dieser Kräfte. Im Abschnitt VI 7 sind an zwei Beispielen die Schwierigkeiten erläutert, denen derartige Rechnungen einstweilen noch unterworfen sind.

Versuch 56 (Abb. 322). Durch den Versuch wurde die in der Abbildung dargestellte Linie der Bodenpressungen vor und hinter einem Grundablaß ermittelt. Auch hier findet wieder im Oberwasser eine Entlastung des Bodens statt, die in dem Maße zunimmt, in welchem die Geschwindigkeit des der Öffnung zuströmenden Wassers wächst. Im Unterwasser findet wieder ein Überdruck auf den Boden statt: beides aus den schon beim vorigen Beispiel dargelegten Gründen.

Bei einer rechnerischen Nachprüfung dieser Erscheinungen wird man bald die Wahrnehmung machen, daß bei der gegebenen Arbeitshöhe der ausfließende Strahl von 9 cm Stärke gar nicht imstande ist, die beobachtete Wassermenge von 0,450 cbm/sec abzuführen, so daß ein Beobachtungsfehler vorzuliegen scheint. Unter der Voraussetzung, daß ein Arbeitsverlust nicht stattfindet, lassen sich harmonierende Werte der Wasserstände und Wassermengen der q-Linie finden. Nach Gl. (50) ist:

$$h_1 = \frac{s_0}{2}\left(1 + \sqrt{1 + \frac{4\,h_0}{s^0}}\right),$$

worin die Kennziffer „0“ sich auf das Oberwasser und „1“ sich auf das Unterwasser bezieht. Wir nehmen die Wasserstände

$$h_0 = 1,275 \text{ m} \quad \text{und} \quad h_1 = 0,6 \cdot 0,15 = 0,09$$

als gegeben an und finden aus der Gleichung:

$$0,09 = \frac{s_0}{2}\left(1 + \sqrt{1 + \frac{4 \cdot 1,275}{s_0}}\right)$$

$s_0 = 0,00594$ und daraus $v_0 = 0,342$, $q = 0,342 \cdot 1,275 = 0,436$ statt 0,450 wie auf der Zeichnung angegeben; endlich ist die Arbeitshöhe:

$$\mathfrak{A} = 1,275 + 0,00594 = \mathbf{1,281}.$$

Wenn man um den Schnittpunkt C von Stauwand und Bodenlinie einen Viertelkreis beschreibt, dessen Halbmesser r sich aus

$$r \cdot \frac{\pi}{2} = h_0$$

zu $r = 0{,}825$ m bestimmt, so bleibt bis zu diesem Bogen die Geschwindigkeit $v_0 = 0{,}342$ aller Wasserteilchen und ebenso die Geschwindigkeitshöhe s_0 umgeändert. Auf einem gleichfalls um C beschriebenen Viertelbogen vom Halbmesser r_x ist

$$s_x = \left(\frac{r}{r_x}\right)^2 \cdot s_0 ,$$

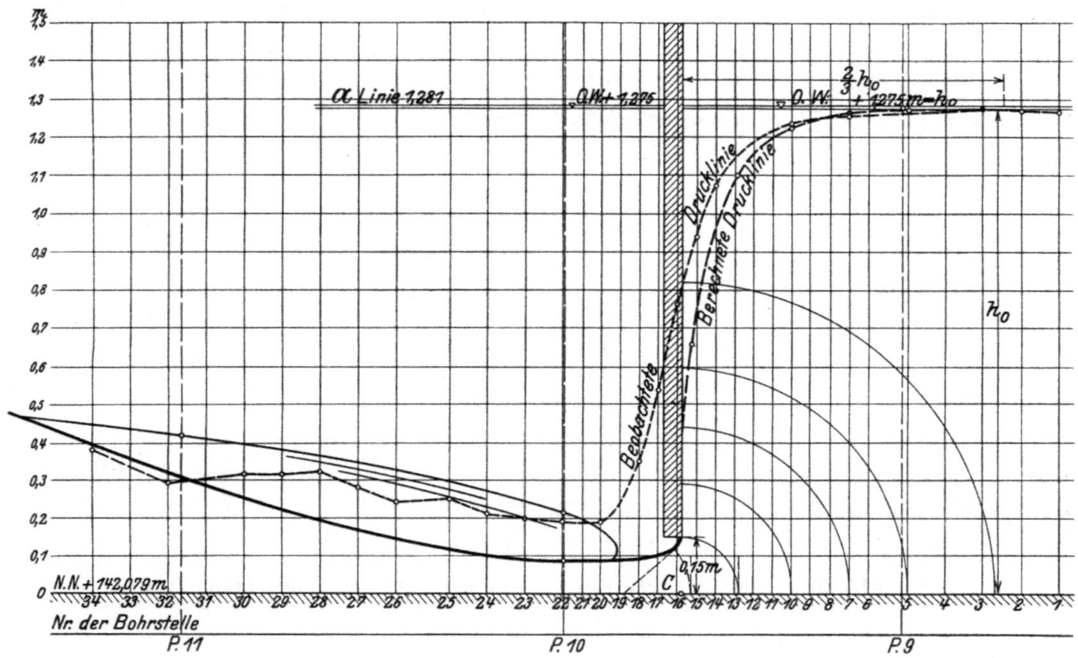

Abb. 322. Bodendruck vor und hinter einem Grundablaß.
$Q = 174$ l/sec, $q = 450$ l/sec.

danach ergibt sich für

$r_x =$ 0,6 | 0,445 | 0,297

$s_x = \left(\frac{0{,}825}{0{,}600}\right)^2 s_0 = 0{,}011$ | $\left(\frac{0{,}825}{0{,}445}\right) s_0 = 0{,}0204$ | $\left(\frac{0{,}825}{0{,}297}\right) s_0 = 0{,}0519$

0,150 cm

$\left(\frac{0{,}825}{0{,}150}\right) s_0 = 0{,}180 .$

Für zwei weitere gekrümmte Querschnitte unter der Schütztafel von den auf den Bögen gemessenen Höhen 0,125 und 0,090 erhält man:

$$s_{125} = \left(\frac{1{,}275}{0{,}125}\right)^2 s_0 = 0{,}62 \quad \text{und} \quad s_{09} = \left(\frac{1{,}275}{0{,}09}\right)^2 \cdot s_0 = 1{,}19 .$$

Die berechneten Punkte sind, soweit sie oberhalb der Schütztafel liegen, in die Versuchszeichnung eingetragen und durch eine Linie miteinander verbunden, die mit der beobachteten Drucklinie auf der Oberwasserseite nahezu, aber nicht völlig übereinstimmt. Auf der Unterwasserseite würde die berechnete Linie in unmittelbarer Nähe der Schütztafel sich bis auf den Wasserspiegel senken und eine Strecke weit mit ihm zusammenfallen, was aber mit Rücksicht auf die auch hier wie beim vorigen Beispiel vorhandenen Zentrifugalkräfte der Wirklichkeit nicht entsprechen kann. Man wird also für eine zutreffende Ermittlung der Bodenpressungen die Berechnung der Zusatzkräfte z nicht umgehen können, auf die wir einstweilen aber noch verzichten müssen.

Versuch 57 (Abb. 223). Beim Ausfluß in hohes Unterwasser zeigen sich beim Sohlendruck die gleichen Erscheinungen: Entlastung im Oberwasser und Überdruck im Unterwasser. Die Krümmungen der zuströmenden Wasserfäden im Oberwasser

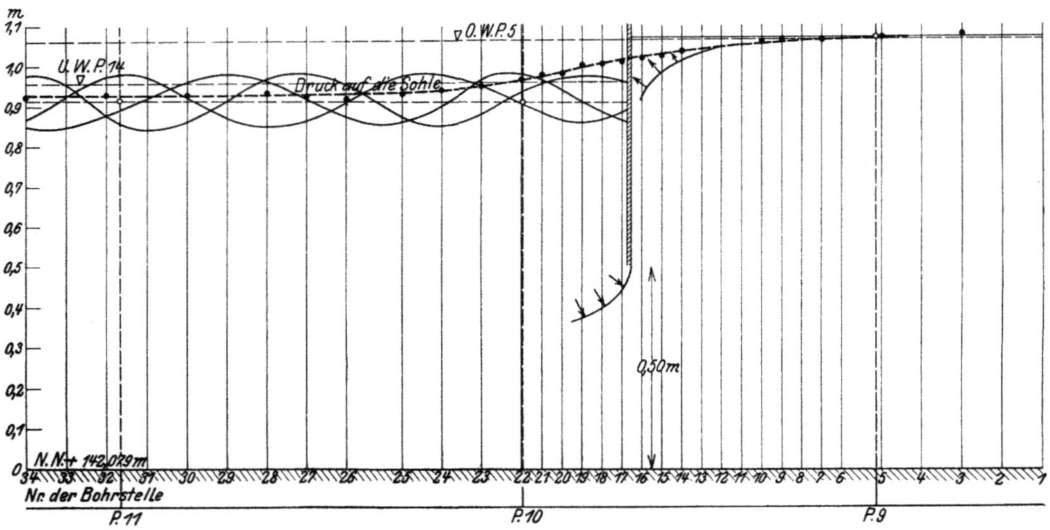

Abb. 323. Ausfluß durch eine Öffnung am Fuße einer lotrechten Wand.
$Q = 244{,}5$ l/sec, $q = 63$ l/sec.

und der abfließenden im Unterwasser sind auch hier vorhanden, wenngleich sie nicht sichtbar sind, aber an ihren Wirkungen sind sie zu erkennen: an den Abweichungen der Sohlendrucklinie von den Wasserlinien vor und hinter der Schütztafel.

d) Sekundliche Wassermengen und Werte von μ bei unverändertem Oberwasser und wechselndem Unterwasser. (Versuch 58, Abb. 324.)

Der Versuch, der aus einer Gruppe von Einzelversuchen besteht, bildet eine Ergänzung zum Versuch 22, mit dem Unterschied, daß bei diesem auch das Oberwasser wechselte, während es bei dem neuen Versuch unverändert bleibt. Das Unterwasser wurde mittels des Zylinderschützes am unteren Ende der Rinne in 11 verschiedene Höhen eingestellt und für jede derselben die abfließende Wassermenge gemessen, für den Unterwasserstand h_{10} sind auf der Zeichnung sogar drei verschiedene Wassermengen angegeben, obwohl jeder Kombination von einem Unter- und einem Oberwasserstand nur eine bestimmte Ausflußmenge entspricht. Eine Erklärung dafür ist nicht beigefügt. Wir können uns aber mit den übrigen 10 Beobachtungen begnügen.

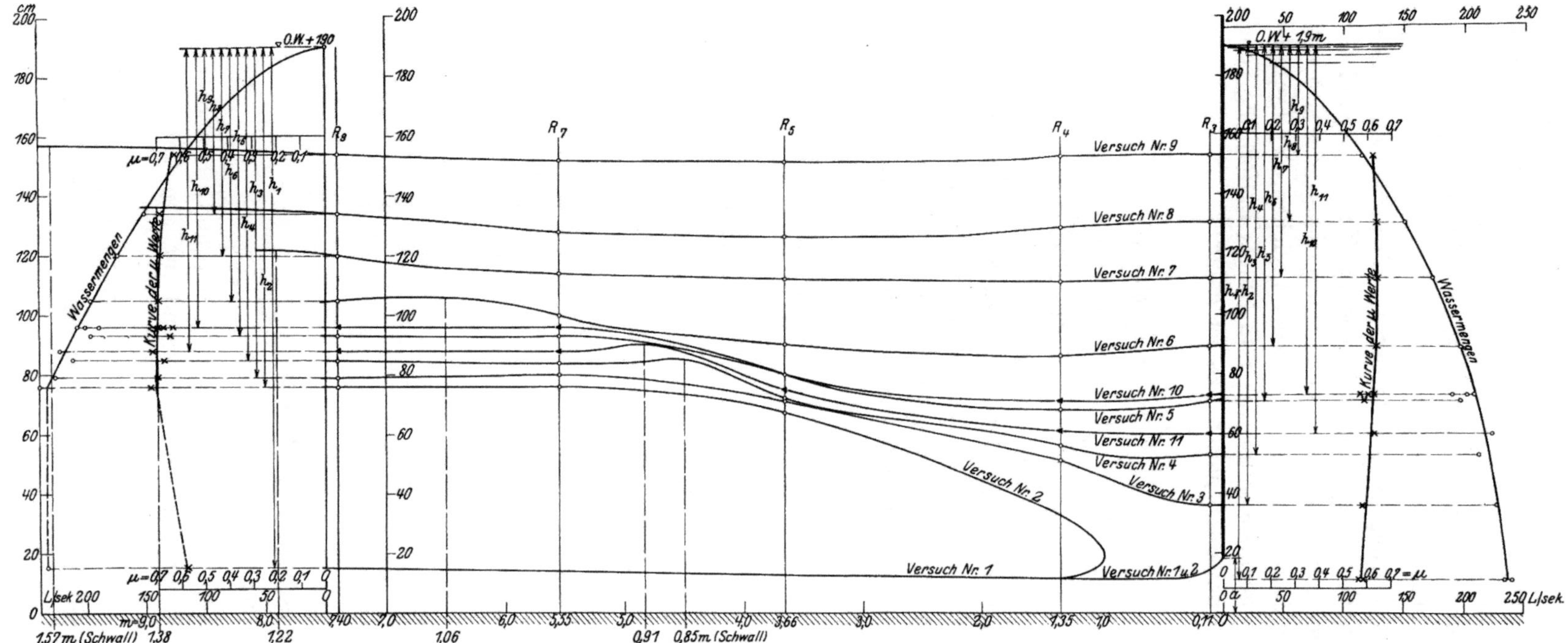

							$Q = 234$ l/sec	$\mu = 0{,}568$
							$Q = 240$ l/sec	$= 0{,}583$
Versuch Nr. 1	$\mu = 0{,}578$							
„ „ 2	0,730	0,76 m	0,76 m	0,67 m	0,51	0,36 m	227	$= 0{,}585$
„ „ 3	0,700	0,79	0,80	0,71	0,56	0,53	212	0,589
„ „ 4	0,672	0,85	0,84	0,72	0,63	0,71	197	0,588
„ „ 5	0,650	0,93	0,93 (Schwall)	0,80	0,86	0,89	197	0,640
„ „ 6	0,696	1,05	1,00	0,90	1,11	1,12	174	0 641
„ „ 7	0,688	1,20	1,14	1,12	1,29	1,305	151	0,638
„ „ 8	0,692	1,34	1,28	1,26	1,53	1,53	116	0,622
„ „ 9	0,629	1,54	1,52	1,51	1,71	0,73	190, 202, 208	0,572; 0,609; 0,626
„ „ 10	0,631; 0,678; 0,698	0,96	0,96 (Schwall)	0,80	1,61	0,60	223	0,632
„ „ 11	0,720	0,88		0,75				

$$\mu = \frac{Q}{a\,b\,\sqrt{2\,g\,h_n}}$$

b = Öffnungsbreite = 385 mm
a = Öffnungshöhe = 180 mm
h_n = jeweiliger Unterschied zwischen *O.W.* u. *U.W.*

$$\mu = \frac{Q}{b\,a\,\sqrt{2\,g\,h_n}}$$

Abb. 324. Wassermengen und Ausflußzahl bei unverändertem Oberwasser und wechselndem Unterwasser.

Nur bei dem niedrigsten Unterwasserstand herrscht freier Abfluß.

Der nächsthöhere Wasserstand liegt schon so hoch, daß er von dem ausfließenden reißenden Strom nicht mehr im Sprung erreicht werden kann. Es bildet sich da ein Schwall. Dasselbe geschieht natürlich auch bei allen noch höheren Wasserständen. Bei den höchsten ist er gar nicht mehr zu erkennen, das Auge sieht nur eine starke Wellenbewegung.

Zweck der Versuche war die Ermittlung der Ausflußziffer μ für die verschiedenen Unterwasserstände. Die Berechnung derselben ist in nachstehender Zusammenstellung durchgeführt. Darin möge der einfache Strich (′) Werte kennzeichnen, die sich auf die Absenkung des Schwalmes unmittelbar hinter dem Wehr beziehen, der Doppelstrich (″) aber Werte, die für das normale Unterwasser in einiger Entfernung vom Grundablaß gelten. Es ist daher:

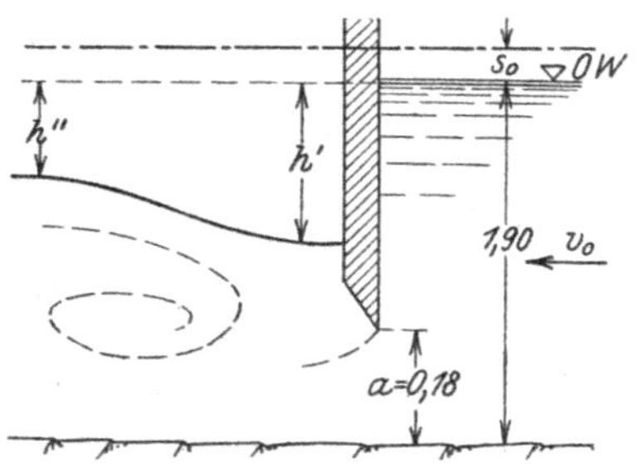

Abb. 325.

$$\mu' = \frac{q}{a\sqrt{2g(h'+s)}},$$

$$\mu'' = \frac{q}{a\sqrt{2g(h''+s)}}.$$

Zur Klarstellung wird noch Abb. 325 beitragen. Zum Vergleich mit den berechneten Werten von μ' und μ'' sind auch diejenigen Werte für beide Größen angegeben, welche die beiden μ-Linien der Zeichnung liefern. Da die letzteren Interpolationen sind, kann eine genaue Übereinstimmung mit den ersteren nicht erwartet werden.

	Q	q	v_0	s_0	h'	h''	Berechnete Werte		Kurvenwerte	
							μ'	μ''	μ'	μ''
1	0,234	0,610	0,32	0,005	1,790	1,748	0,57	0,58	0,575	0,575
2	0,240	0,625	0,33	0,0056	1,790	1,140	0,58	0,73	0,575	0,705
3	0,227	0,590	0,31	0,0049	1,544	1,108	0,59	0,70	0,595	0,705
4	0,212	0,550	0,29	0,0043	1,380	1,052	0,59	0,67	0,61	0,700
5	0,197	0,512	0,27	0,0037	1,192	0,968	0,59	0,65	0,62	0,700
6	0,197	0,512	0,27	0,0037	1,012	0,852	0,64	0,69	0,63	0,695
7	0,174	0,452	0,238	0,0029	0,784	0,700	0,64	0,67	0,645	0,685
8	0,151	0,392	0,206	0,0022	0,596	0,560	0,64	0,65	0,639	0,670
9	0,116	0,302	0,159	0,0013	0,370	0,360	0,62	0,60	0,623	0,635
10	0,190	0,495	0,260	0,0034	1,174	0,980	0,57	0,62	0,622	0,700
	0,202	0,525	0,291	0,0042	—	—	0,61	0,66	—	—
	0,208	0,540	0,285	0,0042	—	—	0,62	0,68	—	—
11	0,223	0,580	0,305	0,0047	1,304	1,120	0,64	0,68	0,615	0,700

2. Kreisförmiger Ansatz.

(Versuche 59—62, Abb. 327—330).

Durch die Versuche wurde sowohl der Druck auf die Stauwand als auch auf die Sohle ermittelt. Die gleiche Ermittlung sei nachfolgend für den Versuch 59 (Abb. 327) auf rechnerischem Wege angestellt.

Zu diesem Zweck sind zunächst die uns schon bekannten Kreisbogen zu zeichnen (vgl. Abb. 326), die einerseits die Sohlenlinie und andererseits die Stauwand und ihre kreisförmige Abrundung senkrecht schneiden und deren Mittelpunkte durch diese Bedingung eindeutig bestimmt sind.

Die Länge des Bogens 0—0 ist gleich der Wassertiefe h_0, so daß sein Halbmesser $r = \frac{h_0}{\frac{\pi}{2}} = \frac{0{,}720 \cdot 2}{3{,}1415} = 0{,}460$ beträgt.

Alle diese Bögen sind für die ausströmenden Wasserteilchen Linien gleicher Geschwindigkeit. Alle Wasserteilchen überschreiten sie in radialer Richtung. Die Geschwindigkeiten und Geschwindigkeitshöhen sind für eine Wassermenge von 0,377 cbm/sec folgende:

Bogen	0	1	2	3	4	5	6
Bogenlängen	0,720	0,550	0,410	0,320	0,200	0,120	0,100 m
$v =$	0,525	0,686	0,920	1,180	1,885	3,140	0,77 m/sek
$s =$	0,0138	0,024	0,043	0,071	0,182	0,504	0,726 m

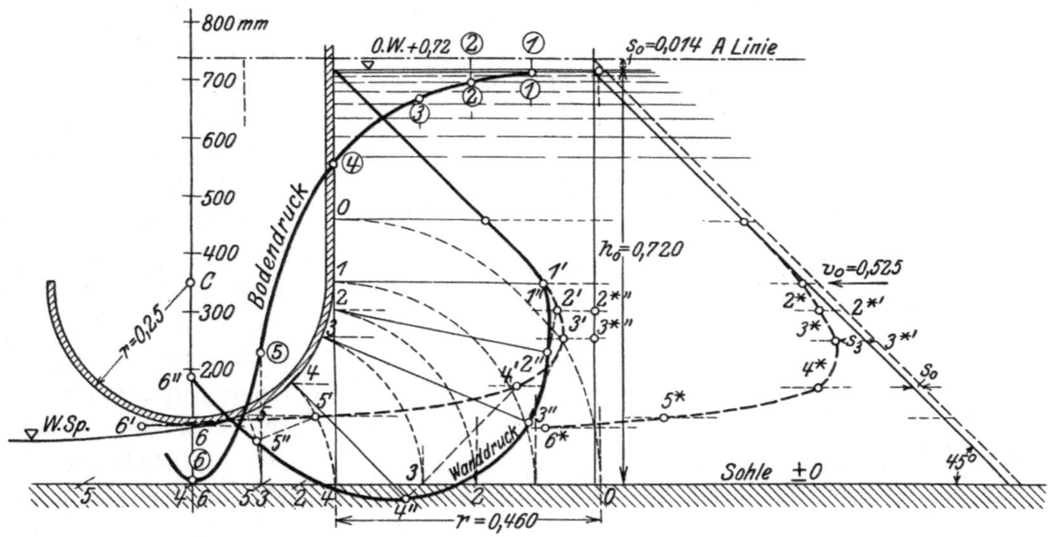

Abb. 326.

In dem rechtsseitigen Teil der Abbildung ist für die Wassertiefe h_0 das hydrostatische Druckdreieck besonders dargestellt und parallel zur Hypotenuse des Dreiecks auch die s-Linie gezeichnet, die zugleich als umgeklappte $\mathfrak{A}$-Linie angesehen werden kann. Man erhält den auf irgendeinen Punkt der Stauwand, z. B. auf den Punkt 3 wirkenden Wanddruck, indem man auf der Wagerechten durch diesen Punkt von der umgeklappten $\mathfrak{A}$-Linie aus die oben berechnete Größe $s_3 = 0{,}071$ m abträgt, oder mit anderen Worten, indem man in dem Druckdreieck die Geschwindigkeitshöhe s_0 durch die für den Punkt 3 der Stauwand maßgebende Geschwindigkeitshöhe s_3 ersetzt. Dann ist der übrigbleibende Teil $s_3{}^* - s_3{}^{*\prime\prime}$ der Abszisse des Druckdreiecks der wagerechte Druck im Punkt 3 der Stauwand. Wir übertragen diesen Druck an seinen Angriffspunkt in der Wand nach $3 - 3'$ und finden daraus durch eine einfache Kräftezerlegung auch den senkrechten Wanddruck $3 - 3''$. Endlich sind die Punkte $1''$, $2''$, ..., $6''$ durch eine ausgezogene Linie miteinander ver-

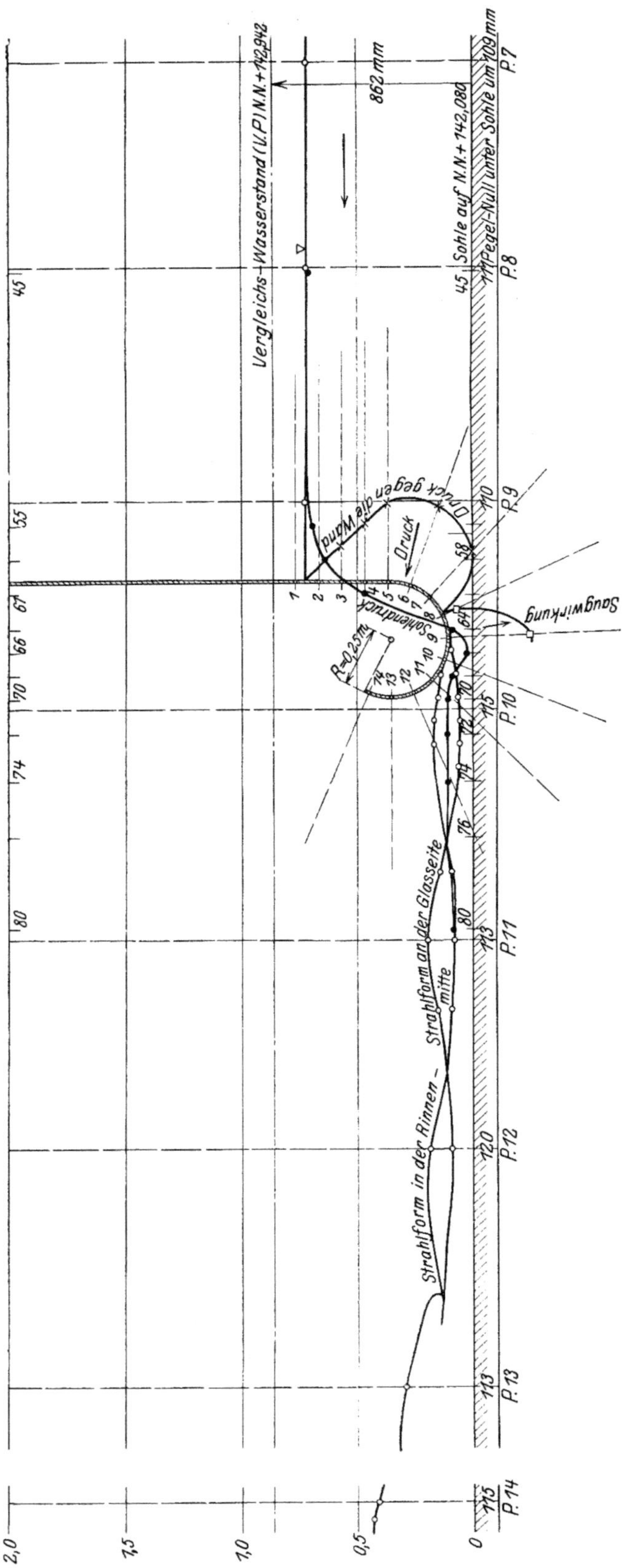

Abb. 327. Ausfluß durch eine Öffnung am Fuße einer lotrechten Wand mit kreisrundem Ansatz.

$Q = (764\ \text{mm}) = 147$ l/sec, $\mu = 1{,}08$, $q = \frac{147}{3{,}90} = 37{,}7$ l/sec-dm.

bunden, ebenso wie punktierte Linien die Punkte 1′, 2′, ..., 6′ sowie 1*, 2*, ..., 6* miteinander verbinden.

In sinngemäß ganz gleicher Weise werden die Bodenpressungen erhalten: Auf den Lotlinien durch die Schnittpunkte unserer Geschwindigkeitskreise mit der Sohle werden von der 𝔄-Linie aus abwärts die den einzelnen Kreisen entsprechenden Größen s abgetragen, die Endpunkte liegen dann auf der Linie der Bodendrücke.

Die beiden in der beschriebenen Weise rechnerisch erhaltenen Linien der Drücke auf die Stauwand und auf die Sohle stimmen mit den auf der Zeichnung dargestellten Linien sehr gut überein. Zwar decken sie sich nicht vollständig, das ist zwar einerseits bei der Einfachheit der Beobachtungs- und Messungsmethoden, bei der Unsicherheit mancher durch Wasserbewegungen erschwerten Beobachtungen kaum zu erwarten, andererseits mag es aber auch darauf hindeuten, daß die Rechnungen noch einer Berichtigung bedürfen durch Berücksichtigung der bei dem Umströmen des Halbkreises auftretenden Zentrifugalkräfte, die einstweilen außer acht gelassen wurden.

Von Interesse sind die in der Versuchszeichnung

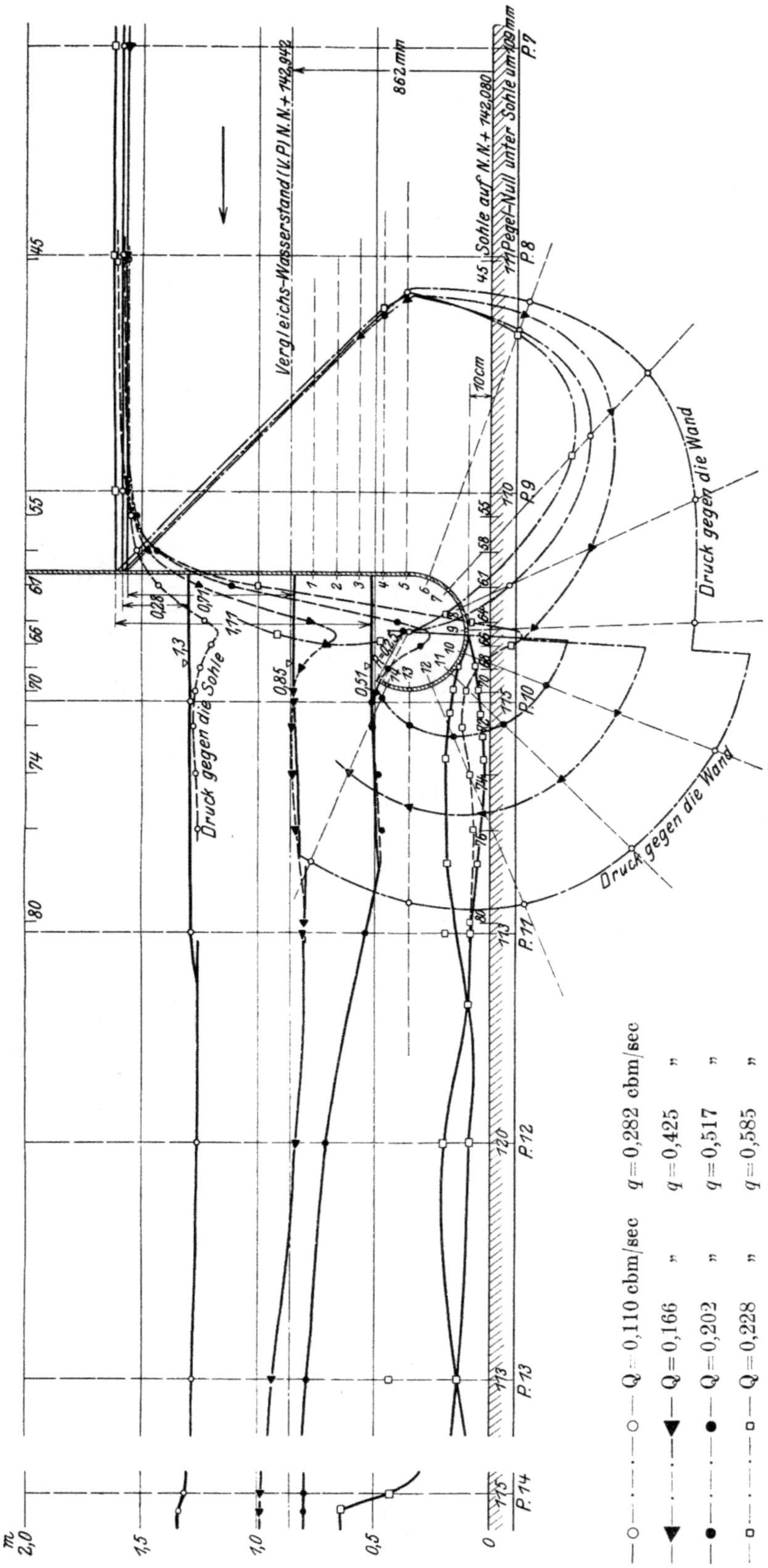

Abb. 328. Ausfluß durch eine Öffnung am Fuße einer lotrechten Wand mit kreisrundem Ansatz.

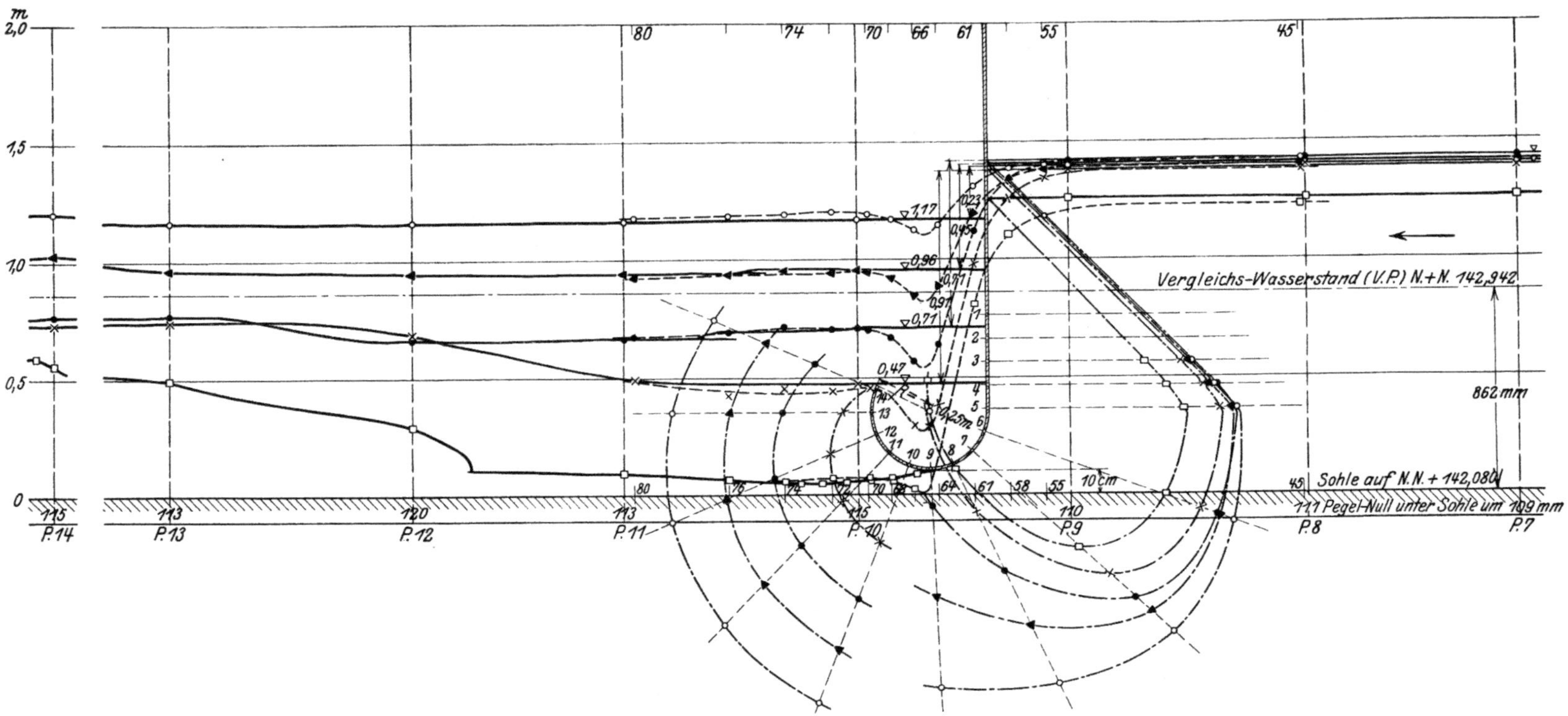

Abb. 329. Ausfluß durch eine Öffnung am Fuße einer lotrechten Wand mit kreisrundem Ansatz.

—□—□—	Versuch Nr. 2:	$Q = 194$ l/sec,	$q = \frac{Q}{3,90} = 49,7$ l/sec-dm,
—○—○—	„ „ 7:	$Q = 93,3$ „	$q = \frac{Q}{3,90} = 25,2$ „
—◀—◀—	„ „ 8:	$Q = 134,5$ „	$q = \frac{Q}{3,90} = 34,5$ „
—●—●—	„ „ 9:	$Q = 165$ „	$q = \frac{Q}{3,90} = 42,3$ „
—×—×—	„ „ 10:	$Q = 188,4$ „	$q = \frac{Q}{3,90} = 48,3$ „

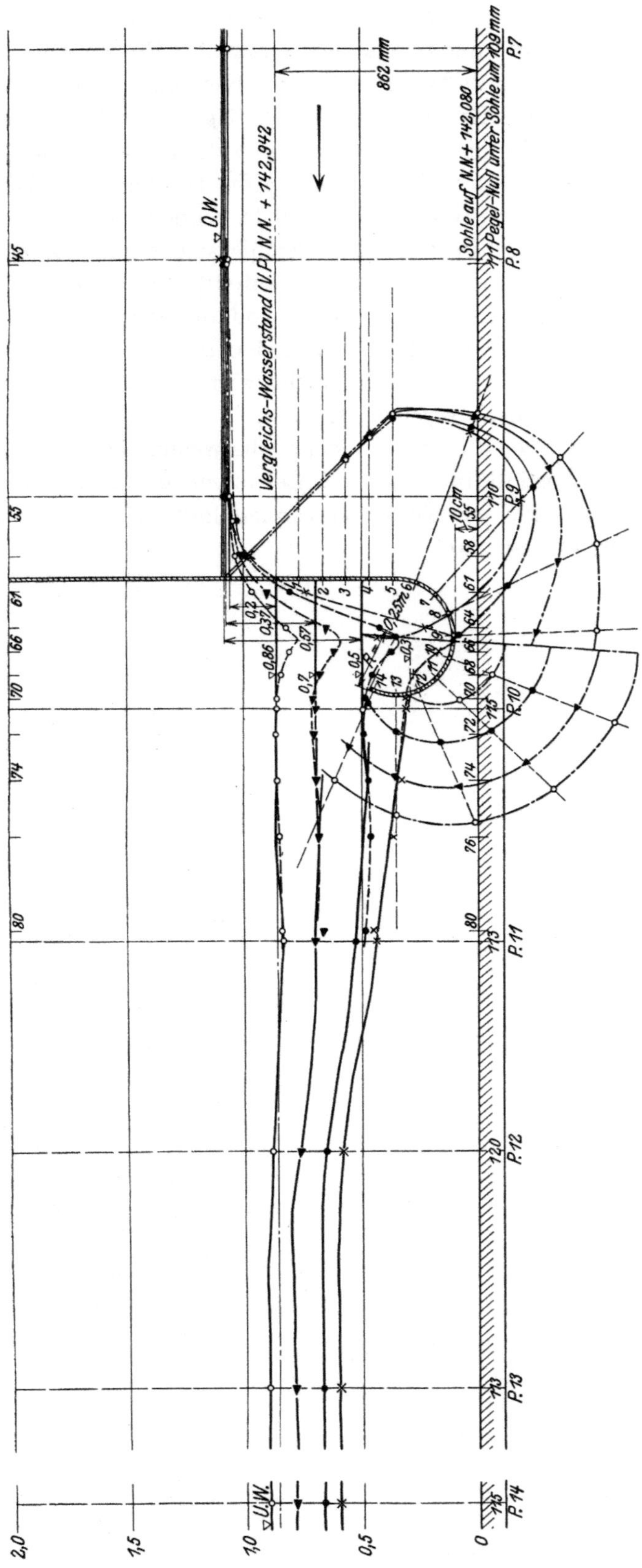

Abb. 330. Ausfluß durch eine Öffnung am Fuße einer lotrechten Wand mit kreisrundem Ansatz.

—○—○— Versuch Nr. 11: $Q = 93{,}7$ l/sec, $q = \frac{Q}{3{,}90} = 25{,}1$ l/sec-dm,

—▼—▼— „ „ 12: $Q = 121{,}3$ „ $q = \frac{Q}{3{,}90} = 31{,}3$ „

—●—●— „ „ 13: $Q = 151{,}5$ „ $q = \frac{Q}{3{,}90} = 38{,}8$ „

—×—×— „ „ 14: $Q = 169{,}7$ „ $q = \frac{Q}{3{,}90} = 43{,}5$ „

dargestellten drei aufeinander folgenden Querschnitte durch den ausfließenden Strahl (Abb. 331). Wir haben es hier mit einem der seltenen Fälle zu tun, in welchen die unseren Betrachtungen zugrunde liegende Voraussetzung, daß die in benachbarten Lotlinien nebeneinander liegenden Stromfäden ganz gleich gekrümmt sind, so daß sie zylindrische Schichten mit wagerechter Achse bilden, nicht zutrifft. Das kann nur daher rühren, daß — aus Gründen, die wir nicht kennen — die beiderseitigen Ränder des ausfließenden Strahls sich schon von dem Kreiszylinder ablösen und senken, während der mittlere Teil noch von ihm angesaugt und hochgehalten wird. Nach vollkommener Loslösung pendelt dann die Oberfläche des Strahls zwischen den Linien aba und $a'b'a'$ auf und ab, wobei die Abstände aa' und bb' sich immer mehr verringern, bis schließlich der Ausgleich in der Wagerechten cc erreicht ist.

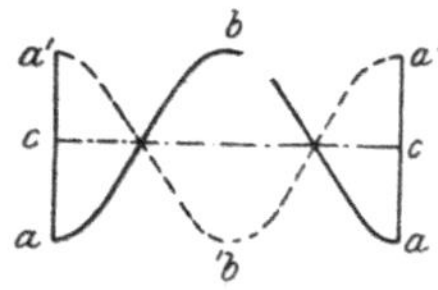

Abb. 331.

Durch drei weitere Versuche wurden für verschiedene Oberwasserstände sowohl der freie Ausfluß, als auch der Ausfluß in höheres Unterwasser studiert. Es erfolgten dabei ähnliche Wirkungen, wie wir sie schon kennen lernten, so daß auf ein näheres Eingehen verzichtet werden darf.

Handbuch der Hydrologie. Wesen, Nachweis, Untersuchung und Gewinnung unterirdischer Wasser: Quellen, Grundwasser, unterirdische Wasserläufe, Grundwasserfassungen. Zweite, ergänzte Auflage. Von Zivilingenieur **E. Prinz.** Mit 334 Textabbildungen. (435 S.) 1923. Gebunden RM 18.—

Die Grundwasserabsenkung in Theorie und Praxis. Von Privatdozent Dr.-Ing. **Joachim Schultze,** Berlin. Mit 76 Textabbildungen. (143 S.) 1924. RM 6.—; gebunden RM 7.—

Zeichnerische Bestimmung der Spiegelbewegungen in Wasserschlössern von Wasserkraftanlagen mit unter Druck durchflossenem Zulaufgerinne. Von Ingenieur-Dr. techn. **Ludwig Mühlhofer,** Innsbruck-Wien. Mit 11 Textabbildungen. (80 S.) 1924. RM 3.90

Zur Bestimmung strömender Flüssigkeitsmengen im offenen Gerinne. Ein neues Verfahren. Von Dipl.-Ing. **Oskar Poebing,** Betriebsleiter des Hydraulischen Institutes der Technischen Hochschule München. Mit 23 Textabbildungen und 1 Tafel. (60 S.) 1922. RM 1.65

Der Durchfluß des Wassers durch Röhren und Gräben, insbesondere durch Werkgräben großer Abmessungen. Von Hofrat Prof. Dr. **Philipp Forchheimer,** korr. Mitglied der Akademie der Wissenschaften in Wien. Mit 20 Textabbildungen. (54 S.) 1923. RM 2.—

Beiträge zur Kenntnis des Schleusenbetriebs unter besonderer Berücksichtigung der Verhältnisse am Rhein-Herne-Kanal. Von Dr.-Ing. **Georg Mahr,** Regierungsbaumeister. Mit 9 Textabbildungen. (66 S.) 1925. RM 3.60

Über Querprofile von Binnenschiffahrtskanälen. Von Dr.-Ing. **Paul Schmies.** Mit 51 Textabbildungen und 4 Tabellen. (63 S.) 1925. RM 5.10

Geologische Voraussetzungen für Wasserkraftanlagen. Von Prof. Dr. **J. L. Wilser,** Geologe, Freiburg i. Br. (58 S.) 1925. RM 3.60

Über Wertberechnung von Wasserkräften. Von Dr.-Ing. **Adolf Ludin** und Dr.-Ing. Dr. rer. pol. **W. G. Waffenschmidt,** Karlsruhe i. B. (Sonderdruck aus „Der Bauingenieur“, Zeitschrift für das gesamte Bauwesen, 2. Jahrgang 1921, Heft 4.) (Auch als „Mitteilungen des Deutschen Wasserwirtschafts- und Wasserkraft-Verbandes E. V.“ Nr. 3 erschienen.) (20 S.) 1921. RM 0.45

Ⓦ **Die Wasserkraftnutzung in Österreich** und deren geographische Grundlagen. Von **Bartel Granigg,** Leoben. Mit 17 Abbildungen im Text, 4 zum Teil farbigen Tafeln und 1 geographischen Übersichtskarte. (127 S.) 1925. RM 13.50; gebunden RM 15.—

Die mit Ⓦ bezeichneten Werke sind im Verlag von Julius Springer in Wien erschienen.

Handbibliothek für Bauingenieure

Ein Hand- und Nachschlagebuch für Studium und Praxis

Herausgegeben von

Robert Otzen

Geh. Regierungsrat, Professor an der Techn. Hochschule zu Hannover

Bisher sind erschienen:

I. Teil: Hilfswissenschaften.

1. Band: **Mathematik.** Von Professor Dr. phil. **H. E. Timerding,** Braunschweig. Mit 192 Textabbildungen. (250 S.) 1922. Gebunden RM 6.40
2. Band: **Mechanik.** Von Dr.-Ing. **Fritz Rabbow,** Hannover. Mit 237 Textfiguren. (212 S.) 1922. Gebunden RM 6.40
3. Band: **Maschinenkunde.** Von Professor **H. Weihe,** Berlin. Mit 445 Textabbildungen. (240 S.) 1923. Gebunden RM 6.40
4. Band: **Vermessungskunde.** Von Professor Dr.-Ing. **Martin Näbauer,** Karlsruhe. Mit 344 Textabbildungen. (348 S.) 1922. Gebunden RM 11.—
5. Band: **Betriebswissenschaft.** Ein Überblick über das lebendige Schaffen des Bauingenieurs. Von Dr.-Ing. **Max Mayer,** Duisburg. Mit 31 Textabbildungen. (230 S.) 1926. Gebunden RM 16.50

II. Teil: Eisenbahnwesen und Städtebau.

1. Band: **Städtebau.** Von Professor Dr.-Ing. **Otto Blum,** Hannover, Professor **G. Schimpff †,** Aachen und Stadtbauinspektor Dr.-Ing. **W. Schmidt,** Stettin. Mit 482 Textabbildungen. (492 S.) 1921. Gebunden RM 15.—
2. Band: **Linienführung.** Von Professor Dr-Ing. **Erich Giese,** Professor Dr.-Ing. **Otto Blum** und Professor Dr.-Ing. **Kurt Risch,** Hannover. Mit 184 Textabbildungen. (447 S.) 1925. Gebunden RM 21.—
3. Band: **Unterbau.** Von Professor **W. Hoyer,** Hannover. Mit 162 Textabbildungen. (195 S.) 1923. Gebunden RM 8.—
6. Band: **Eisenbahn-Hochbauten.** Von Regierungs- und Baurat **C. Cornelius,** Berlin. Mit 157 Textabbildungen. (136 S.) 1921. Gebunden RM 6.40
7. Band: **Sicherungsanlagen im Eisenbahnbetriebe** auf Grund gemeinsamer Vorarbeit mit Professor Dr.-Ing. **M. Oder †,** Danzig, verfaßt von Geh. Baurat Professor Dr.-Ing. **W. Cauer,** Berlin. Mit einem Anhang: Fernmeldeanlagen und Schranken. Von Regierungsbaurat Privatdozent Dr.-Ing. **F. Gerstenberg,** Berlin. Mit 484 Abbildungen im Text und auf 4 Tafeln. (476 S.) 1922. Gebunden RM 15.—
8 Band: **Verkehr und Betrieb der Eisenbahnen.** Von Professor Dr.-Ing. **Otto Blum,** Hannover, Oberregierungsbaurat Dr.-Ing. **G. Jacobi,** Erfurt und Professor Dr.-Ing. **Kurt Risch,** Hannover. Mit 86 Textabbildungen. (431 S.) 1925. Gebunden RM 21.—

III. Teil: Wasserbau.

2. Band: **See- und Seehafenbau.** Von Regierungs- und Baurat **H. Proetel,** Halle. Mit 292 Textabbildungen. (231 S.) 1921. Gebunden RM 7.50
4. Band: **Kanal- und Schleusenbau.** Von Regierungs- und Baurat **Friedrich Engelhard,** Oppeln. Mit 303 Textabbildungen und 1 farbigen Übersichtskarte. (269 S.) 1921. Gebunden RM 8.50
7. Band: **Kulturtechnischer Wasserbau.** Von Geh. Regierungsrat Professor **E. Krüger,** Berlin. Mit 197 Textabbildungen. (300 S.) 1921. Gebunden RM 9.50

IV. Teil: Brücken- und Ingenieurhochbau.

1 Band: **Statik.** Von Professor Dr.-Ing. **Walther Kaufmann,** Hannover. Mit 385 Textabbildungen. (360 S.) 1923. Gebunden RM 8.40

GPSR Compliance

The European Union's (EU) General Product Safety Regulation (GPSR) is a set of rules that requires consumer products to be safe and our obligations to ensure this.

If you have any concerns about our products, you can contact us on ProductSafety@springernature.com

In case Publisher is established outside the EU, the EU authorized representative is:

Springer Nature Customer Service Center GmbH
Europaplatz 3
69115 Heidelberg, Germany

Batch number: 10684220

Printed by Printforce, the Netherlands